煤炭高等教育"十四五"规划教材
中国矿业大学"十四五"规划教材
高等教育"新形态"一体化教材

薄膜的设计、制备及应用

中国矿业大学光电信息科学与工程专业组织编写

主　编　王月花　贾传磊

副主编　仇　亮　李海鹏　王伟华

U0338237

第二版

中国矿业大学出版社

·徐州·

内 容 提 要

薄膜光学是现代光学的重要组成部分,也是一门综合性非常强的工程技术科学。为满足现代高等教育教学的需要,本书借鉴国内外薄膜光学和薄膜技术的研究内容及体系,融入相关理论与技术的新进展,结合教学团队多年的教育教学研究改革成果,系统论述了薄膜光学基础理论与特性计算方法,在此基础上介绍了典型薄膜系统的设计、薄膜制备技术、薄膜的生长与结构、薄膜特性测试与分析、几种新型功能薄膜材料等内容。本书内容丰富,知识全面,文字通俗易懂,并以二维码的形式嵌入了课程视频、拓展资料、习题答案等。同时通过显性表述与隐性渗透相结合的方式,全面落实习近平新时代中国特色社会主义思想进教材,加强教材的育人功能。

本书既可以作为光电信息科学与工程、光伏材料、太阳能电池等相关专业本科生及研究生的教学用书,也可供广大从事薄膜科学与技术的工程技术人员、科技工作者参考使用。

图书在版编目(C I P)数据

薄膜的设计、制备及应用/王月花,贾传磊主编
. —2 版. —徐州:中国矿业大学出版社,2023.11
ISBN 978 - 7 - 5646 - 5828 - 1

Ⅰ. ①薄… Ⅱ. ①王… ②贾… Ⅲ. ①薄膜技术
Ⅳ. ①TB43

中国国家版本馆 CIP 数据核字(2023)第 083437 号

书　　名	薄膜的设计、制备及应用
主　　编	王月花　贾传磊
责任编辑	何晓明　何　戈
出版发行	中国矿业大学出版社有限责任公司
	(江苏省徐州市解放南路　邮编221008)
营销热线	(0516)83885370　83884103
出版服务	(0516)83995789　83884920
网　　址	http://www.cumtp.com　**E-mail**:cumtpvip@cumtp.com
印　　刷	江苏淮阴新华印务有限公司
开　　本	787 mm×1092 mm　1/16　**印张** 17.25　**字数** 441 千字
版次印次	2023 年 11 月第 2 版　2023 年 11 月第 1 次印刷
定　　价	42.00 元

(图书出现印装质量问题,本社负责调换)

前　言

　　薄膜是一种低维材料,广泛应用于生产、生活与科技的方方面面。薄膜科学与技术已经发展成了一门跨领域的综合性学科,它涉及物理、化学、材料、真空、等离子体技术等领域。同时,薄膜也已发展成规模巨大的产业,光学薄膜作为其中一类重要的光学元件,被广泛应用于现代光学、光电子学、光学工程及其相关的科学技术领域,在光的传输、调制,光谱和能量的分割、合成,光与其他能态的转换过程中起着不可替代的作用。随着科学技术的发展,薄膜光学技术无论从广度还是深度都得到了显著发展,极大地促进了现代光学仪器性能的提高。薄膜元件具体的性能很大程度上是由薄膜的组分、结构、形貌等决定的。不仅如此,薄膜的性能很大程度上会受到光、电、磁和温度等其他物理参数的调控,从薄膜科学的整体来把握光学薄膜,才能更充分地应用光学薄膜,把光学薄膜推向新的高度。因此,学习和掌握薄膜技术已成为在微电子、通信、激光、航空航天、新材料等高新技术产业和科研单位工作的必要条件。编写本书的目的就是使将要进入这些岗位工作的本科生、研究生以及相关技术人员全面了解薄膜的设计、制备、测试分析等技术的基本知识和发展状况。

　　党的二十大报告指出:"教育是国之大计、党之大计。培养什么人、怎样培养人、为谁培养人是教育的根本问题。"为全面落实习近平新时代中国特色社会主义思想进课程教材,落实立德树人的根本任务,本教材在编写过程中,通过显性表述与隐性渗透相结合的方式,将中华民族优秀传统文化、伟大复兴实践要求等融入专业知识体系,构建教材内容,把习近平新时代中国特色社会主义思想的基本立场、观点、方法转化为育人立意和价值导向,引导学生在学习科学知识、培育科学精神、掌握思维方法过程中,体悟习近平新时代中国特色社会主义思想的真理力量,坚定"四个自信",厚植爱国主义情怀,把"爱国情、强国志、报国行"自觉融入建设社会主义现代化强国、实现中华民族伟大复兴的奋斗之中。

　　本书共有8章。第1章简述薄膜与光学薄膜的概念、功能、发展史、基本假定及膜系表示方法;第2章和第3章主要讲述薄膜光学电磁理论基础、光学薄膜的普遍定理、光学薄膜特性计算方法;第4章讲述常用的光学薄膜系统设计;第

5 章详述常见薄膜制备技术;第 6 章对薄膜的生长、结构和缺陷等进行了详细讨论;第 7 章阐述光学薄膜特性测试与分析方法;第 8 章介绍几种新型功能薄膜材料及其应用。具体编写分工如下:第 1～4 章由王月花编写;第 5 章由贾传磊编写;第 6 章由仇亮编写;第 7 章由王伟华编写;第 8 章由李海鹏编写。全书由王月花统稿、定稿。本书内容的安排便于取舍,有些章节可视情况作为选读内容。

本书在编写和出版过程中受到了中国矿业大学相关部门和学院的资助、关心、支持和帮助。

本书在编写过程中参考了诸多文献,在此向文献作者表示衷心的感谢! 同时,由于编者水平有限,书中不当之处在所难免,敬请各位读者、同行和专家批评指正。

编 者
2023 年 5 月

薄膜的设计、制备及应用

目　　录

第1章　薄膜光学概述

📖 **知识目标**

了解薄膜光学发展历史;理解光学薄膜的概念、分类及薄膜干涉的特点;掌握光学薄膜的功能及在光学系统中所起的作用;掌握光学薄膜的基本假定、光学薄膜系统的表示方法。

📖 **能力目标**

能区分光学薄膜与非光学薄膜;能从膜系符号识别具体的薄膜系统;能准确将薄膜系统用符号表示;能解释生活中的实际问题。

📖 **素质目标**

通过学习薄膜光学理论的发展、建立、完善过程,体会人类认识自然的曲折与坎坷,领悟辩证法中否定之否定、对立统一规律;学习为薄膜光学理论建立做出贡献的科学家们追求真理、不畏强权、锲而不舍的科学精神。

1.1　光学薄膜的概念与功能

光学薄膜是指在光学元件或独立的基片上镀的一层或多层介质膜、金属膜或介质-金属膜,用来改变光波的传输特性。光学薄膜大多通过干涉作用来改变光波的传输特性,如简单的肥皂膜、金属表面的氧化膜、水面上油膜显现的颜色,均可视为单层膜的干涉。当膜层中的干涉现象可以被观察时,通常认为膜层是薄的,否则认为是厚膜。干涉现象的观测不仅和膜层厚度有关,还与光源的相干性、探测器种类有关。通常,膜层厚度不超过几个

薄膜与光学薄膜

波长时,可以认为是薄的。与膜层相比,基片的厚度在毫米或厘米量级,因此可以认为基片是厚的。

光在薄膜内干涉效果随波长变化而改变,光经过光学薄膜后,不同波长光的透射、反射、偏振及相位会发生不同变化,这些变化使得光学薄膜至少具有以下功能:

① 反射率的增加或透过率的降低。

② 反射率的降低或透过率的增加。

③ 分光作用:中性分光、双色分光、偏振分光。

④ 光谱带通、带止及长波通或短波通滤光作用。

⑤ 热辐射与发射率的控制、光通量改变。

⑥ 相位的改变。

⑦ 光波的引导、光开关与集成光路。

⑧ 色光与色温的改变。

⑨ 光信息的存储。

⑩ 色光显示与反射、防伪作用等。

光学薄膜的分类有多种方法,主要有:

① 根据光谱响应的不同,可分为增透膜、反射膜、带通滤光片、截止滤光片、分光膜。

② 根据膜厚可分为薄膜(干涉膜)和厚膜(非干涉膜)。

③ 根据膜料分为全介质膜、金属膜、介质-金属膜。

④ 根据层数分为单层膜、双层膜和多层膜(三层膜及以上)。

薄膜光学是研究光在分层介质中传播规律的一门科学,它主要研究光在分层介质中传播时的透射特性、反射特性、吸收特性以及光的偏振状态和相位变化现象。薄膜光学促进了科学仪器的革命,光学零件的薄膜技术除大量应用于光学仪器,如照相机、显微镜、望远镜外,还广泛应用于激光技术、能源研究、空间技术、电子工程、医疗技术、彩色光电印刷机、大规模集成电路制板等领域。可以说,没有薄膜光学就没有现代光电仪器。薄膜光学与导波光学相结合,形成了一门新的学科——集成光学。

薄膜光学发展至今,已经形成了一套比较完整、实用的理论,包括薄膜的特性计算、优化设计等具体内容。

1.2　薄膜光学发展史简介

薄膜光学理论发展初期阶段也是人们对光的波动性认识的阶段。1655年,格里马第首先提出光的波动性,受到了玻意耳、胡克等人的支持,他们对薄膜材料呈现的颜色进行了研究。然而1672年,牛顿提出了光的微粒说,用微粒说阐述了光的颜色理论,并利用颜色来测量薄膜的厚度,这就是所谓的"牛顿环"现象。从此以胡克与牛顿为代表展开了光的波动说与微粒说之

人类对光的认识

间漫长而激烈的争论。尽管波动说的支持者们(比如惠更斯)继承并完善了胡克的观点,但是牛顿的微粒学说也逐步完善并占据了上风。随着牛顿声望的提高,整个18世纪几乎无人向微粒说提出挑战,也很少再有人对光的本性做进一步的研究。直到18世纪末,在德国自然哲学思潮的影响下,人们的思想逐渐解放。托马斯·杨开始对牛顿的光的微粒理论产生了怀疑,并进行了大量的实验研究。1801年,托马斯·杨发表了著名的杨氏双缝干涉实验结果,强有力地支持了光的波动说。虽然托马斯·杨的理论及其后来的辩驳都没有得到足够的重视,甚至遭人毁谤,但他的理论激起了人们对光学研究的兴趣。菲涅耳进一步传播了托马斯·杨所主张的光的波动理论。1816年,菲涅耳发现两束垂直偏振的光不会发生干涉现象,由此证实了光本质上是横波。随后,菲涅耳将杨氏干涉原理和惠更斯的光传播思想结合起来,形成了优美的光的衍射理论。对于薄膜工作者来说,描述单一界面上反射光和透射光的振幅和相位的菲涅耳定理,是非常重要的。后来,夫琅禾费和施维尔德对光通过光栅后的衍射现象进行了成功的解释。至此,新的波动学说牢固地建立了起来,物理光学和薄膜光学才有了理论基础。20世纪初,在新的事实与理论面前,光的波动说与微粒说之争以"光具有波粒二象性"而落下了帷幕。从人类认识光的发展历程中,我们体会到了认识自然的坎坷与曲折,也认识到了光子说并没有否定波动说,正像波动说也不能否定微

薄膜的设计、制备及应用

粒说一样,波动性和粒子性在宏观现象中相互对立、矛盾,但在微观现象中却能完美地对立统一。

1873年,麦克斯韦的《论电与磁》一书将光的电磁理论与波动理论相结合,以此为基础导出了两媒质界面上入射光与反射光、透射光之间的振幅、能量和相位关系,至此分析薄膜光学问题所必需的全部基本理论才宣告完成。然而,19世纪的物理学却没有发展多层膜的概念,也没建立相应的分析方法,其原因是当时的光学系统比较简单,没有这种实际需要,当然,当时也不具备制备多层膜的工艺与设备。即使是单层膜,其应用也历尽艰辛,早在1817年夫琅禾费就用酸蚀法制成了世界上第一批单层减反射膜。1866年,瑞利在报告中称失去光泽的玻璃的反光比新鲜玻璃的反光弱,但这并没有引起人们的重视。1899年,法布里与珀罗制成了第一个薄膜光学元件——法布里-珀罗标准具,但它仍是由两块镀单层银膜的平板构成,而不是一个真正的多层膜器件。

一直到19世纪末,薄膜光学虽然具备了基础理论,但人们并没有找到实际解决制造各种薄膜的工艺方法和膜系设计分析手段,可以说20世纪以前是薄膜光学的早期发展阶段。

1930年,油扩散泵的出现使得工业制造各种薄膜成为可能,接着在实验室制造出了单层反射膜、增透膜、分光膜和金属法布里-珀罗干涉滤光片。

在上述实际工作的推动下,从20世纪40年代开始,薄膜光学理论进入全面发展时期,各种薄膜光学理论和膜系计算方法被相继提出。1956年,瓦施切克出版了第一本薄膜光学专著——《薄膜光学》(*Optics of Thin Films*)。到了20世纪60年代,激光、空间技术和光谱技术的快速发展以及电子计算机的推广应用,推动了薄膜光学的飞速发展。1969年,英国学者麦克劳德用干涉矩阵解释和计算光学薄膜,出版了专著《薄膜光学滤光器》(*Thin Film Optical Filters*)。1976年,尼特尔出版了专著《薄膜光学》(*Optics of Thin Films*),全面讨论了薄膜光学的一些理论问题。

薄膜光学本身的发展主要是解决光学薄膜的理论与计算问题,然后解决各类光学薄膜的设计问题。膜系设计与光学系统设计不同,这是因为光学设计的基础是几何光学,而膜系设计的基础是物理光学,确切说是光的干涉原理。最早的膜系设计方法是试凑法、图解法,但这只能解决一些简单膜系的设计问题。随着优化技术和电子计算机的广泛应用,除了发展基于薄膜光学理论的解析设计方法外,杨和西利根据电路网络设计理论的研究成果,在膜系设计理论中引入网络设计理论。

到20世纪70年代,膜系设计的更大发展是计算机辅助的各种设计方法,特别是膜系自动设计。1981年,利德尔出版了膜系设计专著《多层膜中的计算机设计辅助技术》(*Computes-aided Techniques for the Design of Multilayer Filters*)。目前,在Zemax、CODE V等先进的光学设计软件中已经包含膜系设计模块,并且出现了像Macleod、TFCalc、FilmStar等这样的膜系设计软件。

从薄膜光学理论的建立、发展、完善以及膜系设计、制备的发展历程可以看出,这是一场漫长而艰辛的过程,无数科学家前赴后继,勇于质疑,敢于挑战,攻坚克难,甚至不畏强权,锲而不舍地为之努力、奋斗,这种求真务实的科学精神值得我们继承和发扬。

1.3　薄膜干涉的特点

目前薄膜光学研究和应用的光的波段范围是：可见光，红外的近红外、中红外和波长小于 25 μm 的远红外，以及紫外的近紫外和真空紫外。最近一些年，X 光波段也正在受到世界各国越来越多的重视。

我们知道光波是电磁波，因此光波在分层介质中传播时就应该具有波动的基本特征——干涉现象。我们讨论的薄膜的干涉具有如下特点。

1.3.1　薄膜干涉的时间相干性特点

两束光波相遇产生干涉现象的必要条件是：① 两束光波的频率相同；② 两束光波的振动方向相同；③ 两束光波的相位差保持恒定。但是考虑到光源发光的实际情况，只满足此必要条件的两束光波还不一定能产生干涉现象。我们知道，原子发光过程是不连续的，每个原子一次发光只能持续一定时间 τ，并发射一个长为 l_0 的波列，如光速为 c，则有：

$$l_0 = c\tau \tag{1-1}$$

因为光源上单个原子发光是自发的和不规则的，前后两次发射的波列之间无固定的相位关系，所以只有同一波列的光波分光后再相遇才能叠加产生强度分布稳定的干涉现象。不同波列的光波叠加所得到的是均匀的强度分布，没有干涉条纹。可见，两束光波的光程差不能超过波列长度 l_0，所以 l_0 又叫相干长度，相应的持续时间 τ 又叫相干时间。

我们称光源能产生干涉的最大光程差为光源的相干光程，用符号 L_M 表示，即：

$$L_M = m\lambda \tag{1-2}$$

式中，m 是两束光波能够产生干涉条纹的最高干涉级，或者说 m 是能够分辨条纹的最高干涉级；λ 是光源波段中的中心波长。因为我们能够分辨的最高干涉级 m 为：

$$m = \frac{\lambda}{\Delta\lambda} \tag{1-3}$$

所以

$$L_M = \frac{\lambda^2}{\Delta\lambda} \tag{1-4}$$

式中，$\Delta\lambda$ 为光源的谱线宽度。

式(1-4)表明，能够发生干涉的最大光程差或相干长度与光源的谱线宽度成反比。光源的谱线宽度越小，就越能够在更大的光程差下观察到干涉条纹。例如，用白光作光源时，人眼不能分辨波长相差小于 100 Å 的两种光波的颜色，如果我们把可见光的平均波长算作 5 000 Å，则相干光程 $L_M = 25$ μm。

从发光机构看，相干光程 L_M 就是相干长度 l_0，即 $L_M = l_0$，所以 $\frac{\lambda^2}{\Delta\lambda} = c\tau$，于是有：

$$\Delta\lambda = \frac{\lambda^2}{c\tau} \tag{1-5}$$

由式(1-5)可知，光源非单色性对干涉条纹对比的影响是光源时间相干性的反映。所以，表示光源的时间相干性可以用相干光程、单色性、相干长度、相干时间或谱线宽度，这些说法都是等效的。

由于一般的光学零件的几何厚度都在毫米数量级，远远超过相干光程，因此光学零件的上、下两个表面不会产生干涉现象。但是，在光学零件上镀的薄膜，由于薄膜的光学厚度小于相干光程,因此在薄膜的上、下两个界面上将产生光的干涉现象。

我们定义:当介质的厚度很薄,以至于光束通过它产生的光程差小于相干光程时,称这样薄的介质为薄膜;当介质较厚,光束通过它产生的光程差大于相干光程时,对这样的介质我们称为厚膜。当然,薄膜和厚膜是相对光源单色性而言的,对单色性非常好的激光光源,则不论多厚的玻璃,都可看成是薄膜。例如,对氦氖激光器来说,$\Delta\lambda \leqslant 10^{-7}$ Å,所以$L_M \geqslant 36$ km,因此一切实际的光学零件都可按薄膜现象解释。

结论:薄膜会产生干涉现象,厚膜或玻璃零件对非激光光源则不会产生干涉现象。计算薄膜的光学性质用振幅的矢量和,计算厚膜的光学性质用强度的数量和。这就是薄膜和厚膜的本质区别。

1.3.2 薄膜干涉的空间相干性特点

在干涉仪中,我们对干涉条纹的对比度有着越高越好的要求,干涉条纹的对比度 K 可定义为:

$$K = \frac{I_M - I_m}{I_M + I_m} \tag{1-6}$$

式中,I_M 为干涉条纹光强分布的极大值;I_m 为极小值。

当 $K=1$ 时,条纹对比度最好;当 $K=0$ 时,条纹对比度最差。

对光学薄膜来说,在一般情况下它有着和干涉仪完全相反的要求。我们知道,光学薄膜的作用是改善光学零件界面上的光学特性,如增透膜的作用是增加光学零件界面上的透过光能、减少光学零件界面上的反射光能,而不希望它本身参与成像。如对无限远的一个光点,希望它的像还是一个点,而不是明暗相间的条纹,因此它要求薄膜因干涉而产生的条纹对比度为零。

我们知道,光源的空间大小(即光源的空间相干性)将严重影响干涉条纹的对比度。光源的空间大小增加,条纹的对比度下降;或者反过来,当我们要求 $K=0$ 时对光源的空间相干性没有限制,即它适用于任意的扩张光源。

因此,光学干涉薄膜的一个重要特点是:薄膜的透射率 T 或反射率 R 不是空间位置坐标(x,y)的函数,只是波长 λ 的函数,透射率 T 与波长 λ 的关系如图1-1所示。我们不希望薄膜的干涉效应会改变光能的空间位置分布状况,即薄膜不对空间位置坐标进行光能的重新分配,它只对各种波长的光进行光能的重新分配。

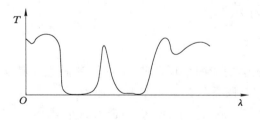

图 1-1 薄膜透射率曲线

但是在特殊情况下,例如在真空室中利用薄膜来测温或测量膜层厚度时,我们希望看到薄膜的干涉条纹,这就要求对光源的宽度做出限制,如采用单色的激光光源。

1.4 光学薄膜的基本假定

为了便于讨论,我们还必须对光学薄膜做如下基本假定:

① 薄膜在光学上是各向同性介质,对于电介质,其特性可用折射率 n 表征,并且 n 是一个实数;对于金属和半导体,其特性可用复折射率(或称光学导纳)$N=n-i\kappa$ 来表征,N 是一个复数,其实部 n 仍叫折射率,其虚部 κ 叫消光系数,i 是虚数单位,$i=\sqrt{-1}$。

② 两个邻接的介质用一个数学界面分开,在这个数学分界面的两边折射率发生不连续的跃变。

③ 折射率在空间坐标上是连续的。为了实际的目的,折射率可随膜层的深度而变化,并称之为非均匀薄膜或变折射率薄膜。

④ 膜层用两个如②所规定的平行平面所分开的空间来定义,它的横向大小假定为无限大,而膜层的厚度是光的波长数量级。

本书的讨论只限于这些基本假定,但真实的光学薄膜并非如此。真实的光学薄膜与这里所采用的分层介质的简单模型所产生的差别虽然在大多数情况下是可以被忽略的,但它所造成的扰动使理论应用受到实际的限制。在更精确的理论中,我们必须考虑真实薄膜如下物理因素:

① 蒸发薄膜的多晶结构可能造成光的散射或吸收。

② 基体表面的粗糙度和薄膜界面的粗糙度也将造成光的散射或吸收。

③ 薄膜结构和内应力所造成的薄膜的各向异性。

④ 薄膜的结构和薄膜的光学常数与薄膜的实际厚度有关。

⑤ 折射率与厚度随时间的变化特性(经时效应)。

⑥ 两相邻材料之间的扩散将造成内过渡层。

⑦ 成膜以后的吸附和氧化将造成外过渡层。

⑧ 由非稳定的蒸发条件造成薄膜的非均匀性。

⑨ 介质光学常数的色散。

⑩ 不同膜层的生成机理。

1.5 薄膜的表示方法

1.5.1 膜层与膜系

膜系是指具有一定光学功能的多层薄膜,有时也称膜堆。膜层是指膜系中的任何一层膜。膜层与膜系的关系如图 1-2 所示。

一般而言,薄膜在空气中(或真空中)使用,习惯上用 n_0 表示空气折射率,并从空气侧开始标注各膜层的折射率 $n_1,n_2,\cdots,n_k$,其中 k 为膜系的总层数,基片的折射率记为 n_g,k 层膜存在 $(k+1)$ 个界面,顺序记为 $1\sim(k+1)$。

膜层、膜系和膜厚

1.5.2 膜层厚度

膜层的厚度主要有以下三种表示方法:

薄膜的设计、制备及应用

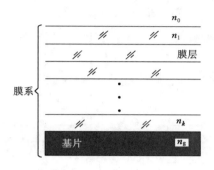

图 1-2　膜层与膜系的关系

① 几何厚度:指膜层的实际厚度,也称物理厚度,一般用 d 表示,膜层的几何厚度一般为几百纳米。

② 光学厚度:指膜层等效为光波在真空中的厚度,也就是膜层对应的光程,数值上等于几何厚度与膜层折射率的乘积,记为 nd。不加说明时,膜厚指光学厚度。

③ 相位厚度:指膜层对光波相位的调制厚度,它与入射光波波长、膜层光学厚度以及光波的入射角有关,相位厚度的表达式为:

$$\delta = \frac{2\pi}{\lambda} nd \cos \theta_0$$

1.5.3　膜系与膜层的表示

常见的膜系主要分为周期膜系和非周期膜系。对于周期膜系,若膜层 $n_1 > n_2$,我们一般用 H 表示 n_1 层,L 表示 n_2 层,A 表示空气(一般为入射介质),G 表示基片(一般为玻璃)。在膜厚相同时,$nd = \frac{\lambda}{4}$ 称为一个单位厚度,周期数记为 S,则膜系表示为:

周期性膜系的表示

$$A(HL)^S G$$

当 $S = 2$ 时,膜系的具体结构为 AHLHLG。

完整的周期膜系可表示为:

$$A(HL)^S G$$

$$n_A = ? \quad n_H = ? \quad n_L = ? \quad n_g = ? \quad S = ? \quad \theta_0 = ? \quad \lambda_0 = ?$$

对于非周期膜系,其膜层厚度也不一定为单位厚度或单位厚度的整数倍,此时用 $k_1, k_2, k_3 \cdots$ 表示膜层的厚度系数,完整非周期膜系可表示为:

$$A k_1 M_1 k_2 M_2 k_3 M_3 \cdots G$$

$$n_A = ? \quad n_g = ? \quad \theta_0 = ?$$

$$k_1 = ? \quad k_2 = ? \quad k_3 = ? \cdots$$

$$n_{M_1} = ? \quad n_{M_2} = ? \quad n_{M_3} = ? \cdots$$

1.5.4　膜系的性能表示

根据膜系功能的不同,膜系的性能通常用反射光谱曲线或透射光谱曲线表示,典型高反射膜系的反射光谱曲线和透射光谱曲线如图 1-3 所示,当忽略膜层的吸收时,由于 $R(\lambda) +$

$T(\lambda)=1$，所以反射光谱曲线和透射光谱曲线是互补关系。

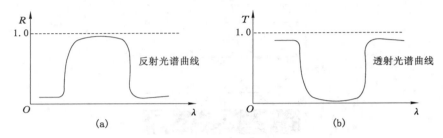

图 1-3　膜系反射光谱曲线和透射光谱曲线

思考题与习题

1. 两列光波产生干涉的相干条件有哪些？怎样才能获得相干光？

2. 简述薄膜厚度的分类及定义。

3. 为什么计算薄膜的光学性质时用振幅的矢量和，而计算厚膜或玻璃零件的光学性质时用强度的数量和？

4. 简述光源的空间相干性如何影响干涉条纹的对比度。

5. 查阅资料了解薄膜光学理论的建立过程，了解为此做出贡献的科学工作者的经历以及他们的成就，并简要阐述对你的影响及你对此的看法。

第 1 章习题答案

薄膜的设计、制备及应用

第2章　薄膜光学电磁理论基础

理解麦克斯韦方程组的两种形式及其区别、电磁场边界条件；掌握电磁波传播时与物质相互作用的规律、光学导纳方程、菲涅耳公式、有效光学导纳。

能根据介质性质选择合适的波动方程；能正确运用电磁场边界条件、光学导纳方程和菲涅耳公式解决实际问题。

通过本章内容的学习，体会自然界对称之美和普遍联系规律，培养类比分析、严谨务实的科学思维和科学态度，认识科技是国之利器，激发科技兴国、科技强国的历史责任感。

2.1　麦克斯韦方程组

按照麦克斯韦电磁场理论，可以这样来理解变化的电磁场在空间的传播：设在空间某一区域中的电场发生变化，在它邻近的区域就会产生变化的磁场，这个变化的磁场又要在较远的区域产生变化的电场，接着在更远的区域产生变化的磁场。如此持续下去，变化的电场和变化的磁场不断相互转化，并由近及远地传播出去。这种变化的电磁场在空间以一定的速度传播的过程叫作电磁波。电磁波带给人类全新的、颠覆性的改变，电磁波的应用和相关技术的发展加速了产品的更新换代，带动了经济的快速发展，同时也推动了人们生活方式的变革。北斗导航和中国天眼就是很好的例子。这是我国自主研发的大国重器，打破了西方技术垄断、维护了中国战略利益、创造了消费动力、带动了新产业、推动了我国科技与经济的双重发展。作为新一代的接班人，我们要用强大的专业知识和技能武装自己，加入科技兴国、科技强国的大潮，为实现伟大复兴的中国梦而奋斗！

北斗导航

燃尽自己点亮天眼

电磁场理论还说明，光波也包括在电磁波之中，从而把光现象和电磁现象联系起来。研究薄膜系统的光学特性，从理论观点来说，就是研究平面电磁波通过分层介质的传播。因此，处理薄膜问题的最有效的方法是解麦克斯韦方程组。我们在未正式讨论主题之前，首先简单地回顾一下麦克斯韦方程组。

对于各向同性的介质，麦克斯韦方程组的积分形式为：

$$\oiint_S \boldsymbol{D} \cdot \mathrm{d}\boldsymbol{S} = \iiint_v \rho \mathrm{d}V \qquad (2\text{-}1)$$

$$\oint_S \boldsymbol{B} \cdot \mathrm{d}\boldsymbol{S} = 0 \tag{2-2}$$

$$\oint_L \boldsymbol{E} \cdot \mathrm{d}\boldsymbol{l} = -\frac{\mathrm{d}\boldsymbol{\Phi}}{\mathrm{d}t} = -\iint_S \frac{\partial \boldsymbol{B}}{\partial t} \cdot \mathrm{d}\boldsymbol{S} \tag{2-3}$$

$$\oint_L \boldsymbol{H} \cdot \mathrm{d}\boldsymbol{l} = \iint_S \boldsymbol{j} \cdot \mathrm{d}\boldsymbol{S} + \iint_S \boldsymbol{j}_D \cdot \mathrm{d}\boldsymbol{S} \tag{2-4}$$

式中，$\boldsymbol{D}$ 是电位移矢量；ρ 是空间自由电荷体密度；$\boldsymbol{B}$ 是磁感应强度矢量；$\boldsymbol{E}$ 是电场强度矢量；$\boldsymbol{H}$ 是磁场强度矢量；$\boldsymbol{j}$ 和 $\boldsymbol{j}_D$ 分别是传导电流密度矢量和位移电流密度矢量（$\boldsymbol{j}_D = \frac{\partial \boldsymbol{D}}{\partial t}$）。

式（2-1）是电场高斯定理，表示在任何电场中，通过任何封闭曲面的电位移通量等于包含在这个封闭曲面内自由电荷的代数和。式（2-2）是磁场高斯定理，表示在任何磁场中，通过任何封闭曲面的磁通量总是等于零。式（2-3）是法拉第电磁感应定律，表示在任何电场中，电场强度沿任意闭合曲线的线积分等于通过该曲线所包围面积的磁通量的时间变化率的负值，同时也说明了变化的磁场可以产生环形电场。式（2-4）是全电流定理，表示在任何磁场中，磁场强度沿任意闭合曲线的线积分等于通过以这一曲线为边界的任意曲面的全电流。

麦克斯韦方程组的积分形式适用于某一有限大小范围内的电磁场，如一闭合回路或一封闭曲面内的电磁场。要想确定某一给定点的电磁场，必须采用麦克斯韦方程组的微分形式。利用场论中的高斯定理和斯托克斯定理可以把麦克斯韦方程组的积分形式化成如下的微分形式：

$$\nabla \cdot \boldsymbol{D} = \rho \tag{2-5}$$

$$\nabla \cdot \boldsymbol{B} = 0 \tag{2-6}$$

$$\nabla \times \boldsymbol{E} = -\frac{\partial \boldsymbol{B}}{\partial t} \tag{2-7}$$

$$\nabla \times \boldsymbol{H} = \boldsymbol{j} + \boldsymbol{j}_D \tag{2-8}$$

电磁场是运动电荷所激发的，此外，还需要考虑介质对电磁场的影响。在麦克斯韦理论中，无须考虑物质的微观结构，而只是应用表征介质特性的量，即介电常数 ε、磁导率 μ 和电导率 σ 来描述介质对电磁场的影响。因此在场方程组中，还需加上联系电磁场基本矢量的物质方程，即：

$$\boldsymbol{D} = \varepsilon \boldsymbol{E} \tag{2-9}$$

$$\boldsymbol{B} = \mu \boldsymbol{H} \tag{2-10}$$

$$\boldsymbol{j} = \sigma \boldsymbol{E} \tag{2-11}$$

2.2 平面电磁波

为简化问题，将光看成平面电磁波，将位移电流密度矢量 $\boldsymbol{j}_D = \frac{\partial \boldsymbol{D}}{\partial t}$ 代入式（2-8）中，得：

$$\nabla \times \boldsymbol{H} = \boldsymbol{j} + \frac{\partial \boldsymbol{D}}{\partial t} \tag{2-12}$$

已知 $\boldsymbol{D} = \varepsilon \boldsymbol{E}$，$\boldsymbol{B} = \mu \boldsymbol{H}$ 和 $\boldsymbol{j} = \sigma \boldsymbol{E}$，代入式（2-7）和式（2-12）中，得：

$$\nabla \times \boldsymbol{E} = -\mu \frac{\partial \boldsymbol{H}}{\partial t} \tag{2-13}$$

$$\nabla \times \boldsymbol{H} = \sigma \boldsymbol{E} + \varepsilon \frac{\partial \boldsymbol{E}}{\partial t} \tag{2-14}$$

对式(2-13)取旋度,并把式(2-14)代入,得:

$$\nabla \times (\nabla \times \boldsymbol{E}) = -\mu \frac{\partial (\nabla \times \boldsymbol{H})}{\partial t} = -\mu \frac{\partial}{\partial t} \left(\sigma \boldsymbol{E} + \varepsilon \frac{\partial \boldsymbol{E}}{\partial t} \right) \tag{2-15}$$

应用矢量恒等式,式(2-15)的左边可以表示为:

$$\nabla \times (\nabla \times \boldsymbol{E}) = \nabla (\nabla \cdot \boldsymbol{E}) - \nabla^2 \boldsymbol{E} \tag{2-16}$$

式(2-15)与式(2-16)相等,并设空间里没有电荷,即 $\nabla \cdot \boldsymbol{E} = 0$,得:

$$\nabla^2 \boldsymbol{E} = \mu \varepsilon \frac{\partial^2 \boldsymbol{E}}{\partial t^2} + \mu \sigma \frac{\partial \boldsymbol{E}}{\partial t} \tag{2-17}$$

经过同样的计算,得:

$$\nabla^2 \boldsymbol{H} = \mu \varepsilon \frac{\partial^2 \boldsymbol{H}}{\partial t^2} + \mu \sigma \frac{\partial \boldsymbol{H}}{\partial t} \tag{2-18}$$

式(2-17)和式(2-18)就是表示电磁波在介质中传播的波动方程。

介质的性质对电磁波传播有很大的影响,因此我们分两种情况对电磁波在介质中的传播进行讨论。

2.2.1 不导电无限大均匀介质中波动方程

对于不导电的无限大均匀介质,$\sigma = 0$,式(2-17)和式(2-18)可变为:

$$\begin{cases} \nabla^2 \boldsymbol{E} = \mu \varepsilon \frac{\partial^2 \boldsymbol{E}}{\partial t^2} \\ \nabla^2 \boldsymbol{H} = \mu \varepsilon \frac{\partial^2 \boldsymbol{H}}{\partial t^2} \end{cases} \tag{2-19}$$

现引入一个量 v,使得 $v^2 = \frac{1}{\mu \varepsilon}$,则式(2-19)可以写成:

$$\nabla^2 \boldsymbol{E} = \frac{1}{v^2} \frac{\partial \boldsymbol{E}^2}{\partial t^2} \tag{2-20}$$

$$\nabla^2 \boldsymbol{H} = \frac{1}{v^2} \frac{\partial \boldsymbol{H}^2}{\partial t^2} \tag{2-21}$$

这就是在不导电的无限大均匀介质中电磁场所满足的波动方程。可见,电磁矢量是以速度 $v = 1/\sqrt{\mu \varepsilon}$ 按波动形式在介质中传播的,所以变化的电磁场称为电磁波。在真空中电磁波的传播速度即是光速 $c = \frac{1}{\sqrt{\mu_0 \varepsilon_0}} = 2.998 \times 10^8$(m/s),式中 μ_0 和 ε_0 分别是真空中的磁导率和介电常数。电磁实验测定的电磁波在真空中的传播速度与光在真空中的速度是一致的。应该指出,这并不是一种巧合,而是表明光与电磁波之间存在着本质的联系——光就是电磁波。

电磁波在真空中的速度 c 与在不导电的均匀介质中的速度 v 之比,称为介质的折射率 n。由此我们得到著名的麦克斯韦公式:$n = \frac{c}{v} = \frac{\sqrt{\mu \varepsilon}}{\sqrt{\mu_0 \varepsilon_0}} = \sqrt{\mu_r \varepsilon_r}$。由此可知,介质的折射率完全是由介质的相对介电常数 ε_r 和相对磁导率 μ_r 所决定的。在光频率下,一般光学材料的

μ_r 值通常与 1 相差很小，所以有：

$$n = \sqrt{\varepsilon_r} \tag{2-22}$$

2.2.2 导电介质中波动方程

对一个在 x 轴正方向行进的平面波来说，假定在不导电介质中传播时式(2-17)的一个解为：

$$\boldsymbol{E} = \boldsymbol{E}_0 \exp\left[i\omega\left(t - \frac{x}{v}\right)\right] \tag{2-23}$$

式中，ω 是平面波的角频率；v 是平面波在介质中的传播速度；$\boldsymbol{E}$ 实际上既可以代表电场振幅，也可以代表磁场振幅，但是因为在光频范围仅电场矢量对介质有重要作用，所以光波的振幅通常只考虑电场振幅。式(2-23)是在 $\sigma = 0$ 时式(2-17)的一个特解。

对于导电介质，$\sigma \neq 0$，将式(2-23)代入式(2-17)中，得：

$$\frac{1}{v^2} = \varepsilon\mu - i\frac{\sigma\mu}{\omega} \tag{2-24}$$

令 $\dfrac{c}{v} = N$，有：

$$N^2 = \left(\varepsilon\mu - i\frac{\sigma\mu}{\omega}\right)\Big/(\varepsilon_0\mu_0) \tag{2-25}$$

要使式(2-25)成立，则 N 必须是一个复数，称为复折射率。令：

$$N = \frac{c}{v} = n - i\kappa \tag{2-26}$$

式中，n 为介质的折射率；κ 是消光系数。

对式(2-26)取平方，并与式(2-25)比较，得：

$$n^2 - \kappa^2 = \varepsilon\mu/(\varepsilon_0\mu_0) = \varepsilon_r\mu_r$$
$$2n\kappa = \sigma\mu/(\omega\varepsilon_0\mu_0) = \sigma\mu_r/(\omega\varepsilon)$$

通常，μ_r 与 1 很相近，所以有：

$$n^2 - \kappa^2 = \varepsilon_r \tag{2-27}$$

$$2n\kappa = \sigma/(\omega\varepsilon_0) \tag{2-28}$$

又因 $\omega = 2\pi\nu$，$v = c/N$ 和 $c = \lambda\nu$，于是式(2-23)可写成：

$$\boldsymbol{E} = \boldsymbol{E}_0 \exp\left[i\left(\omega t - \frac{2\pi Nx}{\lambda}\right)\right] \tag{2-29}$$

上式表示波长为 λ 的单色平面波沿 x 轴正方向传播。若一平面波不是沿 x 轴正方向传播，而是沿给定的方向余弦 (α, β, γ) 传播，则式(2-29)可变成：

$$\boldsymbol{E} = \boldsymbol{E}_0 \exp\left[i\left(\omega t - \frac{2\pi N}{\lambda}\right)(\alpha x + \beta y + \gamma z)\right] \tag{2-30}$$

把式(2-26)代入式(2-29)中，得：

$$\boldsymbol{E} = \boldsymbol{E}_0 \exp\left(1 - \frac{2\pi\kappa x}{\lambda}\right)\exp\left[i\left(\omega t - \frac{2\pi nx}{\lambda}\right)\right] \tag{2-31}$$

上式说明电磁波在导电介质（$\sigma \neq 0$，因而 $\kappa \neq 0$）中是一个衰减波，消光系数是介质吸收电磁能量的度量。当传播距离为 $x = \lambda/(2\pi\kappa)$ 时，波的振幅减小到原来的 $1/e$。振幅的减小是介质内产生的电流将波的能量转换为热能所致。式(2-31)中的 nx 称为光程。在薄膜光学中，膜层厚度为 d，常称 nd 为光学厚度。

2.3　光学导纳方程

从麦克斯韦方程组还得出 E 和 H 的几个重要关系式。考虑式(2-30)表示的平面电磁波沿单位矢量 S_0 传播，由式(2-30)得 $\dfrac{\partial E}{\partial t} = \mathrm{i}\omega E$，同时，从式(2-12)及关系式 $D = \varepsilon E$，$B = \mu H$ 和 $j = \sigma E$ 得到 $\nabla \times H = \sigma E + \varepsilon \dfrac{\partial E}{\partial t} = (\sigma + \mathrm{i}\omega\varepsilon)E$，根据式(2-25)有：

$$\nabla \times H = \mathrm{i}\frac{\omega N^2}{\mu c^2}E \tag{2-32}$$

式(2-30)可写作：

$$E = E_0 \exp\left[\mathrm{i}\left(\omega t - \frac{2\pi N}{\lambda}\right)S_0 \cdot r\right] \tag{2-33}$$

式中，r 为坐标矢径。

由于 E 和 H 的解是对称的，所以有：

$$H = H_0 \exp\left[\mathrm{i}\left(\omega t - \frac{2\pi N}{\lambda}\right)S_0 \cdot r\right] \tag{2-34}$$

由于

$$\nabla \times H = \left(\mathrm{i}\frac{\partial}{\partial x} + \mathrm{j}\frac{\partial}{\partial y} + \mathrm{k}\frac{\partial}{\partial z}\right) \times H$$

从而

$$
\begin{cases}
(\nabla \times H)_x = \dfrac{\partial H_z}{\partial y} - \dfrac{\partial H_y}{\partial z} = -\mathrm{i}\dfrac{2\pi N}{\lambda}S_{0y}H_z + \mathrm{i}\dfrac{2\pi N}{\lambda}S_{0z}H_y = -\mathrm{i}\dfrac{2\pi N}{\lambda}(S_0 \times H)_x \\[2mm]
(\nabla \times H)_y = -\mathrm{i}\dfrac{2\pi N}{\lambda}(S_0 \times H)_y \\[2mm]
(\nabla \times H)_z = -\mathrm{i}\dfrac{2\pi N}{\lambda}(S_0 \times H)_z
\end{cases}
$$

$$\tag{2-35}$$

因而

$$(\nabla \times H) = -\mathrm{i}\frac{2\pi N}{\lambda}(S_0 \times H) \tag{2-36}$$

将式(2-32)代入式(2-36)中，得：

$$S_0 \times H = \frac{N}{\mu c}E = -\frac{N\sqrt{\varepsilon_0/\mu_0}}{\mu_r}E \tag{2-37}$$

同样，由式(2-13)和式(2-33)可得：

$$\frac{N\sqrt{\varepsilon_0/\mu_0}}{\mu_r}(S_0 \times E) = H \tag{2-38}$$

由式(2-37)与式(2-38)可知，电场 E 与磁场 H 相互垂直，各自都与波的传播方向 S_0 垂直，并符合右旋法则(图 2-1)。这进一步表明电磁波是横波。由式(2-38)还可以知道，对于介质中任一点，E 和 H 不但相互垂直，而且数值间存在一定的比值关系：

$$Y = \frac{|H|}{|(S_0 \times E)|} = \frac{N\sqrt{\varepsilon_0/\mu_0}}{\mu_r} \tag{2-39}$$

式中，Y 为介质的光学导纳，它是磁场强度与电场强度的比值，在光波段，μ_r 足够接近于 1 的情况下,介质的光学导纳为 $Y = NY_0$,其中自由空间导纳 $Y_0 = \sqrt{\varepsilon_0/\mu_0}$,在国际单位制中其值为 1/377 西门子。若以自由空间导纳为单位,则光学导纳也可以表示为 $Y = N$。因此,今后在数值上我们将用介质的复折射率表示它的光学导纳而不做任何说明。显然,在微波区我们不能假定磁导率 μ_r 接近于 1,因而此时介质的光学导纳和折射率没有简单的关系。

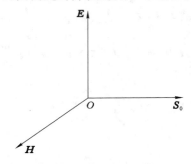

图 2-1　电磁波的右旋法则

以自由空间导纳为单位后 $Y = N$,则式(2-37)与式(2-38)可写成:

$$\begin{cases} \boldsymbol{S}_0 \times \boldsymbol{H} = -N\boldsymbol{E} \\ N(\boldsymbol{S}_0 \times \boldsymbol{E}) = \boldsymbol{H} \end{cases} \tag{2-40}$$

上式称为光学导纳方程。光学导纳的这种表达式在薄膜光学中非常有用。

2.4　电磁场的边界条件

上面我们研究了电磁波在各向同性均匀介质中传播的一些问题,在光学薄膜中具有更大意义的是,当电磁波从一种介质进入另一种介质时将产生哪些光学行为? 为此我们先求出在界面两侧电磁场之间的关系,即所谓边界条件。

我们考虑两种不同介质 1 和 2 交界处 $\boldsymbol{E}$ 和 $\boldsymbol{H}$ 的情况。我们把积分空间取在界面附近的两侧空间,如图 2-2 所示。图中下角 1 表示介质 1,下角 2 表示介质 2,下角 t 表示切向分量,下角 n 表示法向分量。界面上法线方向的单位矢量为 $\boldsymbol{n}$,设 $\boldsymbol{E}_1$ 为介质 1 中的电场强度,$\boldsymbol{E}_2$ 为介质 2 中的电场强度,并假定它们在积分空间范围内变化缓慢,所以当长度 l 取得比较小时,$\boldsymbol{E}_1$ 和 $\boldsymbol{E}_2$ 可以分别当作常矢量,根据法拉第电磁感应定律 $\oint_L \boldsymbol{E} \cdot \mathrm{d}\boldsymbol{l} = -\iint_s \frac{\partial \boldsymbol{B}}{\partial t} \cdot \mathrm{d}\boldsymbol{S}$,结合我们的具体问题,上式左端可写成:

$$\oint_L \boldsymbol{E} \cdot \mathrm{d}\boldsymbol{l} = \boldsymbol{E}_1 \cdot \boldsymbol{l}_1 + \boldsymbol{E}_2 \cdot \boldsymbol{l}_2 = (\boldsymbol{E}_2 - \boldsymbol{E}_1) \cdot \boldsymbol{l}_2$$

上式忽略了 $\boldsymbol{E} \cdot d$ 项,这是因为 $d \ll l$,且 d 为无穷小量,而 l_1 和 l_2 的长度均为 l,但方向相反,平行于界面。所以有:

$$(\boldsymbol{E}_{t1} - \boldsymbol{E}_{t2}) \cdot l = \frac{\partial \boldsymbol{B}}{\partial t} l d$$

式中,$\boldsymbol{E}_{t1}$ 和 $\boldsymbol{E}_{t2}$ 各为两种介质中 $\boldsymbol{E}$ 的切向分量。消去两边的 l,再令 d 趋于零,我们得到:

$$\boldsymbol{E}_{t1} = \boldsymbol{E}_{t2} \tag{2-41}$$

即在通过不同介质时,电矢量 $\boldsymbol{E}$ 的切向分量是连续的。

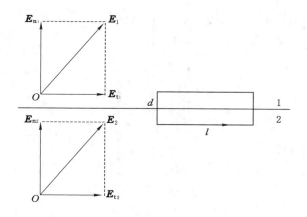

图 2-2　电场强度切向分量边界条件的推导

根据类似的方法,我们可以从麦克斯韦方程组求得其他三个边界条件,它们分别是:

① 在静电场时,在不带电的分界面两侧,电位移矢量的法向分量是连续的,即:

$$D_{n1} = D_{n2} \qquad (2\text{-}42)$$

② 对静磁场的边界条件是,在界面两侧磁感应矢量的法向分量总是连续的,即:

$$B_{n1} = B_{n2} \qquad (2\text{-}43)$$

③ 这时只有当两种介质的分界面上没有传导面电流时,磁场强度的切向分量才连续,即:

$$H_{t1} = H_{t2} \qquad (2\text{-}44)$$

如果沿着边界表面有传导电流密度 j 时,H 的切向分量之差等于传导电流密度。

由于本书所研究的各类薄膜不带电、不载流,因此上述四个边界条件都成立。

在应用上述边界条件时,我们应着重注意下述两点:

① 上述边界条件中的电磁矢量都是指界面两侧的总场强,例如当介质 1 中同时存在入射光波和反射光波时,E_1 是指入射光波和反射光波各自 E 矢量的和。其余各量都如此。

② 电磁场矢量都是时间、空间的函数,所以上述边界条件对任意时刻都成立,对界面上任意位置亦都成立。

2.5　菲涅耳公式

光波在传播过程中遇到界面时,它们的传播方向会发生改变,改变遵循反射定理和折射定理(有的书上称为斯涅耳定理)。这些内容在以前相关课程中讨论过,这里不再赘述。下面我们讨论界面上反射波和透射波振幅的大小以及反射相位的变化。为了避免混淆,我们必须首先规定电场矢量的正方向。最容易处理的是垂直入射的情况。

2.5.1　光线垂直入射时的菲涅耳公式

在垂直入射时,我们选择图 2-3 所示的符号规则。通常取 z 轴垂直于界面,正方向沿着入射波的传播方向。x 轴和 y 轴位于界面内。规定入射波、反射波和透射波的电矢量的正方向相同(例如都从纸面向外)。对于电场我们选择最简单的约定,但是由于这些矢量形成右手系,所以也就包含了对磁场矢量的隐含约定。

反射系数

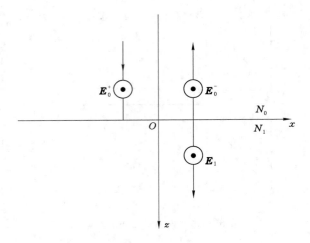

图 2-3　垂直入射时电矢量的正方向

因为光波是垂直入射到界面上的,所以 E 和 H 都平行于界面,并且在界面两边它们都是连续的。这时在入射介质 N_0 中有两束波,一束是正向行波(入射光波)E_0^+、H_0^+,一束是反向行波(反射光波)E_0^-、H_0^-,而在第二介质 N_1 中只有正向行波,即折射光波 E_1^+、H_1^+,由导纳方程可知:

$$H_1 = N_1(S_0 \times E_1) \tag{2-45}$$

$$H_0^+ = N_0(S_0 \times E_0^+) \tag{2-46}$$

$$H_0^- = N_0(-S_0 \times E_0^-) \tag{2-47}$$

应用边界条件有:

$$E_1 = E_1^+ = E_0^+ + E_0^- \tag{2-48}$$

$$H_1 = H_1^+ = H_0^+ + H_0^- \tag{2-49}$$

将式(2-45)~式(2-47)代入式(2-49)中,得:

$$N_1(S_0 \times E_1) = N_0(S_0 \times E_0^+ - S_0 \times E_0^-)$$

即

$$N_1 E_1 = N_0(E_0^+ - E_0^-)$$

再将式(2-48)代入上式中,得:

$$N_1(E_0^+ + E_0^-) = N_0(E_0^+ - E_0^-) \tag{2-50}$$

故有:

$$E_0^- = \frac{N_0 - N_1}{N_0 + N_1} E_0^+ \tag{2-51}$$

即

$$r = \frac{E_0^-}{E_0^+} = \frac{N_0 - N_1}{N_0 + N_1} \tag{2-52}$$

式中,r 称为振幅反射系数,或称菲涅耳反射系数。

将式(2-45)~式(2-47)代入式(2-49)中,再将式(2-48)代入,得:

$$E_1^+ = \frac{2N_0}{N_0 + N_1} E_0^+ \tag{2-53}$$

所以

$$t = \frac{E_1^+}{E_0^+} = \frac{2N_0}{N_0 + N_1} \tag{2-54}$$

式中，t 称为振幅透射系数，或称菲涅耳透射系数。

2.5.2 倾斜入射时的菲涅耳公式

上面讨论了垂直入射时的情况，但其结果不难推广到倾斜入射时的情况。这时我们需分别对 p 偏振和 s 偏振规定电矢量的正方向，符号如图 2-4 所示，这和垂直入射时所取的约定规则是一致的。

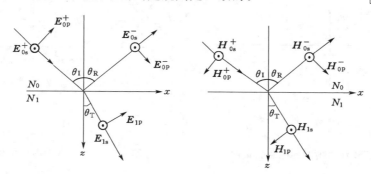

图 2-4　光波斜入射时的电磁矢量图

只要引进有效导纳 η，用 η_0 和 η_1 代替式(2-52)和式(2-54)中的 N_0 和 N_1，便可求得倾斜入射时的反射系数和透射系数。η 可定义为磁场强度的切向分量与电场强度的切向分量之比。

对于正向波有：

$$\eta = H_t^+ / (S_0 \times E_t^+) \tag{2-55}$$

对于反向波有：

$$\eta = -H_t^- / (S_0 \times E_t^-) \tag{2-56}$$

于是我们看到，η 不仅与入射角有关，而且依赖于 E 和 H 相对于入射平面的方位。对于图 2-4 上任何一个特定方位上的电磁矢量 E 和 H，我们可以将它们分成两个标准方位上分量的组合：

① E 位于入射面内，这个波称为 TM 波（横磁波）或称 p 偏振波。

② E 垂直于入射面，这个波称为 TE 波（横电波）或称 s 偏振波。

可以证明：TM 波和 TE 波是相互独立的。下面分别讨论 TM 波和 TE 波的反射系数和透射系数。

当入射光波是 TM 波（p 偏振）时，光波的磁矢量 H 与界面平行，即 $H_t = H$，而电矢量 E 与界面有倾斜角 θ（图 2-5），因此有：

$$E_t = E\cos\theta$$

根据导纳方程 $H = N(S_0 \times E)$，有：

$$H = H_t = N(S_0 \times E) = N(S_0 \times E_t / \cos\theta) = \frac{N}{\cos\theta}(S_0 \times E_t) \tag{2-57}$$

将上式与式(2-55)相比较，我们可以看出，在 p 偏振时有：

$$\eta_p = N / \cos\theta \tag{2-58}$$

当光波是 TE 波(s 偏振)时,$\boldsymbol{E}$ 与界面平行,即 $\boldsymbol{E}_t=\boldsymbol{E}$,而 $\boldsymbol{H}$ 与其切向分量 $\boldsymbol{H}_t$ 存在如下关系(图 2-6):

$$\boldsymbol{H}_t = \boldsymbol{H}\cos\theta$$

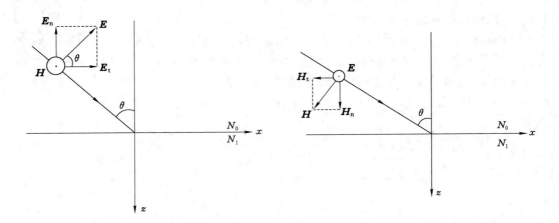

图 2-5　TM 波入射时的电磁矢量图　　　　图 2-6　TE 波入射时的电磁矢量图

同样根据导纳方程 $\boldsymbol{H}=N(\boldsymbol{S}_0\times\boldsymbol{E})$,有:

$$\boldsymbol{H}=\frac{\boldsymbol{H}_t}{\cos\theta}=N(\boldsymbol{S}_0\times\boldsymbol{E})=N(\boldsymbol{S}_0\times\boldsymbol{E}_t) \tag{2-59}$$

即

$$\boldsymbol{H}_t = N\cos\theta(\boldsymbol{S}_0\times\boldsymbol{E}_t)$$

将此式与式(2-55)相比较,我们得出在 s 偏振时有:

$$\eta_s = N\cos\theta \tag{2-60}$$

现在菲涅耳反射系数可以写成:

$$r_p = \left(\frac{E_0^-}{E_0^+}\right)_p = \frac{E_{0t}^-/\cos\theta_0}{E_{0t}^+/\cos\theta_0} = \frac{E_{0t}^-}{E_{0t}^+} \tag{2-61}$$

对于切向分量,式(2-52)是成立的,不过这时 N 要换成 η,所以有:

$$r_p = \frac{E_{0t}^-}{E_{0t}^+} = \frac{\eta_{0p}-\eta_{1p}}{\eta_{0p}+\eta_{1p}} = \frac{N_0\cos\theta_1-N_1\cos\theta_0}{N_0\cos\theta_1+N_1\cos\theta_0} \tag{2-62}$$

对于 s 偏振有:

$$r_s = \left(\frac{E_0^-}{E_0^+}\right)_s = \frac{E_{0t}^-}{E_{0t}^+} = \frac{\eta_{0s}-\eta_{1s}}{\eta_{0s}+\eta_{1s}} = \frac{N_0\cos\theta_0-N_1\cos\theta_1}{N_0\cos\theta_0+N_1\cos\theta_1} \tag{2-63}$$

同样,透射系数可以写成:

$$t_p = \left(\frac{E_1^+}{E_0^+}\right)_p = \frac{E_{1t}^+/\cos\theta_1}{E_{0t}^+/\cos\theta_0} = \frac{E_{1t}^+}{E_{0t}^+}\cdot\frac{\cos\theta_0}{\cos\theta_1}$$

$$= \frac{2\eta_{0p}}{\eta_{0p}+\eta_{1p}}\cdot\frac{\cos\theta_0}{\cos\theta_1} = \frac{2N_0\cos\theta_0}{N_0\cos\theta_1+N_1\cos\theta_0} \tag{2-64}$$

$$t_s = \left(\frac{E_1^+}{E_0^+}\right)_s = \frac{E_{1t}^+}{E_{0t}^+} = \frac{2\eta_{0s}}{\eta_{0s}+\eta_{1s}} = \frac{2N_0\cos\theta_0}{N_0\cos\theta_0+N_1\cos\theta_1} \tag{2-65}$$

菲涅耳公式是薄膜光学中的基本公式之一,因为光波在薄膜中的光学行为实际上是光波在分层介质各个界面上的菲涅耳系数相互叠加的结果,所以菲涅耳公式在薄膜光学中是非常重要的。由于用导纳表示的菲涅耳公式简洁,便于在计算机上应用,因此我们在今后的膜系计算中只采用这种表达式。

思考题与习题

1. 简述麦克斯韦方程的边界条件及物理意义,并写出相应的表达式。

2. 试推导电磁波在不带电的无限均匀介质中的波动方程。

3. 由麦克斯韦方程推导反映电场和磁场的重要关系式导纳方程。

4. 推导光波垂直入射到界面时的菲涅耳反射系数和透射系数。

5. 已知入射介质的折射率 $n_0 = 1.0$,第二介质的折射率 $N_1 = 0.06 + i4.2$,试针对 p 偏振和 s 偏振分量计算平行光束在各种入射角 θ 下的反射率 R,并作出 $R(\theta)$ 曲线。

6. 查阅文献了解麦克斯韦方程组提出的过程,搜索杨振宁先生写的文章,探讨麦克斯韦方程组为何加位移电流这一项,进一步加深对麦克斯韦方程组的认识,指出该方程在物理发展史上的重大意义,并阐述你对此的看法及感悟。

第 2 章习题答案

第3章 光学薄膜特性的理论计算

理解光学薄膜普遍定理及其子定理的内容及适用条件；掌握等效界面理论；掌握递推法、矢量法、矩阵法的基本思路和精髓；掌握单一界面及单层膜光谱特性。

能正确区分并使用不同的普遍等效定理及其子定理；能准确使用不同方法进行薄膜光学特性计算；能快速将多层膜系统等效为相应简单膜系并计算膜系的光谱特性；能解决工程实际中的复杂问题。

通过本章内容的学习，培养类比递推、演绎归纳等科学方法和科学思维，建立辩证唯物主义世界观和科学观。

3.1 单一界面上的反射率和透射率

3.1.1 电磁波的能量

光源发光是光源发射的电磁波的向外传播，也是光能从光源向外辐射。电磁波是具有确定能量的，所以随着电磁波的传播，能量也在传播。能量传播的速度就是电磁波的传播速度，传播方向就是电磁波的传播方向。

在电磁波传播过程中，在单位时间内通过垂直于电磁波传播方向的单位面积上的能量矢量 S 称为坡印廷矢量，或称为能量密度矢量，表示为：

$$S = E \times H \tag{3-1}$$

平面电磁波 E 和 H 的复数表示式为：

$$E = E_0 \exp\left[i\left(\omega t - \frac{\omega x}{v}\right) \right] = E_0 \exp[i(\omega t + \alpha)]$$

$$H = H_0 \exp[i(\omega t + \beta)]$$

式中，α 和 β 各自可看作电振动 E 和磁振动 H 的初相，取其实数部分得：

$$E = E_0 \cos(\omega t + \alpha)$$

$$H = H_0 \cos(\omega t + \beta)$$

如果把上述两式代入式(3-1)中，可见介质中一点的坡印廷矢量的瞬时值是振荡的，它随波的周期而变化。由于光波的频率很高，目前一切接收仪器都不能测量出这种瞬时值，而可测量的只是一段时间内的平均值，因此有实用意义的是坡印廷矢量的平均值。从下面得到的结果可以看出，在一个周期 T 内的平均值 S_{AV} 是一个定值。

$$S_{AV} = \frac{1}{T}\int_0^T |\boldsymbol{S}| \, \mathrm{d}t = \frac{1}{T}\int_0^T |\boldsymbol{E} \times \boldsymbol{H}| \, \mathrm{d}t$$

$$= \frac{1}{T} \times \int_0^T E_0 H_0 \cos(\omega t + \alpha)\cos(\omega t + \beta)\,\mathrm{d}t = \frac{1}{2}E_0 H_0$$

因为 EH^* 的实数部分($*$ 号表示共轭复数)为 $\mathrm{Re}(EH^*) = E_0 H_0$,所以有:

$$S_{AV} = \frac{1}{2}\mathrm{Re}(\boldsymbol{E} \times \boldsymbol{H}^*) \tag{3-2}$$

由式(2-40)和 $Y = N$ 可知 $\boldsymbol{H} = N\boldsymbol{E}$,所以可以得到坡印廷矢量的另一种表示形式为:

$$S_{AV} = \frac{1}{2}\mathrm{Re}(N)|\boldsymbol{E}|^2 \tag{3-3}$$

这表明电磁波所传递的能流密度(坡印廷矢量)与其振幅的平方以及所在介质的光学导纳的实部成正比。

3.1.2 单一界面上的反射率和透射率

对于入射光通过界面时是如何将能量分配给反射光和折射光的,就要用反射率 R 和透射率 T 来描述。上面讲到坡印廷矢量是表示单位时间内通过垂直于电磁波传播方向的单位面积上的能量值,所以通过横截面面积为 A 的光能大小 W 为:

单一界面上的反射率

$$W = \boldsymbol{S}_{AV} \cdot A \tag{3-4}$$

式中,$\boldsymbol{S}_{AV}$ 为坡印廷矢量的平均值;W 为能量流。

现在我们来研究一束截面面积为 A_I 的平面光波以入射角 θ_I 入射到两种介质的界面上时能量的反射率和透射率,如图 3-1 所示。

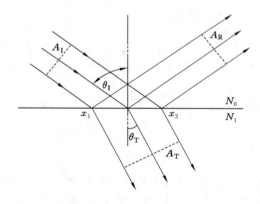

图 3-1 界面上能量的反射与折射

我们定义,单一界面的能量反射率 R 为反射能量流与入射能量流的比值,即:

$$R = \frac{W_R}{W_I} = \frac{\boldsymbol{S}_{R\cdot AV} \cdot A_R}{\boldsymbol{S}_{I\cdot AV} \cdot A_I} \tag{3-5}$$

式中,W_R 为反射光波能量流;W_I 为入射光波能量流。

将式(3-3)代入上式中,并注意到这时 $A_R = A_I$,得:

$$R = \left|\frac{E_0^-}{E_0^+}\right|^2 = |r^2| = \left(\frac{\eta_0 - \eta_1}{\eta_0 + \eta_1}\right)\left(\frac{\eta_0 - \eta_1}{\eta_0 + \eta_1}\right)^* \tag{3-6}$$

于是有:

$$R_s = |r_s|^2 = \left(\frac{\eta_{0s} - \eta_{1s}}{\eta_{0s} + \eta_{1s}}\right)\left(\frac{\eta_{0s} - \eta_{1s}}{\eta_{0s} + \eta_{1s}}\right)^*$$

$$= \left(\frac{N_0 \cos\theta_I - N_1 \cos\theta_T}{N_0 \cos\theta_I + N_1 \cos\theta_T}\right)\left(\frac{N_0 \cos\theta_I - N_1 \cos\theta_T}{N_0 \cos\theta_I + N_1 \cos\theta_T}\right)^* \tag{3-7}$$

$$R_p = |r_p|^2 = \left(\frac{N_0 \cos\theta_T - N_1 \cos\theta_I}{N_0 \cos\theta_T + N_1 \cos\theta_I}\right)\left(\frac{N_0 \cos\theta_T - N_1 \cos\theta_I}{N_0 \cos\theta_T + N_1 \cos\theta_I}\right)^* \tag{3-8}$$

同样,我们定义单一界面的透射能量流与入射能量流的比值叫透射率 T,有:

$$T = \frac{W_T}{W_I} = \frac{\mathbf{S}_{T\cdot AV} \cdot A_T}{\mathbf{S}_{I\cdot AV} \cdot A_I} \tag{3-9}$$

式中,W_T 为反射光波能量流。

将式(3-3)代入上式中,并注意到因为坡印廷矢量是在单位时间内通过垂直于传播方向的单位面积的能矢量,在倾斜入射的情况下入射光束和透射光束的截面积是不相同的,因此需乘以入射角和折射角的余弦因子,所以:

$$T = \frac{\mathbf{S}_{T\cdot AV} \cdot A_T}{\mathbf{S}_{I\cdot AV} \cdot A_I} = \frac{\frac{1}{2}\mathrm{Re}(N_1)|\mathbf{E}_1^+|^2 \cdot x_1 x_2 \cdot \cos\theta_T}{\frac{1}{2}\mathrm{Re}(N_0)|\mathbf{E}_0^+|^2 \cdot x_1 x_2 \cdot \cos\theta_I} = \frac{N_1 \cos\theta_T}{N_0 \cos\theta_I}|t|^2 \tag{3-10}$$

于是有:

$$T_s = \frac{N_1 \cos\theta_T}{N_0 \cos\theta_I}|t_s|^2 = \frac{N_1 \cos\theta_T}{N_0 \cos\theta_I}\left|\frac{2\eta_{0s}}{\eta_{0s} + \eta_{1s}}\right|^2$$

$$= \frac{N_1 \cos\theta_T}{N_0 \cos\theta_I} \cdot \left(\frac{2N_0 \cos\theta_I}{N_0 \cos\theta_I + N_1 \cos\theta_T}\right) \cdot \left(\frac{2N_0 \cos\theta_I}{N_0 \cos\theta_I + N_1 \cos\theta_T}\right)^* \tag{3-11}$$

$$T_p = \frac{N_1 \cos\theta_T}{N_0 \cos\theta_I}|t_p|^2 = \frac{N_1 \cos\theta_T}{N_0 \cos\theta_I}\left|\frac{2\eta_{0p}}{\eta_{0p} + \eta_{1p}}\right|^2 \tag{3-12}$$

通常我们遇到的是入射光为自然光的情形,这时自然光分成 s 偏振波和 p 偏振波,它们的能量相等,各相当于自然光能量的一半。因此,自然光的反射率和透射率为:

$$\begin{cases} R = \frac{1}{2}(R_s + R_p) \\ T = \frac{1}{2}(T_s + T_p) \end{cases} \tag{3-13}$$

3.1.3 等效界面理论

在众多的薄膜光学性能的计算中,引入等效界面思想是非常有意义的。也就是将一个多界面的薄膜系统等效地看作一个单一界面。其中,将等效界面看作入射介质与薄膜、基底组合形成的等效介质之间的界面,即等效介质两侧的介质分别是入射介质和等效介质。入射介质的折射率仍然是 N_0,等效介质具有等效光学导纳 Y。因此,薄膜系统的反射率就是等效界面的反射率,等效界面的反射率计算公式为:

$$R = \left|\frac{\eta_0 - Y}{\eta_0 + Y}\right|^2 \tag{3-14}$$

任何一个复杂的薄膜系统,其反射率计算问题都可以通过其等效界面对应的等效光学导纳进行计算。当然,必须首先建立等效光学导纳与薄膜系统之间的关系。

3.2 光学薄膜特性计算方法

光在分层介质中传播的干涉效应使得光学薄膜具有一定的光学特性,该特性可用反射率和透射率来描述,光学特性计算即计算膜系的反射率与透射率的光谱特性。对均匀薄膜,光学薄膜特性计算方法有许多种。本章主要对递推法、矢量作图法和矩阵法这三种方法进行较为详细的介绍。

3.2.1 递推法

假定在折射率为 n_2 的光学基板上有一层厚度均匀的薄膜,膜的折射率为 n_1,膜的几何厚度为 d_1,入射介质的折射率为 n_0,从无穷远处一点光源来的平面光波照射在薄膜的上表面上,入射角为 θ_0。如图 3-2 所示,光波在薄膜的上、下两个界面上将产生反射和折射,反射光 1 和反射光 2 的光程差 Δ 为:

$$\Delta = (ABC) - (AD) = 2n_1 d_1 \cos \theta_1 \tag{3-15}$$

式中,d_1 为薄膜的几何厚度。我们把 $\Delta/2$ 叫作薄膜的光学厚度,即:

$$\frac{\Delta}{2} = n_1 d_1 \cos \theta_1 \tag{3-16}$$

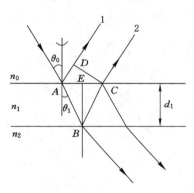

图 3-2   薄膜的双光束干涉

我们把

$$\delta_1 = \frac{2\pi}{\lambda} n_1 d_1 \cos \theta_1 \tag{3-17}$$

叫薄膜的相位厚度,显然 $2\delta_1 = (4\pi/\lambda)n_1 d_1 \cos \theta_1$,为薄膜上相邻两束相干光之间的相位差。

一般情况下,薄膜的干涉是多束光干涉,把薄膜的干涉看成如图 3-2 那样的两束光干涉,只能在两个界面的反射系数都比较小的情况下得到近似解。为求薄膜干涉的精确解,我们重新作图 3-3。为了求多束光干涉的合强度,我们先求出在薄膜的界面上正向光波和反向光波的菲涅耳反射系数和透射系数,根据菲涅耳公式,对界面 1(图 3-4),我们得到以下各式:

$$r_1^+ = \frac{\eta_0 - \eta_1}{\eta_0 + \eta_1}, \quad r_1^- = \frac{\eta_1 - \eta_0}{\eta_1 + \eta_0}$$

所以

$$r_1^+ = -r_1^- \tag{3-18}$$

$$t_1^+ = \frac{2\eta_0}{\eta_0 + \eta_1} c$$

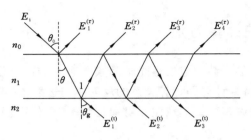

图 3-3　薄膜的多束光干涉

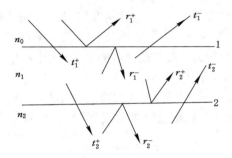

图 3-4　薄膜界面上的反射系数和透射系数

式中
$$c = \begin{cases} \dfrac{\cos \theta_0}{\cos \theta_1}, & \text{p 偏振} \\ 1, & \text{s 偏振} \end{cases}$$

$$t_1^- = \frac{2\eta_1}{\eta_0 + \eta_1} c_1$$

式中
$$c_1 = \begin{cases} \dfrac{\cos \theta_1}{\cos \theta_0}, & \text{p 偏振} \\ 1, & \text{s 偏振} \end{cases}$$

所以
$$t_1^- = \frac{2\eta_1}{\eta_0 + \eta_1} \cdot \frac{1}{c}$$

同时
$$t_1^+ \cdot t_1^- = 1 - (r_1^+)^2 = \frac{4\eta_0 \eta_1}{(\eta_0 + \eta_1)^2} \tag{3-19}$$

　　式(3-18)和式(3-19)称为光的可逆性定理,或称斯托克斯定律,它描述了反射光和透射光的振幅与相位之间的关系。式(3-18)表示光波从光疏媒质进入光密媒质时将存在半波损失,或相位跃变,式(3-19)则表示了能量守恒。

　　用 $A^{(i)}$ 表示入射光的振幅,δ_1 表示膜层相位厚度,则从薄膜上表面反射的各光束的振幅为:

$$A_1^{(r)} = r_1^+ A^{(i)}$$
$$A_2^{(r)} = t_1^+ r_2^+ t_1^- A^{(i)}$$
$$A_3^{(r)} = t_1^+ r_2^+ r_1^- r_2^+ t_1^- A^{(i)}$$
$$A_4^{(r)} = t_1^+ r_2^+ r_1^- r_2^+ r_1^- r_2^+ t_1^- A^{(i)}$$
$$\cdots\cdots$$

从薄膜下表面透射的各光束的振幅为:

$$A_1^{(t)} = t_1^+ t_2^+ A^{(i)}$$

$$A_2^{(t)} = t_1^+ r_2^+ r_1^- t_2^+ A^{(i)}$$

$$A_3^{(t)} = t_1^+ r_2^+ r_1^- r_2^+ r_1^- t_2^+ A^{(i)}$$

$$A_4^{(t)} = t_1^+ r_2^+ r_1^- r_2^+ r_1^- r_2^+ r_1^- t_2^+ A^{(i)}$$

$$\cdots\cdots$$

各反射光场复振幅依次为:

$$E_1^{(r)} = r_1^+ A^{(i)} \exp(-\mathrm{i}\delta_0)$$

$$E_2^{(r)} = t_1^+ r_2^+ t_1^- A^{(i)} \exp[-\mathrm{i}(\delta_0 + 2\delta_1)]$$

$$E_3^{(r)} = t_1^+ r_2^+ r_1^- r_2^+ t_1^- A^{(i)} \exp[-\mathrm{i}(\delta_0 + 4\delta_1)]$$

$$E_4^{(r)} = t_1^+ r_2^+ r_1^- r_2^+ r_1^- r_2^+ t_1^- A^{(i)} \exp[-\mathrm{i}(\delta_0 + 6\delta_1)]$$

$$\cdots\cdots$$

式中,$\delta_1 = \dfrac{2\pi}{\lambda} n_1 d_1 \cos\theta_1$;$\delta_0$ 为入射光束初始相位。

考察点光场复振幅为:

$$E^{(r)} = E_1^{(r)} + E_2^{(r)} + E_3^{(r)} + E_4^{(r)} + \cdots \tag{3-20}$$

不难发现式(3-20)为等比数列求和,结合式(3-18)和式(3-19),可以求出反射光复振幅和透射光复振幅分别为:

$$E^{(r)} = \frac{r_1^+ + r_2^+ \mathrm{e}^{-2\mathrm{i}\delta_1}}{1 + r_1^+ r_2^+ \mathrm{e}^{-2\mathrm{i}\delta_1}} E^{(i)} \tag{3-21}$$

$$E^{(t)} = \frac{t_1^+ t_2^+ \mathrm{e}^{-2\mathrm{i}\delta_1}}{1 + r_1^+ r_2^+ \mathrm{e}^{-2\mathrm{i}\delta_1}} E^{(i)} \tag{3-22}$$

那么,单层膜的反射系数为:

$$r = \frac{E^{(r)}}{E^{(i)}} = \frac{r_1^+ + r^2 \mathrm{e}^{-2\mathrm{i}\delta_1}}{1 + r_1^+ r_2^+ \mathrm{e}^{-2\mathrm{i}\delta_1}} \tag{3-23}$$

单层膜的透射系数为:

$$t = \frac{E^{(t)}}{E^{(i)}} = \frac{t_1^+ t_2^+ \mathrm{e}^{-2\mathrm{i}\delta_1}}{1 + r_1^+ r_2^+ \mathrm{e}^{-2\mathrm{i}\delta_1}} \tag{3-24}$$

单层膜的反射率为:

$$R = |r|^2 = \frac{r_1^{+2} + r_2^{+2} + 2r_1^+ r_2^+ \cos 2\delta_1}{1 + r_1^{+2} r_2^{+2} + 2r_1^+ r_2^+ \cos 2\delta_1} \tag{3-25}$$

与此类似,单层膜的透射率 T 可以表达成:

$$T = |t|^2 \cdot \frac{n_2 \cos\theta_2}{n_0 \cos\theta_0} = \frac{|t_1^+ t_2^+|^2}{|1 + r_1^+ r_2^+ \mathrm{e}^{-2\mathrm{i}\delta_1}|^2} \cdot \frac{n_2 \cos\theta_2}{n_0 \cos\theta_0} \tag{3-26}$$

在膜层没有吸收时,透射率 T 也可从 $1-R$ 中得到,其结果必然与式(3-26)相同。

由式(3-23)和式(3-24)可见,单层膜的反射系数 r 和透射系数 t 大都是一个复数,故式(3-23)可写成:

$$r = |r| \mathrm{e}^{\mathrm{i}\varphi_r} = \frac{r_1^+ + r_2^+ \mathrm{e}^{-2\mathrm{i}\delta_1}}{1 + r_1^+ r_2^+ \mathrm{e}^{-2\mathrm{i}\delta_1}} \tag{3-27}$$

式(3-10)可写成：

$$t = |t| e^{i\varphi_t} = \frac{t_1^+ + t_2^+ e^{-2i\delta_1}}{1 + r_1^+ r_2^+ e^{-2i\delta_1}} \tag{3-28}$$

式中，φ_r 为反射光相移，表示反射光波的相位落后于入射光波的大小；φ_t 为透射光相移，表示透射光波的相位落后于入射光波的数值。

写出上两式的共轭复数，它们分别是：

$$r^* = |r| e^{-i\varphi_r} = \frac{r_1^+ + r_2^+ e^{2i\delta_1}}{1 + r_1^+ r_2^+ e^{2i\delta_1}} \tag{3-29}$$

$$t^* = |t| e^{-i\varphi_t} = \frac{t_1^+ + t_2^+ e^{i\delta_1}}{1 + r_1^+ r_2^+ e^{2i\delta_1}} \tag{3-30}$$

将式(3-27)与式(3-29)相除，然后分别写出实部和虚部两个等式，即可求得：

$$\varphi_r = \arctan \frac{r_2^+(1 - r_1^{+2}) \sin 2\delta_1}{r_1^+(1 + r_2^{+2}) + r_2^+(1 + r_1^{+2}) \cos 2\delta_1} \tag{3-31}$$

同理我们可以得到：

$$\varphi_t = \arctan \left(\frac{1 - r_1^+ r_2^+}{1 + r_1^+ r_2^+} \cdot \tan \delta_1 \right) \tag{3-32}$$

从上面的结果中我们可以看出，具有两个界面的单层膜可以用等价的一个界面来代替，其等价情况我们画成图 3-5。

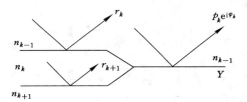

图 3-5　用一个界面等价有两个界面的单层膜

图中膜的折射率为 n_k，入射介质的折射率为 n_{k-1}，出射介质（或基板玻璃）的折射率为 n_{k+1}，膜的相位厚为 δ_k。设单层膜上界面的反射系数为 r_k，下界面的反射系数为 r_{k+1}，于是这个有两个界面的单层膜相当于入射介质仍为 n_{k+1}、出射介质为光学导纳等于 Y 的单一界面，这一界面的反射系数为 $p_k e^{i\varphi_k}$，并且有：

$$p_k e^{i\varphi_k} = \frac{r_k + r_{k+1} e^{-2i\delta_k}}{1 + r_k r_{k+1} e^{-2i\delta_k}} \tag{3-33}$$

对于双层膜，膜系如图 3-6 所示。首先考察与基片相邻的第二层膜，设反射系数为 $\bar{r}$，则有：

$$\bar{r} = \frac{r_2 + r_3 e^{-2i\delta}}{1 + r_2 r_3 e^{-2i\delta}} \tag{3-34}$$

式中，$\delta_2 = \frac{2\pi}{\lambda} n_2 d_2 \cos \theta_2$，其中 θ_2 是光束在第二膜层中的折射角。

当光线垂直入射时，存在：

$$r_2 = \frac{n_1 - n_2}{n_1 + n_2}, \quad r_3 = \frac{n_2 - n_g}{n_2 + n_g}$$

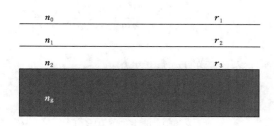

图 3-6　双层膜示意图

再求把第一层膜考虑进来时整个膜系的反射率,把第二层膜与基片的组合用一个反射分界面来等效,该分界面称为等效分界面。同样运用求单层膜的方法可得:

$$r = \frac{r_1 + \bar{r} e^{-2i\delta_1}}{1 + r_1 \bar{r} e^{-2i\delta_1}} \tag{3-35}$$

式中,$\delta_1 = \dfrac{2\pi}{\lambda} n_1 d_1 \cos \theta_1$;$\bar{r}$ 可由式(3-34)求出。

经过这样处理和理解以后,我们运用等效界面的方法可以将单层膜反射系数的计算推广到多层膜的场合,这种推广有两种方法。

方法一:从多层膜的顶层膜开始,把相邻两个界面等效成一个界面,然后逐次通过中间层,一直算到底层膜和基片玻璃的界面为止,求得在最后一个界面上的反射系数 $p_k e^{i\varphi_k}$,于是多层膜的反射率 $R = p_k^2$,反射相移为 φ_k。这种方法称为瓦施切克法,计算顺序如图 3-7 所示。

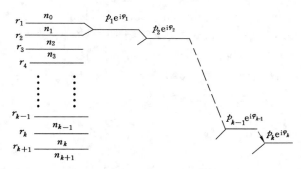

图 3-7　瓦施切克等效计算法

具体计算步骤为:

从顶层膜开始计算,对第一层膜有:

$$p_1 e^{i\varphi_1} = \frac{r_1 + r_2 e^{-i2\delta_1}}{1 + r_1 r_2 e^{-i2\delta_1}}$$

为计算相位 φ_1,引入辅助角 α_1 和 β_1,分别为:

$$\alpha_1 = \arctan \frac{r_2 \sin 2\delta_1}{r_1 + r_2 \cos 2\delta_1}$$

$$\beta_1 = \arctan \frac{r_1 r_2 \sin 2\delta_1}{1 + r_1 r_2 \cos 2\delta_1}$$

于是有:
$$\varphi_1 = -(\alpha_1 - \beta_1)$$

实振幅 p_1 为:

$$p_1 = \frac{(r_1^2 - 1)r_2 \sin 2\delta_1}{(1 + r_1^2 r_2^2 + 2r_1 r_2 \cos 2\delta_1)\sin \varphi_1}$$

再引入辅助角：
$$\xi_1 = -2\beta_1$$

将第二层膜等效成一个界面后的反射系数为：

$$p_2 \mathrm{e}^{\mathrm{i}\varphi_2} = \frac{p_1 \mathrm{e}^{\mathrm{i}\varphi_1} + r_3 \mathrm{e}^{-\mathrm{i}(2\delta_1 + 2\delta_2 + \xi_1)}}{1 + p_1 r_3 \mathrm{e}^{-\mathrm{i}(2\delta_1 + 2\delta_2 + \xi_1 + \varphi_1)}}$$

$$\alpha_2 = \arctan \frac{-p_1 \sin \varphi_1 + r_3 \sin(2\delta_1 + 2\delta_2 + \xi_1)}{p_1 \cos \varphi_1 + r_3 \cos(2\delta_1 + 2\delta_2 + \xi_1)}$$

$$\beta_2 = \arctan \frac{p_1 r_3 \sin(2\delta_1 + 2\delta_2 + \xi_1 + \varphi_1)}{1 + p_1 r_3 \cos(2\delta_1 + 2\delta_2 + \varphi_1 + \xi_1)}$$

$$p_2 = \frac{p_1 \cos \varphi_1 + p_1^2 r_3 \cos(2\delta_1 + 2\delta_2 + \xi_1 + 2\varphi_1) + r_2 \cos(2\delta_1 + 2\delta_2 + \xi_1) + p_1 r_2 r_3 \cos(-\varphi_1)}{[1 + 2p_1 r_3 \cos(2\delta_1 + 2\delta_2 + \xi_1 + \varphi_1) + p_1^2 r_3^2]\cos \varphi_2}$$

$$\varphi_2 = -(\alpha_2 - \beta_2)$$
$$\xi_2 = -2\beta_2$$

依次等效到第 k 层膜，有：

$$p_k \mathrm{e}^{\mathrm{i}\varphi_k} = \frac{p_{k-1} \mathrm{e}^{\mathrm{i}\varphi_{k-1}} + r_{k+1} \mathrm{e}^{-\mathrm{i}(\xi_1 + \xi_2 + \cdots + \xi_{k-1})\delta_k} \mathrm{e}^{-\mathrm{i}(2\delta_1 + 2\delta_2 + \cdots + 2\delta_k)}}{1 + p_{k-1} \mathrm{e}^{-\mathrm{i}\varphi_{k-1}} r_{k+1} \mathrm{e}^{-\mathrm{i}(\xi_1 + \xi_2 + \cdots + \xi_{k-1})\delta_k} \mathrm{e}^{-\mathrm{i}(2\delta_1 + 2\delta_2 + \cdots + 2\delta_k)}}$$

$$\alpha_k = \arctan \frac{C}{D}$$

$$\beta_k = \arctan \frac{E}{F}$$

式中　
$$C = -p_{k-1} \sin \varphi_{k-1} + r_{k+1} \sin(2\delta_1 + 2\delta_2 + \cdots + 2\delta_k + \xi_1 + \xi_2 + \cdots + \xi_{k-1})$$
$$D = p_{k-1} \cos \varphi_{k-1} + r_{k+1} \cos(2\delta_1 + 2\delta_2 + \cdots + 2\delta_k + \xi_1 + \xi_2 + \cdots + \xi_{k-1})$$
$$E = p_{k-1} r_{k+1} \sin(2\delta_1 + 2\delta_2 + \cdots + 2\delta_k + \xi_1 + \xi_2 + \cdots + \xi_{k-1} + \varphi_{k-1})$$
$$F = 1 + p_{k-1} r_{k+1} \cos(2\delta_1 + 2\delta_2 + \cdots + 2\delta_k + \xi_1 + \xi_2 + \cdots + \xi_{k-1} + \varphi_{k-1})$$

于是有：
$$\varphi_k = -(\alpha_k - \beta_k)$$
$$\xi_k = -2\beta_k$$
$$p_k = \frac{A}{B}$$

式中　
$$A = p_{k-1} \cos \varphi_{k-1} + p_{k-1}^2 r_{k+1} \cos(2\delta_1 + 2\delta_2 + \cdots + 2\delta_k + 2\varphi_{k-1} + \xi_1 + \xi_2 + \cdots + \xi_{k-1}) + r_k \cos(2\delta_1 + 2\delta_2 + \cdots + 2\delta_k + \xi_1 + \xi_2 + \cdots + \xi_{k-1}) + p_{k-1} r_k r_{k+1} \cos(-\varphi_{k-1})$$
$$B = 1 + 2p_{k-1} r_{k+1} \cos(2\delta_1 + 2\delta_2 + \cdots + 2\delta_k + \varphi_{k-1} + \xi_1 + \xi_2 + \cdots + \xi_{k-1})$$

最后我们得到多层膜的反射率为：

$$R = p_k^2$$

方法二：从多层膜与基片相邻的底层膜开始，把相邻两个界面等效成一个界面，逐次通过中间层，一直计算到膜系的顶层。计算顺序如图 3-8 所示，这种方法称为鲁阿德法。

瓦施切克法和鲁阿德法在薄膜光学中通称为递推法。

鲁阿德法的具体计算步骤如下：

① 根据菲涅耳公式，计算各界面的反射系数 $r_1, r_2, \cdots, r_{k+1}$。

② 依下列公式求出各膜层的相位厚度：

$$\delta_i = \frac{2\pi}{\lambda} n_i d_i \cos \theta_i \quad (i = 1, 2, \cdots, k)$$

薄膜的设计、制备及应用

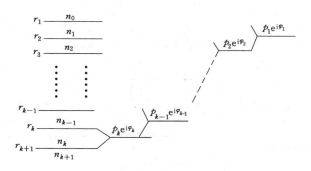

图 3-8 鲁阿德等效计算法

③ 再依下式求出底层膜的复振幅反射系数：

$$p_k \mathrm{e}^{\mathrm{i}\varphi_k} = \frac{r_k + r_{k+1}\,\mathrm{e}^{-2\mathrm{i}\delta_k}}{1 + r_k r_{k+1}\,\mathrm{e}^{-2\mathrm{i}\delta_k}}$$

④ 将底层膜等效为一个界面，再与上一层膜的上界面组成新的膜层，求出其复振幅反射系数：

$$p_{k-1}\,\mathrm{e}^{\mathrm{i}\varphi_{k-1}} = \frac{r_{k-1} + p_k \mathrm{e}^{\mathrm{i}\varphi_k}\,\mathrm{e}^{-2\mathrm{i}\delta_{k-1}}}{1 + r_{k-1} p_k \mathrm{e}^{\mathrm{i}\varphi_k}\,\mathrm{e}^{-2\mathrm{i}\delta_{k-1}}}$$

将求得的 $p_k \mathrm{e}^{\mathrm{i}\varphi_k}$ 代入上式中，得：

$$p_{k-1}\,\mathrm{e}^{\mathrm{i}\varphi_{k-1}} = \frac{r_{k-1} + r_{k-1} r_k r_{k+1}\,\mathrm{e}^{-2\mathrm{i}\delta_k} + r_k \mathrm{e}^{-\mathrm{i}2\delta_{k-1}} + r_{k+1}\,\mathrm{e}^{-2\mathrm{i}(\delta_k+\delta_{k+1})}}{1 + r_k r_{k+1}\,\mathrm{e}^{-2\mathrm{i}\delta_k} + r_k r_{k-1}\,\mathrm{e}^{-2\mathrm{i}\delta_{k-1}} + r_{k-1} r_{k+1}\,\mathrm{e}^{-2\mathrm{i}(\delta_k+\delta_{k-1})}} \qquad (3\text{-}36)$$

⑤ 将式（3-36）看作一个递推公式，从下到上依次递推，最后求出 $p_1 \mathrm{e}^{\mathrm{i}\varphi_1}$。

⑥ 整个膜系的反射率 $R = p_1^2$，膜系的反射相移为 φ_1，在没有吸收的情况下，膜系的透射率 $T = 1 - R = 1 - p_1^2$。

上面的两种方法比较而言，鲁阿德法简单，但即便如此，如果手工计算多层膜的反射率和透射率仍非常复杂，手工计算容易出错，但通过计算机编程计算则比较容易，程序的编写也比较简单。

3.2.2 矩阵法

3.2.2.1 菲涅耳系数矩阵法

先考虑光线垂直入射的简单情况，根据麦克斯韦方程组的边界条件，对于一个如图 3-9 所示的多层膜系，对第一个界面我们有：

$$\boldsymbol{E}_0^+ + \boldsymbol{E}_0^- = \boldsymbol{E}_{10}^+ + \boldsymbol{E}_{10}^- \qquad (3\text{-}37)$$

$$\boldsymbol{H}_0^+ + \boldsymbol{H}_0^- = \boldsymbol{H}_{10}^+ + \boldsymbol{H}_{10}^- \qquad (3\text{-}38)$$

式中，$\boldsymbol{E}_0^+$ 为入射光波电矢量；$\boldsymbol{E}_0^-$ 为入射光波被多层膜反射的反向电矢量；$\boldsymbol{E}_{10}^+$ 为在折射率为 n_1 的薄膜中，靠近折射率 n_0 的界面 1 附近的正向电矢量；$\boldsymbol{E}_{10}^-$ 为在折射率为 n_1 的薄膜中，靠近折射率 n_0 的界面 1 附近的反向电矢量；$\boldsymbol{H}_0^+$ 为入射光波磁矢量；$\boldsymbol{H}_0^-$ 为入射光波被多层膜反射的反向磁矢量；$\boldsymbol{H}_{10}^+$ 为在折射率为 n_1 的薄膜中，靠近折射率 n_0 的界面 1 附近的正向磁矢量；$\boldsymbol{H}_{10}^-$ 为在折射率为 n_1 的薄膜中，靠近折射率 n_0 的界面 1 附近的反向磁矢量。

应用光学导纳公式 $\boldsymbol{H} = N(\boldsymbol{S} \times \boldsymbol{E})$，我们由式（3-38）可以得到：

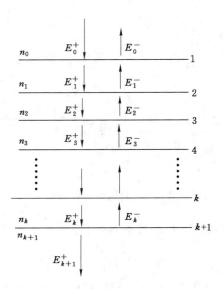

图 3-9　光波垂直照射多层膜时的电矢量

$$\boldsymbol{S}_0 \times \boldsymbol{E}_0^+ - \boldsymbol{S}_0 \times \boldsymbol{E}_0^- = \frac{N_1}{N_0}(\boldsymbol{S}_0 \times \boldsymbol{E}_{10}^+ - \boldsymbol{S}_0 \times \boldsymbol{E}_{10}^-) \tag{3-39}$$

对式(3-37)两边叉乘 $\boldsymbol{S}_0$,得:

$$\boldsymbol{S}_0 \times \boldsymbol{E}_0^+ + \boldsymbol{S}_0 \times \boldsymbol{E}_0^- = \boldsymbol{S}_0 \times \boldsymbol{E}_{10}^+ + \boldsymbol{S}_0 \times \boldsymbol{E}_{10}^- \tag{3-40}$$

将上两式相加,得:

$$\boldsymbol{S}_0 \times \boldsymbol{E}_0^+ = \frac{1}{t_0}\big[(\boldsymbol{S}_0 \times \boldsymbol{E}_{10}^+) + r_0(\boldsymbol{S}_0 \times \boldsymbol{E}_{10}^-)\big] \tag{3-41}$$

式中

$$t_0 = \frac{E_1^+}{E_{10}^+} = \frac{2N_0}{N_0 + N_1}$$

$$r_0 = \frac{E_0^-}{E_0^+} = \frac{N_0 - N_1}{N_0 + N_1}$$

用式(3-40)减去式(3-39),得:

$$\boldsymbol{S}_0 \times \boldsymbol{E}_0^- = \frac{1}{t_0}\big[r_0(\boldsymbol{S}_0 \times \boldsymbol{E}_{10}^+) + (\boldsymbol{S}_0 \times \boldsymbol{E}_{10}^-)\big] \tag{3-42}$$

将式(3-41)和式(3-42)写成矩阵的形式,得:

$$\begin{bmatrix} \boldsymbol{S}_0 \times \boldsymbol{E}_0^+ \\ \boldsymbol{S}_0 \times \boldsymbol{E}_0^- \end{bmatrix} = \frac{1}{t_0} \begin{bmatrix} 1 & r_0 \\ r_0 & 1 \end{bmatrix} \begin{bmatrix} \boldsymbol{S}_0 \times \boldsymbol{E}_{10}^+ \\ \boldsymbol{S}_0 \times \boldsymbol{E}_{10}^- \end{bmatrix} \tag{3-43}$$

对于第二个界面(界面2),存在边界条件为:

$$\boldsymbol{E}_{12}^+ + \boldsymbol{E}_{12}^- = \boldsymbol{E}_{21}^+ + \boldsymbol{E}_{21}^- \tag{3-44}$$

$$\boldsymbol{H}_{12}^+ + \boldsymbol{H}_{12}^- = \boldsymbol{H}_{21}^+ + \boldsymbol{H}_{21}^- \tag{3-45}$$

式中,$\boldsymbol{E}_{12}^+$ 为在折射率 n_1 的薄膜中,靠近折射率 n_2 的界面2附近的正向电矢量;$\boldsymbol{E}_{12}^-$ 为在折射率 n_1 的薄膜中,靠近折射率 n_2 的界面2附近的反向电矢量;$\boldsymbol{E}_{21}^+$ 为在折射率 n_2 的薄膜中,靠近折射率 n_1 的界面2附近的正向电矢量;$\boldsymbol{E}_{10}^-$ 为在折射率 n_2 的薄膜中,靠近折射率 n_1 的界面 2 附近的反向电矢量。

对式(3-45)应用光学导纳公式 $H=N(S\times E)$ 可以得到：

$$S_0\times E_{12}^+ - S_0\times E_{12}^- = \frac{N_2}{N_1}(S_0\times E_{21}^+ - S_0\times E_{21}^-)$$ (3-46)

对式(3-44)两边叉乘 S_0，得：

$$S_0\times E_{12}^+ + S_0\times E_{12}^- = S_0\times E_{21}^+ + S_0\times E_{21}^-$$ (3-47)

将上两式相加，得：

$$S_0\times E_{12}^+ = \frac{1}{t_1}\big[(S_0\times E_{21}^+) + r_1(S_0\times E_{21}^-)\big]$$ (3-48)

式中

$$t_1 = \frac{2N_1}{N_1 + N_2}$$

$$r_1 = \frac{N_1 - N_2}{N_1 + N_2}$$

用式(3-47)减去式(3-46)，得：

$$S_0\times E_{12}^- = \frac{1}{t_1}\big[r_1(S_0\times E_{21}^+) + (S_0\times E_{21}^-)\big]$$ (3-49)

在同一介质 n_1 中，存在如下关系式：

$$E_{10}^+ = e^{i\delta_1}E_{12}^+$$ (3-50)

$$E_{10}^- = e^{-i\delta_1}E_{12}^-$$ (3-51)

将它们代入式(3-48)和式(3-49)中，得：

$$S_0\times E_{10}^+ = \frac{1}{t_1}\big[e^{i\delta_1}(S_0\times E_{21}^+) + r_1 e^{i\delta_1}(S_0\times E_{21}^-)\big]$$ (3-52)

$$S_0\times E_{10}^- = \frac{1}{t_1}\big[e^{-i\delta_1}r_1(S_0\times E_{21}^+) + e^{-i\delta_1}(S_0\times E_{21}^-)\big]$$ (3-53)

将式(3-52)和式(3-53)写成矩阵的形式，得：

$$\begin{bmatrix} S_0\times E_{10}^+ \\ S_0\times E_{10}^- \end{bmatrix} = \frac{1}{t_1}\begin{bmatrix} e^{i\delta_1} & r_1 e^{i\delta_1} \\ r_1 e^{-i\delta_1} & e^{-i\delta_1} \end{bmatrix}\begin{bmatrix} S_0\times E_{21}^+ \\ S_0\times E_{21}^- \end{bmatrix}$$ (3-54)

把式(3-54)代入式(3-43)中，得：

$$\begin{bmatrix} S_0\times E_0^+ \\ S_0\times E_0^- \end{bmatrix} = \frac{1}{t_0 t_1}\begin{bmatrix} 1 & r_0 \\ r_0 & 1 \end{bmatrix}\begin{bmatrix} e^{i\delta_1} & r_1 e^{i\delta_1} \\ r_1 e^{-i\delta_1} & e^{-i\delta_1} \end{bmatrix}\begin{bmatrix} S_0\times E_{21}^+ \\ S_0\times E_{21}^- \end{bmatrix}$$ (3-55)

照此办法对界面 $3,4,5,\cdots,(k+1)$ 应用边界条件，得：

$$\begin{bmatrix} S_0\times E_{21}^+ \\ S_0\times E_{21}^- \end{bmatrix} = \frac{1}{t_2}\begin{bmatrix} e^{i\delta_2} & r_2 e^{i\delta_2} \\ r_2 e^{-i\delta_2} & e^{-i\delta_2} \end{bmatrix}\begin{bmatrix} S_0\times E_{32}^+ \\ S_0\times E_{32}^- \end{bmatrix}$$

$$\vdots$$

$$\begin{bmatrix} S_0\times E_{k,k-1}^+ \\ S_0\times E_{k,k-1}^- \end{bmatrix} = \frac{1}{t_k}\begin{bmatrix} e^{i\delta_k} & r_k e^{i\delta_k} \\ r_k e^{-i\delta_k} & e^{-i\delta_k} \end{bmatrix}\begin{bmatrix} S_0\times E_{k+1,k}^+ \\ S_0\times E_{k+1,k}^- \end{bmatrix}$$

把这些方程代入式(3-55)中，并注意到在出射介质 n_{k+1} 中，只有正向波（折射光），没有反向波（反射光），即 $E_{k+1}^- = 0$，于是我们得到：

$$\begin{bmatrix} S_0\times E_0^+ \\ S_0\times E_0^- \end{bmatrix} = \frac{1}{t_0 t_1\cdots t_k}\begin{bmatrix} 1 & r_0 \\ r_0 & 1 \end{bmatrix}\begin{bmatrix} e^{i\delta_1} & r_1 e^{i\delta_1} \\ r_1 e^{-i\delta_1} & e^{-i\delta_1} \end{bmatrix}\cdots\begin{bmatrix} e^{i\delta_k} & r_k e^{i\delta_k} \\ r_k e^{-i\delta_k} & e^{-i\delta_k} \end{bmatrix}\begin{bmatrix} S_0\times E_{k+1}^+ \\ 0 \end{bmatrix}$$ (3-56)

令

$$\boldsymbol{M}_0 = \begin{bmatrix} 1 & r_0 \\ r_0 & 1 \end{bmatrix}$$

$$\boldsymbol{M}_m = \begin{bmatrix} e^{i\delta_m} & r_m e^{i\delta_m} \\ r_m e^{-i\delta_m} & e^{-i\delta_m} \end{bmatrix}$$

式中，$m=1,2,3,\cdots,k$。

因此式(3-56)可以写成：

$$\begin{bmatrix} \boldsymbol{S}_0 \times \boldsymbol{E}_0^+ \\ \boldsymbol{S}_0 \times \boldsymbol{E}_0^- \end{bmatrix} = \frac{\boldsymbol{M}_0 \boldsymbol{M}_2 \cdots \boldsymbol{M}_k}{t_1 t_1 \cdots t_k} \begin{bmatrix} \boldsymbol{S}_0 \times \boldsymbol{E}_{k+1}^+ \\ 0 \end{bmatrix} \tag{3-57}$$

再令

$$\prod_{m=0}^{k} \boldsymbol{M}_m = \begin{bmatrix} m_{11} & m_{12} \\ m_{21} & m_{22} \end{bmatrix} \tag{3-58}$$

于是有：

$$\begin{bmatrix} \boldsymbol{S}_0 \times \boldsymbol{E}_0^+ \\ \boldsymbol{S}_0 \times \boldsymbol{E}_0^- \end{bmatrix} = \frac{1}{t_1 t_1 \cdots t_k} \begin{bmatrix} m_{11} & m_{12} \\ m_{21} & m_{22} \end{bmatrix} \begin{bmatrix} \boldsymbol{S}_0 \times \boldsymbol{E}_{k+1}^+ \\ 0 \end{bmatrix} = \frac{1}{t_0 t_1 \cdots t_k} \begin{bmatrix} m_{11}(\boldsymbol{S}_0 \times \boldsymbol{E}_{k+1}^+) \\ m_{21}(\boldsymbol{S}_0 \times \boldsymbol{E}_{k+1}^+) \end{bmatrix} \tag{3-59}$$

所以

$$\begin{bmatrix} \boldsymbol{E}_0^+ \\ \boldsymbol{E}_0^- \end{bmatrix} = \frac{1}{t_0 t_1 \cdots t_k} \begin{bmatrix} m_{11} & \boldsymbol{E}_{k+1}^+ \\ m_{21} & \boldsymbol{E}_{k+1}^+ \end{bmatrix} \tag{3-60}$$

或者

$$\boldsymbol{E}_0^+ = \frac{m_{11}}{t_0 t_1 \cdots t_k} \boldsymbol{E}_{k+1}^+ \tag{3-61a}$$

$$\boldsymbol{E}_0^- = \frac{m_{21}}{t_0 t_1 \cdots t_k} \boldsymbol{E}_{k+1}^+ \tag{3-61b}$$

于是多层膜的反射系数为：

$$r = \frac{E_0^-}{E_0^+} = \frac{m_{21}}{m_{11}} \tag{3-62}$$

多层膜的反射率为：

$$R = r \cdot r^* = \frac{m_{21} m_{21}^*}{m_{11} m_{11}^*} \tag{3-63}$$

多层膜的透射系数为：

$$t = \frac{E_{k+1}^+}{E_0^+} = \frac{t_0 t_1 \cdots t_k}{m_{11}} \tag{3-64}$$

多层膜的透射率为：

$$T = \frac{n_{k+1}}{n_0} \cdot |t|^2 = \frac{n_{k+1}}{n_0} \cdot \frac{(t_0 t_1 \cdots t_k)^2}{m_{11} m_{11}^*} \tag{3-65}$$

当光波斜入射到多层介质膜上时，这时 $\theta_0 \neq 0$，我们可分别对 p 偏振和 s 偏振写出边界条件，再经过连续的线性变换，最后得到和式(3-60)同样的矩阵方程，限于篇幅，这里不再证明。但这时 $\delta_m = \frac{2\pi}{\lambda} n_m d_m \cos \theta_m$，式中 θ_m 表示在第 m 层膜中光束的倾斜角。同时我们要注意，在应用式(3-60)计算多层介质膜的反射率和透射率时，我们总是先分别求它们的 p 分量和 s 分量,从而求得 p 分量的反射率 R_p 和 s 分量的反射率 R_s,则总的膜系的反射率 R 为:

$$R = \frac{R_p + R_s}{2}$$

另外,在求膜系透射率 T 时,式(3-65)应修正为:

$$T = \frac{n_{k+1} \cdot \cos \theta_{k+1}}{n_0 \cos \theta_0} \cdot \frac{(t_0 t_1 \cdots t_k)^2}{m_{11} m_{11}^*} \tag{3-66}$$

对于电解质薄膜,透射率可以用 $T = 1 - R$ 得到。

3.2.2.2 干涉矩阵法

设单层介质膜的折射率为 n_1,膜的几何厚度为 d_1,基片玻璃的折射率为 n_2,入射介质的折射率为 n_0,入射光波是平面光波,入射角为 θ_0,这时电磁矢量 E 和 H 可以分解成 s 偏振和 p 偏振,因为应用边界条件写出的 s 分量和 p 分量的等式形式是相同的,所以不再区分 s 分量和 p 分量的情形。同时除了另做说明外,E 和 H 都是指电场或磁场的切向分量,不再指明下标 t。为简明起见,在图 3-10 上我们在光波传播方向的单位矢量 S_0 旁边写 E,但应当记住 $E \perp S_0$。

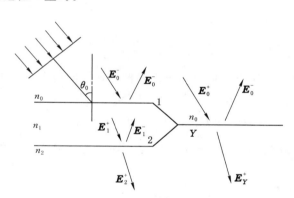

图 3-10　单层膜的等效图

在本章 3.1 节中我们讲过一层膜的两个界面可以用一个界面来等效,即引入等效界面思想,单层薄膜的两个界面在数学上可以用一个等效的界面来表示。假定等效后膜层和基板的组合导纳是 Y,则在组合导纳中存在:

$$H_Y = Y(S_0 \times H_Y) \quad 或 \quad Y = H_Y/E_Y \tag{3-67}$$

式中,H_Y 是在组合导纳 Y 中磁矢量的切向分量;E_Y 是在组合导纳 Y 中电矢量的切向分量。在界面上应用电磁场的边界条件,则 $H_Y = H_0$,$E_Y = E_0$,因此上式可以写为:

$$H_0 = Y(S_0 \times E_0) \quad 或 \quad Y = H_0/E_0 \tag{3-68}$$

式中,$H_0 = H_0^+ + H_0^-$,$E_0 = E_0^+ + E_0^-$。对于等效成一个界面的单层膜,如同单一界面的情形,我们可以写出单层膜的反射系数为:

$$r = \left(\frac{\eta_0 - Y}{\eta_0 + Y} \right) \tag{3-69}$$

单层膜的反射率为:

$$R = r \cdot r^* = \left(\frac{\eta_0 - Y}{\eta_0 + Y}\right) \cdot \left(\frac{\eta_0 - Y}{\eta_0 + Y}\right)^* \qquad (3\text{-}70)$$

只要确定了组合导纳 Y，就可以方便地计算单层膜的反射和透射特性。因此，问题就归结为求入射界面上的组合导纳 Y。下面我们推导组合导纳 Y 的表达式。

根据两种介质分界面上电磁场边界条件：B 和 D 法向分量连续，E 和 H 切向分量连续，可以导出单层薄膜的组合导纳。如图 3-11 所示，薄膜上、下界面上都有无数次反射，为便于处理，我们归并所有同方向的波，正方向取"＋"号，负方向取"－"号。E_0^+、E_0^- 表示入射介质中正行和逆行光波切向分量，E_{11}^+、E_{12}^+ 和 E_{11}^-、E_{12}^- 表示膜层介质中正行和逆行光波切向分量，基片中只有正行光波记为 E_2。符号 H_0^+、H_0^- 和 H_{11}^+、H_{11}^-、H_{12}^+、H_{12}^- 等具有同样的意义。

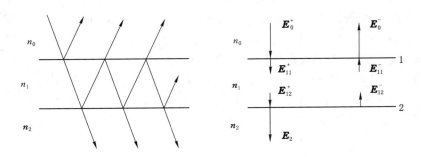

图 3-11　单层膜的电场

对于界面 1，应用 E 和 H 的切向分量在界面两侧连续的边界条件可以写出：

$$E_0 = E_0^+ + E_0^- = E_{11}^+ + E_{11}^-$$

$$H_0 = H_0^+ + H_0^- = \eta_1 E_{11}^+ - \eta_1 E_{11}^-$$

将膜层中的相位传递关系式 $E_{11}^+ = e^{i\delta_1} E_{12}^+$、$E_{11}^- = e^{-i\delta_1} E_{12}^-$（其中 $\delta_1 = \dfrac{2\pi}{\lambda} n_1 d_1 \cos\theta_1$）代入上两式中，得：

$$E_0 = e^{i\delta_1} E_{12}^+ + e^{-i\delta_1} E_{12}^-$$

$$H_0 = \eta_1 e^{i\delta_1} E_{12}^+ - \eta_1 e^{-i\delta_1} E_{12}^-$$

可用矩阵的形式写成：

$$\begin{bmatrix} E_0 \\ H_0 \end{bmatrix} = \begin{bmatrix} e^{i\delta_1} & e^{-i\delta_1} \\ \eta_1 e^{i\delta_1} & -\eta_1 e^{-i\delta_1} \end{bmatrix} \begin{bmatrix} E_{12}^+ \\ E_{12}^- \end{bmatrix} \qquad (3\text{-}71)$$

在基片中没有负向行进的波（即没有反射光波），于是在界面 2 应用边界条件可以写为：

$$E_2^+ = E_{12}^+ + E_{12}^-$$

$$H_2^+ = \eta_1 E_{12}^+ - \eta_1 E_{12}^-$$

将上两式乘系数后相加和相减得：

$$E_{12}^+ = \frac{1}{2} E_2^+ + \frac{1}{2\eta_1} H_2^+$$

$$E_{12}^- = \frac{1}{2} E_2^+ - \frac{1}{2\eta_1} H_2^+$$

写成矩阵形式为：

$$\begin{bmatrix} \boldsymbol{E}_{12}^{+} \\ \boldsymbol{E}_{12}^{-} \end{bmatrix} = \begin{bmatrix} 1/2 & 1/(2\eta_1) \\ 1/2 & -1/(2\eta_1) \end{bmatrix} \begin{bmatrix} \boldsymbol{E}_2^{+} \\ \boldsymbol{H}_2^{+} \end{bmatrix} \tag{3-72}$$

将式(3-72)代入式(3-71)中,得:

$$\begin{bmatrix} \boldsymbol{E}_0 \\ \boldsymbol{H}_0 \end{bmatrix} = \begin{bmatrix} e^{i\delta_1} & e^{-i\delta_1} \\ \eta_1 e^{i\delta_1} & -\eta_1 e^{-i\delta_1} \end{bmatrix} \begin{bmatrix} \dfrac{1}{2} & \dfrac{1}{2\eta_1} \\ \dfrac{1}{2} & -\dfrac{1}{2\eta_1} \end{bmatrix} \begin{bmatrix} \boldsymbol{E}_2^{+} \\ \boldsymbol{H}_2^{+} \end{bmatrix}$$

$$= \begin{bmatrix} \cos\delta_1 & \dfrac{1}{\eta_1} i\sin\delta_1 \\ i\eta_1 \sin\delta_1 & \cos\delta_1 \end{bmatrix} \begin{bmatrix} \boldsymbol{E}_2^{+} \\ \boldsymbol{H}_2^{+} \end{bmatrix} \tag{3-73}$$

因为 $\boldsymbol{E}$ 和 $\boldsymbol{H}$ 的切向分量在界面两侧是连续的,而且由于在基片中仅有一正向行进的波,所以式(3-73)就把入射界面的 $\boldsymbol{E}$ 和 $\boldsymbol{H}$ 的切向分量与透过最后界面的 $\boldsymbol{E}$ 和 $\boldsymbol{H}$ 的切向分量联系起来。

附带说明一下,上述一系列公式虽然是在 n_2 为基片玻璃的情况下推导出来的,但它亦适用于 n_2 为介质膜的情况,在 n_2 为第二层膜时 $\boldsymbol{E}_2^{-} \neq \boldsymbol{0}$,也就是在第二层介质中存在反射光波,对界面 2 应用边界条件时有:

$$\boldsymbol{E}_2^{+} + \boldsymbol{E}_2^{-} = \boldsymbol{E}_{12}^{+} + \boldsymbol{E}_{12}^{-} = \boldsymbol{E}_2$$

$$\boldsymbol{H}_2 = \boldsymbol{H}_2^{+} + \boldsymbol{H}_2^{-} = \boldsymbol{H}_{12}^{+} + \boldsymbol{H}_{12}^{-} = \eta_1 \boldsymbol{E}_{12}^{+} - \eta_1 \boldsymbol{E}_{12}^{-}$$

因此,式(3-71)以下的公式中,用 $\boldsymbol{E}_2$ 代替 $\boldsymbol{E}_2^{+}$,$\boldsymbol{H}_2$ 代替 $\boldsymbol{H}_2^{+}$,所有公式都成立。

根据导纳公式:

$$\boldsymbol{H}_0 = Y\boldsymbol{E}_0, \quad \boldsymbol{H}_2^{+} = \eta_2 \boldsymbol{E}_2^{+}$$

式(3-73)可以写成:

$$\boldsymbol{E}_0 \begin{bmatrix} 1 \\ Y \end{bmatrix} = \begin{bmatrix} \cos\delta_1 & \dfrac{1}{\eta_1} i\sin\delta_1 \\ i\eta_1 \sin\delta_1 & \cos\delta_1 \end{bmatrix} \begin{bmatrix} 1 \\ \eta_2 \end{bmatrix} \boldsymbol{E}_2^{+} \tag{3-74}$$

令

$$\begin{bmatrix} B \\ C \end{bmatrix} = \begin{bmatrix} \cos\delta_1 & \dfrac{1}{\eta_1} i\sin\delta_1 \\ i\eta_1 \sin\delta_1 & \cos\delta_1 \end{bmatrix} \begin{bmatrix} 1 \\ \eta_2 \end{bmatrix} \tag{3-75}$$

则矩阵

$$\boldsymbol{M}_1 = \begin{bmatrix} \cos\delta_1 & \dfrac{1}{\eta_1} i\sin\delta_1 \\ i\eta_1 \sin\delta_1 & \cos\delta_1 \end{bmatrix} \tag{3-76}$$

称为膜层 1 的干涉矩阵,也叫作特征矩阵。它包含了计算膜层光学特性的全部有用参数。其中 $\delta_1 = \dfrac{2\pi}{\lambda} n_1 d_1 \cos\theta_1$ 称为薄膜的相位厚度,$n_1 d_1$ 为薄膜的光学厚度。对 p 分量,$\eta_1 = n_1/\cos\theta_1$,而对 s 分量,$\eta_1 = n_1 \cos\theta_1$。后面我们将会看到,在分析薄膜特性时,薄膜的特征矩阵是非常有用的。

干涉矩阵的物理意义是:由式(3-73)可见,它将光波整个场的电场强度和磁场强度的切向分量从膜层的一端传送到另一端。

矩阵 $\begin{bmatrix} B \\ C \end{bmatrix}$ 定义为基片和薄膜组合的特征矩阵。显然，$Y = C/B$，称为薄膜的组合导纳，有：

$$Y = \frac{C}{B} = \frac{\eta_2 \cos \delta_1 + i\eta_1 \cos \delta_1}{\cos \delta_1 + i(\eta_2/\eta_1)\sin \delta_1} \tag{3-77}$$

故振幅反射系数为：

$$r = \left(\frac{\eta_0 - Y}{\eta_0 + Y}\right) = \frac{(\eta_0 - \eta_2)\cos \delta_1 + i(\eta_0 \eta_2/\eta_1 - \eta_1)\sin \delta_1}{(\eta_0 + \eta_2)\cos \delta_1 + i(\eta_0 \eta_2/\eta_1 + \eta_1)\sin \delta_1} \tag{3-78}$$

因此，单层膜的反射率计算公式为：

$$R = rr^* = \frac{(\eta_0 - \eta_2)^2 \cos^2 \delta_1 + (\eta_0 \eta_2/\eta_1 - \eta_1)^2 \sin^2 \delta_1}{(\eta_0 + \eta_2)^2 \cos^2 \delta_1 + (\eta_0 \eta_2/\eta_1 + \eta_1)^2 \sin^2 \delta_1} \tag{3-79}$$

现在来讨论多层膜的情况。多层膜是由多个单层膜组合而成的。任意光学多层膜，无论是介质膜还是金属薄膜组合，都可以用一个虚拟的等效界面来代替，等效界面的光学导纳 $Y = H_0/E_0$。各层膜的各种参数以及入射介质和基板的各种参数如图 3-12 所示。运用上面单层膜干涉矩阵的结论，从顶层膜开始逐次通过各中间层膜递推到底层膜，我们就可最终得到多层膜系的光学干涉矩阵，进而就可以求出多层膜的反射系数和反射率，具体步骤如下：

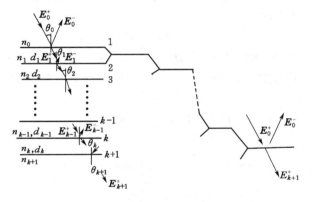

图 3-12 多层膜的等效递推过程

在界面 1 和 2 应用边界条件可以得到：

$$\begin{bmatrix} E_0 \\ H_0 \end{bmatrix} = \begin{bmatrix} \cos \delta_1 & \frac{1}{\eta_1}i\sin \delta_1 \\ i\eta_1 \sin \delta_1 & \cos \delta_1 \end{bmatrix} \begin{bmatrix} E_{21} \\ H_{21} \end{bmatrix}$$

式中，E_{21} 表示在折射率 n_2 的薄膜中，靠近介质 n_2 的界面 2 附近的切向电矢量；H_{21} 表示在折射率 n_2 的薄膜中，靠近介质 n_2 的界面 2 附近的切向磁矢量。

在界面 2 和 3 应用边界条件同样可以得到：

$$\begin{bmatrix} E_{12} \\ H_{12} \end{bmatrix} = \begin{bmatrix} \cos \delta_2 & \frac{1}{\eta_2}i\sin \delta_2 \\ i\eta_2 \sin \delta_2 & \cos \delta_2 \end{bmatrix} \begin{bmatrix} E_{32} \\ H_{32} \end{bmatrix}$$

对界面 2 来说，$E_{12} = E_{21}$，$H_{12} = H_{21}$，所以我们可以得到：

$$\begin{bmatrix} E_0 \\ H_0 \end{bmatrix} = \begin{bmatrix} \cos \delta_1 & \frac{1}{\eta_2}i\sin \delta_1 \\ i\eta_1 \sin \delta_1 & \cos \delta_1 \end{bmatrix} \begin{bmatrix} \cos \delta_2 & \frac{1}{\eta_2}i\sin \delta_2 \\ i\eta_2 \sin \delta_2 & \cos \delta_2 \end{bmatrix} \begin{bmatrix} E_{32} \\ H_{32} \end{bmatrix}$$

重复上述过程，直到最后一层膜（第 k 层），并应用边界条件，最后我们可以得到：

$$\begin{bmatrix} \boldsymbol{E}_0 \\ \boldsymbol{H}_0 \end{bmatrix} = \left\{ \prod_{j=1}^{k} \begin{bmatrix} \cos\delta_j & \dfrac{1}{\eta_j}\mathrm{i}\sin\delta_j \\ \mathrm{i}\eta_j\sin\delta_j & \cos\delta_j \end{bmatrix} \right\} \begin{bmatrix} \boldsymbol{E}_{k+1}^{+} \\ \boldsymbol{H}_{k+1}^{+} \end{bmatrix} \qquad (3\text{-}80)$$

由于 $Y = \boldsymbol{H}_0 / \boldsymbol{E}_0$，而且在基底中只有正向行波，没有反向行波，所以根据导纳公式，$\boldsymbol{H}_{k+1}^{+} = \eta_{k+1}\boldsymbol{E}_{k+1}^{+}$，上式可化为：

$$\boldsymbol{E}_0 \begin{bmatrix} 1 \\ Y \end{bmatrix} = \left\{ \prod_{j=1}^{k} \begin{bmatrix} \cos\delta_j & \dfrac{1}{\eta_j}\mathrm{i}\sin\delta_j \\ \mathrm{i}\eta_j\sin\delta_j & \cos\delta_j \end{bmatrix} \right\} \begin{bmatrix} 1 \\ \eta_{k+1} \end{bmatrix} \boldsymbol{E}_{k+1}^{+} \qquad (3\text{-}81)$$

这样膜系的干涉矩阵为：

$$\begin{bmatrix} B \\ C \end{bmatrix} = \left\{ \prod_{j=1}^{k} \begin{bmatrix} \cos\delta_j & \dfrac{1}{\eta_j}\mathrm{i}\sin\delta_j \\ \mathrm{i}\eta_j\sin\delta_j & \cos\delta_j \end{bmatrix} \right\} \begin{bmatrix} 1 \\ \eta_{k+1} \end{bmatrix} \qquad (3\text{-}82)$$

所以多层膜系的组合导纳 $Y = C/B$，膜系的反射系数 r 和反射率 R 为：

$$\begin{cases} r = \left(\dfrac{\eta_0 - Y}{\eta_0 + Y} \right) \\ R = \left(\dfrac{\eta_0 - Y}{\eta_0 + Y} \right) \left(\dfrac{\eta_0 - Y}{\eta_0 + Y} \right)^{*} \end{cases} \qquad (3\text{-}83)$$

矩阵

$$\boldsymbol{M}_j = \begin{bmatrix} \cos\delta_j & \dfrac{1}{\eta_j}\mathrm{i}\sin\delta_j \\ \mathrm{i}\eta_j\sin\delta_j & \cos\delta_j \end{bmatrix} \qquad (3\text{-}84)$$

称为第 j 层膜的干涉矩阵。无吸收的介质薄膜的干涉矩阵的一般形式可写成：

$$\boldsymbol{M} = \begin{bmatrix} m_{11} & m_{12} \\ m_{21} & m_{22} \end{bmatrix}$$

式中，m_{11} 和 m_{22} 为实数，而且 $m_{11} = m_{22}$，而 m_{12} 和 m_{21} 为纯虚数，此外该行列式值等于 1，称为单位模矩阵，即 $m_{11}m_{22} - m_{12}m_{21} = 1$，而且任意多个这样的矩阵乘积的行列式值也等于 1。

对于一个四分之一波长层，即膜层的有效光学厚度是某一波长四分之一的奇数倍时，在该参考波长处膜层的干涉矩阵化为：

$$\boldsymbol{M} = \begin{bmatrix} 0 & \mathrm{i}/\eta \\ \mathrm{i}\eta & 0 \end{bmatrix}$$

从而使膜系的计算变得简单。如果基板的光学导纳是 η_g，这样的膜层有三层，按照式（3-82），膜系的特征矩阵为：

$$\begin{bmatrix} B \\ C \end{bmatrix} = \begin{bmatrix} 0 & \mathrm{i}/\eta_1 \\ \mathrm{i}\eta_1 & 0 \end{bmatrix} \begin{bmatrix} 0 & \mathrm{i}/\eta_2 \\ \mathrm{i}\eta_2 & 0 \end{bmatrix} \begin{bmatrix} 0 & \mathrm{i}/\eta_3 \\ \mathrm{i}\eta_3 & 0 \end{bmatrix} \begin{bmatrix} 1 \\ \eta_g \end{bmatrix}$$

所以光学导纳为：

$$Y = \frac{C}{B} = \frac{\eta_1^2 \eta_3^2}{\eta_2^2 \eta_g}$$

推广到 m 层的情况，则有：

$$Y = \frac{\eta_1^2 \eta_3^2 \cdots \eta_m^2}{\eta_2^2 \eta_4^2 \cdots \eta_g} \quad (m \text{ 为奇数}) \qquad (3\text{-}85)$$

$$Y = \frac{\eta_1^2 \eta_3^2 \cdots \eta_s}{\eta_2^2 \eta_4^2 \cdots \eta_m^2} \quad (m\ \text{为偶数}) \tag{3-86}$$

对于一个二分之一波长层,即膜层的有效光学厚度是某一波长的二分之一的整数倍时,在该参考波长处膜层的干涉矩阵化为:

$$M = \begin{bmatrix} -1 & 0 \\ 0 & -1 \end{bmatrix}$$

这是一个单位矩阵,可见在该波长处半波长层对膜系的有效光学导纳和反射率都没有任何影响,故称为"虚设层"。

3.2.3 矢量作图法

利用递推法和矩阵法计算膜系的光学特性,虽然比较严格和精确,但是计算相当复杂,人工计算几乎不可能,通常用计算机来完成。矢量作图法由于简单、直观、快速,并有一定的精度,因而广泛地应用于膜系层数较少的情况。

对于膜系层数较少的减反射膜,可以采用矢量作图法做近似计算和设计。矢量法的使用有两个前提:第一,膜层没有吸收,折射率是一个实数。也就是说,矢量作图法只适用于介质膜,不适用于金属膜。第二,在确定多层膜的特性时,只考虑入射波在每个界面的单次反射,忽略界面上光束的多次反射。虽然是近似计算,但对于大多数类型的减反射膜,矢量作图法误差足够小。矢量作图法计算简便、直观,所以在减反射膜的计算与设计中有广泛应用。

现在我们研究如图 3-13 所示的膜系。如果忽略膜层内的多次反射,则合成的振幅反射系数由每一层界面的反射系数的矢量和确定。每个界面的反射系数都连带着一个特定的相位滞后,它对应于光波从入射表面进至该界面又回到入射表面的过程,公式为:

$$r = r_1 + r_2 e^{-i2\delta_1} + r_3 e^{-i2(\delta_1+\delta_2)} + r_4 e^{-i2(\delta_1+\delta_2+\delta_3)}$$

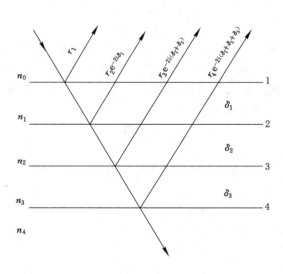

图 3-13　多层膜界面上的反射振幅矢量

如果膜层没有吸收,那么各个界面的振幅反射系数均为实数,则有:

$$r_1 = \frac{n_0 - n_1}{n_0 + n_1}, \quad r_2 = \frac{n_1 - n_2}{n_1 + n_2},$$

$$r_3 = \frac{n_2 - n_3}{n_2 + n_3}, \quad r_4 = \frac{n_3 - n_4}{n_3 + n_4}$$

振幅反射系数可正可负,根据相邻两介质的有效折射率的相对大小而定。各层薄膜的相位厚度为:

$$\delta_i = \frac{2\pi}{\lambda} n_i d_i \cos\theta_i$$

因而合成振幅反射系数可以用解析法求和,但更常用矢量作图法求和而得到。因为两个相继矢量之间的夹角为 $2\delta_1$、$2\delta_2$、$2\delta_3$,因此矢量作图法更为方便。

矢量作图法的计算步骤是:首先计算各个界面的振幅反射系数和各层膜的相位厚度,把各个矢量按比例画在同一张极坐标图上,然后按三角形法则求合矢量。求得的合矢量的模即为膜系的振幅反射系数,幅角就是反射光的相位变化,而能量反射率是振幅反射系数的平方。

若在所考虑的整个波段内忽略膜的色散,当光线垂直入射时,对于所有波长,振幅反射系数均相同。

为了避免在作矢量图时方向混乱,我们可以规定:

① 矢量的模 $r_1, r_2, \cdots, r_i$ 正值为指向坐标原点,负值为离开坐标原点。

② 矢量间夹角取决于膜层的相位厚度,按逆时针方向旋转。界面上的相位跃变包含在振幅反射系数的符号中,不必另做考虑。如光从光疏媒质进入光密媒质时,$r < 0$,其相位改变 π。

现在我们举一个例子来说明矢量作图法的计算方法。在图 3-13 所示的膜系中,令 $n_0 = 1.0$,$n_1 = 1.38$,$n_2 = 1.90$,$n_3 = 1.65$,$n_4 = 1.52$,入射角 $\theta_0 = 0$。各膜层厚度为:$n_1 d_1 = \frac{\lambda_0}{4}$,$n_2 d_2 = \frac{\lambda_0}{2}$,$n_3 d_3 = \frac{\lambda_0}{4}$,$\lambda_0 = 520 \text{ nm}$。下面我们用矢量作图法计算波长在 400 nm、520 nm 和 650 nm 时膜系的反射率。

忽略各膜层的色散,各界面的反射系数分别为:

$$r_1 = \frac{n_0 - n_1}{n_0 + n_1} = \frac{1.0 - 1.38}{1.0 + 1.38} \approx -0.16$$

$$r_2 = \frac{n_1 - n_2}{n_1 + n_2} = \frac{1.38 - 1.90}{1.38 + 1.90} \approx -0.16$$

$$r_3 = \frac{n_2 - n_3}{n_2 + n_3} = \frac{1.90 - 1.65}{1.90 + 1.65} \approx 0.07$$

$$r_4 = \frac{n_3 - n_4}{n_3 + n_4} = \frac{1.65 - 1.52}{1.65 + 1.52} \approx 0.04$$

矢量夹角为:

$$\delta_{12} = 2\delta_1 = \frac{4\pi}{\lambda_0} n_1 d_1 \cos\theta_1 = \pi$$

$$\delta_{23} = 2\delta_2 = \frac{4\pi}{\lambda_0} n_2 d_2 \cos \theta_2 = 2\pi$$

$$\delta_{34} = 2\delta_3 = \frac{4\pi}{\lambda_0} n_3 d_3 \cos \theta_3 = \pi$$

膜系相继矢量之间的夹角列于表 3-1 中。

表 3-1　膜系相继矢量之间的夹角

波长		400 nm	520 nm	650 nm
夹角	$\delta_{12} = 2\delta_1$	1.3π	π	0.8π
	$\delta_{23} = 2\delta_2$	2.6π	2π	1.6π
	$\delta_{34} = 2\delta_3$	1.3π	π	0.8π

然后,如图 3-14 所示,首先在极坐标图上画出各个矢量,接着将其变换成一个矢量多边形。用图解法求得上述波长的反射率分别是 0.8%、0.09% 和 0.49%。

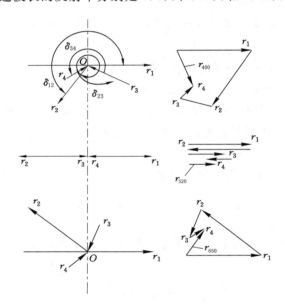

图 3-14　矢量法求解反射率

在倾斜入射的情况下,需分别作出 p 分量和 s 分量的矢量图,单独求得 p 分量和 s 分量的合矢量,求出它们的反射率 R_p 和 R_s,然后由 $R = (R_s + R_p)/2$ 求得自然光合成的反射率。作图步骤同上,只是对于 p 分量和 s 分量,振幅反射系数应取相应的值。在计算时,各膜层光线入射角由折射定律求出:

$$n_0 \sin \theta_0 = n_1 \sin \theta_1 = n_2 \sin \theta_2 = \cdots$$

p 分量和 s 分量的反射系数为:

$$r_{ip} = \frac{\dfrac{n_{i-1}}{\cos \theta_{i-1}} - \dfrac{n_i}{\cos \theta_i}}{\dfrac{n_{i-1}}{\cos \theta_{i-1}} + \dfrac{n_i}{\cos \theta_i}} \tag{3-87}$$

$$r_{is} = \frac{n_{i-1}\cos \theta_{i-1} - n_i\cos \theta_i}{n_{i-1}\cos \theta_{i-1} + n_i\cos \theta_i} \tag{3-88}$$

同时,膜层的相位厚度分别为:

$$\delta_1 = \frac{2\pi}{\lambda_0} n_1 d_1 \cos \theta_1$$

$$\delta_2 = \frac{2\pi}{\lambda_0} n_2 d_2 \cos \theta_2$$

$$\delta_3 = \frac{2\pi}{\lambda_0} n_3 d_3 \cos \theta_3$$

矢量作图法适用于膜层数不太多、无吸收、表面反射较弱的情况,简单直观,主要用于层数较少的减反射膜系的设计。

3.3　光学薄膜的普遍定理

薄膜光学中有两个基本问题:第一是膜系分析问题,已知膜系中各层膜光学常数、厚度,如何计算各层膜光学特性,该问题已在上一节中得到解决;第二是膜系设计问题,根据特定光谱特性要求(根据应用情况,一般由用户提出),选择相应膜系,确定膜系中各膜层光学常数及厚度,这是膜系的合成问题,它比膜系分析问题复杂得多。本章叙述的一些普遍定理是膜系合成设计的理论依据。

3.3.1　透射定理

膜系的透射定理:膜系的透射率与光的传播方向无关。不管膜层有无吸收,该定理均成立。透射定理如图 3-15 所示。透射定理的数学表达式为 $T_L \equiv T_R$,T_L 表示光从左侧入射时的透过率,T_R 表示光从右侧入射时的透过率。

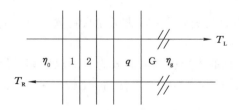

图 3-15　透射定理示意图

下面对透射定理进行证明。如图 3-15 所示,将膜系中的各层膜的特征矩阵分别记为:

$$\boldsymbol{M}_1,\boldsymbol{M}_2,\boldsymbol{M}_3,\cdots,\boldsymbol{M}_q$$

并设膜系两边的介质都是透明介质,则对应于两个光入射方向的膜系导纳矩阵可分别写为:

光从左侧入射时:

$$\boldsymbol{M} = \boldsymbol{M}_1\boldsymbol{M}_2\boldsymbol{M}_3\cdots\boldsymbol{M}_q = \begin{bmatrix} a_{ij} \end{bmatrix}$$

光从右侧入射时:

$$M' = M_q M_{q-1} \cdots M_2 M_1 = [a'_{ij}]$$

经过简单的推导可以得出：

$$a_{ij} = a'_{ij} (i \neq j), \quad a_{11} = a'_{22}, \quad a_{22} = a'_{11}$$

设膜系两边的介质导纳分别为 η_0 和 η_g，则光从左侧入射时有：

$$\begin{bmatrix} B \\ C \end{bmatrix} = M \begin{bmatrix} 1 \\ \eta_g \end{bmatrix}$$

且有

$$B = a_{11} + a_{22} \eta_g, \quad C = a_{21} + a_{22} \eta_g$$

类似可得，光从右侧入射时：

$$B' = a'_{11} + a'_{12} \eta_0 = a_{22} + a_{12} \eta_0, \quad C' = a'_{21} + a'_{22} \eta_0 = a_{21} + a_{11} \eta_0$$

则根据透射率公式可以得出：

$$T_L = \frac{4 \eta_0 \eta_g}{| \eta_0 (a_{11} + a_{12} \eta_g) + a_{21} + a_{22} \eta_g |^2}$$

$$T_R = \frac{4 \eta_g \eta_0}{| \eta_g (a_{22} + a_{12} \eta_0) + a_{21} + a_{11} \eta_0 |^2}$$

可以看出，$T_L = T_R$，得证。

透射定理说明光学薄膜元件在作透射元件使用时，透过率与放置方向无关，不存在只让光线从一个方向通过而不让光线从另一方向通过的用薄膜制作的单向镜。

此外还可以证明，膜系的反射特性不具有上述透射定理的性质，膜系反射率可能与光线的入射方向有关。只有当膜系中所有膜层都不存在吸收时，膜系的反射率才与光的传播方向无关。对于含有吸收膜层的膜系，其两侧的反射率不相等。在一定光谱范围，两种方向反射光谱成分不同，吸收较严重时，人眼可以观察到反射光颜色的不同。当把存在吸收膜层的膜系作为反射元件使用时，薄膜元件安置不当，可能导致膜系吸收率成倍增加。

对于几何厚度小于 10 nm 的单层金属膜，可用式(3-89)估计光从两边入射时吸收率比值（基片在最右侧）。

$$\frac{A_L}{A_R} = \frac{n_0}{n_g} \tag{3-89}$$

式中，A_L 表示光从左侧入射时的吸收率；A_R 表示光从右侧入射时的吸收率。

3.3.2 普遍等效定理

普遍等效定理：一个任意的多层膜系可等效为一个双层膜。但一般来说，不能等效为一个单层膜。该定理的证明需利用鲍利(Pauli)矩阵，比较复杂，这里仅对定理加以说明，以帮助读者理解这个定理。

对于单层膜，特征矩阵为：

$$M_1 = \begin{bmatrix} \cos \delta & \frac{1}{\eta} i \sin \delta \\ i \eta \sin \delta & \cos \delta \end{bmatrix}$$

式中，η 为膜层修正导纳；$\delta = \frac{2\pi}{\lambda} nd \cos \theta$。记矩阵元素为 m_{11}、m_{12}、m_{21}、m_{22}，则：

$$M_1 = \begin{bmatrix} m_{11} & m_{12} \\ m_{21} & m_{22} \end{bmatrix}$$

对于无吸收介质膜,单层膜特征矩阵存在下列特征:

① m_{11}、m_{22} 为纯实数。

② m_{12}、m_{21} 为纯虚数。

③ $m_{11} = m_{22}$。

④ 矩阵行列式 $m_{11}m_{22} - m_{21}m_{12} = 1$。

最简单的多层膜为双层膜,则有:

$$\boldsymbol{M} = \boldsymbol{M}_1 \times \boldsymbol{M}_2 = \begin{bmatrix} \cos\delta_1 & \dfrac{1}{\eta_1}\mathrm{i}\sin\delta_1 \\ \mathrm{i}\eta_1\sin\delta_1 & \cos\delta_1 \end{bmatrix} \begin{bmatrix} \cos\delta_2 & \dfrac{1}{\eta_2}\mathrm{i}\sin\delta_2 \\ \mathrm{i}\eta_2\sin\delta_2 & \cos\delta_2 \end{bmatrix} = \begin{bmatrix} m_{11} & m_{12} \\ m_{21} & m_{22} \end{bmatrix}$$

$$= \begin{bmatrix} \cos\delta_1\cos\delta_2 - \dfrac{\eta_2}{\eta_1}\sin\delta_1\sin\delta_2 & \mathrm{i}\left(\dfrac{1}{\eta_2}\cos\delta_1\sin\delta_2 + \dfrac{1}{\eta_1}\cos\delta_2\sin\delta_1\right) \\ \mathrm{i}(\eta_1\sin\delta_1\cos\delta_2 + \eta_2\cos\delta_1\sin\delta_2) & \cos\delta_1\cos\delta_2 - \dfrac{\eta_1}{\eta_2}\sin\delta_1\sin\delta_2 \end{bmatrix}$$

此时 $m_{11} \neq m_{22}$,双层膜的特征矩阵与单层膜的特征矩阵已经不同,不能引入等效单层膜的概念。当膜层很薄时,$\delta_1 \to 0$ 与 $\delta_2 \to 0$,$m_{11} \approx m_{22}$,只有此时双层膜才可以近似看作一个单层膜。对于任意多层膜,由于 $m_{11} \neq m_{22}$,因此只能等效为一个双层膜。

注意:用双层膜等效多层膜,不是实际上的等效。不同波长、不同入射角(相位角)等效双层膜的折射率 $N_{1\mathrm{e}}$、$N_{2\mathrm{e}}$ 和相位角 $\delta_{1\mathrm{e}}$、$\delta_{2\mathrm{e}}$ 都不同,必须分别计算,这给简化分析带来不便,限制了普遍等效定理在实际设计中的应用。

3.3.3 对称膜等效定理

3.3.3.1 等效定理总定理

总定理:一个对称的多层膜系等效于一个单层膜。也就是说,以中间一层为中心,两边对称布局的对称膜系在数学上可以等效为一个单层膜。

下面以最简单的对称膜(pqp)为例,证明其可以等效为单层膜。

对称膜系(pqp)特征矩阵为:

$$\boldsymbol{M}_{\mathrm{pqp}} = \begin{bmatrix} m_{11} & m_{12} \\ m_{21} & m_{22} \end{bmatrix}$$

$$= \begin{bmatrix} \cos\delta_\mathrm{p} & \dfrac{1}{\eta_\mathrm{p}}\mathrm{i}\sin\delta_\mathrm{p} \\ \mathrm{i}\eta_\mathrm{p}\sin\delta_\mathrm{p} & \cos\delta_\mathrm{p} \end{bmatrix} \begin{bmatrix} \cos\delta_\mathrm{q} & \dfrac{1}{\eta_\mathrm{q}}\mathrm{i}\sin\delta_\mathrm{q} \\ \mathrm{i}\eta_\mathrm{q}\sin\delta_\mathrm{q} & \cos\delta_\mathrm{q} \end{bmatrix} \begin{bmatrix} \cos\delta_\mathrm{p} & \dfrac{1}{\eta_\mathrm{p}}\mathrm{i}\sin\delta_\mathrm{p} \\ \mathrm{i}\eta_\mathrm{p}\sin\delta_\mathrm{p} & \cos\delta_\mathrm{p} \end{bmatrix}$$

作矩阵的乘法运算,我们求得:

$$\begin{cases} m_{11} = \cos 2\delta_\mathrm{p}\cos\delta_\mathrm{q} - \dfrac{1}{2}\left(\dfrac{\eta_\mathrm{p}}{\eta_\mathrm{q}} + \dfrac{\eta_\mathrm{q}}{\eta_\mathrm{p}}\right)\sin 2\delta_\mathrm{p}\sin\delta_\mathrm{q} \\[2mm] m_{12} = \dfrac{\mathrm{i}}{\eta_\mathrm{p}}\left[\sin 2\delta_\mathrm{p}\cos\delta_\mathrm{q} + \dfrac{1}{2}\left(\dfrac{\eta_\mathrm{p}}{\eta_\mathrm{q}} + \dfrac{\eta_\mathrm{q}}{\eta_\mathrm{p}}\right)\cos 2\delta_\mathrm{p}\sin\delta_\mathrm{q} + \dfrac{1}{2}\left(\dfrac{\eta_\mathrm{p}}{\eta_\mathrm{q}} - \dfrac{\eta_\mathrm{q}}{\eta_\mathrm{p}}\right)\sin\delta_\mathrm{q}\right] \\[2mm] m_{21} = \mathrm{i}\eta_\mathrm{p}\left[\sin 2\delta_\mathrm{p}\cos\delta_\mathrm{q} + \dfrac{1}{2}\left(\dfrac{\eta_\mathrm{p}}{\eta_\mathrm{q}} + \dfrac{\eta_\mathrm{q}}{\eta_\mathrm{p}}\right)\cos 2\delta_\mathrm{p}\sin\delta_\mathrm{q} - \dfrac{1}{2}\left(\dfrac{\eta_\mathrm{p}}{\eta_\mathrm{q}} - \dfrac{\eta_\mathrm{q}}{\eta_\mathrm{p}}\right)\sin\delta_\mathrm{q}\right] \\[2mm] m_{11} = m_{22} \end{cases}$$ (3-90)

由上述公式不难看出 m_{11}、m_{22} 为纯实数,且 $m_{11} = m_{22}$,m_{12}、m_{21} 为纯虚数,与单层膜特征矩阵有相同特征,因此可将对称膜(pqp)等效为如下单层膜:

$$\boldsymbol{M}_{pqp} = \begin{bmatrix} m_{11} & m_{12} \\ m_{21} & m_{22} \end{bmatrix} = \begin{bmatrix} \cos \varGamma & \dfrac{1}{E}\mathrm{i}\sin \varGamma \\ \mathrm{i}E\sin \varGamma & \cos \varGamma \end{bmatrix} \tag{3-91}$$

式中，$\varGamma$ 称为等效相位厚度；E 称为等效光学导纳或等效折射率。

于是存在：

$$m_{11} = m_{22} = \cos \varGamma \tag{3-92}$$

$$m_{12} = \frac{1}{E}\mathrm{i}\sin \varGamma \tag{3-93}$$

$$m_{21} = \mathrm{i}E\sin \varGamma \tag{3-94}$$

由式(3-93)除以式(3-94)再开平方得：

$$E_{pqp} = \eta_p \left[\frac{\sin 2\delta_p \cos \delta_q + \dfrac{1}{2}\left(\dfrac{\eta_p}{\eta_q} + \dfrac{\eta_q}{\eta_p}\right)\cos 2\delta_p \sin \delta_q - \dfrac{1}{2}\left(\dfrac{\eta_p}{\eta_q} - \dfrac{\eta_q}{\eta_p}\right)\sin \delta_q}{\sin 2\delta_p \cos \delta_q + \dfrac{1}{2}\left(\dfrac{\eta_p}{\eta_q} + \dfrac{\eta_q}{\eta_p}\right)\cos 2\delta_p \sin \delta_q + \dfrac{1}{2}\left(\dfrac{\eta_p}{\eta_q} - \dfrac{\eta_q}{\eta_p}\right)\sin \delta_q} \right]^{\frac{1}{2}} \tag{3-95}$$

由式(3-92)可得：

$$\varGamma_{pqp} = \arccos \left[\cos 2\delta_p \cos \delta_q - \frac{1}{2}\left(\frac{\eta_p}{\eta_q} + \frac{\eta_q}{\eta_p}\right)\sin 2\delta_p \sin \delta_q \right] \tag{3-96}$$

显然式(3-96)的解不唯一，通常取最接近实际相位厚度的解。

容易证明，三层对称膜系的推导结果可推广到由任意多层膜组成的对称膜系。首先划定膜系的中心三层，形成一个对称组合，用一个单层膜来代替这个三层对称组合。然后，这个等效层与它相邻的两层膜又可看作三层对称组合，再用一个等效层代替，重复这个过程，直到整个膜系被替换，得到整个膜系的等效层。

注意：等效单层膜不能在每个方面都严格地替代对称多层膜系，因为这不是真正的物理等效，它只不过是多个矩阵的数学等效。另外，等效光学导纳 E 和等效相位厚度 $\varGamma$ 都将强烈地依赖于真实膜系的波长 λ，不仅 E 有色散，而且 $\varGamma$ 的色散也非常大。

在实际计算矩阵元时，从 m_{11} 和 m_{22} 的表达式[式(3-90)]中可以看到，会有以下三种情况出现：

① 在某些波长范围内，必然会出现 $|m_{11}| = |m_{22}| > 1$ 的情况，即这些波段内等效相位厚度 $\varGamma$ 是虚数，即：

$$|\cos \varGamma| > 1$$

$$\sin \varGamma = \sqrt{1 - \cos^2 \varGamma} = \mathrm{i}\sqrt{\cos^2 \varGamma - 1}$$

又有：

$$m_{11}m_{22} - m_{12}m_{21} = 1$$

可知，这时 m_{12} 和 m_{21} 的值符号相反。因而在这些波段内，等效折射率

$$E = \sqrt{m_{21}/m_{12}}$$

也是虚数。这就是说，在这些波段内等效折射率的通常意义已不复存在。这些波段相应于对称膜系的截止带(抑制带)。在截止带中的光学特性的计算，只能直接借助于它的特征矩阵的连乘积。

② 在某些波长范围内，会出现 $|m_{11}| = |m_{22}| < 1$ 的情况，也就是 $|\cos \varGamma| < 1$ 的波段，这时等效折射率 E 和等效相位厚度 $\varGamma$ 均为实数，相应于对称膜系的透射带。在通带中，只

要求出 E 和 Γ 就可得到它的全部光学特性。

③ 相应于 $|m_{11}|=|m_{22}|=1$，也就是 $|\cos\Gamma|=1$，Γ 为 π 或其整数倍的那些波长，也就是对称膜系的通带开始向截止带过渡的波长，或称为截止波长。在这些波长处，等效折射率 E 趋向于零或无限大。应该指出，虽然 E 是趋向于零或无限大，但由于 Γ 趋向于 π 或其整数倍，所以反射率值仍然是不确定的(不是趋向于 1)，它随着周期数的增加而增加。

3.3.3.2　等效定理子定理

根据等效定理总定理我们可以推出下列子定理，子定理的证明读者可以自己完成。

子定理 1：折射率分布为 $n_1=Af(z)$ 的对称多层膜系的等效光学导纳 E_1 是折射率分布为 $n_2=f(z)$ 的对称多层膜系的等效光学导纳 E_2 的 A 倍，即 $E_1=AE_2$。

如果一个对称膜系中高折射率材料用 Ge，$n_H=4$，低折射率材料用 ZnS，$n_H=2.2$，其等效光学导纳为 E_1。若膜系中高折射率材料 Ge 被 TiO$_2$ 代替，低折射率材料 ZnS 被 CaF$_2$ 代替，此时 $n_H=2.3$，$n_H=1.26$，由于第一个膜系折射率分布是第二个膜系的 1.74 倍，于是 $E_1=1.74E_2$。

子定理 2：折射率分布为 $n_1=Af(z)$ 的对称多层膜系的等效相位厚度 Γ_1 与折射率分布为 $n_2=f(z)$ 的对称多层膜系的等效相位厚度 Γ_2 相等，即 $\Gamma_1=\Gamma_2$。

子定理 3：折射率分布为 $n_1=f(z)$ 的对称多层膜系的等效光学导纳 E_1 等于折射率分布为 $n_2=1/f(z)$ 的对称多层膜系的等效光学导纳 E_2 的倒数，即 $E_1=1/E_2$。

子定理 4：折射率分布为 $n_1=f(z)$ 的对称多层膜系的等效相位厚度 Γ_1 与折射率分布为 $n_2=1/f(z)$ 的对称多层膜系的等效相位厚度 Γ_2 相等，即 $\Gamma_1=\Gamma_2$。

子定理 5：当波长趋于无穷大时，三层对称膜系的等效光学导纳 E 为：

$$E=\eta_p\sqrt{\frac{\varphi+n_p/n_q}{\varphi+n_q/n_p}}$$

式中，$\varphi=2n_p/n_q$。

例如，当对称膜系基本周期为 $\dfrac{L}{2}H\dfrac{L}{2}$ 时，$\varphi=1$，这时 $E=\sqrt{n_H n_L}$。

子定理 5 的实际意义是当对称膜系各膜层的厚度很小时，等效折射率几乎是一个常数，数值界于 n_p 和 n_q 之间，大小与膜层厚度比值 φ 有关。

3.3.4　周期性多层膜理论

3.3.4.1　周期性对称多层膜

对称膜系在数学上存在着等效折射率和等效相位厚度，即可以用一个等效的单层膜来代换。这一发现的重要性既在于它的光学特性容易得到解释(单层膜的特性比多层膜直观得多)，又在于容易将单个周期的结果推广到多个周期组成的多层膜。

若一个周期性对称膜系基本周期的特征矩阵为：

$$\boldsymbol{M}=\begin{bmatrix}\cos\Gamma & \dfrac{1}{E}\mathrm{i}\sin\Gamma\\[2mm] \mathrm{i}E\sin\Gamma & \cos\Gamma\end{bmatrix}$$

那么整个周期对称膜系的特征矩阵为各个基本周期特征矩阵的乘积，即：

$$\boldsymbol{M}^s=\begin{bmatrix}\cos\Gamma & \dfrac{1}{E}\mathrm{i}\sin\Gamma\\[2mm] \mathrm{i}E\sin\Gamma & \cos\Gamma\end{bmatrix}^s \tag{3-97}$$

可以证明，式(3-97)可化为：

$$\boldsymbol{M}^S = \begin{bmatrix} \cos S\varGamma & \dfrac{1}{E}\mathrm{i}\sin S\varGamma \\ \mathrm{i}E\sin S\varGamma & \cos S\varGamma \end{bmatrix} \tag{3-98}$$

式（3-98）就是周期对称膜系的等效定理，它说明一个周期对称膜系仍然存在一个等效膜层，且该等效膜层的等效光学导纳与其基本周期的等效光学导纳相同，它的等效相位厚度为基本周期等效相位厚度 $\varGamma$ 的 S 倍。

等效理论使周期性膜系透射带中折射率分析问题得以简化，这时只要考虑基本周期的性质就够了，特别是当基本周期等效折射率 E 与基片和入射介质折射率匹配良好时，即使周期数 S 变大也只能引起相位厚度增加、增加透射带波纹数目，但对薄膜光谱特性影响不大。此外，通过改变基本周期膜层的折射率或相对厚度，均可改变其等效折射率，修正膜系的光谱特性。

3.3.4.2 周期性非对称多层膜

最简单的周期结构基本单元是两层膜，若其特征矩阵为：

$$\boldsymbol{M} = \boldsymbol{M}_1 \boldsymbol{M}_2 = \begin{bmatrix} m_{11} & m_{12} \\ m_{21} & m_{22} \end{bmatrix} \tag{3-99}$$

周期数为 S，则膜系特征矩阵为 $\boldsymbol{M}^S$，利用矩阵理论与切比雪夫多项式对此矩阵进行处理，我们可以找出 $\boldsymbol{M}^S$ 的解析表达式，并得到如下结论：

① 满足条件 $\left| \dfrac{1}{2}(m_{11}+m_{22}) \right| > 1$ 的波长，位于膜系反射带，其反射率随着膜层周期数的增加而稳定地提高。

② 满足条件 $\left| \dfrac{1}{2}(m_{11}+m_{22}) \right| < 1$ 的波长，位于膜系透射带，其反射率随着膜层周期数的增加而振荡。

③ 满足条件 $\left| \dfrac{1}{2}(m_{11}+m_{22}) \right| = 1$ 的波长，位于反射带、透射带的边界，称为截止波长。

对于四分之一膜系 $\left(n_1 d_1 = n_2 d_2 = \dfrac{\lambda_0}{4} \right)$，垂直入射时，中心波长 λ_0 处 $\delta = \dfrac{\pi}{2}$，则有：

$$\boldsymbol{M} = \boldsymbol{M}_1 \boldsymbol{M}_2 = \begin{bmatrix} -\dfrac{n_1}{n_2} & 0 \\ 0 & -\dfrac{n_1}{n_2} \end{bmatrix} \tag{3-100}$$

因为 $\left| \dfrac{1}{2}\left(\dfrac{n_2}{n_1} + \dfrac{n_1}{n_2} \right) \right| \geqslant 1$，所以 λ_0 位于反射带内。以这个双层膜为基本周期的多层膜系的特征矩阵为：

$$\boldsymbol{M} = (\boldsymbol{M}_1 \boldsymbol{M}_2)^S = \begin{bmatrix} \left(-\dfrac{n_2}{n_1} \right)^S & 0 \\ 0 & \left(-\dfrac{n_1}{n_2} \right)^S \end{bmatrix} \tag{3-101}$$

膜系的光学导纳为：

$$Y = \dfrac{C}{B} = \left(\dfrac{n_1}{n_2} \right)^{2S} n_g$$

膜系反射率为：

$$R=\left(\frac{n_0-Y}{n_0+Y}\right)^2=\left[\frac{1-\frac{n_g}{n_0}\left(\frac{n_1}{n_2}\right)^{2S}}{1+\frac{n_g}{n_0}\left(\frac{n_1}{n_2}\right)^{2S}}\right]^2$$

由此可见，膜系反射率 R 随着 $\frac{n_1}{n_2}$ 和周期数 S 的增加而增加。

3.3.5　诱导透射定理

金属膜的折射率为一个复数 $N=n-\mathrm{i}\kappa$，其中 n 为复折射率实部，κ 为复折射率虚部，称为消光系数。本部分内容讨论金属膜的吸收与透射率问题。

图 3-16 给出了金属膜透射率的示意图，界面 a 的左边为入射介质，界面 b 的右边为出射介质。定义势透射率 φ 为透过界面 b 的光能 T 与透过界面 a 的光能（$1-R$）之比，即：

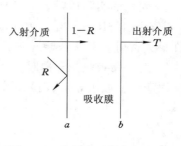

图 3-16　金属膜透射率的示意图

$$\varphi=\frac{T}{1-R} \tag{3-102}$$

式中，T、R 与吸收率 A 的关系为：

$$R+T+A=1 \tag{3-103}$$

因此，可得：

$$A=1-R-T=(1-R)(1-\varphi) \tag{3-104}$$

由式（3-102）和式（3-104）可知，对于给定的反射率 R，膜层势透射率 φ 越大，则膜系的实际透射率 T 越大，吸收越小。

下面对吸收膜层的势透射率性质及其与膜系透射率的关系进行结论性说明，略去严格的理论证明。

① 吸收膜系（如金属膜）的最大势透射率仅决定于吸收膜层的光学常数。设吸收膜特征矩阵为：

$$\begin{bmatrix} \cos\delta & \mathrm{i}\sin\delta/N \\ \mathrm{i}N\sin\delta & \cos\delta \end{bmatrix}=\begin{bmatrix} \overline{a}_1 & \overline{a}_3 \\ \overline{a}_2 & \overline{a}_4 \end{bmatrix} \tag{3-105}$$

由于 $N=n-\mathrm{i}\kappa$ 为复数，因此 $\delta=\frac{2\pi}{\lambda}Nd\cos\theta$ 亦为复数，矩阵中各项均为复数，令：

$$\overline{a}_1=a_1-\mathrm{i}b_1,\overline{a}_2=a_2-\mathrm{i}b_2,\overline{a}_3=a_3-\mathrm{i}b_3,\overline{a}_4=a_4-\mathrm{i}b_4$$

其中，a_i、b_i 均为实数，又令：

$$c_0=a_1a_2+b_1b_2$$
$$c_1=a_2a_3+a_1a_4+b_2b_3+b_1b_4$$
$$c_2=b_1a_4+a_3b_2-a_1b_4-b_3b_2$$
$$c_3=a_3a_4+b_3b_4$$

则膜层的最大势透射率为：

$$\varphi_{\max}=\frac{1}{c_1+2\sqrt{c_0c_3-0.25c_2^2}} \tag{3-106}$$

φ_{max}只与膜层参数有关,膜层材料确定后,φ_{max}只由膜厚决定,随膜厚增加而下降。

② 势透射率只决定于吸收膜的光学常数和出射介质的导纳,与入射介质无关。

若式(3-106)表示的膜层镀制在导纳为$y=x+iz$的出射介质上,则膜系的势透射率可以表示为:

$$\varphi = \frac{x}{c_0 + c_1 x + c_2 z + c_3 (x^2 + z^2)} \quad (3\text{-}107)$$

③ 膜系的实际透射率不仅与势透射率有关,还与入射介质有关,即与膜系的反射率有关,其值为$(1-R)\varphi$。当$R=0$时,$T_{max}=\varphi=\varphi_{max}$,实际透射率达到最大势透射率,吸收膜的潜在最大透射效率就诱导出来了。

④ 对于无吸收光学薄膜,其势透射率为1。

对于无吸收膜,引入消光系数后$k=0$,$b_1=b_4=0$,$a_2=a_3=0$,因此有:

$$\begin{cases} c_0 = c_2 = c_3 = 0 \\ c_1 = a_1 a_4 + b_2 b_3 = 1 \end{cases}$$

将上式代入式(3-107)中,可得$\varphi=1$。

⑤ 膜系的势透射率φ等于所有膜层势透射率φ_i的乘积,即:

$$\varphi = \prod_{i=1}^{k} \varphi_i \quad (3\text{-}108)$$

对于无吸收的膜层,其势透射率为1,因此含有吸收膜层的吸收膜系的势透射率φ等于吸收层势透射率的乘积。

由图3-16可以对吸收膜的性质得到一些直观认识。若界面a和b与周围环境折射率匹配不好,在界面上就会存在反射,此时进入膜层中的光线会在两个界面之间来回反射,光线传播的路程变长,对光能吸收变大,膜层透射率降低。若界面a和b没有反射,光线一次性通过膜层,则膜层对光的吸收仅取决于膜层光学常数与厚度,此时膜层所表现出来的透射率就是最大势透射率。

此外,有时我们观察到金属膜有很大吸收,就认为其吸收很大,这是不对的,如果金属膜与环境匹配好,也可以有很高的透射率,这一思想对膜系设计具有重要意义。

3.4 单层介质膜的光学特性

多层膜是由多个单层膜组合而成的,因此了解单层膜所具有的光学特性是分析整个多层膜系光学性质的基础。上面我们已用不同的方法导出了一些单层膜的反射率公式,这些公式从表面形式上看完全不同,但它们的计算结果应当完全一致,这是毫无疑义的,因此用公式中任意一个分析单层膜的光学性质结论亦完全一样。我们以干涉矩阵法得到的单层膜的反射率计算公式为例分析单层膜的主要光学特性。我们假定所有媒质都是非磁性的,即$\mu_r=1$。

单层膜的光学特性

我们从干涉矩阵法得到单层膜的反射率计算公式为:

$$R = rr^* = \frac{(\eta_0 - \eta_2)^2 \cos^2 \delta_1 + (\eta_0 \eta_2 / \eta_1 - \eta_1)^2 \sin^2 \delta_1}{(\eta_0 + \eta_2)^2 \cos^2 \delta_1 + (\eta_0 \eta_2 / \eta_1 + \eta_1)^2 \sin^2 \delta_1} \quad (3\text{-}109)$$

对上式进行分析,我们可以得到单层介质膜的以下主要光学特性:

① $R = f(\cos^2 \delta_1, \sin^2 \delta_1)$,而 $\cos^2 \delta_1 = \cos^2(\delta_1 \pm m\pi)$,$\sin^2 \delta_1 = \sin^2(\delta_1 \pm m\pi)$,故:
$$R(\delta_1) = R(\delta_1 \pm m\pi) \quad (m = 0, 1, 2, \cdots)$$

所以相位厚度相差为 π 的整数倍的同一材料的单层介质膜,对同一波长的反射率是相同的。换言之,光学厚度相差为二分之一波长的整数倍的同一材料的单层介质膜,对同一波长有相同的反射率。

② 对方程(3-109)求一阶导数,$\dfrac{dR}{d(n_1 d_1 \cos \theta_1)} = 0$,可解得当 $n_1 d_1 \cos \theta_1 = m \dfrac{\lambda_0}{4}$,$m = 0$,$1, 2 \cdots$ 时,R 有极值。也就是说,当薄膜的有效光学厚度为四分之一波长的整数倍时,或其相位厚度 δ 为 $\pi/2$ 的整数倍时,在参考波长处会出现一系列的极值。

对于薄膜有效光学厚度为 $\lambda_0/4$ 的奇数倍,即 $m = 1, 3, 5 \cdots$ 的情形时,则有 $\cos^2 \delta_1 = 0$,$\sin^2 \delta_1 = 1$,故:

$$R = \frac{(\eta_0 \eta_2 / \eta_1 - \eta_1)^2}{(\eta_0 \eta_2 / \eta_1 + \eta_1)^2} \tag{3-110}$$

$$\begin{bmatrix} B \\ C \end{bmatrix} = \begin{bmatrix} 0 & \pm i/\eta_1 \\ \pm i\eta_1 & 0 \end{bmatrix} \begin{bmatrix} 1 \\ \eta_2 \end{bmatrix}$$

所以 $Y = C/B = \eta_1^2/\eta_2$,这通常称为四分之一波长法则。

而对于薄膜有效光学厚度为 $\lambda_0/4$ 的偶数倍,即 $m = 2, 4, 6 \cdots$ 的情形时,则有 $\cos^2 \delta_1 = 1$,$\sin^2 \delta_1 = 0$,故:

$$R = \left(\frac{\eta_0 - \eta_1}{\eta_0 + \eta_1} \right)^2 \tag{3-111}$$

$$\begin{bmatrix} B \\ C \end{bmatrix} = \begin{bmatrix} \pm 1 & 0 \\ 0 & \pm 1 \end{bmatrix} \begin{bmatrix} 1 \\ \eta_2 \end{bmatrix}$$

所以 $Y = C/B = \eta_2$。

可见这时薄膜的反射率与薄膜的折射率无关,因此光学厚度为 $\lambda_0/4$ 的偶数倍时,膜层对波长为 λ_0 的反射光强和没有膜时一样,在薄膜技术中,这样的膜层叫虚设层。在一些保护膜层中为了不改变原来膜系的光学性质,我们将保护膜的光学厚度镀成 $\lambda_0/2$。

对于极值的性质要视薄膜的折射率是大于还是小于基片的折射率而定。通常入射介质是空气,即 $n_0 = 1$,当光线正入射的时候,$\theta_0 = 0$,则由 $\dfrac{d^2 R}{d(n_1 d_1 \cos \theta_1)^2}$ 的性质可以判断得知,对于薄膜有效光学厚度为 $\lambda_0/4$ 的奇数倍的情形,当薄膜的折射率大于基板的折射率($n_1 > n_2$)时,$\dfrac{d^2 R}{d(n_1 d_1 \cos \theta_1)^2} < 0$,反射率具有极大值;当薄膜的折射率小于基板的折射率($n_1 < n_2$)时,$\dfrac{d^2 R}{d(n_1 d_1 \cos \theta_1)^2} > 0$,反射率具有极小值。而对于薄膜有效光学厚度为 $\lambda_0/4$ 的偶数倍的情形,当薄膜的折射率大于基板的折射率($n_1 > n_2$)时,反射率具有极小值;当薄膜的折射率小于基板的折射率($n_1 < n_2$)时,反射率具有极大值。两者情况恰好相反。这些结果表示在图 3-17 上,它们同实际结果存在一定的差异,原因是理论计算曲线没有考虑膜料实际存在着的色散。

③ 因为薄膜的相位厚度 $\delta_1 = \dfrac{2\pi}{\lambda} n_1 d_1 \cos \theta_1$,所以单层介质膜反射率随膜层相位厚度的

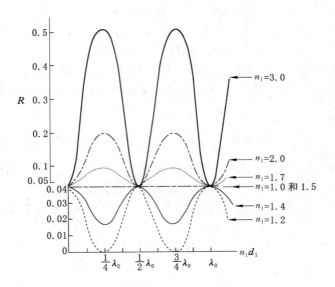

图 3-17　单层介质膜的反射率随其光学厚度的变化关系

周期性变化,除随有效光学厚度变化之外,也有可能是波长 λ 变化所致。即波长 λ 变化时,反射率 R 也将可能出现周期性重复。因此,单层介质膜反射率的周期性具有双重性,既可以在膜层厚度增加时出现周期性的重复再现,也可以在膜层厚度一定时,对不同波长,反射率也出现周期性的重复再现。

④ 在光线斜入射时,不论是反射光还是透射光,都将产生偏振。在一般情况下,$R_s \neq R_p$,$T_s \neq T_p$。在适当条件下,能使 $R_p = 0$,$R_s \neq 0$,因此合适的介质膜可作反射式偏振器。如在空气中,在 $n_2 = 1.53$ 的玻璃上,$n_1 = 2.5$ 的 $\lambda_0/4$ 厚的薄膜,在 $\theta_0 = 74°30'$ 时,$R_p = 0$,$R_s = 0.79$。关于薄膜偏振问题,这里只简单提一提,不进行专门论述。

思考题与习题

1. 简述单层介质膜的主要光学特性。

2. 当薄膜的光学厚度为四分之一波长奇数倍时,怎么才能得到反射率为极大值和极小值的薄膜?

3. 某衬底 N_g 上镀有三层介质膜,每层膜的光学厚度均为参考波长的四分之一,它们的光学导纳分别为 N_1、N_2、N_3,计算这个三层膜的组合导纳 Y 及膜层的反射率 R。

4. 计算下列膜在波长为 500 nm、700 nm 处的反射率:

1.0	1.38	2.05	1.62	1.46	1.52
	$\lambda_0/4$	$\lambda_0/2$	$\lambda_0/4$	$\lambda_0/4$	

其中,$\lambda_0 = 520$ nm。

5. 试着用自己所熟悉的计算机语言编制一个程序,计算并画出三层对称膜系 $\frac{H}{2}L\frac{H}{2}$、

HLH、LHL 的等效导纳和等效相位厚度的曲线($n_H=2.3$,$n_L=1.38$)。

6. 在光学常数为 $n-i\kappa$ 的基底上镀光学导纳为 Y 的四分之一波长厚度的膜层。① 试证明镀膜表面的反射率等于未镀膜基底反射率的条件是 $Y=(n^1+\kappa^2)^{1/2}$。② 如果这四分之一波长层逐渐蒸镀在基底表面,在什么厚度出现反射率的极小值?

第 3 章习题答案

第4章　常用的光学薄膜系统设计

4.1　减反射膜

1817 年，德国物理学家夫琅禾费采用化学腐蚀的方法制成了世界上第一批减反射膜，并对其产生效应的物理原因具有相当透彻的理解。夫琅禾费发现薄膜的减反射效果也是非常偶然的。他是一个玻璃匠的孩子，十几岁就在玻璃作坊当学徒，后来到著名的、非常重视玻璃制作工艺的本讷迪克特伯伊昂修道院的光学学院接受训练，随后成了那里的工人。凭着敏锐的眼光和坚韧刻苦、善于思考、积极进取的精神，从一名工人成为光学学院的

夫琅禾费

主要领导人，后来又成为慕尼黑大学的教授、慕尼黑科学院院士、蓝马克斯勋章的获得者。他设计制造了许多光学仪器，比如消色差透镜、大型折射望远镜、衍射光栅等，在光学和光谱学方面做出了巨大贡献。他还发明了分光仪，发现了夫琅禾费线，发现了平行光单缝夫琅禾费衍射等。他的人生经历说明了出身不重要、努力奋斗才重要的道理，其人格魅力和品质值得我们学习。

夫琅禾费虽然制备了世界上第一批减反射膜，但他没有按这一独特的方法去发展玻璃减反射膜，可能是因为在那个时代，光学组件尚不十分复杂，因而对减反射膜的需求也就不那么迫切；也可能是夫琅禾费疏忽了关键之处：失泽玻璃不仅反射率降低，而且透射率也得到了增加。此后，随着光学系统尤其是照相机的物镜越来越复杂，由此带来对减反射膜的需求。望远镜和双目镜，尤其在军用中，也通过减反射膜得到极大改善。与此同时，制作过程

也越来越可靠,因此减反射膜得到了迅猛发展。20 世纪 30 年代出现的油扩散泵,进一步推动了减反射膜应用的爆炸式增长。对于推动技术光学发展来说,在所有的光学薄膜中,减反射膜起着最重要的作用。直至今天,就生产的总量来说,它仍然超过所有其他类型的薄膜。因此,研究减反射膜对于生产实践有着重要的意义。

我们都知道,当光线从折射率为 n_0 的介质射入折射率为 n_1 的另一介质时,在两介质的分界面上就会产生光的反射。如果介质没有吸收,分界面是一光学表面,光线又是垂直入射的,则反射率 R 为:

$$R = \left(\frac{n_0 - n_1}{n_0 + n_1}\right)^2$$

透射率为:

$$T = 1 - R$$

例如,折射率为 1.52 的冕牌玻璃,每个表面的反射率为 4.2% 左右。折射率较高的火石玻璃,则表面反射更为显著。这种表面反射造成了两个严重的后果:① 光能量损失,使像的亮度降低;② 表面反射光经过多次反射或漫射,有一部分成为杂散光,最后也到达像平面,使像的衬度降低、分辨率下降,从而影响系统的成像质量。特别是电视、电影摄影镜头等复杂系统,都包含了很多个与空气相邻的表面,故在光学零件表面上镀上适当的膜层来减少光的反射是非常必要的。利用干涉原理,使通过膜层界面的反射光相互抵消以达到减少反射的目的,这就是减反射膜的作用。目前已有许多不同类型的减反射膜可供利用,以满足技术光学领域的大部分需要。可是复杂的光学系统和激光光学对减反射性能往往有特殊的要求,如大功率激光系统要求某些元件有极低的表面反射,以避免敏感元件受到不需要的反射而破坏。因此,生产实际的需要促使了减反射膜的不断发展。

4.1.1 单层减反射膜

为了减少表面反射光,最简单的途径是在玻璃表面镀一层低折射率的薄膜。如图 4-1 所示,在界面 1 和 2 上的振幅反射系数 r_1 和 r_2 分别为:

$$r_1 = \frac{n_0 - n_1}{n_0 + n_1}, \quad r_2 = \frac{n_1 - n_s}{n_1 + n_s} \qquad (4\text{-}1)$$

单层减反射膜

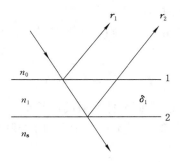

图 4-1 单层减反射膜

从前面的讨论我们知道,只要膜的折射率小于衬底的折射率,就能起到减反射的作用。如果要使减反射效果好,则需通过设计使得反射的两束光大小相等、方向相反,两束光将完

全抵消,出现零反射率。因为当膜层的光学厚度为某一波长的 1/4 时,两束反射光的方向完全相反,合矢量最小,即 $2\delta_1 = \pi$,这时如果矢量的模相等,即 $|r_1| = |r_2|$,则对该波长而言,两束光将完全抵消,出现零反射率。

欲使 $|r_1| = |r_2|$,必须使:

$$\frac{n_0 - n_1}{n_0 + n_1} = \frac{n_1 - n_s}{n_1 + n_s} \tag{4-2}$$

即 $n_1 = \sqrt{n_0 n_s}$,如果 $n_0 = 1$,则 $n_1 = \sqrt{n_s}$。

因此,理想的单层减反射膜的条件是:膜层的光学厚度为参考波长的 1/4,其折射率为入射介质的折射率和基片折射率乘积的平方根。

在可见光区,使用得最普遍的基片是折射率为 1.52 左右的冕牌玻璃。这时完全消除反射的薄膜的折射率应为 1.23,但是至今能利用的薄膜的最低折射率为 1.38(MgF_2)。这虽然不是很理想,但也使透射特性得到了相当的改进。非理想情形的最低反射率,也可以用特征矩阵的方法简单地算出:

$$\begin{bmatrix} B \\ C \end{bmatrix} = \begin{bmatrix} \cos \delta_1 & \dfrac{1}{\eta_1} i\sin \delta_1 \\ i n_1 \sin \delta_1 & \cos \delta_1 \end{bmatrix} \begin{bmatrix} 1 \\ n_s \end{bmatrix}$$

光线垂直入射时,对于中心波长有 $\delta_1 = \dfrac{2\pi}{\lambda} n_1 d_1 = \dfrac{\pi}{2}$,因而:

$$Y = C/B = n_1^2 / n_s$$

$$R = \left(\frac{n_0 - Y}{n_0 + Y} \right)^2 = \left(\frac{n_0 - n_1^2/n_s}{n_0 + n_1^2/n_s} \right)^2 \tag{4-3}$$

当 $n_0 = 1.0$,$n_1 = 1.38$,$n_s = 1.52$ 时,由上式可得最低反射率为 1.3%,即对于折射率为 1.52 的玻璃,镀单层 MgF_2 后,中心波长的反射率由 4.2% 降至 1.3% 左右。整个可见光区平均反射率约为 1.5%。同样可计算出,对于折射率为 1.65 的基片,中心波长的表面反射率从 6% 降至 1.5% 左右,可见光区的平均反射率约为 0.96%。显然,越是接近于或满足 $n_1 = \sqrt{n_0 n_s}$ 折射率条件的玻璃,中心波长的减反射效果越显著。对于目视仪器,考虑到人眼的光谱灵敏度,中心波长常取 550 nm;对于照相仪器,中心波长通常取 500 nm。图 4-2 所示为不同基片材料的单层 MgF_2 减反射膜的反射率曲线。

以上仅仅考虑了垂直入射的情况。在倾斜入射时,情况与上述的情况相类似,只是膜层的有效厚度减小为:

$$\delta_1 = \frac{2\pi}{\lambda} n_1 d_1 \cos \theta_1$$

式中,θ_1 为光线在膜层中的折射角,因而最低反射的波长更短些。由于 p 分量和 s 分量的导纳不同,所以偏振效应是一目了然的。对于不大于 50° 的入射角,反射率随入射角的增加是可以忽略的。

单层减反射膜的出现是光学薄膜发展史上的一个重要的里程碑,直至今天它仍然广泛地应用于光学领域。但是就其光学性能来说,存在两个主要的缺陷:首先,对大多数应用来说,剩余反射率还是显得太高;其次,从未镀膜表面反射的光线,在色彩上仍保持中性,而从镀膜表面反射的光线却破坏了色彩的平衡。若作为变焦距镜头、超广角镜头和大相对孔径等复杂的透镜系统中的减反射镀层,这是不能符合要求的。

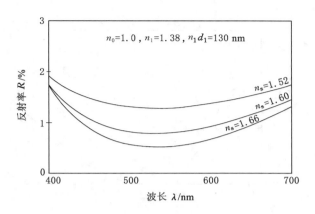

图 4-2　单层减反射膜的反射率曲线

有两个途径可以克服单层膜的上述缺陷,提高单层减反射膜的性能:其一是采用变折射率的所谓非均匀膜,它的折射率随着厚度的增加呈连续的变化;其二是采用几种折射率不同的均匀膜构成减反射膜系,即所谓多层减反射膜。目前广泛采用的是几层折射率不同的均匀薄膜,所以在这里我们着重讨论多层减反射膜。

4.1.2　双层减反射膜

单层 MgF_2 减反射膜的剩余反射率高,不满足复杂透镜系统的要求。其原因是冕牌玻璃的折射率较低,不符合 $n_1 = \sqrt{n_0 n_s}$ 的全反射条件,需提高基片的折射率。为此,我们可以在冕牌玻璃基片上先镀制一层 $\lambda_0/4$ 厚、折射率为 n_2 的薄膜,这时对于波长 λ_0 来说,薄膜和基片组合的系统可以用组合光学导纳为 $Y = n_2^2/n_s$ 的假想基片来等价。显然,当 $n_2 > n_s$ 时,有 $Y > n_s$。也就是说,在冕牌玻璃基片上先镀制一层高折射率、$\lambda_0/4$ 厚的膜层后,基片的折射率好像从 n_s 提高到 n_2^2/n_s,然后再镀上 $\lambda_0/4$ 厚的 MgF_2 膜层就能起到更好的减反射效果。例如,对于折射率为 1.52 的基片,先沉积一层折射率为 1.70、厚度为 $\lambda_0/4$ 的 SiO 镀层,这时 $Y = n_2^2/n_s = 1.90$,相当于基片的折射率从 1.52 提高到 1.90。因此,MgF_2 膜刚好满足理想减反射的条件,使波长 λ_0 的反射光减至接近零。但对于偏离 λ_0 的波长,不能用 $Y = n_2^2/n_s$ 来等价,也不能满足干涉相消的条件,表面反射显著增加(图 4-3),光谱反射率曲线呈 V 形,所以也把这种 $\lambda_0/4$-$\lambda_0/4$ 双层减反射膜称为 V 形膜。

从上面的讨论可以知道,在限定两层膜的厚度都是 $\lambda_0/4$ 的前提下,欲使波长 λ_0 的反射光减至零,它们的折射率应满足如下关系:

$$n_1 = \sqrt{Y n_0} = \sqrt{(n_2^2/n_s) n_0} \quad \text{或} \quad n_2 = n_1 \sqrt{n_s/n_0} \qquad (4\text{-}4)$$

如果外层膜确定用折射率为 1.38 的 MgF_2,则内层膜的折射率取决于基片材料。当 $n_s = 1.52$ 时,有 $n_2 = 1.70$;当 $n_s = 1.60$ 时,有 $n_2 = 1.75$;当 $n_s = 1.70$ 时,有 $n_2 = 1.80$。由于能作镀层用的材料是很有限的,因而选择折射率的余地也不大。这时我们也可以先确定能够实现的两层薄膜的折射率,然后通过调整膜层厚度来实现零反射。这样就不再受材料的限制,但在镀膜时,膜厚控制是比较困难的。

上面讨论的 V 形膜,只能在较窄的光谱范围内有效地减反射,因此仅适于在工作波段较窄的系统中应用,而在较宽的光谱范围内,如在彩色摄影、激光电视等应用中效果并不好,因此需要镀制宽带减反射膜。最简单的方法是采用 $\lambda_0/4$-$\lambda_0/2$ 膜系的双层减反射膜,即在

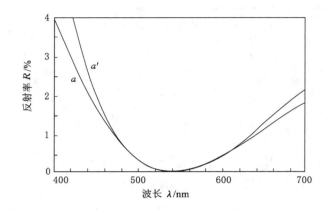

曲线 a：$n_0=1.0, n_1=1.38, n_2=1.70, n_s=1.52, n_1d_1=n_2d_2=540\ \text{nm}/4$；

曲线 a'：$n_0=1.0, n_1=1.38, n_2=2.30, n_s=1.52, n_1d_1=174.6\ \text{nm}, n_2d_2=28.3\ \text{nm}$。

图 4-3　双层 V 形减反射膜的反射率曲线

基片上加镀一层 $\lambda_0/2$ 膜层，对于中心波长 λ_0，$\lambda_0/2$ 膜层是虚设层，对反射率毫无影响，但是影响着其他波长的反射率。适当地选择虚设层的折射率，可以减小中心波长两侧的反射率，使 λ_0 两端的减反射带变宽，使双层膜具有最好的光谱中性，因而在这里安排的 $\lambda_0/2$ 厚度的虚设层起着平滑膜系反射特性的作用。

可见，$\lambda_0/4$-$\lambda_0/2$ 双层减反射膜在中心波长的反射率和单层减反射膜的反射率极小值相重合，而在中心波长 λ_0 的两侧反射率逐渐下降到极小值，光谱反射率曲线呈 W 形，所以也把这种双层减反射膜称作 W 形膜，如图 4-4 所示。

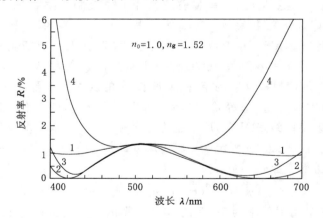

曲线 1：$n_1=1.38, n_2=1.60, n_1d_1=n_2d_2/2=510\ \text{nm}/4$；曲线 2：$n_1=1.38, n_2=1.85, n_1d_1=n_2d_2/2=510\ \text{nm}/4$；

曲线 3：$n_1=1.38, n_2=2.00, n_1d_1=n_2d_2/2=510\ \text{nm}/4$；曲线 4：$n_1=1.38, n_2=2.50, n_1d_1=n_2d_2/2=510\ \text{nm}/4$。

图 4-4　双层 W 形减反射膜的反射率曲线

4.1.3　多层减反射膜

双层减反射膜的减反射特性比单层减反射膜要优越得多，但是在许多应用的例子中，即使是一个理想的双层膜，也还是会形成过大的反射率或不适当的光谱带宽度。这

薄膜的设计、制备及应用

时可以在双层膜系中再插入一层 $\lambda_0/4$ 膜层,以降低剩余反射率值。这层膜镀在基底上,假定其折射率为 n_3,则这层膜与基片组合系统对中心波长 λ_0 来说,就可以用一个等效光学导纳为 $Y=n_3^2/n_s$ 的假想基体来代替。然后在其上再镀上 $\lambda_0/4\text{-}\lambda_0/2$ 双层膜,适当地选择 n_3 的值可以使曲线在中心波长处的反射率降低到所要求的值以下。根据这样的分析,可以知道由 $\lambda_0/4\text{-}\lambda_0/2\text{-}\lambda_0/4$ 三层减反射膜层可以获得低而平坦的反射率曲线。这种形式的宽带减反射膜中各层膜的作用都比较明确,对于玻璃上的宽带减反射膜的设计和制备都有指导意义。通过进一步的设计还可以从这里派生出很多种类型的宽带减反射膜,所以有人称 $\lambda_0/4\text{-}\lambda_0/2\text{-}\lambda_0/4$ 结构是宽带减反射膜的"母膜系"。各类多层减反射膜系都是这种母膜系的派生或改进。

对于中心波长 λ_0 来说,$\lambda_0/2$ 光学厚度的膜层为虚设层,对反射率没有影响,与 $\lambda_0/4\text{-}\lambda_0/4$ 的 V 形膜的减反射效果相同,它同样应满足式(4-4)的条件:

$$n_3 = n_1\sqrt{n_s/n_0}$$

使 λ_0 处反射率为零,但 $\lambda_0/2$ 膜层对其他波长有影响。选择适当的折射率 n_2 值,可使反射特性曲线变得平坦。例如,当 $n_s=1.52$,$n_1=1.38$,$n_3=1.70$ 时,计算与实践表明,n_2 取 $2.0\sim2.4$ 时减反射的效果最好。

对于图 4-3 中的曲线 a,其膜层结构为:

$$
\begin{array}{c|c|c|c}
1.0 & 1.38 & 1.70 & 1.52 \\
 & \lambda_0/4 & \lambda_0/4 & \\
\end{array}
$$

插入半波长层后成为:

$$
\begin{array}{c|c|c|c|c}
1.0 & 1.38 & 2.15 & 1.70 & 1.52 \\
 & \lambda_0/4 & \lambda_0/2 & \lambda_0/4 & \\
\end{array}
$$

其光谱反射率曲线如图 4-5 所示,可以看出中间的半波长层将使反射曲线平滑并展宽低反射带宽度。

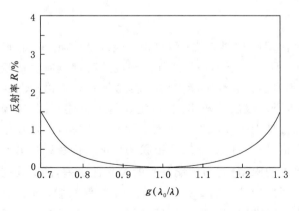

图 4-5 $\lambda_0/4\text{-}\lambda_0/2\text{-}\lambda_0/4$ 三层减反射膜的光谱反射曲线

如果用两个 $\lambda_0/4$ 层替换中间折射率的内层膜，$\lambda_0/4$-$\lambda_0/2$-$\lambda_0/4$ 三层减反射膜的性能特别是低反射区的宽度可以得到进一步的改善。一种典型结构是：

1.0	1.38	2.25	1.62	1.46	1.52
	$\lambda_0/4$	$\lambda_0/2$	$\lambda_0/4$	$\lambda_0/4$	

　　其光谱反射率曲线如图 4-6 所示。

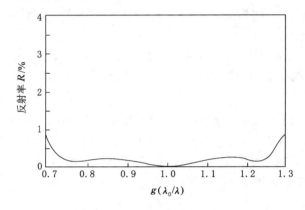

图 4-6　$\lambda_0/4$-$\lambda_0/2$-$\lambda_0/4$-$\lambda_0/4$ 四层减反射膜的光谱反射曲线

4.2　高反射膜

　　在光学薄膜中，高反射膜和减反射膜几乎同样重要。它是把入射光能量大部分或几乎全部反射回去的光学元件。有些反射镜要求具有足够高的反射率，而对膜的吸收率和透射率无要求，它们可以用单纯的金属膜就能满足常用的要求。在某些应用中，如果要求的反射率高于金属膜所能达到的数值，则可在金属膜上加镀额外的介质层，以提高它们的反射率。还有一些反射镜不但要求有大的反射率，而且要求具备最小的吸收率，这类反射镜多用全介质多层反射膜。

4.2.1　金属反射膜

　　镀制金属反射膜常用的材料有铝（Al）、银（Ag）、金（Au）等，它们的光谱反射率曲线如图 4-7 所示。铝膜是从紫外区到红外区都具有很高反射率的唯一材料，同时铝膜表面在大气中能生成一层薄薄的氧化铝（Al_2O_3）膜，起到保护膜层的作用，所以膜层比较牢固、稳定。基于上述原因，铝膜的应用非常广泛。银膜在可见光区和红外区都有很高的反射率，而且在倾斜使用时引入的偏振效应也最小。但是蒸发的银膜用作前表面镜镀层时却因下列两个原因而受到严重的限制：它与玻璃基片的黏附性很差，同时易受到硫化物的影响而失去光泽。有学者曾试图使用蒸发的 SiO 或 MgF_2 作为保护膜，但由于它们与银的黏附性很差，没有获得成功，所以通常仅用于短期作用的场合或作为后表面镜的镀层。金膜在红外区的反射率很高，它的强度和稳定性比银膜好，所以常用它作为红外反射镜。金膜与玻璃基片

金属高反膜

的附着性较差,为此常用铬膜作为衬底层。如果在金膜的沉积过程中,辅之以离子束轰击,则可显著提高金膜与基片的附着力。

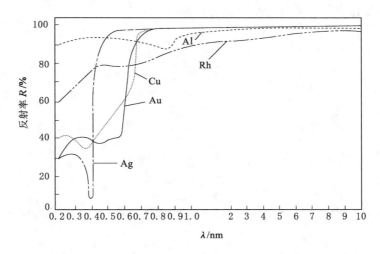

图 4-7　新镀的几种金属反射膜的反射率曲线

由于多数金属膜都比较软,容易损坏,所以常常在金属膜外再加镀一层保护膜。这样既能改进强度,又能保护金属膜不受大气侵蚀。镀了保护膜后,反射镜的反射率或多或少会有所下降,保护膜的折射率越高,反射率下降越多。最常用的保护膜是一氧化硅(SiO),此外氧化铝(Al_2O_3)也常作为铝保护膜。Al_2O_3 可以用电子束真空蒸发,或对铝膜进行阳极氧化来制备。经阳极氧化保护的铝镜,机械强度非常好。

作为紫外反射镜的铝膜不能用 SiO 或 Al_2O_3 作保护膜,因为它在紫外区有显著的吸收。镀制紫外高反射镜比镀制可见光区和红外区的高反射镜要困难得多。为了得到最好的结果,铝应以很高的速率(40 nm/s 或更高的速率)蒸镀在冷基片上。基片的温度不应当超过 100 ℃,同时真空室的压强要维持在 1.333×10^{-4} Pa 或更低,并应尽量减少铝的氧化作用。铝的纯度对紫外反射率的影响是很大的。实验得出,如果用纯度 99.99% 的铝,那么铝膜的紫外反射率比用纯度 99.5% 的铝膜大约高出 10%。另外,未经保护的铝膜暴露于大气中,由于铝膜的氧化,将不可避免地出现反射率随时间迅速下降的情况。当氧化层的厚度足以阻止进一步氧化时,膜的反射率才稳定下来,但是这时短波区的反射率已经大大降低了。

用 MgF_2(镀层很牢固)或 LiF(镀层强度较差)作为防止铝氧化的保护膜,在紫外区得到了成功的应用。MgF_2 和 LiF 的有效光学厚度应正确地控制到紫外区工作波长的 1/2,如 MgF_2 控制到 $\lambda = 121.6$ nm 一半的有效光学厚度,这相应于 25.0 nm 的几何厚度。MgF_2 的蒸发速率对于厚度为 25.0 nm 的 MgF_2 覆盖的铝膜在 $\lambda = 121.6$ nm 的反射率的影响如图 4-8 所示。蒸发时基片温度是 40 ℃,从图 4-8 中可以看到 MgF_2 的蒸发速率由 0.2 nm/s 增加到 4.5 nm/s,波长 121.6 nm 处的反射率从 72% 提高到 85.7% 的最大值。这可归结于介质膜在较高的蒸发速率下可以得到比较高的纯度和较为致密的结构。MgF_2 的蒸发速率高于 4.5 nm/s 时,反射率稍稍降低,达到速率 7.5 nm/s 时,反射率降至 84.1%。这可能是由于过高的蒸发源温度使 MgF_2 开始分解。速率在 4.5 nm/s 以前,反射率随着蒸发速率的增加而增加,并不局限于 121.6 nm 的波长。图 4-9 表示在温度 40 ℃ 的基片上,MgF_2 的蒸发速率为 0.8 nm/s 和 4.5 nm/s 时，Al＋MgF$_2$ 膜在 100～200 nm 波长区域内的反射率。在 115.0 nm 到 200.0 nm 之间的所有波长上，以 4.5 nm/s 的蒸发速率得到的反射率比以 0.8 nm/s 的蒸发速率得到的反射率有显著的提高。

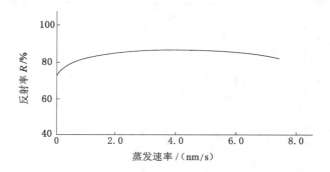

图 4-8　覆盖 25.0 nm MgF$_2$ 铝膜，其蒸发速率对 121.6 nm 反射率的影响

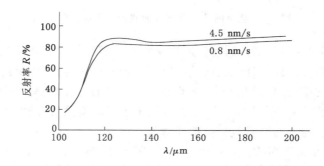

图 4-9　覆盖 25.0 nm MgF$_2$ 铝膜，其蒸发速率为 0.8 nm/s 和 4.5 nm/s 时的反射率

　　当基片温度从 40 ℃ 增加到 100 ℃ 时，有 MgF$_2$ 保护的铝镜在真空紫外区的反射率没有显著变化。但当基片温度进一步增加至 150 ℃ 时，若 MgF$_2$ 的蒸发速率为 4.5 nm/s，则铝镜在 121.6 nm 波长的反射率比同时蒸发在 40 ℃ 基片上的铝镜的反射率降低约 8％。这是因为在 150 ℃ 基片上的 MgF$_2$ 晶粒变大，并且铝膜表面变得粗糙。不管 MgF$_2$ 的蒸发条件如何，镀膜后的铝镜不论存放在干燥器中还是大气中，5 个月之内，它的紫外反射率没有显著的降低。这说明用 MgF$_2$ 保护的铝镜非常牢固，并且暴露于大气中甚至用紫外线或电子束照射也不受影响。

　　这对反射率非常高的低偏振反射镜提出了新的要求，促使人们对银膜产生了新的兴趣，进一步研究改善了银膜与基片的附着力。底层 Al$_2$O$_3$ 用作膜和基片之间的黏结层，增强了银膜和基片之间的附着力。银膜表面薄的 Al$_2$O$_3$ 膜与银黏附得很好，但是对于潮气侵蚀却没能提供足够的保护；而 SiO 虽有抗潮气侵蚀的能力，却与银膜黏附得不好。使用一种组合的 Al$_2$O$_3$ 及 SiO 镀层以保护表面银镜的优点已得到证实。实验发现，最佳膜厚对 Al$_2$O$_3$ 膜约为 30.0 nm，对 SiO 膜在 100～200 nm 之间，此时可获得很好的附着力并保护银表面不受潮气侵蚀，而且因红外吸收而造成的反射率损失为最小。从 450 nm 到远红外，即使暴露在苛刻的硫化物和潮湿环境中，用这种方法镀制的银镜也能使垂直入射的反射率保持在

95％以上。图 4-10 所示为在 $0.36\sim20~\mu m$ 波长范围内所镀的银镜和用厚度为 30 nm 的 Al_2O_3 及 150 nm 的 SiO 覆盖的银镜两者的正入射反射率。从图中可以看出,有保护层的银膜表面反射率在 $0.45\sim20~\mu m$ 范围内仍然在 95％以上,在 $3~\mu m$ 处的吸收带是由整个 SiO 薄膜中水的吸收所引起的,而在 $9.6~\mu m$ 处的吸收带却是由于150 nm 的 SiO 层的本征吸收所引起的。

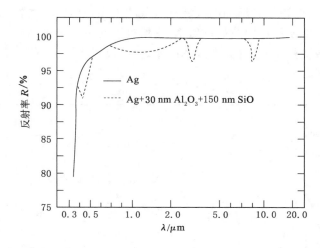

图 4-10　新镀制银膜和 $Ag+Al_2O_3$(30 nm)$+SiO$(150 nm)组合膜的实测反射率

　　铑和铂的反射率远低于上述金属,但只有在那些对腐蚀有特殊要求的情况下才使用它们,这两种金属膜都能牢固地黏附在玻璃上。

　　在串置着许多反射零件的复杂光学仪器中,系统的总透射率将由各个零件反射率的乘积给出。即使用最好的金属膜,比如说有 10 个反射面,仪器的总透射率还是很低的。如果仪器必须在较宽的波长范围内使用,如工作在近紫外直到红外区的分光光度计,那就很难降低这种情况的影响。在波长范围要求较窄的情况下,如工作在可见光区或单一波长,则可在纯金属膜上镀上一对或几对高、低折射率交替的介质膜,这不仅保护了金属膜不受大气侵蚀,更重要的是减少金属膜的吸收,增加它的反射率。

　　金属的复折射率可写为 $n-\mathrm{i}\kappa$。光在空气中垂直入射时,其反射率为:

$$R = \left| \frac{1-(n-\mathrm{i}\kappa)}{1+(n-\mathrm{i}\kappa)} \right|^2 = \frac{(1-n)^2+\kappa^2}{(1+n)^2+\kappa^2} \tag{4-5}$$

　　如果在金属膜上镀以折射率为 n_1 和 n_2 的两层 $\lambda_0/4$ 厚度的介质膜,并且 n_2 紧贴金属,那么在垂直入射时,波长 λ_0 的导纳为:

$$Y = \left(\frac{n_1}{n_2} \right)^2 (n-\mathrm{i}\kappa) \tag{4-6}$$

　　其反射率为:

$$R = \left| \frac{1-\left(\frac{n_1}{n_2} \right)^2 (n-\mathrm{i}\kappa)}{1+\left(\frac{n_1}{n_2} \right)^2 (n-\mathrm{i}\kappa)} \right|^2 = \frac{\left[1-n\left(n_1/n_2\right)^2\right]^2+\left(n_1/n_2\right)^4\kappa^2}{\left[1+n\left(n_1/n_2\right)^2\right]^2+\left(n_1/n_2\right)^4\kappa^2} \tag{4-7}$$

　　在 $(n_1/n_2)^2>1$ 时,式(4-7)给出的反射率大于纯金属膜的反射率。比值 n_1/n_2 越高,则反射率的增加越多。例如对金属铝，在波长为 550 nm 时，其 $n-i\kappa=0.82-i5.99$，反射率约为 91.6%。如果在铝膜上镀两个 $\lambda_0/4$ 层，紧贴铝的是 MgF_2（$n_2=1.38$），接着是 ZnS（$n_1=2.35$），则 $(n_1/n_2)^2=2.9$。由式(4-7)可得反射率为 96.9%，也即吸收损失由 8.4% 降至 3.1%。

若继续蒸镀第二对这样的介质膜，甚至可使反射率进一步增加到接近 99%，如图 4-11 所示。不足之处是，反射率得到增加的区域是有限的。在这个区域之外，反射率比纯金属膜还低。图中表示加镀介质层后铝膜的反射率，它增进了几乎整个可见光区的特性。然而，反射率得到增加的区域仍然是有限的，在这个区域之外，反射率反而下降了。一般这种附加的介质膜层不超过 4 层。

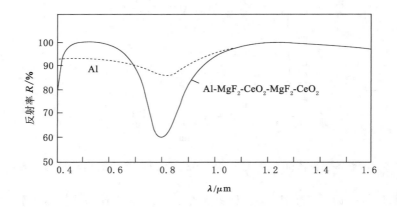

图 4-11　改进后铝镜的反射率曲线

4.2.2　多层介质高反射膜

如上所述，金属膜反射镜具有较大的吸收损失，而高性能的多光束干涉仪中的反射膜以及激光器谐振腔的反射镜（尤其是增益较小的氦-氖气体激光器的反射镜），要求更高的反射率和尽可能小的吸收损失。

我们知道，在折射率为 n_s 的基片上镀上折射率比 n_s 大的材料可以使光学元件的反射率增加，当镀以光学厚度为 $\lambda_0/4$ 的高折射率（n_1）膜层后，由于空气-膜层和膜层-基片界面的反射光同相位，所以反射率大大增加。对于中心波长 λ_0，单层膜和基片组合的导纳为 n_1^2/n_s，垂直入射的反射率为：

$$R = \left(\frac{n_0 - n_1^2/n_s}{n_0 + n_1^2/n_s}\right)^2$$

显然，n_1^2/n_s 越大，则反射率 R 越大。但实际材料的折射率 n_1 是有限的，所以单层膜能实现的反射率不超过 50%。

如果在基片上交替镀制光学厚度为 $\lambda_0/4$ 的高、低折射率材料得到介质多层膜，就能够获得更高的反射率。这是因为从膜系的所有界面上反射的光束，当它们回到前表面时具有相同相位，从而产生相长干涉。对这样一组介质膜系，在理论上可望得到接近 100% 的反射率。通常，H 表示 $\lambda_0/4$ 的高折射率膜层，L 表示 $\lambda_0/4$ 的低折射率膜层，则多层介质膜系可以表示成：

$$\text{G} \mid \text{HL HL HL} \cdots \text{HL} \mid \text{A}$$

或简化成：

$$\text{G} \mid (\text{HL})^m \text{H} \mid \text{A}$$

式中，G 表示玻璃基片；A 表示入射介质为空气；m 表示基本周期数，即 HL 的重复次数。

如果用 n_H 和 n_L 表示高、低折射率膜层的折射率，并使介质膜系两边的最外层为高折射率层，其每层的厚度均为 $\lambda_0/4$，则对于中心波长 λ_0 有：

$$Y = \left(\frac{n_\text{H}}{n_\text{L}}\right)^{2m} \frac{n_\text{H}^2}{n_\text{s}} \tag{4-8}$$

式中，n_s 是基片的折射率；$2m$ 是多层膜的层数。

因而，在空气中垂直入射时，中心波长 λ_0 的反射率也即反射率极大值为：

$$R = \left[\frac{1 - (n_\text{H}/n_\text{L})^{2m}(n_\text{H}^2/n_\text{s})}{1 + (n_\text{H}/n_\text{L})^{2m}(n_\text{H}^2/n_\text{s})}\right]^2 \tag{4-9}$$

n_H/n_L 的值越大，或层数越多，则反射率越高。如果 $(n_\text{H}/n_\text{L})^{2m}(n_\text{H}^2/n_\text{s}) \gg 1$，则：

$$R \approx 1 - 4\left(\frac{n_\text{L}}{n_\text{H}}\right)^{2m}\left(\frac{n_\text{s}}{n_\text{H}^2}\right) \tag{4-10}$$

$$T \approx 4\left(\frac{n_\text{L}}{n_\text{H}}\right)^{2m}\left(\frac{n_\text{s}}{n_\text{H}^2}\right) \tag{4-11}$$

这说明当膜系的反射率很高时，再额外加镀两层，将使膜系的透射率缩小 $(n_\text{L}/n_\text{H})^2$ 倍，理论上只要增加膜系的层数，反射率可无限地接近于 100%。实际上由于膜层中的吸收、散射损失，当膜系达到一定层数时，继续加镀并不能提高其反射率；相反，吸收、散射损失的增加使反射率下降。因此，膜系中的吸收损耗和散射损耗限制了介质膜系的最大层数。如果仅考虑膜层的吸收，那么四分之一膜系的反射率极限值为 $R = 1 - 2\Delta$，其中：

$$\Delta = \pi n_0 \cdot (\kappa_1 + \kappa_2) \cdot (n_1^2 - n_2^2)$$

式中，κ_1、κ_2、n_1、n_2 为折射率交替膜层有吸收时的复折射率 $N_1 = n_1 - \text{i}\kappa_1$，$N_2 = n_2 - \text{i}\kappa_2$ 的虚部和实部。以 ZnS 和 MgF$_2$ 组成的介质膜堆为例，$N_1 = 2.35 - \text{i}0.01$，$N_2 = 1.38 - \text{i}0.0001$，则 $\lambda/4$ 膜堆的理论极限值为 99.68%。

图 4-12 所示为在基片上交替镀制光学厚度为 $\lambda_0/4$ 的高、低折射率材料而形成的一个典型的高反射膜系的反射特性。横坐标为相对波数 g，$g = \lambda_0/\lambda$。从图中可以看出：① 反射特性存在着一个随着层数的增加反射率稳定增加的高反射带，其宽度为 $2\Delta g$；② 这个宽度是有限的，它决定于薄膜高、低折射率的比值；③ 在高反射带的两侧，反射率陡然降落为小的振荡着的数值；④ 继续增加层数，并不影响高反射带的宽度，只是增大了反射带内的反射率以及带外的振荡数目。

高反射带的宽度可用下述方法计算。如果多层膜由 m 个重复的基本周期构成，而基本周期由两层、三层或任意所需层数的膜组成，那么多层膜的特征矩阵便为：

$$\boldsymbol{\mu} = \boldsymbol{M}^m$$

式中，$\boldsymbol{M}$ 是基本周期的矩阵，可将它写成：

$$\boldsymbol{M} = \begin{bmatrix} m_{11} & m_{12} \\ m_{21} & m_{22} \end{bmatrix}$$

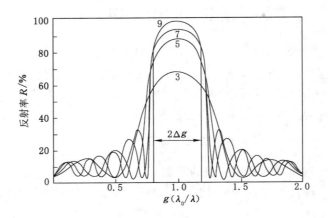

图 4-12　光线垂直入射时介质膜系的反射率与相对波数的关系

然后由 $\frac{1}{2}(m_{11}+m_{22})$ 的值确定膜系的透射带和反射带。满足条件 $\left|\frac{1}{2}(m_{11}+m_{22})\right|>1$ 的波长位于膜系的反射带内,反射率将随周期数目的增加而稳定地增大。而满足条件 $\left|\frac{1}{2}(m_{11}+m_{22})\right|<1$ 的波长位于膜系的透射带内,其反射率随着膜层数的增加而起伏。显然,反射带的边界由 $\left|\frac{1}{2}(m_{11}+m_{22})\right|=1$ 确定。

多层介质高反膜
的光学特性

至此,我们所考虑的 $\lambda_0/4$ 多层介质膜,是由许多个两层膜周期加一层高折射率的外层膜构成的。每个周期的特征矩阵为:

$$\boldsymbol{M} = \begin{bmatrix} \cos\delta & \dfrac{1}{n_{\mathrm{L}}}\mathrm{i}\sin\delta \\ \mathrm{i}n_{\mathrm{L}}\sin\delta & \cos\delta \end{bmatrix} \begin{bmatrix} \cos\delta & \dfrac{1}{n_{\mathrm{H}}}\mathrm{i}\sin\delta \\ \mathrm{i}n_{\mathrm{H}}\sin\delta & \cos\delta \end{bmatrix}$$

由于两层膜的厚度相等,所以相位厚度不加任何下角标,有:

$$\frac{1}{2}(m_{11}+m_{22}) = \cos^2\delta - \frac{1}{2}\left(\frac{n_{\mathrm{H}}}{n_{\mathrm{L}}}+\frac{n_{\mathrm{L}}}{n_{\mathrm{H}}}\right)\sin^2\delta \tag{4-12}$$

式(4-12)等号右边不能大于1,所以为求出高反射带的边界值,必须令:

$$\cos^2\delta_{\mathrm{e}} - \frac{1}{2}\left(\frac{n_{\mathrm{H}}}{n_{\mathrm{L}}}+\frac{n_{\mathrm{L}}}{n_{\mathrm{H}}}\right)\sin^2\delta_{\mathrm{e}} = -1 \tag{4-13}$$

稍加整理,即得:

$$\cos^2\delta_{\mathrm{e}} = \left(\frac{n_{\mathrm{H}}-n_{\mathrm{L}}}{n_{\mathrm{H}}+n_{\mathrm{L}}}\right)^2 \tag{4-14}$$

因为

$$\delta = \frac{2\pi}{\lambda}\cdot\frac{\lambda_0}{4} = \frac{\pi}{2}\cdot\frac{\lambda_0}{\lambda}$$

可写成:

$$\delta = \frac{\pi}{2}\cdot g$$

所以,令高反射带的边界值为:

$$\delta_e = \frac{\pi}{2} \cdot g_e = \frac{\pi}{2}(1 \pm \Delta g)$$

即有：

$$\cos^2 \delta_e = \sin^2 \left(\pm \frac{\pi}{2} \Delta g \right)$$

$$\Delta g = \frac{2}{\pi} \sin^{-1} \left(\frac{n_H - n_L}{n_H + n_L} \right) \qquad (4-15)$$

这表明高反射带的波数宽度，仅仅与构成多层膜的两种膜层材料的折射率有关。折射率的比值越大，高反射带越宽。Δg 与折射率比值 n_H/n_L 的关系如图 4-13 所示。

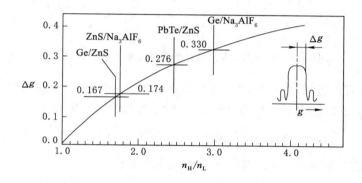

图 4-13　$\lambda_0/4$ 多层膜高反射带宽度与膜料折射率比值 n_H/n_L 的关系

这样，用相对波数 g 表示的高反射区域为：

$$1 - \Delta g \sim 1 + \Delta g$$
$$3 - \Delta g \sim 3 + \Delta g$$
$$5 - \Delta g \sim 5 + \Delta g$$
$$\cdots\cdots$$

相应的波长范围为：

$$\lambda_0/(1 + \Delta g) \sim \lambda_0/(1 - \Delta g)$$
$$\lambda_0/(3 + \Delta g) \sim \lambda_0/(3 - \Delta g)$$
$$\lambda_0/(5 + \Delta g) \sim \lambda_0/(5 - \Delta g)$$
$$\cdots\cdots$$

高反射带的波长宽度为：

$$\Delta \lambda = \lambda_0/(1 - \Delta g) - \lambda_0/(1 + \Delta g) \approx 2\lambda_0 \Delta g \qquad (4-16)$$

至此我们仅仅考虑了主反射带，即各层膜的厚度为反射带的中心波长的 1/4。很显然，若各层膜的厚度为 1/4 波长的奇数倍，则在这一波长上也存在着高反射带。如果主反射带的中心波长是 λ_0，那么以 $\lambda_0/3$、$\lambda_0/5$、$\lambda_0/7$ 等为中心，同样存在着高反射带。

对于各层膜的厚度为其 1/4 波长的偶数倍的那些波长（这同光学厚度为 1/2 波长的整数倍是一样的）来说，所有膜层如同虚设，因而反射率就是无膜光洁基片的反射率。

确定主反射带宽度 $2\Delta g$ 的分析也适用于更高级次的反射带，所以它们的边界值为 $1 \pm \Delta g, 3 \pm \Delta g, 5 \pm \Delta g \cdots$。

高级次反射带如图 4-14 所示。

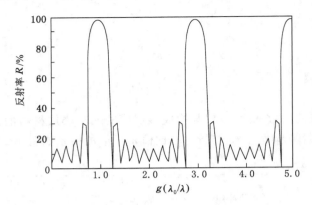

图 4-14　玻璃上镀 9 层硫化锌和冰晶石的反射率曲线

从图 4-14 中可以看出,各高反射区的波数宽度都是一样的,即 $2\Delta g$,但各高反射区的波长宽度是不同的,级次越高,波长宽度越窄。三级次的波长宽度为:

$$(\Delta\lambda)_3 = \lambda_0/(3-\Delta g) \sim \lambda_0/(3+\Delta g) \approx \frac{2}{9}\Delta g\lambda_0$$

即约为主反射带波长宽度的 1/9。同样五级次的波长宽度为:

$$(\Delta\lambda)_5 = \lambda_0/(5-\Delta g) \sim \lambda_0/(5+\Delta g) \approx \frac{2}{25}\Delta g\lambda_0$$

即约为主反射带波长宽度的 1/25。

综上所述,厚度均为 $\lambda_0/4$ 的介质高反射膜,其高反射带的宽度仅决定于膜层的高、低折射率比值,而与层数无关。除了在中心波长 λ_0 处出现主反射带外,在 $\lambda_0/3,\lambda_0/5\cdots$ 波长处也存在着高级次的反射带。各反射带的相对波数宽度是一样的,而相应的波长宽度却近似地按 $1/9,1/25\cdots$ 的比例减小。因而若要制备窄带高反射膜,除了选择折射率比值小的两种膜料以外,还可以使用较高级次的反射带,选取 $3\lambda_0,5\lambda_0\cdots$ 作为控制波长。

这里我们都没有考虑薄膜材料折射率的色散。所谓色散,是指膜层的折射率随波长而改变的情况。例如 ZnS 的折射率,在波长 632.8 nm 附近约为 2.35,而在波长 2 μm 附近约为 2.2,在波长 10.6 μm 附近就只有 2 左右。各种材料的色散是不一样的,因此,尽管薄膜的几何厚度 d 是一个确定的数值,不随波长而改变,但是由于折射率色散的存在,它的光学厚度 nd 却略有不同。所以在处理波长相差较大的问题时,应根据具体材料的色散情况稍加修正。

4.2.3　高反射带的展宽

$\lambda_0/4$ 膜堆所能得到的高反射带宽度仅决定于膜料折射率比值。目前在可见光区能找到的有实用价值的材料中,折射率最大的不超过 2.6,而最小者不小于 1.3。在红外区域中,最大折射率也不超过 6.0,因此单个 $\lambda_0/4$ 膜堆的高反射区是有限的。在很多应用中,高反射区域不够宽广,不能满足使用要求,因而高反射带的宽度需要展宽。

一种方法是使膜系相继各层的厚度参差不齐,形成规则递增或递减。其目的在于确保对十分宽的区域内的任何波长 λ_0 膜系中都有足够多的膜层,其光学厚度十分接近 $\lambda_0/4$,以给出高的反射率。例如可以按算术级数递增或递减,或者按几何级数递增或递减。假定高

薄膜的设计、制备及应用

折射率材料是 ZnS(2.35)，低折射率材料是 MgF_2(1.38)，基片折射率是 1.53，按公差 -0.02 和公比 0.97 计算得到的结果列于表 4-1。

表 4-1 厚度规则递增的宽带反射膜

类型	层数	高反射区/nm	参考波长/nm
算术递增反射镜	15	419～625	600
	25	418～725	700
	35	390～840	800
几何递增反射镜	15	394～625	600
	25	342～730	700
	35	300～826	800

膜层厚度按算术级数递增时，监控波长（每层光学厚度为其 1/4）为：

$$t, t(1+K), \cdots, t[1+(q-2)K], t[1+(q-1)K]$$

而按几何级数递增时，监控波长为：

$$t, Kt, \cdots, K(q-2)t, K(q-1)t$$

式中，q 是膜层的层数；K 是公差或公比。

图 4-15 所示为一个 35 层的几何递增反射膜的特性曲线。

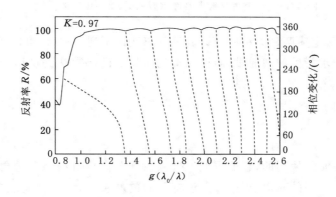

图 4-15　玻璃上 35 层几何递增膜系反射率（实线）和反射相位（虚线）

如果固定各层的折射率，而对各层的厚度用计算机进行自动优化设计，将能更方便地得到厚度参差不齐的宽带反射膜系。

展宽反射带的另一个方法是在一个 $\lambda_0/4$ 多层膜上，叠加另一个中心波长不同的多层膜。必须注意的是，如果每个多层膜都由奇数层构成，并且最外层的折射率相同，那么在叠加之后，将在展宽了的高反射带的中心出现透射率峰值。这个峰值的出现，是因为 $\lambda_{01}/4$ 膜层与 $\lambda_{02}/4$ 膜层叠加在一起形成了 $\lambda'/2$ 膜层，即：

$$\frac{\lambda_{01}}{4} + \frac{\lambda_{02}}{4} = \frac{1}{2}\left(\frac{\lambda_{01}+\lambda_{02}}{2}\right) = \frac{\lambda'}{2}$$

$\lambda'/2$ 膜层导致在 λ' 处出现透射率峰值。图 4-16 所示就是这种情况。曲线 A 和曲线 B

是计算的两个 $\lambda_0/4$ 多层高反射膜的反射率,每个膜具有相同的奇数层,并且都起止于高折射率层。曲线 C 表示由这两个多层膜叠加合成的膜系的反射率。可以清楚地看到,反射率曲线中有一透射峰。解决的办法是在两个膜系之间插入一个厚度为两个膜系中心波长之间的某一波长四分之一厚的耦合层,这样就可以消去透射峰值,如图 4-16 中的曲线 D。另外,在重叠多个 $\lambda_0/4$ 膜系时,要把工作波长区吸收大的高反射膜安排在入射光一侧。

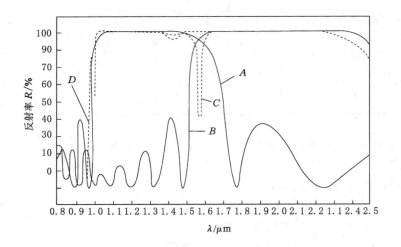

图 4-16 两个高反射带略微重叠的 $\lambda_0/4$ 多层膜的反射率

在有些情况下,上述两种方法所设计的膜系仍然达不到要求时,可以用自动设计程序优化那些稍微偏离要求特性的现成设计,可以得到用最少的层数达到反射带最宽和反射率最高的设计结果。

4.3 分束镜

分束镜通常是倾斜使用的,它能方便地把入射光分离成反射光和透射光两部分。如果反射光和透射光有不同的光谱成分,或者说有不同的颜色,这种分束镜通常称为二向色镜。本节着重介绍的是中性分束镜,它把一束光分成光谱成分相同的两束光,也即它在一定的波长区域内,如可见光区内,对各波长具有相同的透射率和反射率,因而反射光和透射光呈现色中性。透射和反射比为 50/50 的中性分束镜最为常用。

常用的中性分束镜有两种结构,一种是把膜层镀在透明的平板上,如图 4-17(a)所示;另一种是把膜层镀在 45°的直角棱镜斜面上,再胶合一个同样形状的棱镜,构成胶合立方体,如图 4-17(b)所示。平板分束镜由于不可避免的像散,通常应用在中、低级光学装置上。对于性能要求较高的光学系统,可以采用棱镜分束镜。胶合立方体分束镜的优点是,在仪器中装调方便,而且由于膜层不是暴露在空气中,不易损坏和腐蚀,因而对膜层材料的机械、化学稳定性要求较低。但是胶合立方体分束镜的偏振效应较大也是显而易见的。

在一定的波长区域内的反射率几乎不变的薄膜或薄膜组合,都可以起到中性分束的作用。常用的分束镜有金属分束镜和介质分束镜两类。

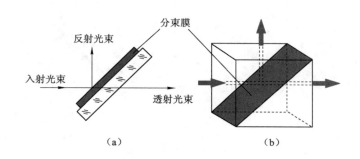

图 4-17 两种分束镜的结构

4.3.1 金属分束镜

在一般场合下要求分束膜的吸收小，因而在用金属作为分束膜时，应选择 κ/n 值大一些的材料。在可见光区，银是吸收最小的一种金属膜，但色中性稍差，在光谱的蓝色端反射率下降，而且银的机械强度和化学稳定性也不好，除了在胶合立方体中得以应用外，现在很少用银作为分束膜。

铝作为金属分束膜也获得了应用，但应用得更广泛的是铬。铬膜的机械强度和化学稳定性都非常好，它的色中性程度也比较理想，分光曲线比较平坦，在可见光区域，一般长波端的反射率比短波端的反射率高 10% 左右。

此外，铂、铑等金属膜都有比较平坦的分光特性，尤其是称为克露美 A 的镍铬合金(80Ni-20Cr)膜，在 $0.24\sim5~\mu m$ 宽阔的波长范围内，显示出非常平坦的分光特性。制备这种合金膜，工艺上也并不十分困难，可以用市场上出售的克露美 A 合金电阻丝直接通电流蒸发，也可以将质量比为 4:1 的镍、铬粉混合后盛放在锥形的钨篮中，以 1 600 ℃ 的温度蒸发，即可制得这种合金膜。若蒸发温度过低，则膜的成分中铬含量增加。当蒸发温度为 1 450 ℃时，实际制得的成分是 65Ni-35Cr。为了提高膜的性能，蒸发时要求基板温度大于 250 ℃。蒸发后，在空气中以 200 ℃ 的温度经过 $1\sim2~h$ 的老化处理。这样，膜层的机械强度和稳定性都是十分良好的。

金属分束镜的一个共同缺点是吸收损失较大，分光效率较低。对于金属分束镜来说，由于膜层中存在吸收，分束镜的反射率和入射光的方向有关。从空气侧入射测得的反射率要比从玻璃侧入射测得的要高，而透射率与光的传播方向无关，不管膜层有无吸收，这个结论都是正确的，因而分束镜的吸收与入射光的方向有关。从空气侧入射时的吸收比从玻璃侧入射时的吸收要小得多，但金属膜分束镜的正确安置是必须注意的，如图 4-18 所示。

因为分束镜的吸收损失和分束膜周围的介质有关，因此也可以通过改变周围的介质使吸收损失减小。例如，在玻璃板上先镀一层 $\lambda_0/4$ 的硫化锌膜，然后镀上铬膜，就可使分束镜的吸收显著减小。在 T 和 R 近似相等的条件下，只镀一层铬膜时的 $T+R$ 约为 60%，而增加一层 $\lambda_0/4$ 膜后，$T+R$ 可提高至 82% 左右。

4.3.2 介质分束镜

介质分束镜与金属分束镜相比较，因为介质膜的吸收小到可以忽略的程度，所以分束效

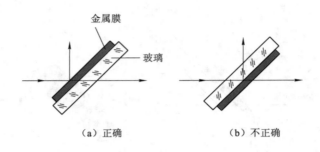

| （a）正确 | （b）不正确 |

图 4-18 金属分束镜

率高，这是介质分束镜的优点。但是介质膜的另一特性是对波长较敏感，给中性分束带来困难；同时，一般介质分束镜的偏振效应比较大，这也是它的不足之处。

我们知道，在透明基片（n_s）上有一层厚度为 $\lambda_0/4$ 的高折射率的介质薄膜（n_1），就能增加反射率，减小透射率。在中心波长 λ_0 附近一个相当宽的波长范围内，这种膜的反射率随波长的变化改变非常缓慢。中心波长 λ_0 处的反射率为一个极大值，其值可由下式计算：

$$R = \left(\frac{\eta_0 - \eta_1^2/\eta_s}{\eta_0 + \eta_1^2/\eta_s} \right)^2 \tag{4-17}$$

对 p 分量有：

$$\eta_0 = n_0/\cos\theta_0, \quad \eta_1 = n_1/\cos\theta_1, \quad \eta_s = n_s/\cos\theta_s$$

对 s 分量有：

$$\eta_0 = n_0\cos\theta_0, \quad \eta_1 = n_1\cos\theta_1, \quad \eta_s = n_s\cos\theta_s$$

式中，θ_0 为入射角；θ_1 和 θ_s 分别是膜系中和基片中的折射角。

在 $n_0 = 1.0$，$\theta_0 = 45°$，$n_s = 1.52$ 的条件下，各种折射率值的 $\lambda_0/4$ 单层膜的极值反射率如图 4-19 所示。例如，硫化锌是做单层分束镜常用的材料，$n_1 = 2.35$，由式（4-17）可以计算得到 $R_s = 0.460$，$R_p = 0.185$，对于自然光的极值反射率 $R = (R_s + R_p)/2 = 0.323$。

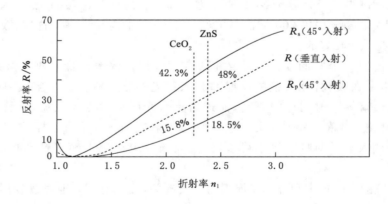

图 4-19 玻璃上镀 $\lambda_0/4$ 膜，空气中垂直入射和 45°入射时的极值反射率

在高真空中蒸发纯钛（Ti），然后在空气中加热到 420 ℃，使纯钛氧化成二氧化钛（TiO_2），可以制得 $R = 0.45$ 和 $T = 0.55$ 的中性分束镜。由于在可见光区域应用的介质膜的

折射率通常都小于 2.5，因此，对自然光要达到 50/50 的分光要求，单层膜是困难的，它仅适用于反射率要求较低的场合或入射光为 s 偏振光的场合。

要想得到透射和反射比为 50/50、可见光谱色中性的介质分束膜，必须要用更多的膜层。对于平板分束镜，通常可采用 G|HLHL|A 或 G|2LHLHL|A，其中 A 表示空气，G 表示折射率 $n_s = 1.52$ 的玻璃基片，H 和 L 是有效厚度 $nd\cos\theta$ 为 $\lambda_0/4$，折射率分别为 2.35 和 1.38 的高、低折射率薄膜。

上述膜系的计算反射率如图 4-20 所示。

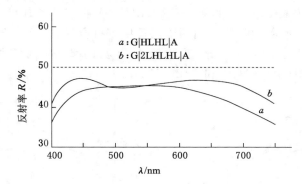

图 4-20　平板分束镜的光谱反射率曲线

在某些光学系统中，由于平板分束镜的背面反射造成双像和引进像差，因而必须采用胶合立方体分束镜。这时单层 $\lambda_0/4$ 的高折射率薄膜的反射率比平板分束镜的更低，因而必须采用多层介质薄膜。对于结构如 G|HLH|G 这样的三层膜系统，当 $n_H = 2.3$，$n_L = 1.38$ 时，它的中心波长的反射率为 53%。但是膜层的特性具有强烈的选择性，反射光和透射光带有明显的色彩，其光谱反射率曲线如图 4-21 所示。

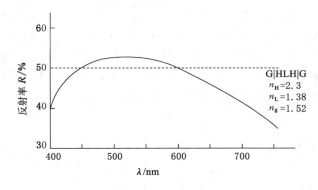

图 4-21　三层分束膜的反射率曲线

为了得到中性程度好、R/T 接近于 1 的介质膜立方体分束镜，可以增加薄膜层数，并且通过逐步修改膜系设计出特性良好的分束镜。

设计的第一步是基于 $\lambda_0/4$ 膜系，使其在中心波长处的反射率约为 50%。如果胶合棱镜的折射率 $n_s = 1.52$，高折射率材料为 $n_H = 2.3$ 的硫化锌，低折射率材料为 $n_L = 1.38$ 的氟化镁，则可采用 G|HLHL|G 和 G|LHLHL|G 等结构。它们的光谱反射率曲线如图 4-22 所

示。可见,此时的反射光随波长变化还比较灵敏。这种分束镜的反射光为绿色,而透射光呈红色。

设计的第二步是改进上述设计,提高光谱两端的反射率,从而达到改善色中性的目的。为了实现这一点,最简单的办法是在上述初始设计中增加半波长层。因为 $\lambda_0/2$ 厚度的膜层对中心波长 λ_0 来说相当于是虚设层,所以它不影响中心波长的反射率。但只要插入的位置和半波长层的折射率选择适当,可以使除中心波长以外其余波长的反射率都有不同程度的提高。这里的半波长层,同多层减反射膜中的 $\lambda_0/2$ 层一样起了平滑光谱特性的作用。对于上述的初始结构,可以插入 2L 层,得到 G|2LHLHL|A 和 G|2LHLH2L|A 等结构。它们的计算结果如图 4-23 所示。可见,光谱两端的反射率有所提高,但并不十分显著。所以这里 2L 层适宜于做微小的调整。若要做较大程度的调整,则需增加 2H 层。例如 G|HLHL2H|G、G|LHLHL2H|G 和 G|2LHLHL2H|G等。

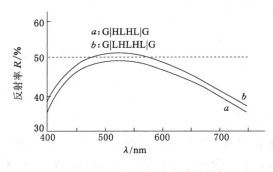

图 4-22　初始设计的光谱反射率　　　　图 4-23　增加 2L 膜层后的反射率

图 4-24 所示为计算得到的它们的特性曲线。由图可知,光谱反射率曲线的色中性已经比较理想,对于膜系 G|HLHL2H|A,波长从 420 nm 至 680 nm 的范围内,反射率的差值小于 3.3%;对于膜系 G|LHLHL2H|A,波长在 420~690 nm 的范围内,反射率差值小于 2.8%;而对于膜系 G|2LHLHL2H|A,在 410~700 nm 的整个波长范围内,反射率差值小于 3.6%,而且比值 R/T 也接近于 1。对许多实际应用,这些结果已经能够满足要求。

有时为了使分束镜的反射和透射比基本上符合 50/50 的要求,还可进一步修改设计。如图 4-25 所示,修改后的分束镜仍然保持了良好的色中性。

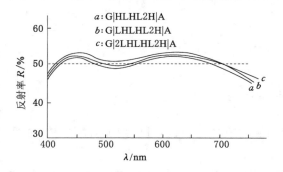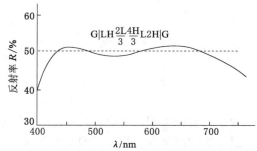

图 4-24　增加 2H 膜层后的反射率　　　　图 4-25　修改设计后的光谱反射率

4.4 截止滤光片

光学中经常需要一种能使某一波长范围的光束高透射,而偏离这一波长的光束迅速地变为高反射(或抑制)的光学元件,我们称之为截止滤光片。通常我们把抑制短波区、透射长波区的滤光片称为长波通滤光片;相反,抑制长波区、透射短波区的滤光片称为短波通滤光片。图 4-26 给出了截止滤光片的典型特性。

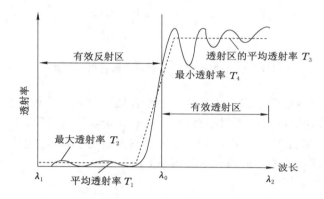

图 4-26　截止滤光片的典型特性

截止滤光片的主要参数有:

① 截止区的波长范围($\lambda_1 \sim \lambda_0$)和透射区的波长范围($\lambda_0 \sim \lambda_2$)。

② T_1:截止区的平均透射率。

③ T_2:截止区中所允许的最大透射率。

④ T_3:透射区中的平均透射率。

⑤ T_4:透射区中所允许的最小透射率。

⑥ 截止滤光片陡度 S:表征滤光片从抑制区到透射区的过渡特性,其定义为:

$$S = \frac{\lambda_{(80\%)} - \lambda_{(5\%)}}{\lambda_{(5\%)}} \times 100\%$$

式中,$\lambda_{(80\%)}$ 表示透射率为 80% 处的波长值;$\lambda_{(5\%)}$ 表示透射率为 5% 处的波长值。

截止滤光片可以有吸收型、薄膜干涉型和吸收与干涉组合型。吸收型截止滤光片应用得最广泛,可以由颜色玻璃、晶体、烧结多孔明胶、无机和有机液体以及吸收薄膜制成。其主要优点是使用简单,对入射角不敏感,造价便宜或适中。但是吸收型截止滤光片的截止波长不是随便可以移动的。现有的吸收型滤光片和吸收光谱材料常用图谱可以在有关的参考书和技术手册中查到,这里不做论述。本节将着重介绍薄膜干涉型的截止滤光片。

干涉型截止滤光片的膜系基本结构与全介质高反射膜一样,是高、低折射率交替的 $\lambda_0/4$ 膜堆。图 4-27 所示的是典型的 $\lambda_0/4$ 多层膜的透射光谱曲线。膜系结构为 1.52 | (HL)^{4}H | 1.0,$n_H = 2.35$,$n_L = 1.38$。由图可见,在反射带的两侧是透射带。如果用其长波侧,它就是长波通滤光片的原型;如果用其短波侧,它就是一原始短波通滤光片。只是透射区内的波纹还是比

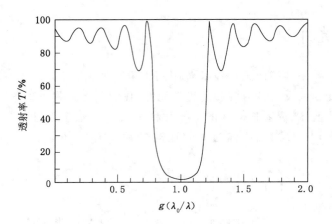

图 4-27　典型的 $\lambda_0/4$ 多层膜的透射光谱曲线

较大,这些波纹严重地降低了截止滤光片的通带性能。后来随着截止滤光片的发展,人们发现如果将膜堆最外侧的两层高折射率薄膜改为 $\lambda_0/8$ 光学厚度,可减少长波侧的波纹。如果在 $\lambda_0/4$ 膜堆的最外侧各加上一层 $\lambda_0/8$ 光学厚度的低折射率薄膜,短波侧的波纹将明显地减少。因此,干涉型截止滤光片的两种典型膜系是:

$$G \left| \frac{L}{2}HLHLH\cdots LH \frac{L}{2} \right| A$$

$$G \left| \frac{H}{2}LHLHL\cdots HL \frac{H}{2} \right| A$$

把这样的排列换成如下形式:

$$G \left| \frac{L}{2}H \frac{L}{2}\frac{L}{2}H \frac{L}{2}\cdots \frac{L}{2}H \frac{L}{2} \right| A$$

$$G \left| \frac{H}{2}L \frac{H}{2}\frac{H}{2}L \frac{H}{2}\cdots \frac{H}{2}L \frac{H}{2} \right| A$$

然后分别写成:

$$G \left| \left(\frac{L}{2}H \frac{L}{2}\right)^s \right| A \quad 和 \quad G \left| \left(\frac{H}{2}L \frac{H}{2}\right)^s \right| A$$

这种结构的多层膜系就变成了两个典型的对称周期膜系,并且可以用等效的单层膜来替代,从而得出通带的光学特性。

4.4.1　对称膜系的等效理论

等效理论是将一个对称多层膜系在数学上等效于一个单层膜而提出的等效折射率的概念。

前面我们已经讨论过单层膜的特征矩阵为:

$$\boldsymbol{M} = \begin{bmatrix} \cos\delta & \dfrac{1}{\eta}\mathrm{i}\sin\delta \\ \mathrm{i}\eta\sin\delta & \cos\delta \end{bmatrix} = \begin{bmatrix} M_{11} & M_{12} \\ M_{21} & M_{22} \end{bmatrix}$$

对于无吸收介质,M_{11} 和 M_{22} 为实数,M_{12} 和 M_{21} 为纯虚数,而且 $M_{11}=M_{22}$。矩阵的行列式值等于 1,即:

$$M_{11}M_{22}-M_{12}M_{21}=1$$

而一个多层膜的特征矩阵是各个单层膜特征矩阵的连乘积:

$$\boldsymbol{M} = \boldsymbol{M}_1 \boldsymbol{M}_2 \cdots \boldsymbol{M}_k = \begin{bmatrix} M_{11} & M_{12} \\ M_{21} & M_{22} \end{bmatrix}$$

虽然对于无吸收的介质膜系,其矩阵元 M_{11} 和 M_{22} 为实数,M_{12} 和 M_{21} 为纯虚数,而且行列式值也为 1,但一般来说 M_{11} 不等于 M_{22},因此不能和一个单层膜等效。

但对于以中间一层为中心、两边对称安置的多层膜,却具有单层膜特征矩阵的所有特点,在数学上存在着一个等效层,这为等效折射率理论奠定了基础。

下面我们就以最简单的三层对称膜系(pqp)为例,说明对称膜系在数学上存在一个等效层的概念。这个对称膜系的特征矩阵为:

$$\boldsymbol{M}_{\mathrm{pqp}} = \begin{bmatrix} M_{11} & M_{12} \\ M_{21} & M_{22} \end{bmatrix}$$

$$= \begin{bmatrix} \cos \delta_{\mathrm{p}} & \dfrac{1}{\eta_{\mathrm{p}}}\mathrm{i}\sin \delta_{\mathrm{p}} \\ \mathrm{i}\eta_{\mathrm{p}} \sin \delta_{\mathrm{p}} & \cos \delta_{\mathrm{p}} \end{bmatrix} \begin{bmatrix} \cos \delta_{\mathrm{q}} & \dfrac{1}{\eta_{\mathrm{q}}}\mathrm{i}\sin \delta_{\mathrm{q}} \\ \mathrm{i}\eta_{\mathrm{q}} \sin \delta_{\mathrm{q}} & \cos \delta_{\mathrm{q}} \end{bmatrix} \begin{bmatrix} \cos \delta_{\mathrm{p}} & \dfrac{1}{\eta_{\mathrm{p}}}\mathrm{i}\sin \delta_{\mathrm{p}} \\ \mathrm{i}\eta_{\mathrm{p}} \sin \delta_{\mathrm{p}} & \cos \delta_{\mathrm{p}} \end{bmatrix}$$

作矩阵的乘法运算,我们求得:

$$\begin{cases} M_{11} = \cos 2\delta_{\mathrm{p}}\cos \delta_{\mathrm{q}} - \dfrac{1}{2}\left(\dfrac{\eta_{\mathrm{p}}}{\eta_{\mathrm{q}}} + \dfrac{\eta_{\mathrm{q}}}{\eta_{\mathrm{p}}}\right)\sin 2\delta_{\mathrm{p}}\sin \delta_{\mathrm{q}} \\[3mm] M_{12} = \dfrac{\mathrm{i}}{\eta_{\mathrm{p}}}\left[\sin 2\delta_{\mathrm{p}}\cos \delta_{\mathrm{q}} + \dfrac{1}{2}\left(\dfrac{\eta_{\mathrm{p}}}{\eta_{\mathrm{q}}} + \dfrac{\eta_{\mathrm{q}}}{\eta_{\mathrm{p}}}\right)\cos 2\delta_{\mathrm{p}}\sin \delta_{\mathrm{q}} + \dfrac{1}{2}\left(\dfrac{\eta_{\mathrm{p}}}{\eta_{\mathrm{q}}} - \dfrac{\eta_{\mathrm{q}}}{\eta_{\mathrm{p}}}\right)\sin \delta_{\mathrm{q}}\right] \\[3mm] M_{21} = \mathrm{i}\eta_{\mathrm{p}}\left[\sin 2\delta_{\mathrm{p}}\cos \delta_{\mathrm{q}} + \dfrac{1}{2}\left(\dfrac{\eta_{\mathrm{p}}}{\eta_{\mathrm{q}}} + \dfrac{\eta_{\mathrm{q}}}{\eta_{\mathrm{p}}}\right)\cos 2\delta_{\mathrm{p}}\sin \delta_{\mathrm{q}} - \dfrac{1}{2}\left(\dfrac{\eta_{\mathrm{p}}}{\eta_{\mathrm{q}}} - \dfrac{\eta_{\mathrm{q}}}{\eta_{\mathrm{p}}}\right)\sin \delta_{\mathrm{q}}\right] \\[3mm] M_{11} = M_{22} \end{cases} \quad (4\text{-}18)$$

正是由于 $M_{11} = M_{22}$ 关系式的成立,三层对称膜系才有可能等效为一个单层膜。对称膜系的特征矩阵和单层膜的特征矩阵具有相同的性质,可以假定用相似的形式来表示为:

$$\boldsymbol{M}_{\mathrm{pqp}} = \begin{bmatrix} M_{11} & M_{12} \\ M_{21} & M_{22} \end{bmatrix} = \begin{bmatrix} \cos \varGamma & \dfrac{1}{E}\mathrm{i}\sin \varGamma \\ \mathrm{i}E\sin \varGamma & \cos \varGamma \end{bmatrix} \quad (4\text{-}19)$$

因此,可以用一层特殊的等效单层膜来描述对称膜系,这层等效膜的折射率 E(等效折射率或等效导纳)和相位厚度 $\varGamma$(等效相位厚度)可由下面关系式决定:

$$M_{11} = M_{22} = \cos \varGamma$$

$$M_{12} = \mathrm{i}\sin \varGamma / E, \quad M_{21} = \mathrm{i}E\sin \varGamma$$

所以
$$\varGamma = \cos^{-1} M_{11}, \quad E = \sqrt{M_{21}/M_{12}}$$

又根据式(4-18),可得:

$$E_{\mathrm{pqp}} = \eta_{\mathrm{p}}\left[\dfrac{\sin 2\delta_{\mathrm{p}}\cos \delta_{\mathrm{q}} + \dfrac{1}{2}\left(\dfrac{\eta_{\mathrm{p}}}{\eta_{\mathrm{q}}} + \dfrac{\eta_{\mathrm{q}}}{\eta_{\mathrm{p}}}\right)\cos 2\delta_{\mathrm{p}}\sin \delta_{\mathrm{q}} - \dfrac{1}{2}\left(\dfrac{\eta_{\mathrm{p}}}{\eta_{\mathrm{q}}} - \dfrac{\eta_{\mathrm{q}}}{\eta_{\mathrm{p}}}\right)\sin \delta_{\mathrm{q}}}{\sin 2\delta_{\mathrm{p}}\cos \delta_{\mathrm{q}} + \dfrac{1}{2}\left(\dfrac{\eta_{\mathrm{p}}}{\eta_{\mathrm{q}}} + \dfrac{\eta_{\mathrm{q}}}{\eta_{\mathrm{p}}}\right)\cos 2\delta_{\mathrm{p}}\sin \delta_{\mathrm{q}} + \dfrac{1}{2}\left(\dfrac{\eta_{\mathrm{p}}}{\eta_{\mathrm{q}}} - \dfrac{\eta_{\mathrm{q}}}{\eta_{\mathrm{p}}}\right)\sin \delta_{\mathrm{q}}}\right]^{\frac{1}{2}} \quad (4\text{-}20)$$

$$\varGamma_{\mathrm{pqp}} = \arccos\left[\cos 2\delta_{\mathrm{p}}\cos \delta_{\mathrm{q}} - \dfrac{1}{2}\left(\dfrac{\eta_{\mathrm{p}}}{\eta_{\mathrm{q}}} + \dfrac{\eta_{\mathrm{q}}}{\eta_{\mathrm{p}}}\right)\sin 2\delta_{\mathrm{p}}\sin \delta_{\mathrm{q}}\right] \quad (4\text{-}21)$$

显然,上式中相位厚度 $\varGamma$ 的解不是唯一的,通常取最接近对称膜系实际相位厚度的解。

很容易证明,三层对称膜系的这个结果能够推广到由任意多层膜组成的任何对称膜系。首先划定多层膜的中心三层,它们独自形成一个对称组合,这样便可以用一个单层膜来代替这个三层对称组合。然后这个等效层连同两侧紧挨它的两层膜,又被取作第二个对称的三层组合,依然用一个单层膜来等效它。重复这个过程,直到所有膜层被替换,于是最终形成一个整个多层膜的等效单层膜。

必须指出的是,等效单层膜不能在每个方面都严格地替代对称多层膜系。因为这个不是真正的物理等效,它只不过是多个矩阵乘积的数学等效。另外,等效光学导纳 E 和等效相位厚度 Γ 都将强烈地依赖于真实膜系的波长 λ,不仅 E 有色散,而且 Γ 的色散也非常大。

在实际计算矩阵元时,从 M_{11} 和 M_{22} 的表达式(4-18)中可以看到,会有以下三种情况出现:

① 在某些波长范围内,必然会出现 $|M_{11}| = |M_{22}| > 1$ 的情况,这些波段内等效相位厚度 Γ 是虚数,即:

$$|\cos \Gamma| > 1$$
$$\sin \Gamma = \sqrt{1 - \cos^2 \Gamma} = i\sqrt{\cos^2 \Gamma - 1}$$

又由 $M_{11}M_{22} - M_{12}M_{21} = 1$ 可知,这时 M_{12} 和 M_{21} 的值符号相反。因而在这些波段内,等效折射率 $E = \sqrt{M_{21}/M_{12}}$ 也是虚数。也就是说,在这些波段内等效折射率的通常意义已不复存在。这些波段相应于对称膜系的截止带(抑制带),在截止带中的光学特性的计算只能直接借助于它的特征矩阵的连乘积。

② 在某些波长范围内,会出现 $|M_{11}| = |M_{22}| < 1$ 的情况,也就是 $|\cos \Gamma| < 1$ 的波段,这时等效折射率 E 和等效相位厚度 Γ 均为实数,相应于对称膜系的透射带。在通带中,只要求出 E 和 Γ 就可得到它的全部光学特性。

③ 相应于 $|M_{11}| = |M_{22}| = 1$,也就是 $|\cos \Gamma| = 1$,Γ 为 π 或其整数倍的那些波长,也就是对称膜系的通带开始向截止带过渡的波长,或称为截止波长。在这些波长处,等效折射率 E 趋向于零或无限大。应该指出,虽然 E 是趋向于零或无限大,但由于 Γ 趋向于 π 或其整数倍,所以反射率值仍然是不确定的(不是趋向于1),它随着周期数的增加而增加。

任何对称膜系在数学上存在着等效折射率和等效相位厚度,即可以用一个等效的单层膜来代换。这一发现的重要性既在于它的光学特性容易得到解释(单层膜的特性比多层膜直观得多),又在于容易将单个周期的结果推广到多个周期组成的多层膜。

如果令一个周期性对称膜系的基本周期的特征矩阵为:

$$M = \begin{bmatrix} \cos \Gamma & \dfrac{1}{E}i\sin \Gamma \\ iE\sin \Gamma & \cos \Gamma \end{bmatrix}$$

那么,周期性对称膜系的特征矩阵应为各基本周期特征矩阵的乘积,即:

$$M^s = \begin{bmatrix} \cos \Gamma & \dfrac{1}{E}i\sin \Gamma \\ iE\sin \Gamma & \cos \Gamma \end{bmatrix}^s$$

可以证明:

$$M^s = \begin{bmatrix} \cos S\Gamma & \dfrac{1}{E}i\sin S\Gamma \\ iE\sin S\Gamma & \cos S\Gamma \end{bmatrix} \tag{4-22}$$

式(4-22)表示一个周期性对称膜系,在它的通带中仍然存在一个等效折射率,它和基本周期(对称组合)的等效折射率 E 完全相同,并且它的等效相位厚度等于基本周期的等效相位厚度 Γ 的 S 倍。这就是周期对称膜系的等效定理。

这说明在考虑周期性对称膜系透射带中的透射率问题时,只要考虑它的基本周期的性质就够了。特别是当基本周期的等效折射率 E 和基片以及入射介质的折射率匹配良好的情况下,即使周期数变化很大,相位厚度的变化也只能引起透射率的微小波动而无关大局。这样,就大大地简化了周期性对称膜系透射带的设计工作。由于周期性对称膜系的这一重要特点,所以被广泛地用于滤光片的设计中,这也是等效层的概念能获得成功应用的另一个重要原因。

在截止带或过渡区中,随着周期数的变动,光学特性将有显著的变化,而这种计算只能通过特征矩阵来进行。一般来说计算是复杂的,必须用计算机完成,只有在一些特殊例子中才有一定的简化公式。定性地看,截止带中的透射率总是随周期数的增加而变小,同时过渡特性也随之变陡。

4.4.2 干涉型截止滤光片的光学特性

从上面的讨论中我们知道,在干涉型截止滤光片通带内,多层膜好像一个光学厚度和折射率都略微变化的单层膜。由图 4-26 可以看出,透射带中振荡着的波纹严重影响着它的透射率,下面用对称膜系等效理论分析透射带中产生波纹的原因,进而提出压缩波纹的方法。

在无吸收的基片上镀上实际的单层介质膜时,其反射率在两个极值之间振荡。这两个极值对应于膜厚等于 $\lambda_0/4$ 的整数倍,当膜厚等于 $\lambda_0/4$ 的偶数倍(即 $\lambda_0/2$ 的整数倍)时,膜是一个虚设层,因此反射率就是光洁基片的反射率;当膜厚等于 $\lambda_0/4$ 的奇数倍时,取决于薄膜的折射率是高于或是低于基片的折射率,反射率将出现极大值或者极小值。因此,如果 η_f 是薄膜的有效折射率,η_s 和 n_0 分别是基片和入射介质的有效折射率,那么相应膜厚为 $\lambda_0/4$ 的偶数倍的反射率为:

$$R_{1f} = \left(\frac{\eta_0 - \eta_s}{\eta_0 + \eta_s} \right)^2 \tag{4-23}$$

而相应于膜厚为 $\lambda_0/4$ 的奇数倍的反射率为:

$$R_{2f} = \left(\frac{\eta_0 - \eta_f^2/\eta_s}{\eta_0 + \eta_f^2/\eta_s} \right)^2 \tag{4-24}$$

撇开膜的实际厚度,我们按方程式(4-23)和式(4-24)绘出两条直线,这两条直线是反射率极大值和极小值的轨迹,也就是单层膜反射率曲线的包络。如果膜的有效光学厚度是 $nd\cos\theta$,那么满足式(4-23)的那些极值的波长位置将由下式决定:

$$nd\cos\theta = m\frac{\lambda_0}{2} \quad (m = 1,2,3\cdots)$$

即:

$$\lambda_0 = (2nd\cos\theta)/m$$

而满足式(4-24)的那些极值的波长位置满足:

$$nd\cos\theta = (2m+1)\frac{\lambda_0}{4} \quad (m = 0,1,2\cdots)$$

即:

$$\lambda_0 = (4nd\cos\theta)/(2m+1)$$

现在再来研究对称周期多层膜系。由于对称周期多层膜在透射带内能够代换成一个单层膜，所以膜系的反射率将在两个数值之间振荡，即在光洁基片的反射率

$$R_1 = \left(\frac{\eta_0 - \eta_s}{\eta_0 + \eta_s}\right)^2 \qquad (4\text{-}25)$$

和下式给定的反射率

$$R_2 = \left(\frac{\eta_0 - E^2/\eta_s}{\eta_0 + E^2/\eta_s}\right)^2 \qquad (4\text{-}26)$$

之间振荡。式中我们已将 n_f 代换成对称周期的等效折射率 E。由于 E 是波长的函数，所以式(4-26)表示的是一条曲线，如图 4-28 所示。为了要找到极大值和极小值的位置，我们寻求使多层膜的总厚度等于 $\lambda_0/4$ 的整数倍的 g 值。此时多层膜的等效总相位厚度应当是 $\pi/2$ 的整数倍——奇数倍相应于式(4-26)，而偶数倍相应于式(4-25)。如果多层膜有 S 个周期，那么等效总相位厚度将是 $S\Gamma$。当单个周期的等效相位厚度 Γ 是 $\pi/(2S)$ 的整数倍时，也就是 $\Gamma = m\frac{\pi}{2S}$，$m=1,3,5\cdots$ 相应于式(4-26)；$\Gamma = m\frac{\pi}{2S}$，$m=2,4,6\cdots$ 相应于式(4-25)。

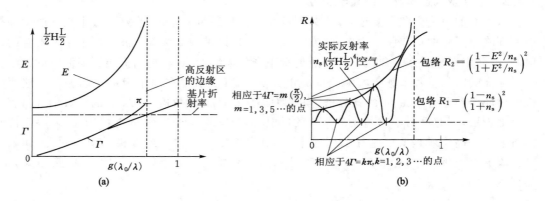

图 4-28　截止滤光片通带的波纹

图 4-28 说明了这种情况。图中取 4 个周期的对称膜作为例子，但是反射曲线的包络并不随周期数而改变，只是反射率次峰的个数随层数的增加而增加。

由此可知，透射带中的波纹是由于等效层的等效折射率与入射媒质及基片匹配不好所造成的。至此我们初步了解了通带内出现振荡着波纹的原因，这为我们压缩通带内的波纹指明了途径。

4.4.3　通带波纹的压缩

压缩通带波纹有许多不同的途径，最简单的是选取一个对称组合，使其通带内的等效折射率与基片折射率相接近，也即使 R_1 接近于 R_2。如果基片表面的反射损失不太大，那么这种方法必将产生足够好的效果。组合 $\left(\frac{H}{2}L\frac{H}{2}\right)$ 中，$n_H=2.35$，$n_L=1.38$，基片为玻璃，将成为一个良好的长波通滤光片；而组合 $\left(\frac{L}{2}H\frac{L}{2}\right)$ 具有较好的短波通滤光片特性。我们将这种滤光片的特性表示在图 4-29 上。

图 4-29 中实线表示长波通滤光片，膜系为 $G\left|\left(\frac{H}{2}L\frac{H}{2}\right)^7\right|A$，截止带中心波长 $\lambda_0 = 450$ nm，

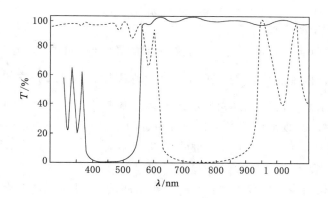

图 4-29 一个 15 层膜的长波通滤光片和短波通滤光片的透射率曲线

$n_H = 2.35$（硫化锌），$n_L = 1.35$（冰晶石），$n_s = 1.52$；虚线表示短波通滤光片，膜系为 $G \left| \left(\dfrac{L}{2} H \dfrac{L}{2} \right)^7 \right| A$，$\lambda_0 = 750$ nm，n_s、n_H、n_L 数值同上。但是对于不同的基片材料，实用的薄膜材料并不一定具有适合的等效折射率，因此必须选取压缩波纹的其他方案。

一种压缩波纹简单的方法是改变基本周期内的膜层厚度，使其等效折射率变到更接近预期值。要使这种方法有成效，则要求光洁基片保持低的反射率，即基片应有低的折射率。在可见光区，玻璃是十分满意的基片材料，但是这种方法却不能不加修改就用于红外区，如用于硅板和锗板。因为红外区常用的基片材料的折射率比较高，对称膜系的等效折射率若与基片相匹配，则和入射介质（空气）必然不能匹配，因而会造成大的反射损失。

更常用的方法是在对称多层膜系的每一侧加镀匹配层，使它同基片以及入射介质匹配。如果在对称膜系与基片之间插入一个有效折射率为 η_3 的 $\lambda_0/4$ 层，而在对称膜系与入射介质之间插入一个折射率为 η_1 的 $\lambda_0/4$ 层，则只要

$$\eta_3 = \sqrt{\eta_s \cdot E} \quad \text{和} \quad \eta_1 = \sqrt{\eta_0 \cdot E} \tag{4-27}$$

得到满足，即可把插入层单纯地当作多层膜边界的减反射膜。只要计算多层膜系在某些特定波长的特性，便可迅速地验证膜系是否具有要求的性能。在这些特定波长处，多层膜的等效厚度为 $\lambda_0/4$ 的偶数倍。

对称膜系的表现如同一个 $\lambda_0/4$ 层的那些波长处，膜系的组合导纳恰好是：

$$Y = \eta_1^2 \eta_3^2 / (E^2 \eta_s)$$

因此反射率是：

$$R = \left[\frac{\eta_0 - \eta_1^2 \eta_3^2 / (E^2 \eta_s)}{\eta_0 + \eta_1^2 \eta_3^2 / (E^2 \eta_s)} \right]^2 \tag{4-28}$$

若

$$\eta_1^2 \eta_3^2 = E^2 \eta_s \eta_0 \tag{4-29}$$

则反射率 R 将为零。

当对称膜系的表现如同一个 $\lambda_0/2$ 层时，它是虚设的，其反射率是：

$$R = \left(\frac{\eta_0 - \eta_1^2 \eta_s / \eta_3^2}{\eta_0 + \eta_1^2 \eta_s / \eta_3^2} \right)^2 \tag{4-30}$$

如果

$$\eta_1^2/\eta_3^2 = \eta_0/\eta_s \tag{4-31}$$

那么反射率 R 也将为零。

解式(4-29)和式(4-31)，便可得到匹配层预期的导纳值，如式(4-27)所示。

下面是一个设计匹配膜的实例。现有一个对称周期结构 $1.0\left|\left(\dfrac{L}{2}H\dfrac{L}{2}\right)^9\right|1.52$，其中 $n_H=2.35,n_L=1.45,\lambda_0=450$ nm。它的反射率曲线表示为图 4-30 中的曲线 a。由图可见，长波通带中的波纹较大，现欲压缩 $\lambda=600$ nm 附近的反射次峰，$\lambda=600$ nm 处的相对波数为 $\lambda_0/\lambda=0.75$，可计算在 $g=\lambda_0/\lambda=0.75$ 处的等效折射率为：

$$E_{0.75} = 2.7$$

于是在等效结构与空气的界面上安排一个单层匹配膜，匹配膜的折射率值为：

$$n_A = \sqrt{n_0 E_{0.75}} = \sqrt{2.7} \approx 1.65$$

而在等效结构与基片界面上安排匹配膜的折射率值为：

$$n_B = \sqrt{n_s E_{0.75}} = \sqrt{1.52 \times 2.7} \approx 2.03$$

于是匹配后的整个膜系是 $1.0\left|1.33A\left(\dfrac{L}{2}H\dfrac{L}{2}\right)^9 1.33B\right|1.52$，其中 $n_A=1.65,n_L=1.45,n_H=2.35,n_B=2.03,\lambda_0=450$ nm。改进后的通带波纹表示为图 4-30 中的曲线 b。

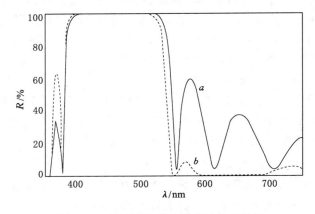

图 4-30　长波通滤光片通带波纹的压缩

由于对称周期的等效折射率随着波长的变化而变化，对某个波长设计的匹配膜系，只有在这个波长附近的很窄的波段内才能取得较好的效果。因此，若单层膜的匹配效果不够理想，也可采用多层减反射膜或采用与滤光片基片对称膜系相同但中心波长略有差异的等效层来作匹配膜层。

4.4.4　截止带的宽度和截止波长

截止带的边界由 $|M_{11}|$ 确定，对于式(4-18)中的第一式：

$$M_{11} = \cos 2\delta_p \cos \delta_q - \frac{1}{2}\left(\frac{\eta_q}{\eta_p} + \frac{\eta_p}{\eta_q}\right)\sin 2\delta_p \sin \delta_q$$

由于 $2\delta_p=\delta_p$，故可写为：

$$M_{11} = \cos^2 \delta_q - \frac{1}{2}\left(\frac{\eta_p}{\eta_q} + \frac{\eta_q}{\eta_p}\right)\sin^2 \delta_q$$

为求出截止带的边界值,令:

$$\cos^2 \delta_c - \frac{1}{2}\left(\frac{\eta_p}{\eta_q} + \frac{\eta_q}{\eta_p}\right)\sin^2 \delta_c = -1 \qquad (4\text{-}32)$$

经整理后得:

$$\cos^2 \delta_c = \left(\frac{\eta_p - \eta_q}{\eta_q + \eta_p}\right)^2 \qquad (4\text{-}33)$$

因是 $\lambda_0/4$ 的膜系,故有:

$$\delta_c = \frac{2\pi}{\lambda_c} \cdot \frac{\lambda_0}{4} = \frac{\pi}{2} \cdot \frac{\lambda_0}{\lambda_c} = \frac{\pi}{2} \cdot g_c \qquad (4\text{-}34)$$

式中,$\lambda_0/4$ 为截止波长。

如果截止带的宽度为 $2\Delta g$,则截止带的边界值为:

$$\delta_c = \frac{\pi}{2} \cdot g_c = \frac{\pi}{2} \cdot (1 \pm \Delta g) \qquad (4\text{-}35)$$

将式(4-35)代入式(4-33)中,得:

$$\cos^2 \delta_c = \sin^2\left(\pm \frac{\pi}{2} \cdot \Delta g\right) = \left(\frac{\eta_p - \eta_q}{\eta_q + \eta_p}\right)^2$$

由此得出:

$$\Delta g = \frac{2}{\pi}\arcsin\left(\frac{\eta_p - \eta_q}{\eta_q + \eta_p}\right) \qquad (4\text{-}36)$$

上式是针对 $\eta_p > \eta_q$ 的,若 $\eta_p < \eta_q$,则有:

$$\Delta g = \frac{2}{\pi}\arcsin\left(\frac{\eta_q - \eta_p}{\eta_q + \eta_p}\right) \qquad (4\text{-}37)$$

此宽度与上述 $\lambda_0/4$ 多层高反射膜的宽度一样,因此,不论基本周期是 $\left(\frac{L}{2}H\frac{L}{2}\right)$,或是 $\left(\frac{H}{2}L\frac{H}{2}\right)$,还是 HL 或 LH,截止带宽度是完全相同的。

截止波长表达式为:

$$\frac{\lambda_0}{\lambda} = 1 \pm \Delta g \qquad (4\text{-}38)$$

式中,"+"号对应于短波截止波长;"-"号对应于长波截止波长。

4.5 带通滤光片

光谱特性曲线的透射带两侧邻接截止区的滤光片叫作带通滤光片。用薄膜干涉原理制造的带通滤光片的光学特性如图 4-31 所示,图中 λ_0 波长周围的光谱透射区叫滤光片通带,周围是截止区(亦称抑制区),但一般来说,在截止区周围又有旁通带,在大多数使用情况下,旁通带是需要用有色玻璃或吸收膜系、截止滤光片等除去的。

带通滤光片的主要特性参数有:

① λ_0——中心波长,又称峰值波长。

② $T_{\max}$——中心波长透射率,又称峰值波长透射率。

③ $2\Delta\lambda_{0.5}$——半宽度,它是透射率为峰值透射率一半处通带的波长宽度。

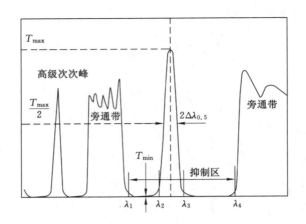

图 4-31　干涉滤光片的光谱特性

④ $2\Delta\lambda_{0.1}$——十进宽度，它是透射率为峰值透射率 10% 处通带的波长宽度。

⑤ $2\Delta\lambda_{0.01}$——百进宽度，它是透射率为峰值透射率 1% 处通带的波长宽度。

⑥ $2\Delta\lambda_{0.1}/2\Delta\lambda_{0.5}$——波形系数，它表示通带矩形化的程度。

⑦ $2\Delta\lambda_{0.5}/\lambda_0$——相对半宽度。

⑧ $T_{\min}$——抑制带最小透射率，或称背景透射率。

⑨ $T_{\min}/T_{\max}$——抑制率。

⑩ $\lambda_1\sim\lambda_2$——短波截止范围。

⑪ $\lambda_3\sim\lambda_4$——长波截止范围。

带通滤光片可粗略地分为宽带滤光片和窄带滤光片两类，这种分类没有确定的界限。习惯上，我们所说的宽带滤光片是指那些具有 20% 相对半宽度或者更大相对半宽度的滤光片。为了制得这类带通滤光片，最合适的结构是把一个长波通与一个短波通截止滤光片组合起来。但那些相对半宽度小于 15% 或更窄的干涉滤光片用上述的方法不易制得，主要受到两个方面的限制：首先很难达到我们预期要求的通带定位精度；其次达不到要求的通带边缘陡度，通常需要用其他原理设计。根据法布里-珀罗干涉标准原理设计出的法布里-珀罗干涉滤光片，具有近乎三角形的通带形状，人们把两个简单的法布里-珀罗干涉滤光片串置组合在一起，通带的形状可以变为接近矩形。这种滤光片称为双半波滤光片。增加滤光片的半波层数目（腔数）可以制得三半波、四半波等多半波滤光片，它们的通带更加接近矩形。利用吸收薄膜的势透射率原理设计出的诱导透射滤光片具有较高的峰值透射率和特别宽的长波截止区等优良特性，特别适用于要求长波宽带截止的场合。除了上述的这些方法外，人们还利用很多不同的方法设计和制备出了其他类型的滤光片，如相色散滤光片、衍射滤光片、折射滤光片、散射滤光片、晶体双折射滤光片等。这里不进行详细讨论。

4.5.1　宽带滤光片

该滤光片是具有较宽透射带的滤光片，通常可以用短波通和长波通滤光片组合而成。考虑到膜层吸收特性，某些短波通或长波通滤光片本身就可以当作宽带滤光片。截止滤光片膜系可以镀在分立的基底上，若干不同截止波长的截止滤光片组成一套具有不同半宽度和峰值波长的宽带滤光片。但是这样组成的宽带滤光片，不适用于成像系统，因为膜系之间的多次反射会造成双像。为消除双像,必须把整个薄膜滤光片都镀在基底的同一侧。最有效的设计方法仍然是采用对称周期膜系。

采用对称周期膜系,按照通常的方法,我们用等效单层膜来表示短波通和长波通,这样有三个需要匹配的界面,假如用 A 和 B 表示两个等效膜,其中 B 靠近基底,则在基底和 B、B 和 A 以及 A 和入射介质之间都需要考虑匹配膜层,用简单的 $\lambda/4$ 膜层匹配,一般说来能满足要求。

某些多半波滤光片膜系也可以构成宽带滤光片,例如全介质四半波滤光片:

$$1.0\,|\,\mathrm{H2LHLH2LHLH2LHLH2LHLH}\,|\,1.52$$

其中,$n_\mathrm{H}=2.35$,$n_\mathrm{L}=1.38$。其相对半宽度 $2\Delta\lambda_{0.5}/\lambda_0=0.20$。

用势透射率原理设计的多重诱导滤光片当作宽带通滤光片时长波无次峰。图 4-32 中给出了两种设计实例的光谱曲线。

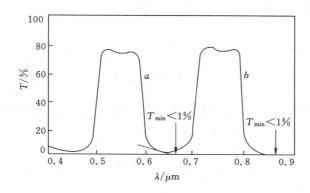

曲线 a:$1.52\,|\,\mathrm{H1.75LAg1.5LAg1.75LH}\,|\,1.52$,其中,$\lambda_0=500\ \mathrm{nm}$,$n_\mathrm{H}=2.35$,$n_\mathrm{L}=1.35$;
曲线 b:$1.52\,|\,\mathrm{H1.775LAg1.55LAg1.775LH}\,|\,1.52$,其中,$\lambda_0=600\ \mathrm{nm}$,$n_\mathrm{H}=2.35$,$n_\mathrm{L}=1.35$。

图 4-32　双重诱导透射滤光片的透射率曲线

4.5.2　窄带滤光片

法布里-珀罗(F-P)干涉滤光片是一种最简单也是最常用的窄带干涉滤光片,它是根据法布里-珀罗标准具原理制成的干涉膜系,并由此而得名。F-P 标准具是由两块相同反射率、间隔为 d 的平行反射板组成,现在将它们代换成薄膜的组合:两个反射膜系夹一个介质间隔层。我们进行这种代换应注意两点不同:第一,滤光片的全部膜层(包括两个反射膜)是镀在同一玻璃基片上的,所以滤光片的各层膜是基片面型的临摹品,因此干涉滤光片中基片面型一般不会影响滤光片的光学性能,但我们知道,在 F-P 标准具中,两个反射板的面型不同是会严重影响标准具的光学性能的。第二,滤光片的间隔层是折射率大于1的介质,标准具的间隔层是折射率等于1的空气,而且标准具的间隔 d 不容易做得很小,因此标准具一般是高干涉级次的,而滤光片则可以把间隔层做到一级次干涉。当然,F-P 滤光片也可以设计成高级次的,但实际上当滤光片间隔层超过 4 个级次时,间隔层膜的质量就开始粗糙起来。间隔层的这种粗糙度展宽了通带,降低了滤光片的峰值透射率,从而丧失了高级次的优越性。

F-P 干涉滤光片的反射膜可以是金属膜,我们称它为金属滤光片;反射膜也可以是全介质膜,称之为介质滤光片。

下面我们简要地分析一下法布里-珀罗干涉滤光片的特性。我们可以把一个 F-P 滤光片膜系的间隔层作为选定层,把膜系劈裂为Ⅰ、Ⅱ两个部分,分别用标有 1、2 下标的有效界面代表,如图 4-33 所示。图中,R_1、R_2、T_1、T_2 分别表示两反射板的反射率和透射率;φ_1、φ_2 为反射板的反射相移;$\delta = \dfrac{2\pi}{\lambda} nd$ 为间隔层的相位厚度。

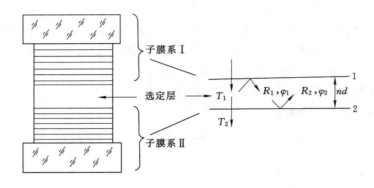

图 4-33 用有效界面法分析 F-P 滤光片的示意图

根据有效界面分析法,在不考虑基底吸收的情况下,膜系的透射率由下式给出:

$$\begin{cases} T = T_0/(1 + F\sin^2\theta) \\ T_0 = \dfrac{T_1 \cdot T_2}{(1 - \sqrt{R_1 \cdot R_2})^2}, \quad F = \dfrac{4\sqrt{R_1 \cdot R_2}}{(1 - \sqrt{R_1 \cdot R_2})^2} \\ \theta = \dfrac{1}{2}(\varphi_1 + \varphi_2 - 2\delta) \end{cases} \tag{4-39}$$

透射率极大值的位置,即中心波长由下式确定:

$$\theta_0 = \frac{1}{2}(\varphi_1 + \varphi_2 - 2\delta) = -k\pi \quad (k = 0,1,2\cdots)$$

$$\lambda_0 = \frac{2nd}{k + [(\varphi_1 + \varphi_2)/2\pi]} = \frac{2nd}{m} \tag{4-40}$$

这里 $m = k + (\varphi_1 + \varphi_2)/2\pi$。

滤光片的通带半宽度可由(4-39)式求出:

$$\frac{1}{2}T_0 = T_0/[1 + F\sin^2(\theta_0 + \Delta\theta)]$$

$$\sin(\theta_0 + \Delta\theta) = \frac{1}{\sqrt{F}}$$

$$\theta_0 = -k\pi$$

$$\sin\Delta\theta = 1/\sqrt{F}$$

$$\Delta\theta = \arcsin(1/\sqrt{F})$$

又因为:

$$\Delta\theta \approx \left(\frac{\partial\theta}{\partial\lambda}\right)_0 \Delta\lambda = \frac{\partial\left[\frac{1}{2}\left(\varphi_1 + \varphi_2 - 2\frac{2\pi}{\lambda}nd\right)\right]}{\partial\lambda_0}\Delta\lambda$$

我们假定反射相位 φ_1 和 φ_2 在通带内是常数,则:

$$\Delta\theta \approx \frac{\delta_0}{\lambda_0}\Delta\lambda = \frac{m\pi}{\lambda_0}\Delta\lambda$$

所以:

$$2\Delta\lambda = \frac{2\lambda_0}{m\pi}\arcsin\left(\frac{1}{\sqrt{F}}\right) = \frac{2\lambda_0}{m\pi}\arcsin\left(\frac{1-\bar{R}}{2\sqrt{\bar{R}}}\right) \tag{4-41}$$

这里 $\bar{R} = \sqrt{R_1 R_2}$,或者相对半宽度可表示成:

$$\frac{2\Delta\lambda}{\lambda_0} = \frac{2}{m\pi}\arcsin\left(\frac{1-\bar{R}}{2\sqrt{\bar{R}}}\right) \tag{4-42}$$

有时除半宽度外,还引入其他的带宽参量,如 0.9 倍峰值透射率处测得的带宽、0.1 倍峰值透射率处的带宽以及 0.01 倍峰值透射率处的带宽等。对于法布里-珀罗干涉滤光片,如果在通带内来自反射膜的相位变化实际上是常数的话,那么上述带宽量度分别是:

$$\frac{1}{3}\times 2\Delta\lambda, \quad 3\times 2\Delta\lambda, \quad 10\times 2\Delta\lambda$$

这些量常用来说明任一给定类型的滤光片的通带形状以及接近于矩形的程度。

由式(4-39)可知,中心波长的峰值透射率可写为:

$$T_{\max} = \frac{T_1 T_2}{(1-\bar{R})^2} \tag{4-43}$$

当假定膜层没有吸收和散射损耗,而且两个反射板完全对称时,即:

$$R_1 = R_2, \quad T_1 = T_2 = 1-R_1 = 1-R_2$$

则 $T_{\max}=1$。这就是理想的 F-P 滤光片的情况,滤光片的峰值透过率和光基板一样高。如果反射板有吸收、散射损失,但反射板仍然是对称的,我们用 $R_{1,2}$、$T_{1,2}$、$A_{1,2}$ 分别表示反射膜 1 或 2 的反射率、透射率和吸收(包括散射)损失。由于 $R_{1,2}+T_{1,2}+A_{1,2}=1$,故峰值透射率可以表示成为:

$$T_{\max} = \frac{T_{1,2}^2}{(1-R_{1,2})^2} = \frac{T_{1,2}^2}{(T_{1,2}+A_{1,2})^2} = \frac{1}{(1+A_{1,2}/T_{1,2})^2} \tag{4-44}$$

由金属膜构成反射板的 F-P 滤光片就是这种情况。由此可以看到,滤光片的峰值透射率是取决于 $A_{1,2}/T_{1,2}$ 比值的,峰值透射率是与反射板的吸收成反比,与反射板的透射率成正比。这时如果 $A_{1,2}$ 增加至 0.01,则 $T_{\max}$ 降至 30% 左右。这足以说明法布里-珀罗滤光片对膜层的吸收、散射损失是极其敏感的。对于金属-介质法布里-珀罗滤光片,由于金属膜的固有吸收,故这种滤光片的峰值透过率不可能做得太高,一般以 35%~40% 为宜。

为了估计两个反射膜的不对称性对峰值透射率的影响,我们假定吸收、散射损耗为零,并令:

$$R_2 = R_1 - \Delta$$

式中,Δ 是不对称性误差,所以 $T_2 = T_1 + \Delta$。这样式(4-43)可以写成:

$$T_{\max} = \frac{T_1(T_1+\Delta)}{(1-\sqrt{R_1(R_1-\Delta)})^2} = \frac{T_1(T_1+\Delta)}{(1-R_1\sqrt{(1-\Delta/R_1)})^2}$$

$$= \frac{T_1(T_1+\Delta)}{\left\{1-R_1\left[1-\frac{1}{2}(\Delta/R_1)+\cdots\right]\right\}^2} \tag{4-45}$$

如果 Δ/R_1 足够小,则式(4-45)中展开式可以只取前两项,稍加整理即得:

$$T_{\max} = \frac{T_1}{(1-R_1)^2} \cdot \frac{1+\Delta/T_1}{\left(1+\frac{1}{2}(\Delta/T_1)\right)^2} \qquad (4\text{-}46)$$

方程的第一部分是两个反射膜没有任何不对称误差时的峰值透过率的表达式,而第二部分则表明不对称误差的影响。图 4-34 中,横坐标是 $T_2/T_1 = 1+\Delta/T_1$。显然不对称误差影响法布里-珀罗滤光片的峰值透过率,但是极不敏感,甚至在两个反射膜的透射率相差 2 倍时,仍然可以得到 75% 的峰值透过率。

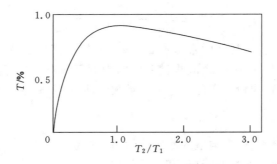

图 4-34　两个反射膜不对称的法布里-珀罗滤光片的峰值透过率

下面我们就根据上面推得的公式分析 F-P 干涉滤光片的一些性质。首先讨论金属-介质 F-P 干涉滤光片。在间隔层与金属反射板界面上存在着反射相移 φ_1 和 φ_2,由式(4-40)可知,在设计这种滤光片决定间隔层的光学厚度时,应该计入反射相移的影响。一般来说,一级次的间隔层厚度小于中心波长的 1/2。由式(4-41)可知,提高干涉滤光片的干涉级次和提高反射板反射率 R 可以压缩带宽。一级次的金属介质 F-P 干涉滤光片在长波是没有次峰的,但是高级次时在中心波长主峰的长波方向就会出现低级次的透射峰。当找不到合适的截止长波次峰方法时,有些场合也将限制更高级次滤光片的使用。一般情况最高使用到第三级次,但个别的情况由于使用的材料性质好,又为了追求超窄带,也可用到 5～6 级次。通过提高反射板的反射率同样可以压缩带宽,这可以用在金属反射膜上加镀介质膜系的方法实现,但如果这样做使得反射膜的 A/T 值变大,那也将使峰值透射率显著下降。

金属介质 F-P 滤光片中最好的金属反射膜通常采用铝膜和银膜,它们分别对应于 $0.125\sim0.34\ \mu m$ 和 $0.34\sim3.0\ \mu m$ 两个波段。这种滤光片的相对半宽度常取 1%～8%,可见光区应用的滤光片半宽度控制在 5～10 nm,峰值透射率为 30%～40%。若要求半宽度比较窄,峰值透射率可控制在 20%。若要求一个较深的抑制带,可以考虑把两个同样的滤光片胶合起来,在紫外区常常这样做。图 4-35 给出了这种类型的许多滤光片的透射率的实测曲线。其中,曲线 6 是两块滤光片胶合后的测量曲线,其余均为单块滤光片的测量曲线。

制备金属-介质 F-P 滤光片并不困难,主要应该尽快地把金属蒸镀到不加温的基片上。在可见区和近红外区,用银和冰晶石可以获得最好的结果;而在紫外区,最好的组合则是铝和氟化镁或冰晶石。监控膜层可以用三块比较片,每块监控一层膜;也可以用一块比较片以光度值法完成。蒸镀之后膜层应尽快地与盖片玻璃胶合,并注意用环氧树脂胶封边,以防水

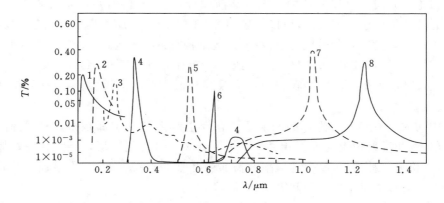

图 4-35   金属-介质 F-P 滤光片的实测透射率曲线

气的侵害。在短于波长 300 nm 的紫外区,有少数几种适用的胶合剂,而在波长 200 nm 以下一种也没有,因而滤光片不能胶以盖片。这时可以用一层极薄的氧化镁来保护最外面的金属膜,选定这层膜的厚度,使它成为金属膜的减反射膜。也有研究人员在盖片玻璃与膜之间加一个垫圈,外面用环氧胶封边,在盖片玻璃与膜之间留一个小的空气层来解决没有适用胶合剂的问题。

    图 4-36 所示为用于可见光区的金属-介质滤光片的典型特性曲线。所要用的特定透射峰是在 0.69 μm 处的第三级次峰值。对于由更高级次峰值所引起的短波通带,叠加一块玻璃吸收滤光片便容易抑制掉,吸收滤光片可与滤光片胶合,作为一块玻璃盖片,这种玻璃吸收滤光片的特性在图 4-36 上表示为曲线 b,它是用于可见光区和近红外区具有长波通特性的一系列吸收玻璃的一种,用以截去金属-介质滤光片曲线 a 的短波次峰。可惜的是,适用于抑制长波通带的吸收玻璃并不多。如果所用的检测器对较长的波长不灵敏,那就不存在这个问题。如果要求滤光片不带有长波通带,那么最好采用第一级次的金属-介质滤光片,因为尽管对于给定的带宽,其峰值透射率要低得多,可是它们通常没有长波通带。后面我们将讨论一种金属和介质组合的多半波滤光片,即诱导透射滤光片,它可以得到高得多的透射率。虽然其半宽度更大,但没有长波旁通带,因而用作抑制长波的滤光片是十分优越的。

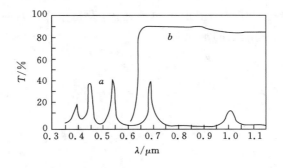

图 4-36   用于可见光区的金属-介质滤光片的特性

下面讨论全介质 F-P 滤光片的情况。从前面分析已经看到，由于金属膜吸收比较大，限制了滤光片性能的进一步提高，所以如果用 $\lambda/4$ 的多层介质反射膜系取代金属反射膜，则可以大大提高 F-P 滤光片的性能，这种滤光片的结构可以表示为

$$G \,|\, (HL)^S 2H(LH)^S \,|\, G \quad 或 \quad G \,|\, (HL)^S H2LH\,(LH)^S \,|\, G$$

其中，H、L 分别表示 $\lambda_0/4$ 厚的高折射率膜层和低折射率的膜层；S 为反射膜系中的周期数；G 代表基片。

膜系中间的半波层是滤光片的间隔层。在反射膜系每一层都是 $\lambda_0/4$ 厚的情况下，对于 HH 间隔层，两侧反射镜上的反射相移 $\varphi_1 = \varphi_2 = 0$，对于 LL 间隔层，$\varphi_1 = \varphi_2 = \pi$。那么根据式(4-40)，不论哪一种情况，峰值透射率波长都将出现在 $\delta = m\pi$ 处，m 为整数。这时滤光片的峰值透射率波长就完全取决于间隔层的厚度。

图 4-37 所示为全介质滤光片的光谱透射率曲线。它基本上和具有介质反射膜的 F-P 标准具相同，并且上述对于金属-介质滤光片特性的分析也适合于全介质滤光片的情况。

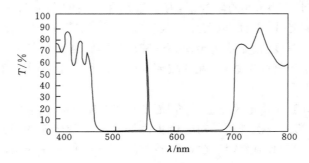

图 4-37　全介质滤光片法布里-珀罗滤光片的光谱透射率曲线

全介质滤光片的带宽可以按以下方法计算。如果两个反射膜是对称的，而且反射膜的反射率足够高时，有：

$$F = \frac{4R_{1,2}}{(1 - R_{1,2})^2} \approx \frac{4}{T_{1,2}^2}$$

$$2\Delta\lambda_{0.5} = \frac{2\lambda_0}{m\pi}\arcsin\left(\frac{T_{1,2}}{2}\right) \tag{4-47}$$

由于当层数给定时，用高折射率层作为最外层膜将得到最大的反射率，所以只需要考虑图 4-38 所示的两种情况。如果间隔层不包括在内，设每个多层反射膜的高折射率层的总数是 S，则对于高折射率间隔层的情况有：

$$Y_{1,2} = \frac{n_L^{2S}}{n_H^{2S}} n_g$$

$$R_{1,2} = (n_H - Y_{1,2})^2 / (n_H + Y_{1,2})^2 = (1 - Y_{1,2}/n_H)^2 / (1 + Y_{1,2}/n_H)^2$$

当层数足够多时，有：

$$Y_{1,2}/n_H = n_L^{2S} n_g / n_H^{2S+1} \ll 1$$

所以：

$$R_{1,2} = 1 - 4Y_{1,2}/n_H$$

$$T_{1,2} = 4Y_{1,2}/n_H = 4n_L^{2S} n_g / n_H^{2S+1}$$

代入式(4-47)，对于高折射率间隔层，可以求出半宽度表示式为：

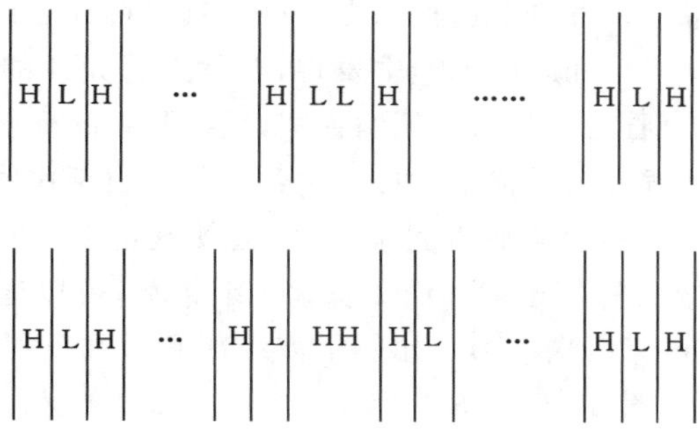

图 4-38 全介质法布里-珀罗滤光片的两种基本类型

$$2\Delta\lambda_{0.5} = \frac{2\lambda_0}{m\pi}\arcsin(2n_L^{2S}n_g/n_H^{2S+1}) \approx 4\lambda_0 n_L^{2S}n_g/(m\pi n_H^{2S+1}) \qquad (4\text{-}48)$$

而对于低折射率间隔层的情况,有:

$$Y_{1,2} = \frac{n_H^{2(S-1)}}{n_L^{2(S-1)}}\frac{n_H^2}{n_g} = -\frac{n_H^{2S}}{n_L^{2(S-1)}n_g}$$

$$R_{1,2} = (n_L - Y_{1,2})^2/(n_L + Y_{1,2})^2 = (1 - Y_{1,2}/n_L)^2/(1 + Y_{1,2}/n_L)^2$$

因为当层数足够多时,有:

$$Y_{1,2}/n_L = n_H^{2S}/n_L^{2S-1}n_g \gg 1$$

所以:

$$R_{1,2} = \left(1 - \frac{n_L}{Y_{1,2}}\right)^4 \approx 1 - 4\frac{n_L}{Y_{1,2}}$$

$$T_{1,2} \approx 4n_L/Y_{1,2} = \frac{4n_L^{2S-1}}{n_H^{2S}}n_g$$

同样可以求出半宽度表达式:

$$2\Delta\lambda_{0.5} = \frac{2\lambda_0}{m\pi}\arcsin\left(\frac{2n_L^{2S-1}}{n_H^{2S}}n_g\right) \approx \frac{4\lambda_0 n_L^{2S-1}}{m\pi n_H^{2S}}n_g \qquad (4\text{-}49)$$

在这些公式中,我们完全略去了多层反射膜相位的色散影响,认为在通带内它们是常数,并且其值为 0 或 π,正如我们在前面已经看到的,反射相位并不是常数。相位改变的意义在于,在法布里-珀罗滤光片的透射率公式中,它增大了 $[(\varphi_1 + \varphi_2)/2 - \delta]$ 随波长的变化率,因此压缩了带宽。考虑到相位色散的影响,上述表达式需要乘上一个修正因子:

$$\frac{(n_H - n_L)}{(n_H - n_L) + n_L/m}$$

式中,m 为滤光片的干涉级次,则修正后的半宽度:

对高折射率间隔层:

$$2\Delta\lambda_{0.5} = \frac{4\lambda_0 n_L^{2S}n_g}{m\pi n_H^{2S+1}} \cdot \frac{(n_H - n_L)}{(n_H - n_L) + n_L/m} \qquad (4\text{-}50)$$

对低折射率间隔层:

$$2\Delta\lambda_{0.5} = \frac{4\lambda_0 n_L^{2S-1}n_g}{m\pi n_H^{2S}} \cdot \frac{(n_H - n_L)}{(n_H - n_L) - n_L/m} \qquad (4\text{-}51)$$

由以上的公式可以看出,对于给定的材料组合,仍然可以通过提高反射板的层数和提高滤光片的干涉级次压缩带宽。理论上这种滤光片可以获得百分之百的峰值透射率和任意窄的带宽。但是我们从式(4-41)和式(4-50)中发现,实际上滤光片的峰值透射率值 T_{max} 和相对半宽度 $2\Delta\lambda/\lambda_0$ 是相互矛盾的。即为了压缩带宽,反射膜系的反射率就要做得很高。但与此同时反射膜系的透射率就会变得很小,由式(4-44)可知,由于比值 A/T 变大,致使为数不大的吸收损耗对滤光片 T_{max} 的影响显著起来,常常会使理论上 100% 峰值透射率实际上降到 $60\%\sim80\%$。为了不损失峰值透射率而尽量地压缩带宽,可以通过提高干涉级次的方法解决,干涉级次一般不超过三级次。为了比较干涉级次和增加反射板层数对 F-P 滤光片的影响,根据实验结果绘制了图 4-39 和图 4-40。

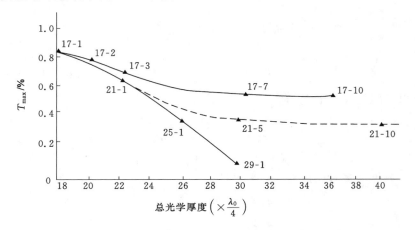

图 4-39　膜层个数和干涉级次对 F-P 滤光片峰值透射率的影响

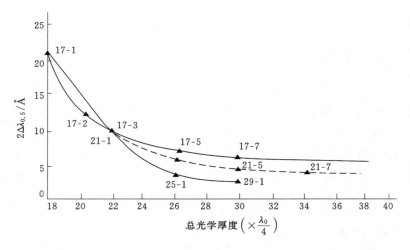

图 4-40　膜层个数和干涉级次对 F-P 滤光片半宽度的影响

　　图 4-39 横坐标表示总光学厚度,17-1 表示 17 层一级次滤光片。膜层材料选用硫化锌和冰晶石。由图 4-39 可以看出,当层数增加到一定数值后,再增加层数将使峰值透射率急剧下降,而随干涉级次的增加,峰值透射率下降却是缓慢的。由图 4-40 可以看到,当 $2\Delta\lambda_{0.5}>$ 4 Å 时,膜层层数的增加和 $2\Delta\lambda_{0.5}$ 的减小几乎是线性的。干涉级次小于或等于 3 时,增加干涉级次对压缩带宽是显著的,当干涉级次大于 3 时,影响就不大了。

全介质 F-P 干涉滤光片由于使用 $\lambda/4$ 膜系构成反射板,其反射带宽是有限的,所以这种膜系在主峰两侧都会出现旁通带。图 4-41 所示为典型的 F-P 滤光片的透射率曲线。高级次滤光片在主峰的两侧还会有次峰,如果滤光片使用的光谱范围不允许这些光线通过,则需要在长波侧和短波侧附加消次峰的修饰滤光片。某些方式的修饰滤光片会降低主峰的峰值透射率,对于红外和紫外光谱区域的滤光片来说,加了修饰滤光片以后,峰值透射率损失 30%～40% 是常见的现象。

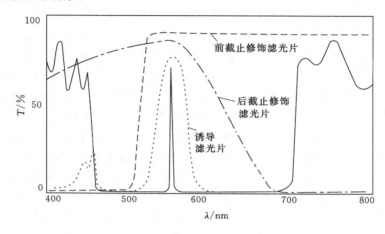

图 4-41　全介质的 F-P 滤光片旁通带的抑制

在可见光谱区和近红外光谱区由于存在着许多非吸收的适用材料,所以人们现已广泛采用矩形通带的多半波干涉滤光片。然而,在紫外光谱区全介质的 F-P 滤光片还是很有吸引力,这是因为紫外光谱区缺乏非吸收的机械性能和化学性能都适用的镀膜材料,且膜厚监控困难。在远红外光谱区有时也需要 F-P 滤光片,理由与紫外光谱区相仿,只不过远红外光谱区膜层变得很厚,造成制备困难。

滤光片的应用非常广泛,尤其是窄带滤光片在天气预报方面的应用非常典型。之所以把天气预报与光学薄膜联系起来,是因为关系到天气预报是否精准的数值预报与风云系列气象卫星的光谱数据有关。以"风云三号"气象卫星为例,中国科学院上海技术物理所研究员刘定权带领他的团队,采用高级次原位光学监控和温度补偿技术,成功研制出了可应用于空间环境的红外低温超窄带系列滤光片,应用于"风云三号"气象卫星红外分光计、中分辨率成像光谱仪等仪器中,实现了气象卫星对地面和大气层的精确光谱观测,也实现了对大气层的立体探测。后来"风云四号"气象卫星干涉式成像光谱仪使立体观测更加精确与完善。为实现精确的光谱,滤光片在研制过程中通过规整与非规整膜系的交替使用和优化设计,实现了带通滤光片光谱近似矩形化,红外滤光片在低温下光谱保形良好,为新一代气象卫星获取更加精确的光谱能量数据、提供数值化气象服务奠定了技术基础。中国气象卫星在国际上的影响力越来越大,发挥的作用日益显著,大量国际用户直接接收或利用中国的风云气象卫星资料。通过中国人坚持不懈地奋斗和自主创新,气象卫星已成为现代气象业务和国民经济建设中必不可少的科技支撑。我国已成功发射了 9 颗风云系列气象卫

空间光学薄膜
上的舞者

风云气象卫星

星，目前仍有 5 颗在轨稳定运行，为气象、海洋、农业、林业、水利、航空、航海和环境保护等领域提供了大量的公益性、专业性和决策性服务，产生了巨大的社会效益和经济效益。2022年 1 月，风云三号 D 星、风云四号 A 星和风云二号 H 星正式成为空间与重大灾害国际宪章的值班卫星。如今，风云系列气象卫星已成为我国民用遥感卫星效益发挥最好、应用范围最广的卫星之一。

4.5.3　多半波滤光片

简单的全介质法布里-珀罗滤光片的透射率曲线并不是理想的形状。可以证明，在任何级次的滤光片中，透射能量的一半是在半宽度之外的（假定入射光束的能量随波长均匀分布）。因此，透射率曲线越接近矩形越好。同时，反射膜的吸收和散射对法布里-珀罗滤光片特性的影响也很敏感。对于任何级次的滤光片所给定的透射率来说，反射膜的吸收和散射限制了可能得到的带宽，压缩通带宽度是以降低峰值透射率为代价的。增高滤光片的级次以抑制吸收的影响，对于级次大于 3 的滤光片常常是不成功的，因为这增加了间隔层的粗糙度。此外，在许多情况下法布里-珀罗滤光片的背景抑制也是不够深的，它决定于反射膜的反射率，因而也一定程度上决定于滤光片的带宽和峰值透射率，截止深度不能独立地调节。综上所述，法布里-珀罗滤光片不可能制备出窄带宽、高透射且深抑制的滤光片。

人们从耦合多个调谐电路那里受到启发，发现耦合电路的合成曲线比单个电路曲线更加接近于矩形（理想的滤波波形）。对滤光片的研究也有类似的结果，如果把两个或更多的滤光片串置起来，中间用耦合层连接，也可以得到通带接近矩形的曲线。这样构成的滤光片包含多个半波层（或称为"腔"），人们习惯上根据滤光片膜系中有几个半波层，相应称呼几半波滤光片。图 4-42 所示为双半波滤光片的一种结构，它是由两个简单的 F-P 滤光片串起来组成的，中间插入一个 $\lambda/4$ 层作为耦合层。两个 F-P 滤光片可以是不同层数的。如果滤光片两侧介质不对称，例如一侧是基片、另一侧是空气，那么滤光片的结构还应考虑与两侧介质的匹配问题，对于高折射率基片（如锗 $n_g=4.0$，硅 $n_g=3.5$），这项工作是必须进行的。例如一个锗基片上的双半波滤光片，膜系为：

$$G \mid LHLLHLHLHLLHLH \mid A$$

式中，$n_g=4.0$，$n_A=1.0$，$n_H=4.0$，$n_L=2.35$，$\lambda_0=3.5\ \mu m$。

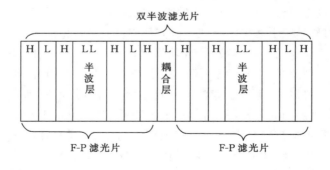

图 4-42　双半波滤光片的一种结构

应用半波层是虚设层的概念，对入射波长消去所有的虚设层后，上述膜系的光学性能与膜系 GA 相同，因此 $T_{max}=60\%$，这是锗板没有匹配减反膜的透射率。为此考虑到基片在空气中的匹配问题，膜系可改成：

$$G \mid LHLLHLHLHLHLLHLH \mid A$$

再应用半波层是虚设层,对入射波长消去所有的虚设层,膜系的光学性能与 GHLA 相同,由于 H 层的材料与基板相同,所以上述膜系可简化为 G│L│A,L 层是 $\lambda_0/4$ 厚的 ZnS 膜($n_L = 2.35$),它是锗板的减反射膜,所以在 λ_0 处将有很高的透射率,$T_{max} = 96\%$。其透射率曲线如图 4-43 所示。

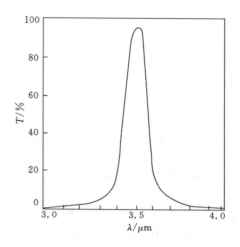

图 4-43 双半波红外滤光片的透射率曲线

上面介绍的把简单 F-P 型滤光片串置起来,耦合成双半波滤光片几乎总是可以得到满意的结果。然而当半波层数目增多时,虽然用消去半波层的方法可以预计中心波长处是否具有高的透射率,但是通带中常常出现明显的波纹,从而使设计不能应用,所以需要一种更系统的设计技术,这种设计技术基于对称周期的概念。为了分析上的方便,我们把滤光片分解成如下的结构:

入射介质│匹配膜堆│主膜系│匹配膜堆│出射介质

中间主膜系是一个中心对称结构。这个对称结构由一系列的 $\lambda/4$ 膜层组成,对称结构我们可以写成 $(AB)^qA,q = 1,2\cdots$ 的形式,A、B 代表 $\lambda/4$ 层。对称结构可以代换成一个等效单层膜,这个等效单层膜的等效折射率为实数的区域对应于透射区,等效折射率为虚数的区域对应于抑制区。可以证明,对称结构在中心波长处等于 $n_e = n_A (n_A/n_B)^q$。图 4-44 中给出了几个对称周期的等效折射率 n_e 和等效相位厚度 δ_e。图中曲线说明,在中心波长($g = 1$)附近,等效折射率为一实数区域,当其相位厚度 $\delta_e = 90°$(即 $\pi/2$)的奇数倍时,就具备了一个构成透射通带的基本条件,当波长偏离中心波长后,就迅速地趋向于零,当选用…HLH…型的对称结构时,δ_e 趋向于无穷大。无论哪种情况,都会使透射率趋于零,这样就在通带的两侧构成了截止带。基本对称周期的层数越多,比值 n_H/n_L 越大,则 δ_e 为实数的区域就越窄,滤光片的通带宽度也就越窄。对称周期分析可以证明,在等效折射率为实数的区间上,带宽为:

$$\frac{\Delta\lambda}{\lambda_0} = \frac{4(1 - n_B/n_A)}{\pi (n_A/n_B)^q} \quad (n_A/n_B > 1) \tag{4-52}$$

$$\frac{\Delta\lambda}{\lambda_0} = \frac{4(1 - n_A/n_B)}{\pi (n_B/n_A)^q} \quad (n_B/n_A > 1) \tag{4-53}$$

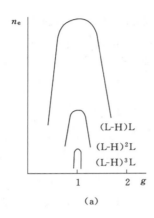

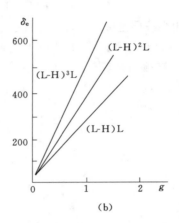

$$(a) \qquad\qquad (b)$$

图 4-44　几种中心对称结构的等效折射率 n_e 和等效相位厚度 δ_e 的曲线

用以上两式估计滤光片的半宽度是足够精确的。

对称结构在中心波长处的等效折射率，一般说来与入射介质折射率或出射介质折射率匹配不好，为了获得高透射率，在主膜系的两侧需要安置匹配膜系。匹配膜系一般用组成主膜系材料的一系列 $\lambda/4$ 膜组成。我们知道，将折射率为 n 的 $\lambda_0/4$ 膜叠加到等效折射率为 n_e 的膜系上面，则波长 λ_0 膜系的折射率变为 n^2/n_e。这样，对于由 j 层折射率为 n_A 的膜和 $(j-1)$ 层折射率为 n_B 的膜（与主膜系相邻的第一层膜为 n_A）组成的匹配膜系，它和主膜系组合的折射率为：

$$\frac{n_A^{2j}}{n_B^{2(j-1)}} \cdot \left(\frac{n_B}{n_A}\right)^q \cdot \frac{1}{n_A} \qquad\qquad (4\text{-}54)$$

对于由 j 层折射率为 n_A 的膜和 j 层折射率为 n_B 的膜（与主膜系相邻的第一层膜也为 n_A）组成的匹配膜系，其组合的折射率将是：

$$\left(\frac{n_B}{n_A}\right)^{2j} \cdot n_A \left(\frac{n_A}{n_B}\right)^q \qquad\qquad (4\text{-}55)$$

在靠基片的一侧，应使组合的折射率等于基片的折射率，而在另一侧应使之等于入射介质的折射率。

利用上述的方法设计滤光片的最大优点是，滤光片结构中主膜系的中心对称结构可以重复很多遍，每重复一遍滤光片多一个腔，但这种重复不会改变基本周期的等效折射率分布以及与两侧介质的匹配关系。也就是说，滤光片的带宽不会明显改变。但是这样做的结果会使通带的边缘过渡特性变得更加陡峭，通带的波形更加接近理想的矩形，截止度在不影响峰值透射率和不压缩带宽的前提下得到了加深。这些分析说明多半波滤光片的半宽度和截止度可以独立地变化，而不是像 F-P 型滤光片那样相互制约。

多半波滤光片的峰值透射率同样也会因为膜层吸收和散射损耗而下降。但是理论和实践都已证明，在膜层具有同样吸收的情况下，多半波滤光的峰值透射率要比 F-P 型滤光片的峰值透射率高得多。例如，一个 F-P 型的单半波滤光片 G|(HL)^4(LH)^4|G 和双半波滤光片 G|(LH)^{2}LL(HL)^{3}HLL(HL)^2|G 以及三半波滤光片 G|LHLHH(LH)^{3}LL(HL)^{3}HHLHL|G，高折射率膜层（H 层）用硫化锌，低折射率膜层（L 层）用冰晶石。假定 H 层中有相同的吸

收,忽略 L 层中的吸收。虽然这三个膜系的 H 层数目分别为 8、8、12 层,但计算结果表明单半波滤光片在峰值透射率最大值处的损耗为双半波滤光片的 2 倍,而三半波滤光片的损耗几乎和双半波的一样好。

虽然多半波滤光片在克服 F-P 型滤光片的缺点方面有很大的进步,但是同时也为制造工艺带来了一定的困难。在同等半宽度的要求下,多半波滤光片的层数比 F-P 型滤光片层数多 1 倍或数倍。同时对膜层误差的要求也更加严格,膜厚误差会导致峰值透射率下降和使透射峰出现双峰或不对称。

下面给出了各种三半波滤光片的膜层组合,基片为玻璃,$n_g = 1.52$;高折射率材料为硫化锌,$n_H = 2.35$;低折射率材料为氟化镁,$n_L = 1.38$:

$$G \mid (HL)^m H(LL)(HL)^n H(LL) H(LH)^n (LL) H(LH)^m \mid G$$

指数 (m, n) 取值为 $(1,3)$、$(2,5)$、$(3,7)$,相对半宽为 $3\% \sim 0.5\%$,波纹(指通带中从波峰到波谷的高度差)约为 1%。

$$G \mid (HL)^m (HH)(LH)^n L(HH) L(HL)^n (HH)(LH)^m \mid G$$

指数 (m, n) 取值为 $(1,2)$、$(2,4)$、$(3,6)$,其透射率曲线的通带有 1% 的波纹。

$$G \mid (LH)^m L(HH)(LH)^n (LL)(HL)^n (HH) L(HL)^m \mid G$$

指数 (m, n) 取值为 $(1,3)$、$(2,5)$、$(3,7)$,其透射率曲线的通带有 0.5% 的波纹。

$$G \mid (HL)^m H(LL)(HL)^n (HH)(LH)^n (LL) H(LH)^m \mid G$$

指数 (m, n) 取值为 $(1,4)$、$(2,6)$、$(3,8)$,此类膜系将给出平顶透射率曲线。

$$G \mid (LH)^m (LL)(HL)^n (HH)(LH)^n (LL)(HL)^m \mid G$$

指数 (m, n) 取值为 $(2,4)$、$(3,6)$、$(4,8)$,它们的透射率曲线具有低于 0.25% 的波纹。

$$G \mid (HL)^m (HH)(LH)^n (LL)(HL)^n (HH)(LH)^m \mid G$$

指数 (m, n) 取值为 $(1,3)$、$(2,5)$、$(3,7)$,其透射率曲线具有宽大的平顶。

以上给出的三半波滤光片只保证通带具有小的波纹,而不去讨论各类滤光片之间的相对优劣。人们可以通过数值运算选择合适的膜系结构。

表 4-2 列出了红外多半波滤光片的膜层组合,基片为锗,$n_g = 4.0$;高折射率材料为锗,$n_H = 4.0$;低折射率材料为硫化锌,$n_L = 2.35$。表中的中心段可按要求重复多次。

表 4-2 多半波红外滤光片

与锗板的匹配组合	对称周期	与空气的匹配组合
Ge|L	$(LHL)^s$	|A
Ge|LH	$(HLHLH)^s$	H|A
Ge|LHL	$(LHLHLHL)^s$	LH|A
Ge|LHLH	$(HLHLHLHLH)^s$	HLH|A
Ge|LHLHL	$(LHLHLHLHLHL)^s$	LHLH|A

4.5.4 诱导透射滤光片

前面已经指出,一级次金属-介质法布里-珀罗滤光片的优点是没有长波旁通带,它的缺点是峰值透射率很低,否则半宽度就很大,以致截止度和通带形状无法使用。因此,用它来消除其他窄带滤光片的旁通带就不很理想。最好是采用诱导透射滤光片,这种滤光片有着很高的峰值透射率和宽的截止区,因此适合于要求高的峰值透射率和宽的截止区的各种情况,同时作为抑制窄带全介质滤光片的长波旁通带的截止滤光片,也具有优良的特性。

我们知道,金属膜的吸收不仅决定于金属膜本身的光学常数(折射率、消光系统)和厚度,而且和相邻介质的导纳密切相关。只要正确选择基片侧匹配膜堆的导纳,就能使整个膜系的势透射率成为最大。如果同时在入射侧设计适当的减反射膜堆,使整个膜系的反射减小至接近于零,此时就能开发金属膜最大可能的透射率,这就是所谓诱导透射的概念。可以看到,金属膜两侧的介质膜系不仅增加了中心波长的透射率,而且由于每个膜系包含了相当多的层数,所以对一个有限的波段也增加了透射率。但在这个波段以外,便由增加透射率迅速过渡为增加反射率,换句话说,产生了一个带通滤光片。如果用作诱导透射的膜系是一级干涉的,那么在比透射率峰值波长更长的区域里,滤光片的特性接近于它自身的金属膜。所以只要金属膜足够厚,那就没有"讨厌"的长波旁通带。下面我们介绍基于势透射率概念设计诱导透射滤光片的步骤。

首先限于讨论仅包含一层金属膜的膜系,如图 4-45 所示。透过界面 b 的光能量 T 与透过界面 a 的光能量 $(1-R)$ 之比定义为势透射率 φ,即:

$$\varphi = \frac{T}{1-R}$$

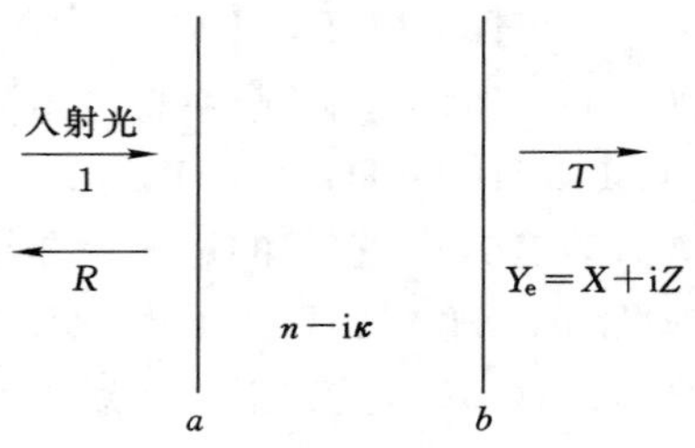

图 4-45　包含金属膜的薄膜系统

由于其余的均是介质膜系,势透射率为 1,所以上式中的 T 和 R 也是整个膜系的透射率和反射率。按照上述定义,势透射率也可以写成:

$$\varphi = \frac{T}{1-R} = \frac{\frac{1}{2}\text{Re}(E_b H_b^*)}{\frac{1}{2}\text{Re}(E_a H_a^*)} = \frac{\text{Re}(Y_e)}{\text{Re}(B_i C_i^*)} \tag{4-56}$$

而

$$\begin{bmatrix} B_i \\ C_i \end{bmatrix} = \begin{bmatrix} \cos\delta & i\sin\delta/(n-i\kappa) \\ i(n-i\kappa)\sin\delta & \cos\delta \end{bmatrix} \begin{bmatrix} 1 \\ X+iZ \end{bmatrix} \tag{4-57}$$

式中

$$\delta = \frac{2\pi}{\lambda}(n-i\kappa)d = \frac{2\pi nd}{\lambda} - i\frac{2\pi kd}{\lambda} = \alpha - i\beta$$

$$\alpha = \frac{2\pi nd}{\lambda}, \quad \beta = \frac{2\pi kd}{\lambda}, \quad y = (n-i\kappa)$$

式中,$Y_e = X + iZ$,称作出射导纳。

由式(4-57)有:

薄膜的设计、制备及应用

$$\text{Re}(B_iC_i) = \text{Re}\{[\cos\delta + i(\sin\delta/y)(X+iZ)][iy\sin\delta + \cos\delta(X+iZ)]^*\}$$

$$= \text{Re}\left[-iy^*\cos\delta\sin\delta^* + \frac{\sin\delta\sin\delta^* y^{*2}(X+iZ)}{yy^*}\right] +$$

$$\cos\delta\cos\delta^*(X-iZ) + \frac{i\sin\delta\cos\delta^* y^*(X-iZ)(X+iZ)}{yy^*}$$

因为

$$\cos\delta = \cos\alpha \cdot \text{ch}\,\beta + i\sin\alpha \cdot \text{sh}\,\beta$$

$$\sin\delta = \sin\alpha \cdot \text{ch}\,\beta - i\cos\alpha \cdot \text{sh}\,\beta$$

所以

$$\text{Re}(B_iC_i^*) = n\text{sh}\,\beta\text{ch}\,\beta + \kappa\sin\alpha\cos\alpha + \frac{X(n^2-\kappa^2)-2n\kappa Z}{(n^2+\kappa^2)}(\sin^2\alpha\text{ch}^2\beta + \cos^2\alpha\text{sh}^2\beta) +$$

$$X(\cos^2\alpha\text{ch}^2\beta + \sin^2\alpha\text{sh}^2\beta) + \frac{(X^2+Z^2)}{(n^2+\kappa^2)}(n\text{sh}\,\beta\text{ch}\,\beta - \kappa\sin\alpha\cos\alpha)$$

于是势透射率为：

$$\varphi = \left[\frac{(n^2-\kappa^2)-2n\kappa(Z/X)}{(n^2+\kappa^2)}(\sin^2\alpha\text{ch}^2\beta + \cos^2\alpha\text{sh}^2\beta) + (\cos^2\alpha\text{ch}^2\beta + \sin^2\alpha\text{sh}^2\beta) + \right.$$

$$\left. \frac{1}{X}(n\text{sh}\,\beta\text{ch}\,\beta + \kappa\sin\alpha\cos\alpha) + \frac{(X^2+Z^2)}{X(n^2+\kappa^2)}(n\text{sh}\,\beta\text{ch}\,\beta - \kappa\sin\alpha\cos\alpha)\right]^{-1} \quad (4\text{-}58)$$

令

$$q \equiv (\sin^2\alpha\text{ch}^2\beta + \cos^2\alpha\text{sh}^2\beta)$$

$$r \equiv (\cos^2\alpha\text{ch}^2\beta + \sin^2\alpha\text{sh}^2\beta)$$

$$p \equiv (n\text{sh}\,\beta\text{ch}\,\beta + \kappa\sin\alpha\cos\alpha)$$

$$s \equiv (n\text{sh}\,\beta\text{ch}\,\beta - \kappa\sin\alpha\cos\alpha)$$

则势透射率可以写成：

$$\varphi = \left\{\frac{q[n^2-\kappa^2-2n\kappa(Z/X)]}{(n^2+\kappa^2)} + r + \frac{p}{X} + \frac{S(X^2+Z^2)}{X(n^2+\kappa^2)}\right\}^{-1} \quad (4\text{-}59)$$

可以看到，一旦金属膜的光学常数和厚度选定之后，势透射率仅仅是出射导纳（$Y_e = X+iZ$）的函数，据此我们可以找到最佳匹配的出射导纳，使势透射率成为最大。由于势透射率值始终为正，而且是性状很好的函数，因此势透射率的极大值对应于势透射率倒数的极小值：

$$\frac{1}{\varphi} = \left\{\frac{q[n^2-\kappa^2-2n\kappa(Z/X)]}{(n^2+\kappa^2)} + r + \frac{p}{X} + \frac{S(X^2+Z^2)}{X(n^2+\kappa^2)}\right\} \quad (4\text{-}60)$$

写出式（4-60）对 X 和 Z 的偏导数，并令偏导数分别为零，从而得到最佳匹配的出射导纳（$X+iZ$）为：

$$\frac{\partial}{\partial X}\left(\frac{1}{\varphi}\right) = \frac{q2n\kappa Z}{X^2(n^2+\kappa^2)} - \frac{p}{X^2} + \frac{S}{(n^2+\kappa^2)} - \frac{SZ^2}{X^2(n^2+\kappa^2)} = 0 \quad (4\text{-}61)$$

$$\frac{\partial}{\partial Z}\left(\frac{1}{\varphi}\right) = \frac{q(-2n\kappa)}{X(n^2+\kappa^2)} + \frac{2SZ^2}{X^2(n^2+\kappa^2)} = 0 \quad (4\text{-}62)$$

由式（4-62）得：

$$Z_0 = \frac{n\kappa q}{S} = \frac{n\kappa(\sin^2\alpha\text{ch}^2\beta + \cos^2\alpha\text{sh}^2\beta)}{(n\text{sh}\,\beta\text{ch}\,\beta - k\sin\alpha\cos\alpha)} \quad (4\text{-}63)$$

代入式(4-61)有:

$$X_0 = \left[p(n^2 + \kappa^2)/S - n^2\kappa^2 q^2/S^2 \right]^{1/2}$$

$$= \left[\frac{(n^2 + \kappa^2)(n\mathrm{sh}\,\beta\mathrm{ch}\,\beta + \kappa\sin\alpha\cos\alpha)}{(n\mathrm{sh}\,\beta\mathrm{ch}\,\beta - \kappa\sin\alpha\cos\alpha)} - \frac{n^2\kappa^2\,(\sin^2\alpha\mathrm{ch}^2\,\beta + \cos^2\alpha\mathrm{sh}^2\,\beta)^2}{(n\mathrm{sh}\,\beta\mathrm{ch}\,\beta - \kappa\sin\alpha\cos\alpha)^2} \right]^{1/2}$$

$$\tag{4-64}$$

为了得到最大的势透射率,现在我们必须在基片上设计一个匹配膜堆,使出射导纳从 n_g(基片的导纳)转换成 $X_0 + \mathrm{i}Z_0$。显然,可以有无限多的途径以达到最佳出射导纳,但是简单的方法是叠加若干 1/4 波长层,最后淀积一层非 1/4 波长层,使导纳终止在 $X_0 + \mathrm{i}Z_0$。假设基片上叠加了 1/4 波长的多层膜后,导纳值由 n_g 变为 μ,并假定最后一层非 1/4 波长层的折射率为 n_f,相位厚度为 δ_f,则有:

$$\begin{bmatrix} B_i \\ C_i \end{bmatrix} = \begin{bmatrix} \cos\delta_f & \mathrm{i}\sin\delta_f/n_f \\ \mathrm{i}n_f\sin\delta_f & \cos\delta_f \end{bmatrix} \begin{bmatrix} 1 \\ \mu \end{bmatrix}$$

欲使导纳终止在 $X_0 + \mathrm{i}Z_0$,那么:

$$Y_e = \frac{C_i}{B_i} = \frac{\mu\cos\delta_f + \mathrm{i}n_f\sin\delta_f}{\cos\delta_f + \mathrm{i}\dfrac{\mu}{n_f}\sin\delta_f} = X_0 + \mathrm{i}Z_0$$

令等式两边的实部和虚部分别相等,从而可以得到 μ 和 δ_f 的表示式:

$$\mu = \frac{2X_0 n_f^2}{(n_f^2 + X_0^2 + Z_0^2) + \left[(n_f^2 + X_0^2 + Z_0^2)^2 - 4X_0^2 n_f^2 \right]^{1/2}} \tag{4-65}$$

$$\delta_f = \frac{1}{2}\arctan\left[\frac{2Z_0 n_f}{(n_f^2 - X_0^2 - Z_0^2)} \right] \tag{4-66}$$

这里正切取第一象限或第二象限的解,n_f 可以是高折射率也可以是低折射率,但 μ 必须小于基片的折射率,所以 1/4 多层膜终止于低折射率膜层。如果高、低折射率交替的膜层数是 $2N$,则有:

$$\mu = \left(\frac{n_L}{n_H} \right)^{2N} n_g$$

因此

$$2N = \frac{\lg(\mu/n_g)}{\lg(n_L/n_H)} \tag{4-67}$$

由此可以确定 $\lambda/4$ 多层膜的层数。

如果金属膜的出射导纳是最佳匹配导纳 $X_0 + \mathrm{i}Z_0$,则可以证明金属膜前表面的导纳是它的共轭复数,即 $X_0 - \mathrm{i}Z_0$。于是前表面匹配膜堆的作用就是简单地将导纳由 $X_0 - \mathrm{i}Z_0$ 变换成 n_0,也即最终的组合导纳与入射介质的导纳相等,因而前表面的匹配膜堆是理想的减反射膜。这时整个滤光片的反射率为零,滤光片的透射率就是金属膜的最大势透射率。因此,与金属膜前表面相邻的第一层膜的厚度 δ 也由式(4-66)确定,而确定 $\lambda/4$ 多层膜的层数的表达式(4-67)则变为:

$$2N = \frac{\lg(\mu/n_0)}{\lg(n_L/n_H)} \tag{4-68}$$

可以看出,如果入射介质的导纳与基片的导纳相同,即滤光片与相同的基片玻璃胶合,那么金属膜前表面的匹配膜堆与后表面的匹配膜堆是完全对称的。

由上面的讨论,我们可以得到下面几点结论:

① 势透射率决定于金属膜的参数和出射导纳,而与入射侧的膜堆及导纳无关。

② 最大势透射率仅决定于金属膜的参数。一旦金属膜的参数确定以后,则膜系的最大势透射率也就确定了。实现最大势透射率的出射导纳,就是这种情况下的最佳匹配导纳。

③ 滤光片的实际透射率不仅与势透射率有关,还和入射侧的膜堆有关,也即与整个膜系的反射率相关,其值为 $(1-R)\varphi$。当 $\varphi=\varphi_{max}$ 且 $R=0$ 时,实际透射率达到最大势透射率 $T=\varphi_{max}$。这时我们就说把金属膜最大可能的透射率诱导出来了。

利用这种方法设计的金属和介质组合的带通滤光片,称为诱导透射滤光片。它的设计步骤可以归纳为:

① 根据对波长 λ_0 处峰值透射率的特定要求,选择在 λ_0 处具有尽可能大的 κ/n 值的金属膜材料。在可见光区和近红外区,通常选择银膜;而在紫外区铝,是合适的金属膜材料。确定金属膜的厚度,使最大势透射率大于或接近于要求的峰值透射率。

② 由式(4-63)和式(4-64)计算最佳匹配的出射导纳 X_0+iZ_0,并代入式(4-58),计算最大的势透射率。

③ 选择高、低折射率的介质膜材料设计一个介质膜堆,以给出最佳的出射导纳 X_0+iZ_0。根据式(4-66)计算与金属膜相邻的非 1/4 波长层的相位厚度 δ_f。然后由式(4-65)和式(4-67)确定高、低折射率交替的 1/4 波长层的层数 $2N$。于是出射侧匹配膜堆可以表示成:

$$\underbrace{L'LHLH\cdots LH}_{2N层} \mid 基片$$

叠加上金属层后成为:

$$Ag \mid L'LHLH\cdots LH \mid 基片$$

④ 利用相同的介质膜材料,在入射侧设计一个介质匹配膜堆,使整个多层膜的反射率减至零,从而保证透射率等于最大的势透射率,即 $T=\varphi_{max}$。与金属膜前表面相邻的介质层的导纳轨迹始于 X_0-iZ_0,终止于 x 轴上的一点 μ,因而其相位厚度也是 δ_f。其余的高、低折射率交替的 $\lambda_0/4$ 膜堆把导纳从 μ 变化为 n_0,它的层数由式(4-68)确定。如果入射介质与后基片相同,那么金属膜两侧的匹配膜堆是完全对称的,整个滤光片的结构成为:

$$玻璃 \mid HL\cdots HLL'AgL'LH\cdots LH \mid 基片$$

将低折射率层合并在一起,可以表示成:

$$玻璃 \mid HL\cdots HL''AgL''H\cdots LH \mid 基片$$

这里 L'' 层的光学厚度介于 $\lambda_0/4$ 和 $\lambda_0/2$ 之间。如果考虑到 Ag 膜的反射相位,L'' 层可看作有效厚度为 $\lambda_0/2$ 的间隔层。因此,这种诱导透射滤光片也是双半波滤光片的一种形式,银膜替代了全介质双半波滤光片中两个间隔层之间 $\lambda/4$ 多层膜。

诱导透射滤光片可以仅仅包含一层金属膜,就像上面讨论的情况,也可以包含两层甚至更多层的金属膜(间以介质层),称为二重或多重诱导透射滤光片。滤光片的背景抑制取决于金属膜厚度的总和,而不管它细分成多少分层。滤光片的势透射率是各层金属膜势透射率的乘积。因此,对于一个给定厚度的金属膜(换言之,对于给定的截止深度),当金属层细分成较小厚度的膜层时,最大势透射率将随之增加。例如,在波长 $\lambda_0=253.6$ nm 处,当一单层铝膜厚 80 nm 时,用在一重滤光片中,它的最大透射率是 0.003,如这层金属对分成 40 nm 厚的二重形式,最大透射率将提高到 0.13。如这 80 nm 总厚度的铝膜分成 15 nm、25 nm、

25 nm、15 nm 四层金属膜，以构成四重滤光片，则最大透射率可达到 0.45。因此，如果要求设计一个具有适度峰值透射率和很深的背景抑制的滤光片，则应选择二重甚至更多重的诱导透射滤光片。

上面讨论的计算方法和设计步骤同样适用于多重诱导透射滤光片的设计。问题是怎样设计金属层之间的匹配层，使每一层金属膜都有最佳的出射导纳，实现最大的势透射率。假定多重滤光片中各层金属膜的参数都相同，并且基片上的匹配膜堆使第一层金属膜有最佳出射导纳 X_0+iZ_0。叠加上第一层金属膜后，导纳由 X_0+iZ_0 变化为它的共轭复数 X_0-iZ_0。为了使第二层金属膜有最佳出射导纳 X_0+iZ_0，需要有一个匹配层，使导纳从 X_0-iZ_0 变为 X_0+iZ_0。

由图 4-46 可以看出，该匹配层的厚度为 $2\delta_f$，或用 $L'L'$ 表示。叠加上第二层金属膜后，导纳再一次由 X_0+iZ_0 变化为它的共轭复数 X_0-iZ_0。重复这个步骤，可以叠加任意个金属膜。入射侧匹配膜堆的设计和前面讨论的单重诱导透射滤光片中匹配膜堆的设计是完全相同的。于是最终滤光片的结构可表示成：

玻璃｜HLHL⋯HLL'AgL'L'AgL'LH⋯LHLH｜基片

或者

玻璃｜HLHL⋯HLL'AgL'L'AgL'L'HAgL'LH⋯LHLH｜基片

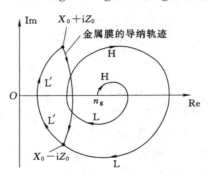

图 4-46　金属膜之间的匹配层的导纳轨迹

作为一个例子，下面我们设计中心波长为 633 nm 的诱导透射滤光片。首先选择银作为金属膜的材料，在波长 633 nm 处的光学常数取为 $0.06-i4.2$，厚度为 70 nm。基片是折射率为 1.52 的玻璃。折射率分别为 2.35 和 1.35 的硫化锌和氟化镁作为介质匹配膜堆的薄膜材料。整个多层膜与玻璃盖片胶合，因此入射介质的折射率也是 1.52。

金属膜的相位厚度为：

$$\delta = \frac{2\pi}{\lambda}(n-i\kappa)d = \frac{2\pi nd}{\lambda} - i\frac{2\pi\kappa d}{\lambda} = \alpha - i\beta$$

$$\alpha = \frac{2\pi nd}{\lambda} = 0.041\ 69$$

$$\beta = \frac{2\pi\kappa d}{\lambda} = 2.918\ 26$$

由式(4-63)和式(4-64)得最佳出射导纳为：

$$X_0+iZ_0 = 0.443\ 6 + i4.322\ 8$$

代入式(4-58)计算得最大势透射率为：

$$\varphi_{\max} = 77.92\%$$

选取低折射率作为与金属膜相邻的间隔层，$n=1.35$，由式(4-65)得：

$$\mu = 0.039\ 1$$

间隔层的相位厚度为：

$$\delta_{\mathrm{f}} = 1.270\ 8$$

即光学厚度为：

$$n_{\mathrm{f}}\delta_{\mathrm{f}} = 0.809\ 0(\lambda_0/4)$$

1/4 波堆的层数 $2N$ 由式(4-67)确定，其值为：

$$2N = 6$$

即由三对高、低折射率层交替的 $\lambda_0/4$ 多层膜构成。

由于入射介质和基片相同，所以金属膜两侧的匹配膜堆是完全对称的。于是整个滤光片的结构成为：

$$玻璃 \mid \mathrm{HLHLHLL'AgL'LHLHLH} \mid 玻璃$$

或者

$$玻璃 \mid \mathrm{HLHLHL''AgL''HLHLH} \mid 玻璃$$

它们的参数分别是：

① Ag：光学常数 $n-\mathrm{i}\kappa = 0.06 - \mathrm{i}4.2$。

② 几何厚度：$d=70$ nm。

③ L"：光学厚度为 $(1+0.809\ 0)(\lambda_0/4)$，$n_{\mathrm{L}}=1.35$。

④ H、L：光学厚度为 $\lambda_0/4$，$n_{\mathrm{H}}=2.35$，$n_{\mathrm{L}}=1.35$，$\lambda_0=633$ nm。

将计算的透射率曲线表示在图 4-47 上。

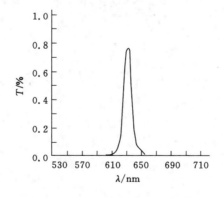

图 4-47　理论的诱导透射滤光片的特性

思考题与习题

1. 试说明理想的单层减反射膜的条件，以及双层 W 形减反射膜和多层减反射膜中半波长的作用。

2. 简述提高高反射带展宽的主要方法。

3. 简述截止滤光片通带波纹产生的原因及其压缩方法。

4. 截止滤光片有哪几种类型？描述截止滤光片的主要参数有哪些？

5. 设计石英玻璃上的减反射膜，使其对 1 064 nm 激光的反射率小于 0.5%。

6. 比较在 K9 平板玻璃单面镀制以下三种膜系后，其在可见光波段的反射特性有哪些特点：① G|L|A；② G|2HL|A；③ G|M2HL|A。其中，$n_G=1.52$，$n_L=1.38$，$n_H=1.88$，$n_M=1.58$，$n_A=1.0$，$\lambda_0=520$ nm，$\theta_0=0°$。

7. 利用二氧化钛（$n=2.3$）和二氧化硅（$n=1.45$）在石英（$n=1.45$）和玻璃（$n=1.52$）基片上设计 V 形减反射膜，在波长 632.8 nm 处有尽可能低的反射率。

8. 查阅文献，进一步了解本章所讲的几类光学薄膜系统及未讲到的其他光学薄膜系统。选择你所关注的薄膜系统，结合当前国际国内形势，以"面向国家重大战略需求、面向学术前沿、面向国家和区域经济社会发展"为导向，简要阐述你的看法。

9. 随着传统能源的逐渐枯竭，太阳能作为"取之不尽、用之不竭"的清洁、可再生能源愈发得到重视。在太阳能电池表面镀制减反射膜，可以增加入射光吸收率，提升太阳能电池的光电转化效率。我们作为专业人士，如果能为解决能源危机尽一点绵薄之力，是我们的骄傲，也是我们的历史使命和时代责任。请为单晶硅太阳能电池（600～1 000 nm）表面设计减反射膜，使其在上述波段反射率低于 0.5%。

第 4 章习题答案

第5章 薄膜制备技术

☞ **知识目标**

　　理解真空含义、划分、衡量指标、测量及获得;掌握各种薄膜制备技术原理、工艺参数确定、影响因素、优势与不足及改进措施;掌握膜厚计算及蒸发源、夹具、配置对膜厚的影响规律、膜厚监控技术。

☞ **能力目标**

　　能根据要求选择真空系统;能确定镀膜工艺参数;能解释偏析原因并采取合理措施;能正确分析成膜质量及影响因素规律;能计算膜厚分布规律、评价成膜质量。

☞ **素质目标**

　　培养严谨务实、锲而不舍、精益求精的工匠精神;通过介绍我国在镀膜技术上的突破,培养学生文化自信和民族自豪感,激励学生奋发向上、勇于挑战、敢于攻坚克难。

　　只要已知薄膜材料的光学常数,设计满足特定要求的光学薄膜系统已非难事。相比之下,制造一个特性符合理论设计的薄膜系统却要困难得多。毫无疑问,当今的薄膜制备技术已经取得了长足发展,特别是世纪之交光学薄膜在光通信波分复用技术中的重要应用,无论是对薄膜制备设备还是对薄膜制备工艺都产生了巨大的推动作用,并产生了深远的意义。但是即便如此,我们仍有理由把薄膜制备技术描绘成科学与艺术各半的工作,这就是说,我们对薄膜制备技术的理论认识还有许多不足之处,有时只能依靠技巧来弥补理论知识的不足。许多薄膜工作者都深有体会,相同的薄膜设计,因操作者不同,或时间不同,或设备不同,结果可以相差甚大,就是这个缘故。影响薄膜特性的工艺参数非常多,但是我们对这些参数的测控却非常有限。举例来说,我们虽已能比较准确地测控真空度,但是目前的设备几乎无法测控残余气体成分,而残余气体成分不仅随设备差异极为显著,而且对薄膜特性的影响也极其敏感。

　　薄膜制备技术的内容随着薄膜应用的不断开拓而越来越广泛。众所周知,以往许多光学薄膜的制备主要局限于物理气相沉积(PVD),如今化学气相沉积(CVD)在光学薄膜制备技术中的应用正在不断增加。在 PVD 技术中,以往大量采用真空热蒸发技术,但近年来的发展趋向表明,溅射技术正在成为高性能光学薄膜制备的主流。不仅如此,传统的光学薄膜和光电子功能薄膜的结合,一维光学薄膜向多维薄膜光子晶体的扩展,以及薄膜在 MEMS 或 MOMES 中的应用等,都是我们值得重视的薄膜新概念、新设计、新方法、新应用。如果说 20 世纪 60 年代初以来的激光技术和 20 世纪末兴起的光通信波分复用技术对光学薄膜发展是一个巨大的推动力,那么今天各种新型结构功能薄膜的相继出现,将会给光学与光电子薄膜注入新的生命力,使光学薄膜技术不断面临新的发展机遇。

薄膜制备技术包括的内容非常多，更为甚者，许多内容特别是上面所说的"艺术"，有时难以表述，而且会随薄膜工作者的不同而有所不同，所以本章主要介绍相对来说比较基本而又比较重要的内容，包括真空技术基础、薄膜的制备技术、薄膜厚度监控技术和膜厚均匀性等。介绍中尽量注意原理与技术相结合、理论与实践相结合。通过这些内容的介绍，读者可以熟悉薄膜技术的基本内容和关键所在，了解薄膜技术领域中存在的问题和前沿研究课题。

5.1 真空技术基础

真空技术是薄膜镀制的重要基础。用物理方法镀制薄膜就是将欲镀的薄膜材料经过加热或给予足够的动量，使它分解为原子、分子，并使它们在基底上凝结形成薄膜。这个镀膜过程，如果在大气中进行，那么大气中的各种气体分子就会产生以下一些不良影响：① 空气中的活性分子与薄膜、蒸发材料、蒸发用的加热器等发生反应，形成化合物；② 空气分子进入薄膜而形成杂质；③ 气体分子妨碍蒸发物质的原子、分子直线前进，从而不少蒸气分子不能到达基底；④ 蒸发物质在真空中达到饱和蒸气压所需的温度要低于空气中要求的温度，例如，金属铝在一个大气压时须加热到 2 400 ℃才能气化蒸发，而在真空中（压强为 10^{-3} Pa 时），加热到 841 ℃就可气化蒸发。

因此，排除气体分子而使镀膜过程在真空条件下进行是十分必要的，所以说薄膜镀制最重要的装置是真空设备。如何获得"真空"是一门重要技术。

5.1.1 真空及其单位

真空是指压力低于一个大气压的任何气态空间。与正常大气相比，是比较稀薄的气体状态。当气体处于平衡时，就可得到关于气体性质的宏观参量之间的关系，即气体状态方程：

$$p = nkT \quad 或 \quad pV = \frac{m}{M}RT \tag{5-1}$$

式中，p 为压强，Pa；n 为气体数分子密度，个/cm³；V 为体积，m³；M 为分子量，kg/mol；m 为气体质量，kg；T 为绝对温度，K；k 为玻尔兹曼常数，1.38×10^{-23} J/K；R 为摩尔气体常数，8.314 J/(mol·K)；N_A 为阿伏伽德罗常数，6.023×10^{23}/mol。

这样，由式(5-1)可得：

$$n = 7.2 \times 10^{22} \frac{p}{T} \tag{5-2}$$

由式(5-2)可知，在标准状态下，任何气体分子的密度约为 3×10^{19} 个/cm³，即使在 1.3×10^{-11} Pa 这样很高的真空度时，$T = 293$ K，则 $n = 4 \times 10^3$ 个/cm³。这就是说，即使在高真空条件下，在 1 cm³ 体积中仍包含着大量的气体分子。由此可知，通常所说的真空是一种"相对真空"。

在真空技术中，对于真空可以用多个参量来度量，如真空度、压强、气体分子密度、气体分子的平均自由程等来描述，最常用的是用真空度来表明真空状态下气体的稀薄程度。而真空度的高低又是用压强的大小来表示的。压强和真空度是两个概念，压强越低，意味着单位体积内的气体分子数目越少、真空度越高；反之，真空度越低则压强就越高。在真空技术中，曾被长期广泛使用的压强单位为毫米汞柱(mmHg)，而目前所采用的法定计量单位是帕(Pa)。在实际工程技术中也经常采用其他的压强单位，它们之间的换算关系见表 5-1。

表 5-1　几种压强单位的换算关系

单位	帕(Pa)	托(Torr)	毫巴(mba)	标准大气压(atm)
1 Pa	1	7.5×10^{-3}	0.01	9.87×10^{-6}
1 Torr	133.3	1	1.333	1.316×10^{-3}
1 mba	100	1	1	9.87×10^{-4}
1 atm	1.013×10^5	760	1.013×10^3	1

为了研究真空和实际应用的方便,常把真空划分为粗真空、低真空、高真空和超高真空四个等级。随着真空度的提高,真空的性质将逐渐变化,并经历由气体分子数的量变到真空质变的过程。

(1) 粗真空($10^5 \sim 10^2$ Pa)

在粗真空状态下,气态空间的特性和大气差异不大,气体分子数目多,并仍以热运动为主,分子之间的碰撞十分频繁,气体分子的平均自由程很短。通常,在此真空区域,使用真空技术的主要目的是获得压力差,而不要求改变空间的性质。电容器生产中所采用的真空浸渍工艺所需的真空度就在此区域。

(2) 低真空($10^2 \sim 10^{-1}$ Pa)

此时每立方厘米内的气体分子数为$10^{16} \sim 10^{13}$个。气体分子密度与大气相比有很大差别,气体中的带电粒子在电场作用下会产生气体导电现象。这时,气体的流动也逐渐从黏稠滞流状态过渡到分子状态,这时气体分子的动力学性质明显,气体的对流现象完全消失。因此,如果在这种情况下加热金属,可基本上避免与气体的化合作用,真空热处理一般都在低真空区域进行。此外,随着容器中压强的降低,液体的沸点也大为降低,由此而引起剧烈的蒸发,从而实现所谓"真空冷冻脱水"。在此真空区域,由于气体分子数减少,分子的平均自由程可以与容器尺寸相比拟,并且分子之间的碰撞次数减少,而分子与容器壁的碰撞次数却大大增加。

(3) 高真空($10^{-1} \sim 10^{-6}$ Pa)

此时气体分子密度更低,容器中分子数很少。因此,分子在运动过程中相互碰撞很少,气体分子的平均自由程已大于一般真空容器的线度,绝大多数的分子与器壁相碰撞。因而在高真空状态蒸发的材料,其分子(或微粒)将按直线方向飞行。另外,由于容器中的真空度很高,容器空间的任何物体与残余气体分子的化学作用也十分微弱。在这种状态下,气体的热传导和内摩擦已变得与压强无关。

(4) 超高真空($<10^{-6}$ Pa)

此时每立方厘米的气体分子数在10^{10}个以下。分子间的碰撞极少,分子主要与容器壁相碰撞。超高真空的用途之一是得到纯净的气体,还可以获得纯净的固体表面。此时气体分子在固体表面上是以吸附停留为主。

利用真空技术可获得与大气情况不同的真空状态。由于真空状态的特性,真空技术已广泛用于工业生产、科学实验和高新技术的研究等领域。电子材料、电子元器件和半导体集成电路的研制和生产与真空技术有着密切的关系。

5.1.2　稀薄气体的基本性质

在真空技术中所遇到的是稀薄气体,这种稀薄气体在性质上与理想气体差异很小。因此，在研究稀薄气体的性质时，可不加修正地直接应用理想气体的状态方程。式(5-1)所描述的气体状态方程反映了气体的 p、V、T、m 四个量之间的关系。可见，一定质量的气体，在压强一定时，气体的体积与绝对温度成正比；如果保持体积不变，则气体的压强与绝对温度成正比；若温度保持不变，气体的压强与体积成反比。这些是获得真空的主要原理。例如，转动机械泵就是周期性地改变工作室的体积来达到抽气目的的。

在一定容器中的气体分子处于不断的运动状态，它们相互间及和器壁之间无休止地频繁碰撞。分子的运动方向在不停地改变，每个分子的速度(大小和方向)各不相同，在稳定的状态时，满足一定的统计分布规律，通常称为麦克斯韦-玻尔兹曼分布，即：

$$f(v) = \frac{4}{\sqrt{\pi}} \left(\frac{M}{2RT} \right)^{3/2} v^2 e^{-\frac{Mv^2}{2RT}} \tag{5-3}$$

式中，M 为气体分子的相对原子质量；T 为热力学温度；R 为气体常数。

式(5-3)表明，气体分子的速度分布只取决于分子的相对原子质量 M 与气体热力学温度 T 的比值。由麦克斯韦-玻尔兹曼分布还可知道，气体分子运动速度的一维分量 v_i($i=x,y,z$ 三个坐标分量方向)均满足分布函数：

$$f(v_i) = \sqrt{\frac{M}{2\pi RT}} e^{-\frac{Mv_i^2}{2RT}} \tag{5-4}$$

根据式(5-3)还可以从理论上推出气体分子的平均速率为：

$$\bar{v} = \sqrt{\frac{8kT}{\pi m}} = \sqrt{\frac{8RT}{\pi M}} \tag{5-5}$$

由式(5-5)可知，分子的平均速率与气体温度及分子量有关，气体不同，会产生不同的结果，这种现象通常称为"选择作用"。选择作用对真空技术及其应用具有重要的意义。

在常温条件下，一般气体分子的运动速度是很高的。比如 $T=300$ K 时，空气分子的平均运动速度 $v_a \approx 460$ m/s。同时，由气体分子的速度分布函数还可以证明，每摩尔气体分子的动能也只与其热力学温度有关，它等于 $3RT/2$。

气体分子处于不规则的热运动状态，它除与容器壁发生碰撞外，气体分子间还经常发生碰撞。每个分子在连续两次碰撞之间的路程称为"自由程"。分子间的碰撞属于随机过程，自由程有长有短，各不相同。它们的统计平均值称为平均自由程，可以表示为：

$$\lambda = \frac{1}{\sqrt{2} \pi \sigma^2 n} \tag{5-6}$$

式中，n 为气体分子数密度，个/cm³；σ 为气体分子有效直径，cm。

由此可知，平均自由程与分子数密度和分子的有效直径的平方成反比。根据式(5-1)，上式可以改写成：

$$\lambda = \frac{kT}{\sqrt{2} \pi \sigma^2 p} \tag{5-7}$$

此式表明气体分子的平均自由程与压强成反比，与温度成正比。当气体的种类和温度一定时，有：

$$\lambda p = 常数 \tag{5-8}$$

即平均自由程只决定于压强 p。例如，对于 25 ℃的空气，有：

$$\lambda = \frac{0.667}{p} \tag{5-9}$$

式中，p 的单位为 Pa；λ 的单位为 cm。

需要强调的是，上述各式中的平均自由程仅仅针对气体分子间的碰撞而言，分子与容器壁间的碰撞所形成的自由程属于另外一个概念范畴，不能用上式计算。

如果把单位时间内，在单位面积的器壁上发生碰撞的气体分子数称为碰撞频率，用 γ 表示，其数值与器壁前的气体分子数密度 n 成正比，而且分子的平均速度 $\bar{v}$ 越大，γ 也越大，则有：

$$\gamma = \frac{1}{4} n \bar{v} \tag{5-10}$$

式(5-10)称为赫兹-克努曾公式，它是描述气体分子热运动的重要公式。根据式(5-1)和式(5-5)，则可得到单位时间碰撞单位固体表面分子数的另一表达式：

$$\gamma = \frac{p}{\sqrt{2\pi m k T}} \tag{5-11}$$

此式表明气体分子的碰撞频率与压强成正比，与温度的平方根成反比。例如，真空度为 10^{-4} Pa 时，室温下每秒碰撞到 1 cm² 面积上的空气分子有 3.7×10^{14} 个。

气体分子对于单位表面的碰撞频率也代表了单位面积上气体分子的入射通量。我们计算一下在真空条件下，一个干净的固体基片表面被环境中的杂质气体污染所需要的时间。假设每一个入射到固体表面上的杂质气体分子都被吸附，则基片单位面积表面被一层杂质气体覆盖所需要的时间为：

$$t = \frac{N}{\gamma} = \sqrt{2\pi m k T}\, \frac{N}{p} \tag{5-12}$$

式中，N 为基片单位面积表面上的分子数。计算可知，在大气条件下，洁净基片表面被一个单分子层气体覆盖的时间为 3.5×10^{-9} s。如果将基片放置在 10^{-8} Pa 的真空中，则污染时间将延长至约 2.8 h。这表明真空环境对于保持一个"干净"表面是必要的。

不同的薄膜制备和分析技术对于真空度的要求是不同的。一般来说，真空蒸发方法沉积薄膜所需要的真空度应属于高真空和超高真空范围（$<10^{-3}$ Pa），溅射沉积技术和低压化学气相沉积技术需要的真空度分别为中、高真空范围（$10^{-2} \sim 10$ Pa）和中、低真空范围（$10 \sim 100$ Pa），电子显微技术需要维持的分析环境一般属于高真空范围，而各种材料表面分析技术则需要超高真空系统来作为其工作环境。

上面介绍了气体分子向固体表面的入射碰撞，下面介绍气体分子从表面反射的问题。根据克努曾对低气压气体流动及对分子束反射的研究，证明了下述的余弦定律成立。即碰撞到固体表面的分子，它们飞离表面的方向与原入射方向无关，并按与表面法线方向所成角度 θ 的余弦进行分布。一个分子在离开其表面时，处于立体角 $d\omega$（与表面法线成 θ 角）中的概率为：

$$dp = \frac{d\omega}{\pi} \cdot \cos\theta \tag{5-13}$$

式中，$1/\pi$ 是由于归一化条件而引起的，即位于 2π 立体角中的概率为 1 而出现的。

分子从表面反射与飞来方向无关这一点非常重要。它意味着可将飞来的分子看成一个分子束从两个方向飞来，亦可看成按任意方向飞来，其结果都是相同的。余弦定律（又称克努曾定律）的重要意义在于：① 它揭示了固体表面对气体分子作用的另一个方面，即将分子原有的方向性彻底"消除"，均按余弦定律散射；② 分子在固体表面要停留一定的时间，这是气体分子能够与固体进行能量交换和动量交换的先决条件，这一点有重要的实际意义。

真空的获得

镇膜要求在真空条件下进行,将镀膜室抽成真空是由真空系统来完成的。真空系统的种类繁多,典型的真空系统应该包括:待抽空的容器(真空室)、获得真空的设备(真空泵)、测量真空的器具(真空计)以及必要的管道、阀门和其他附属设备。对于任何一个真空系统而言,都不可能得到绝对真空$(p=0)$,而是具有一定的压强 p_u,称为极限压强(或极限真空),它是指真空系统按规定的条件正常工作一段时间后,真空度不再变化而趋于稳定时的最低压强,是真空系统能否满足镀膜需要的重要指标之一。第二个主要指标是抽气速率,指在规定压强下单位时间所抽出气体的体积,它决定抽真空所需要的时间长短。

真空泵是一个真空系统获得真空的关键。真空泵按其工作原理可以分为两大类:一类是气体传输泵,它是一种能使气体不断地吸入和排出真空室,从而达到排气目的的机械装置,如机械泵、扩散泵等;另一类是气体捕获泵,是一种利用各种吸气材料所特有的吸气作用,将被抽空间的气体吸除的机械装置,如吸附泵、溅射离子泵等。表 5-2 列出了几种常用真空泵的工作压强范围。可以看出,至今还没有一种真空泵能直接从大气一直工作到超高真空。因此,通常是将几种真空泵组合使用的,如机械泵+扩散泵系统和吸附泵+溅射离子泵+钛升华泵系统。下面我们对常用的真空泵的结构和工作原理进行介绍。

表 5-2　几种常用真空泵的工作压强范围

真空泵	工作压强/Pa							
	10^4	10^2	1	10^{-2}	10^{-4}	10^{-6}	10^{-8}	10^{-10}
旋片机械泵	———————————————·····							
吸附泵	——————————·····							
扩散泵			·····———————————————·····					
钛升华泵			·····————————————————————————·····					
复合分子泵			·····————————————————————					
溅射离子泵				·····———————————————				
低温泵				·····——————————————————————				

(1) 机械泵

常用的机械泵有旋片式、定片式和滑阀式。其中,旋片式机械泵噪声小、运行速度高,所以在真空镀膜中广泛使用。这种泵主要组成部分是定子、转子、嵌入转子的两个旋片以及弹簧。旋片因弹簧的作用而紧贴泵体内壁,这些部件全部浸没在机械泵油中,转子偏心地置于定子内。由于压强与体积的乘积等于一个与温度有关的常数,因此在温度一定的情况下,容器的体积就与气体的压强成反比。如图 5-1 所示,机械泵转子在连续旋转过程中的四个典型位置。一般旋片将泵腔分为三个部分:从进气口到旋片分隔的吸气空间,由两个旋片同泵壁分隔出的膨胀压缩空间和排气阀到旋片分隔的排气空间。图 5-1(a)表示正在吸气,同时把上一周期吸入的气体逐步压缩;图 5-1(b)表示吸气截止,此时泵的吸气量达到最大并将开始压缩;图 5-1(c)表示吸气空间的另一次吸气,而排气空间继续压缩;图 5-1(d)表示排气空间内的气体已被压缩,当压强超过一个大气压时,气体便推开排气阀由排气管排出。如此不断循环,转子按箭头方向不停旋转,不断进行吸气、压缩和排气,于是与机械泵连接的真空容器便获得了真空。

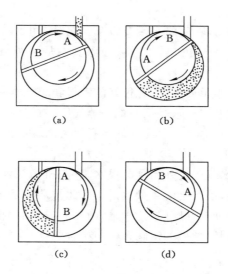

图 5-1　旋片式机械泵工作原理

如果待抽容器的体积为 V,初始压强为 p_0,转子第一次旋转所形成的空间体积为 ΔV。则根据玻意耳定律,在理想情况下,旋片转过半周后,待抽空间的压强降低为 p_1,即:

$$p_1(V + \Delta V) = p_0 V \quad 或 \quad p_1 = \frac{V}{V + \Delta V} p_0 \tag{5-14}$$

当旋片转过下半周时,进行第二次吸气,此时待抽空间的压强降低为 p'_1,则有:

$$p'_1(V + \Delta V) = p_1 V \quad 或 \quad p'_1 = \frac{V}{V + \Delta V} p_1 = \left(\frac{V}{V + \Delta V}\right)^2 p_0 \tag{5-15}$$

可见,旋片旋转一周要进行两次吸气,真空室内的压强变为 $p'_1 = \left(\frac{V}{V + \Delta V}\right)^2 p_0$,那么经过 n 个循环后有:

$$p_n = p_0 \left(\frac{V}{V + \Delta V}\right)^{2n} \tag{5-16}$$

由此可以看出,只有在泵室大而被抽容积小,即 $\Delta V / V$ 越大,获得 p_n 所需时间才越短;n 越大,p_n 越小。理论上 $n \to \infty$ 时 $p_n \to 0$,但这在实际上是不可能的。当 n 足够大时,p_n 只会达到某一极限值 p_u,这是因为泵在结构上总是存在着"有害空间"的缘故。所谓有害空间,是指出气口与转子密封点之间的极小空隙空间。

真空泵运行时通常都不是用转了多少圈来描述的,而是采用转速来描述的。假设转子每秒旋转 m 次,则 t 秒钟转子旋转的次数为 $n = mt$,这时待抽容器中的压强降低为:

$$p_t = p_0 \left(\frac{V}{V + \Delta V}\right)^{2mt} \quad 或 \quad \frac{p_t}{p_0} = \left(\frac{V}{V + \Delta V}\right)^{2mt} \tag{5-17}$$

由此可见,p_0 / p_t 可以随容器内压强 p_t 的减小而增加。对于一定的机械泵及待抽容器,其 m、V 及 ΔV 均为常数,所以有:

$$\lg \frac{p_t}{p_0} = 2mt \cdot \lg\left(\frac{V}{V + \Delta V}\right) = Kt \tag{5-18}$$

式中，$K = 2m \cdot \lg\left(\dfrac{V}{V+\Delta V}\right)$ 也是一个常数。对于实际的泵而言，该式只有在 p_t 极限真空度时才适用。

为了减小有害空间的影响，通常采用双级泵。双级泵由两个转子串联而成，以一个转子的出气口作为另一个转子的进气口，于是使极限真空从单级泵的 1 Pa 提高到 10^{-2} Pa 数量级。

机械泵中油的作用是很重要的，它有很好的密封和润滑本领。不仅如此，它还有提高压缩率的作用。机械泵油的基本要求是低的饱和蒸气压、一定的黏度和较高的稳定性。

普通机械泵对于抽走水蒸气等可凝性气体有很大困难，因为水蒸气在 20 ℃时的饱和蒸气压是 2 333 Pa，机械泵工作温度 60 ℃时也不过 1 995 Pa。当水蒸气在腔内压缩使压强逐渐增大到饱和蒸气压时，水蒸气便开始凝结成水，它与机械泵油混合形成一种悬浊液，不仅破坏油的密封和润滑性能，而且会使泵壁生锈。为此常常使用气镇泵，即在气体尚未压缩之前，渗入一定量的空气，协助打开阀门，让水蒸气在尚未凝结之前即被排出。气镇泵是以牺牲性极限压强为代价的。但是，如果气镇阀只在初始阶段打开，则对极限真空的影响是无关紧要的。

（2）罗茨泵

罗茨泵是一种旋转式变容真空泵，它是由罗茨鼓风机演变而来的。根据罗茨真空泵工作范围的不同，又分为直排大气的低真空罗茨泵、中真空罗茨泵（又称机械增压泵）和高真空多级罗茨泵。罗茨泵在泵腔内有两个"8"字形的转子相互垂直地安装在一对平行轴上，由传动比为 1 的一对齿轮带动做彼此反向的同步旋转运动。在转子之间、转子与泵壳内壁之间保持有一定的间隙，可以实现高转速运行。其工作原理与罗茨鼓风机相似。转子不断旋转，被抽气体从进气口吸入转子与泵壳之间的空间，由于吸气后空间 V_2（图 5-2）是全封闭状态，所以在泵腔内气体没有压缩和膨胀，但当转子顶部转过排气口的边缘时，V_2 空间与排气侧相通时，排气侧气体压强较高，则有一部分高压气体反冲到 V_2 空间中去，使泵腔内气体压强突然增高达到排气压力。当转子继续旋转时气体排出泵外。图 5-2 是罗茨泵转子从 0°到 90°过程中的四个瞬间状态图，示意了罗茨泵转子的转动状态。

一般来说，罗茨泵具有以下特点：在较宽的压强范围内有较大的抽速；启动快，能立即工作；对被抽气体中含有的灰尘和水蒸气不敏感；转子不必润滑，泵腔内无油；振动小，转子动平衡条件好，没有排气阀；驱动功率小，机械摩擦损失小；结构紧凑，占地面积小；运行维护费用低。

罗茨泵是一种无内压缩的真空泵，通常压缩比很低，故高、中真空罗茨泵都需要前级泵。罗茨泵的极限真空除取决于泵本身结构和制造精度外，还取决于前级泵的极限真空。为了提高极限真空度，可将多个罗茨泵串联使用。

（3）扩散泵

扩散泵是应用于 $10^{-1} \sim 10^{-7}$ Pa 压强范围的高真空泵。由于它不能直接从大气压开始工作，须以机械泵作为前级泵组合应用。扩散泵是依靠从喷嘴喷出的高速（如 200 m/s）、高密度（如几千帕）的蒸气流而输送气体的泵。由于是依靠被抽气体向蒸气流扩散进行工作的，故取名为扩散泵。以油为工作蒸气的称为油扩散泵，以水银为工作蒸气的称为水银扩散泵。

图 5-3 为油扩散泵的结构示意图，它是由泵体、泵芯和加热器三个部分所组成的。泵体是

薄膜的设计、制备及应用

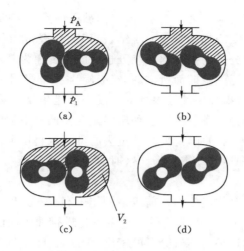

图 5-2　罗茨泵转子的转动状态

扩散泵的外壳,外面绕有冷却水管或水套,上面接真空容器,右侧旁边为排气管道,与机械泵连接。泵芯由三级(或四级)喷嘴和导流管组成,泵芯底部盛有扩散泵油。泵体底部外有加热器。

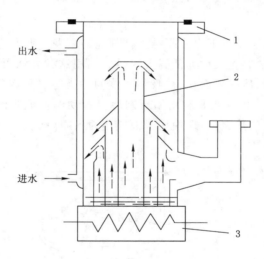

1—泵体;2—泵芯;3—加热器。

图 5-3　油扩散泵的结构示意图

　　油扩散泵的工作原理可以从其结构上说明。油扩散泵启动后,加热器(电炉)将泵中的油加热,产生的油蒸气沿导管上升从伞形喷口向下方高速喷出,形成超高速(约 200 m/s)的伞状蒸气流。由于被抽容器已预抽真空,气体流动处于分子态(分子流),气体将扩散到蒸气流中去。进入蒸气流的气体分子很快被蒸气流带走,因此在射流界面内,气体分子的浓度很小,在射流界面的两边形成很大的浓度差,所以被抽容器中的气体分子源源不断地越过界面扩散到蒸气流中。扩散到蒸气流中的气体分子将与油蒸气分子发生碰撞,因蒸气流的密度远远大于气体分子的密度,油分子量又比气体分子量重十几倍(15～17 倍),所以碰撞后,对油蒸气分子影响不大,而气体分子则从油蒸气分子获得很大的动能,随蒸气射流向下运动,进入下一级喷嘴喷出的蒸气射流之中。最后,气体被压缩到一定的压强,在出气口被前级机械泵抽走。油蒸气碰到经水冷却的泵壁而凝结,流回到泵底,重新使用。由此可见,扩散泵的工作原理就是利用气体分子的扩散和蒸气分子的能量传递为基础的。

泵芯中多级喷嘴的作用就像前面所讲的"双级旋片泵"的作用一样。多级喷嘴可以有效地阻止气体分子的反扩散,提高泵的极限真空。反扩散是由于在蒸气流的两边存在着压强差,上边为高真空端,下边为低真空端。这种压强差会使低真空端的部分气体分子向高真空端进行反扩散,随着压强差的增加,能反扩散过去的分子数将增加。当反扩散的分子数和被抽的气体分子数相等时,即达到动态平衡。这时,尽管泵在继续工作,但高真空端的压强不再降低,已达到极限。

扩散泵必须配置前级泵才能工作。前级泵的作用有三:① 及时抽走由扩散泵所排出的气体;② 在扩散泵工作前须先对镀膜室及扩散泵本身进行抽气,有一预备真空(或称前置真空),使气体分子的密度远远小于蒸气分子的密度,否则,由于空气分子和蒸气分子的大量碰撞,不能形成定向蒸气流,也形成不了阻止反扩散的蒸气阻挡层,扩散泵也失去了抽气的作用;③ 避免扩散泵油的氧化变质,这是因为扩散泵油在高温下一旦接触大气就容易变质,即使在常温下,长期接触大气也会因吸收空气中的水分等而使泵的性能下降,因此除非特殊需要,应尽量使扩散泵保持良好的真空状态。

（4）低温吸附泵

依靠气体分于在低温条件下自发凝结或被其他物质表面吸附的性质实现对气体分子的去除,进而获得高真空的装置被称为低温吸附泵。利用这种方法可以获得的真空度依赖于采用的低温温度、吸附物质的表面积、被吸附气体的种类等多种因素,其极限真空度一般处在 $10^{-1} \sim 10^{-8}$ Pa 之间。图 5-4 是利用循环制冷机带动的低温吸附泵的结构示意图,其中为了减少低温室与外界的热交换,还使用了液氮作为热隔离层。

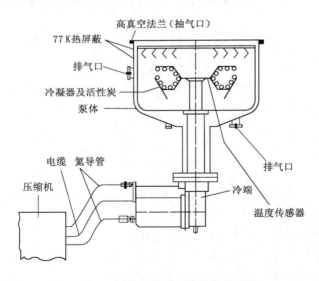

图 5-4　低温吸附泵的结构示意图

经常被用来作为气体吸附表面的物质包括:
① 金属表面。

② 高沸点气体分子冷藏覆盖了的低温表面,如覆盖了 Ar 和 CO$_2$ 等分子的低温表面,对于 H$_2$、He 分子的吸附就用于这种情况。

③ 具有很大比表面的吸附材料,如活性炭、沸石等。

低温吸附泵工作所需的预真空应达到 10^{-1} Pa 以下,以减少泵的热负荷并避免在泵体内积聚过厚的气体冷凝产物。低温吸附泵的极限真空度 p_0 与所抽除的气体种类有关。在达到平衡的情况下,由于泵内冷凝表面上接受气体分子的速率与其空室内表面气体分子蒸发的速率相等,因而可以得到:

$$p_0 = p_s(T) \sqrt{\frac{300}{T}} \tag{5-19}$$

式中,我们已假设真空室内表面的温度为 300 K,泵内冷凝表面的温度为 T,而 p_0 为被抽除气体的蒸气压。例如,氮气在 20 K 时的蒸气压约为 10^{-9} Pa,因而低温相应的极限真空度大致为 5×10^{-9} Pa 左右。

根据式(5-19),H$_2$、He 及 Ne 等在低温时蒸气压较高的气体不容易用低温吸附泵去除。除了上述几种气体之外,低温吸附泵对各种气体的抽速均很大,因为它只取决于气体分子向冷凝表面方向运动的速度和参与冷凝过程的表面积。低温吸附泵的运转成本较高,但它作为获得无油高真空环境的一种手段,既可以只配以旋片泵等低真空泵种作为唯一的高真空泵使用,又可以与其他高真空泵如涡轮分子泵等联合使用。

5.1.4　真空的测量

真空测量是指用特定的仪器和装置,对某一特定空间内真空高低的测定。这种仪器或装置称为真空计。真空计的种类很多,通常按测量原理可分为绝对真空计和相对真空计。凡通过测定物理参数直接获得气体压强的真空计均为绝对真空计,例如 U 形压力计、压缩式真空计等,这类真空计所测量的物理参数与气体成分无关,测量比较准确,但是在气体压强很低的情况下,直接进行测量是极其困难的;而通过测量与压强有关的物理量,并与绝对真空计比较后得到压强值的真空计则称为相对真空计,如放电真空计、热传导真空计、电离真空计等,其特点是测量的准确度略差,而且和气体的种类有关。在实际生产中,除真空校准外,大都使用相对真空计。本节主要对电阻真空计、热偶真空计、电离真空计的工作原理、测量范围等进行介绍。

（1）电阻真空计

电阻真空计是热传导真空计的一种,它是利用测量真空中热丝的温度,从而间接获得真空度大小的。其原理是低压强下气体的热传导与压强有关,所以如何测量温度参数并建立电阻与压强的关系就是电阻真空计所要解决的问题。电阻真空计的结构如图 5-5 所示。规管中的加热灯丝是电阻温度系数较大的钨丝或铂丝,热丝电阻连接惠斯顿电桥,并作为电桥的一个臂。低压强下加热时,灯丝所产生的热量 Q 可以表示为:

$$Q = Q_1 + Q_2 \tag{5-20}$$

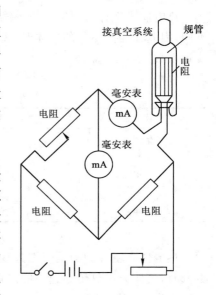

图 5-5　电阻真空计

式中，Q_1是灯丝辐射的热量，与灯丝的温度有关；Q_2是气体分子碰撞灯丝而带走的热量，大小与气体的压强有关。

当热丝温度恒定时，Q_1是恒量，即热丝辐射的热量不变。在某一恒定的加热灯丝电流条件下，当真空系统的压强降低，即空间中气体的分子数减少时，Q_2将随之降低，此时灯丝所产生的热量将相对增加，则灯丝的温度上升，灯丝的电阻将增大，真空室的压强和灯丝电阻之间存在这样的关系：$p\downarrow \rightarrow R\uparrow$，所以可以利用测量灯丝的电阻值来间接地确定压强。

电阻真空计测量真空的范围是$10^5 \sim 10^{-2}$ Pa。由于是相对真空计，所测压强对气体的种类依赖性较大，其校准曲线都是针对干燥的氮气或空气的，所以如果被测气体成分变化较大，则应对测量结果做一定的修正。另外，电阻真空计长时间使用后，热丝会因氧化而发生零点漂移，因此在使用时要避免长时间接触大气或在高压强下工作，而且往往需要调节电流来校准零点位置。

（2）热电偶真空计

图5-6为热电偶真空计的结构示意图。热电偶真空计的规管主要由加热灯丝 C 与 D（铂丝）和用来测量热丝温度的热电偶 A 与 B（铂铑或康铜-镍铬）组成。热电偶热端接热丝，冷端接仪器中的毫伏计，从毫伏计中可以测出热电偶电动势。测量时，热电偶规管接入被测真空系统，热丝通以恒定的电流，同电阻真空计不相同的是：此时灯丝所产生的热量 Q 有一部分将在灯丝与热电偶丝之间传导逸去。当气体的压强降低时，热电偶接点处温度将随热丝温度的升高而增大，同样，热电偶冷端的温差电动势也将增大，即气体压强和热电偶的电动势之间存在这样的关系：$p\downarrow \rightarrow \varepsilon\uparrow$。

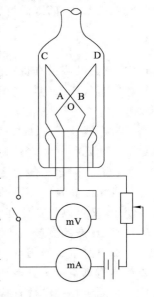

图 5-6　热电偶真空计

热电偶真空计对不同气体的测量结果是不同的，这是由于各种气体分子的热传导性能不同，因此在测量不同的气体时，需进行一定的修正。表5-3给出了一些常见气体或蒸气的修正系数。

表 5-3　一些常见气体或蒸气的修正系数

气体或蒸气	修正系数	气体或蒸气	修正系数
空气、氮	1	氪	2.30
氢	0.6	一氧化碳	0.97
氦	1.12	二氧化碳	0.94
氖	1.31	甲烷	0.61
氩	1.56	己烯	0.86

热电偶真空计的测量范围大致是$10^2 \sim 10^{-1}$ Pa，测量压强不允许过低，这是由于当压强更低时，气体分子热传导逸去的热量很少，而以热丝、热电偶丝的热传导和热辐射所引起的热损失为主，则热电偶电动势的变化将不是由于压强的变化所引起。热电偶真空计具有热惯性，压强变化时，热丝温度的改变常滞后一段时间，所以数据的读取也应随之滞后一些时间。另外，和电阻真空计一样，热电偶真空计的加热灯丝也是钨丝或铂丝。长时间使用，热

丝会因氧化而发生零点漂移，所以使用时应经常调整加热电流，并重新校正加热电流值。

（3）电离真空计

图 5-7 是最常用的热阴极电离真空计示意图，它的工作非常类似于一只三极管。由灯丝 F 发射的热电子 e^- 被加速极 A 加速，碰撞气体分子（M）而使其电离，则有：

$$M + e^- = M^+ + e^- + e^-$$

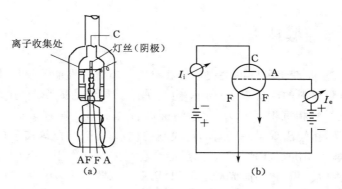

图 5-7　热阴极电离真空计

电离产生的离子数和气压 p 成正比，即：

$$P \propto \frac{I_i}{I_e} \tag{5-21}$$

式中，I_i 为离子收集极 C 得到的离子流；I_e 为加速极 A 得到的电子流；两者之比称为电离系数。

假设阴极与离子收集极的间距为 d，电子的平均自由程为 λ_e，如果电子每与气体分子碰撞一次就能产生一次电离，则有：

$$\frac{I_i}{I_e} = \frac{d}{\lambda_e}$$

考虑到 $\lambda_e = 4\sqrt{2}\lambda$，且 $\lambda = 0.667/p$（cm），于是有：

$$\frac{I_i}{I_e} = 0.26dp$$

但是按上式计算的 p 要较实际压强低，故式（5-21）可改写成：

$$\frac{I_i}{I_e} = Kp$$

这里 K 为电离真空计的灵敏度，通常取值为 4～40。当 I_e 为常数时，有：

$$I_i = I_e Kp = Cp \tag{5-22}$$

式中，C 为常数。即得离子流仅与压强成正比，因而测出离子流，经直流放大器放大后，就可用转换为压强刻度的表头指示真空度。

热阴极电离真空计的测量范围一般为 $10^{-1} \sim 10^{-6}$ Pa。在较高压强（$>10^{-1}$ Pa）下，虽然气体分子增加了，但发射的电子流不变，所以当压强增加到一定程度时电离作用达到极值而出现饱和现象，得到测量的上限为 10^{-1} Pa。肖鲁斯型电离真空计通过缩小电极间的距离，使其在 10^2 Pa 还能保持线性关系。这种真空计非常便于测量 $10^1 \sim 10^{-2}$ Pa 的真空度，故特别适用于溅射系统。在低压强（$<10^{-6}$ Pa）下，高速电子打到加速极上而产生软 X 射

线。当它照射到离子收集极上时,将会引起光电发射,导致离子流增加。设这种虚假的离子流为 I_x,它与真正的离子流 I_i 方向相同,这样离子收集极测得的离子流是两者之和,从而破坏了线性关系,故 10^{-6} Pa 是测量的真空度下限。B-A(Bayard-Alpert)型电离真空计是将普通热阴极型的板状离子收集极改成离子收集柱,使受软 X 射线照射的概率大大减小,于是可测量的真空度升高(约 10^{-10} Pa)。

5.2 真空蒸发镀膜技术

薄膜的生长方法是获得薄膜的关键。薄膜材料的质量和性能不仅依赖于薄膜材料的化学组成,而且与薄膜材料的制备技术具有一定的关系。传统的薄膜制备方法主要有物理气相沉积(PVD)、化学气相沉积(CVD)、化学溶液制备技术等。随着科学技术的发展和各学科之间的相互交叉,相继出现了一些新的薄膜制备技术。比如,以等离子技术为基础出现的等离子体增强化学气相沉积(PECVD);以载能束与固体相互作用为基础先后出现了离子束溅射沉积、脉冲激光溅射沉积(PLD);以蒸发为基础发展出的电子束蒸发沉积、分子束外延生长(MBE)等。我国第一台分子束外延设备是李爱珍院士冲破西方技术封锁研制成功的。分子束外延设备,是制作半导体的先进材料,对我国国防、经济有重大作用。李爱珍一直致力于这项研究,是国内知名的分子束外延研究者与开拓者。她多次婉拒了美国的高薪聘请,她始终记得父母对她说过的"没有祖国就没有一切",也经常对她的学生们说"你的生命价值,就是为国家争取荣誉"。

李爱珍

我们在这里主要介绍薄膜物理气相沉积技术,包括真空蒸发、溅射、离子镀和脉冲激光沉积技术等方法。

真空蒸发镀膜法(简称真空蒸镀)是在真空室中加热蒸发容器中待形成薄膜的原材料,使其原子或分子从表面气化逸出,形成蒸气流,入射到固体(称为衬底或基片)表面,凝结形成固态薄膜的方法。由于真空蒸发法或真空蒸镀法主要物理过程是通过加热蒸发材料而产生,所以又称热蒸发法。采用这种方法制造薄膜已有几十年的历史,用途十分广泛。近年来,该法的改进主要是在蒸发源上。为了抑制或避免薄膜原材料与蒸发加热器发生化学反应,一般使用耐热陶瓷坩埚,如 BN 坩埚。为了蒸发低蒸气压物质,一般采用电子束加热源或激光加热源。为了制造成分复杂或多层复合薄膜,发展了多源共蒸发或顺序蒸发法。为了制备化合物薄膜或抑制薄膜成分对原材料的偏离,出现了反应蒸发法等。

5.2.1 真空蒸发的特点与蒸发过程

一般说来,真空蒸发(除电子束蒸发外)与化学气相沉积、溅射镀膜等成膜方法相比较,有如下优点:① 设备比较简单,操作容易;② 制成的薄膜纯度高,质量好;③ 厚度可较准确控制;④ 成膜速率快,效率高,用掩模可以获得清晰图形;⑤ 薄膜的生长机理比较单纯。这种方法的主要缺点是不容易获得结晶结构的薄膜,所形成薄膜在基板上的附着力较小,工艺重复性不够好。

真空蒸发镀膜

真空蒸发镀膜包括以下三个基本过程:

① 加热蒸发过程,包括由凝聚相转变为气相(固相或液相→气相)的相变过程。每种蒸发物质在不同温度时有不同的饱和蒸气压;蒸发化合物时,

其组分之间发生反应,其中有些组分以气态或蒸气进入蒸发空间。

② 气化原子或分子在蒸发源与基片之间的输运,即这些粒子在环境气氛中的飞行过程。飞行过程中与真空室内残余气体分子发生碰撞的次数,取决于蒸发原子的平均自由程,以及从蒸发源到基片之间的距离,常称源-基距。

③ 蒸发原子或分子在基片表面上的沉积过程,即蒸气凝聚、成核、核生长、形成连续薄膜。由于基板温度远低于蒸发源温度,因此沉积物分子在基板表面将直接发生从气相到固相的相转变过程。

上述过程都必须在空气非常稀薄的真空环境中进行,否则,蒸发物原子或分子将与大量空气分子碰撞,使膜层受到严重污染,甚至形成氧化物;或者蒸发源被加热氧化烧毁;或者由于空气分子的碰撞阻挡,难以形成均匀连续的薄膜。

5.2.2　真空度的确定

真空蒸镀时,为了保证成膜的质量,镀膜室内的压强应尽可能低。但是,在高真空下欲使压强再进一步降低,往往需要花较长时间,这是不经济的。因此,正确选择蒸发镀膜时的起始压强,对于提高生产效率、保证成膜质量有着重要的作用。

蒸镀过程中,镀膜室内除了残余气体分子外,还有大量蒸发出来的膜料分子(或原子),通常膜料分子(或原子)的运动速度比残余气体分子的热运动速度快得多,因而可以认为残余气体分子是相对静止的。假定所有残余气体分子都处于同一温度 T,于是可得到蒸发膜料分子(或原子)在残余气体中的平均自由程为:

$$\lambda = \frac{1}{n_r \pi (r+r')^2} \tag{5-23}$$

式中,n_r 为残余气体分子的密度;r' 为残余气体分子的半径;r 为蒸发的膜料分子(或原子)的半径。

设镀膜室内残余气体的压强为 p_r,则根据真空下稀薄气体满足理想气体状态方程 $p_r = n_r kT$,其中 k 为玻尔兹曼常数。则式(5-23)可表示为:

$$\lambda = \frac{kT}{\pi p_r (r+r')^2} \tag{5-24}$$

式中,压强 p_r 的单位为 Pa。

若从蒸发源到基片(或工件)间的距离为 L(cm),为使从蒸发源出来的膜料分子(或原子)大部分不与残余气体分子发生碰撞而直接到达基片(或工件)表面,一般可取平均自由程 $\lambda \geqslant 10L$,将它代入式(5-24)就可得到起始压强的大小,即:

$$p_r \leqslant \frac{kT}{10\pi L (r+r')^2} \tag{5-25}$$

蒸发源到基片间的距离 L 通常为 $10 \sim 50$ cm。虽然这个结论是近似的,与实际值会有数倍的差异,但是在实际生产中,用来确定蒸镀时的起始压强是可行的,且能得到良好的结果。对于膜层质量要求高的某些场合,为了确保质量,最好在比起始压强低 $1 \sim 2$ 个数量级的真空环境中进行蒸镀。

必须指出,总压强 p_r 确定后,对镀膜室内的残余气体成分中的水汽和氧的分压强也有一定的要求,否则薄膜质量仍难以保证。

5.2.3　蒸发温度的确定

蒸发时膜料加热温度的高低将直接影响薄膜的形成速率和薄膜的质量,因此加热温度通常根据膜料的饱和蒸气压来决定。在一定温度下,真空室内蒸发物质的蒸气与固体或液体平衡过程中所表现出的压力称为该物质的饱和蒸气压。此时蒸发物表面液相、气相处于动态平衡,即到达液相表面的分子全部凝结而不离开,与从液相到气相的分子数相等。物质的饱和蒸气压随温度的上升而增大,在一定温度下,各种物质的饱和蒸气压不相同,且具有恒定的数值。相反,一定的饱和蒸气压必定对应一定的物质的温度。为了达到迅速蒸镀的目的,通常将蒸发物质加热,使其饱和蒸气压达到 1.33 Pa 以上,称这时的温度为该物质的蒸发温度。

饱和蒸气压 p_v 与温度 T 之间的数学表达式,可从克拉伯龙-克劳修斯(Clapeylon-Clausius)方程式推导出来,即:

$$\frac{\mathrm{d}p_v}{\mathrm{d}T} = \frac{H_v}{T(V_g - V_s)} \tag{5-26}$$

式中,H_v 为摩尔汽化热或蒸发热,J/mol;V_g 和 V_s 分别为气相和固相或液相的摩尔体积,cm^3;T 为绝对温度,K。

因为 $V_g \gg V_s$,并假设在低气压下蒸气分子符合理想气体状态方程,则有:

$$V_g - V_s \approx V_g$$

$$V_g = \frac{RT}{p_v} \tag{5-27}$$

式中,R 是气体常数。故式(5-27)可以写成:

$$\frac{\mathrm{d}p_v}{p_v} = \frac{H_v \mathrm{d}T}{RT^2} \quad \text{或} \quad \frac{\mathrm{d}(\ln p_v)}{\mathrm{d}(1/T)} = -\frac{H_v}{R} \tag{5-28}$$

如果把 p_v 的自然对数值与 $1/T$ 的关系作图表示,应该是一条直线。

由于汽化热 H_v 通常随温度只有微小的变化,故可近似地把 H_v 看作常数,于是式(5-28)求积分得:

$$\ln p_v = C - \frac{H_v}{TR} \tag{5-29}$$

式中,C 为积分常数。式(5-29)常用对数表示为:

$$\lg p_v = A - \frac{B}{T} \tag{5-30}$$

式中,A、B 为常数,$A = C/2.3$,$B = H_v/(2.6R)$,A、B 的值可由实验确定;实际上 p_v 与 T 之间的关系多由实验确定,且有 $H_v = 19.12B(\mathrm{J/mol})$ 关系的存在。

式(5-30)即为蒸发材料的饱和蒸气压与温度之间的近似关系式。对于大多数材料而言,在蒸气压小于 133 Pa 的比较窄的温度范围内,式(5-30)才是一个精确的表达式。

图 5-8 给出了常用金属的饱和蒸气压与温度之间的关系。由图 5-8 可以看出,饱和蒸气压随温度升高而迅速增加,并且到达正常蒸发速率所需温度,即饱和蒸气压约为 1 Pa 时的温度。因此,在真空条件下物质的蒸发要比常压下容易得多,所需蒸发温度也大大降低,蒸发过程也将大大缩短,蒸发速率显著提高。

需要强调的是,饱和蒸气压 p_v 与温度 T 的关系曲线对于薄膜制备技术有重要的实际意义,它可以帮助我们合理地选择蒸发材料及确定蒸发条件。

5.2.4 蒸发速率

(1) 纯金属和单质元素的蒸发速率

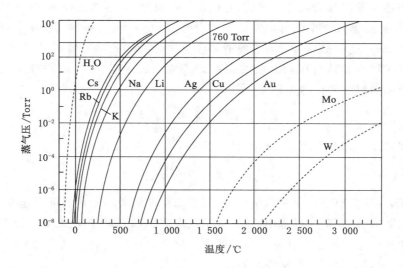

图 5-8　常用金属的饱和蒸气压与温度的关系

根据气体动力学理论,在处于热平衡状态时,压强为 p 的气体,单位时间内碰撞在单位面积器壁的分子数,即气体分子的碰撞频率 $\gamma = \frac{1}{4}n\bar{v}$,在这里可以写成:

$$J = \frac{\mathrm{d}N}{A \cdot \mathrm{d}t} = \frac{1}{4}n\bar{v} = \frac{p_{\mathrm{v}}}{\sqrt{2\pi mkT}} \tag{5-31}$$

式中,n 是分子数密度;$\bar{v}$ 是分子的平均速度;m 是单个分子的质量;k 为玻尔兹曼常数;$\mathrm{d}N$ 为 $\mathrm{d}t$ 时间内碰撞在器壁面积 A 上的分子数。

如果考虑在实际蒸发过程中,并非所有蒸发分子全部发生凝结,上式可改写为:

$$J_{\mathrm{e}} = \alpha \frac{p_{\mathrm{v}}}{\sqrt{2\pi mkT}} \tag{5-32}$$

式中,α 为冷凝系数,一般 $\alpha \leqslant 1$;p_{v} 为饱和蒸气压。

设蒸发材料表面液相、气相处于动态平衡,到达液相表面的分子全部凝结而不脱离,与从液相到气相的分子数相等,则蒸发速率可表示为:

$$J_{\mathrm{e}} = \frac{\mathrm{d}N}{A \cdot \mathrm{d}t} = \frac{\alpha_{\mathrm{e}}(p_{\mathrm{v}} - p_{\mathrm{h}})}{\sqrt{2\pi mkT}} \tag{5-33}$$

式中,$\mathrm{d}N$ 为蒸发分子(原子)数;α_{e} 为蒸发系数;A 为蒸发表面积;p_{v} 和 p_{h} 分别为饱和蒸气压与液体静压。

当 $\alpha_{\mathrm{e}} = 1$ 和 $p_{\mathrm{h}} = 0$ 时,得最大蒸发速率为:

$$J_{\mathrm{m}} = \frac{\mathrm{d}N}{A \cdot \mathrm{d}t} = \frac{p_{\mathrm{v}}}{\sqrt{2\pi mkT}} \tag{5-34}$$

朗谬尔指出,式(5-32)对从固体自由表面的蒸发也是正确的。如果对式(5-34)乘以原子或分子质量 m,则得到单位面积的质量蒸发速率为:

$$G = mJ_{\mathrm{m}} = \frac{mp_{\mathrm{v}}}{\sqrt{2\pi mkT}} = \sqrt{\frac{m}{2\pi kT}} \cdot p_{\mathrm{v}} = \sqrt{\frac{M}{2\pi RT}} \cdot p_{\mathrm{v}} \tag{5-35}$$

此式是描述蒸发速率的重要表达式,它确定了蒸发速率、蒸气压和温度之间的关系。

必须指出的是,蒸发速率除与蒸发物质的分子量、绝对温度和蒸发物质在温度 T 时的饱和蒸气压有关外,还与材料自身的表面清洁度有关。特别是蒸发源温度变化对蒸发速率影响极大。如果将饱和蒸气压与温度的关系式(5-26)代入式(5-35),并对其进行微分,即可得出蒸发速率随温度变化的关系式,即:

$$\frac{dG}{G} = \left(2.3\frac{B}{T} - \frac{1}{2}\right)\frac{dT}{T} \tag{5-36}$$

对于金属,$2.3B/T$ 通常在 $20\sim30$ 之间,即有:

$$\frac{dG}{G} = (20\sim30)\frac{dT}{T} \tag{5-37}$$

由此可见,在蒸发温度以上进行蒸发时,蒸发源温度的微小变化即可引起蒸发速率发生很大变化。因此,在制备薄膜过程中,要想控制蒸发速率,必须精确控制蒸发源的温度,加热时应尽量避免产生过大的温度梯度。蒸发速率正比于材料的饱和蒸气压,温度变化 10% 左右,饱和蒸气压就要变化一个数量级左右。

(2)合金的蒸发速率

制造合金薄膜时,往往不是蒸发单质物质,而是直接蒸发合金或化合物。由于合金中各元素在相同的蒸发温度下的蒸气压不同,因而它们的蒸发速率不同,从而产生分馏现象。结果常常得不到所希望的合金或化合物的比例成分。经验证明,对二元系的合金来说,可借用拉乌尔定律来计算合金状态下各元素的蒸发速率。

由两种或两种以上组元所组成的合金遵守以下定律:

① 分压定律:溶液的总蒸气压 p 等于各组元蒸气分压 p_i 之和,即 $p = \sum_i p_i$。

② 拉乌尔定律:在溶液中,溶剂的饱和蒸气分压与溶剂的摩尔分数成正比,其比例系数就是同温度下溶剂单独存在时的饱和蒸气压,即:

$$p_j = p_j^0 \gamma_j \tag{5-38}$$

式中,p_j 为溶液中溶剂的饱和蒸气分压;p_j^0 为同温度下纯溶剂的饱和蒸气压;γ_j 为溶剂的摩尔分数。

③ 亨利定律:在溶液中,溶质的饱和蒸气分压与溶质的摩尔分数成正比,即:

$$p_z = b(T)\gamma_z \tag{5-39}$$

式中,p_z 为溶液中溶质的饱和蒸气分压;$b(T)$ 为与温度有关的比例常数;γ_z 为溶质的摩尔分数。

亨利定律用于溶质,拉乌尔定律用于溶剂,形式相似,但比例系数不同。当溶液在全部浓度范围内都是理想溶液时,两者合二为一,都满足拉乌尔定律。也就是说,溶液的溶质少时,适合拉乌尔定律,溶质多时较适合亨利定律。因此,对理想溶液,总的蒸气压为:

$$p = \sum_i p_i \gamma_i \tag{5-40}$$

根据上述有关定律,利用纯金属蒸发速率公式(5-35),则可得到合金中各成分的蒸发速率为:

$$G_i = \alpha p_i^0 \gamma_i S_i \sqrt{\frac{M_i}{2\pi RT}} \tag{5-41}$$

薄膜的设计、制备及应用

式中，p_i^0 为合金组元 i 单独存在且温度为 T 时的饱和蒸气压；M_i 为组元 i 的摩尔质量；γ_i 为组元 i 在合金中的摩尔分数。

通常在合金的组元之间有强烈的相互影响，所以在式中需要引入一个活泼性系数 S_i，以校正与理想情况的偏差。S_i 是 γ_i 的函数，由实验测定。式(5-41)也常用来估计合金的分馏程度。

由此可见，当制作两种或两种以上元素组成的合金薄膜时，未必能获得与原膜料物质具有同样比例成分的薄膜，而蒸发化合物时，因发生热分解，同样有可能得不到蒸发物(膜料)的成分与组成。为此，在制作具有预定组成的合金或化合物薄膜时，可采用瞬间蒸镀法和双(多)蒸发源的蒸镀法等。

5.2.5 蒸发源的类型

蒸发源是蒸发装置的关键部件，大多数金属材料都要求在 1 000～2 000 ℃的高温下蒸发。因此，必须将蒸发材料加热到很高的蒸发温度。最常用的加热方式有电阻加热蒸发、电子束加热蒸发、离子辅助沉积等。下面对不同加热方式的蒸发源进行分别讨论。

(1) 电阻加热蒸发

蒸发源材料的熔点和蒸气压、蒸发源材料与薄膜材料的反应以及与薄膜材料的湿润性是选择蒸发源材料的三个基本问题。

许多材料的蒸发温度为 1 000～2 000 ℃，它们可以用电阻加热蒸发。选作蒸发源材料的熔点必须远远高于蒸发温度，最简单的和最常用的方法是用高熔点的材料作为加热器，它相当于一个电阻，通电后产生热量，电阻率随之增加。当温度为 1 000 ℃时，蒸发源的电阻率为冷却时的 4～5 倍；在 2 000 ℃时，增加到 10 倍。这样一来，加热器产生的焦耳热就足以使蒸发材料的分子或原子获得足够大的动能而蒸发。然而，只满足这个条件是不够的，还必须考虑蒸发源材料作为杂质而进入薄膜的量，也就是蒸发源材料的蒸气压。只有蒸发源材料的饱和蒸气压足够低，才能保证在蒸发时具有最小的自蒸发量，而不致产生影响真空度和污染膜层质量的蒸气。为了尽可能减少蒸发源的污染，薄膜材料的蒸发温度应低于表 5-4 中所列蒸发源材料在平衡蒸气压为 1.33×10^{-6} Pa 时所对应的温度。

表 5-4　几种常用蒸发源材料在不同蒸气压下的平衡温度

蒸发源材料	熔点/℃	平衡温度/℃		
		1.33×10^{-6} Pa	1.33×10^{-3} Pa	1.33 Pa
石墨(C)	3 700	1 800	2 126	2 680
钨(W)	3 410	2 117	2 567	3 227
钽(Ta)	2 996	1 957	2 407	3 057
钼(Mo)	2 617	1 592	1 957	2 527
铌(Nb)	2 468	1 762	2 127	2 657
铂(Pt)	1 772	1 292	1 612	1 907

根据蒸气压选择蒸发源材料可以说只不过是一个必要条件。另一个麻烦的问题是高温时某些蒸发源材料与薄膜材料会发生化学反应和扩散而形成化合物和合金，特别是形成低

共熔点合金,其影响非常大。如 CeO_2,它既能与 Mo 反应,又能与 Ta 反应,所以一般用 W 作蒸发源。又如 B_2O_3 与 Mo、Ta 和 W 均有反应,故最好选用富有耐腐蚀性的 Pt 作蒸发源。像 Ge 这样的材料,常用石墨作坩埚或在 Ta 舟内衬上石墨纸。W 还能与水汽或氧发生反应,形成挥发性的氧化物 WO、WO_2 或 WO_3。Mo 也能与水汽或氧反应而形成挥发性的 MoO_3。有些金属甚至还会与蒸发源作用而形成合金,如在高温时钽和金会形成合金,铝、铁、镍、钴等也会与钨、钼、钽等蒸发源材料形成合金。一旦形成低共熔合金,熔点就显著下降,蒸发源就很容易烧断,所以必须有效地抑制这种反应。

薄膜材料对蒸发源的湿润性也是不可忽视的。这种湿润性与材料表面的能量大小有关。高温熔化的蒸镀材料在蒸发源上有扩展倾向时,可以说是容易湿润的;反之,如果在蒸发源上有凝聚而接近于形成球形的倾向时,就可以认为是难于湿润的。在湿润的情况下,由于材料的蒸发是从大的表面上发生的且比较稳定,所以可认为是面蒸发源的蒸发;在湿润小的时候,一般可认为是点蒸发源的蒸发。另外,如果容易发生湿润,蒸发材料与蒸发源材料之间十分亲和,因而蒸发状态稳定;如果是难以湿润的,在采用丝状蒸发源时,蒸发材料就容易从蒸发源上掉下来。例如,Ag 在钨丝上熔化后就会脱落,而 Al 却非常适合用钨丝蒸发。

电阻加热蒸发的优点是设备简单、操作方便,且易于实现沉积过程的自动化。但是,它不能直接蒸发难熔金属和高温介质材料;加热时与膜料直接接触,易造成膜层污染。下面介绍的电子束加热法可在很大程度上克服这些缺点。

(2) 电子束加热蒸发

电子束加热蒸发是利用高速密集的电子细束轰击膜层材料,使其产生高温而蒸发。由物理学知道,当金属在某一温度状态时,其内部的一部分电子因获得足够的能量而逸出金属表面,这就是所谓的热电子发射。发射的电流密度与金属温度有如下关系:

$$J_e = A_0 T^2 e^{-\varphi/kT}$$

式中,J_e 为发射电流密度,A/cm^2;A_0 为常数,对钨约为 75 $A/(cm^2 \cdot \text{℃})$;T 是金属的绝对温度;φ 为逸出功,对钨为 4.5 eV;k 为玻尔兹曼常数。

如果施加一定的电场,则电子在电场中将向阳极方向运动,且电场电压越大,电子运动速度越快。若不考虑发射电子的初速度,则电子动能 $\frac{1}{2}mv^2$ 与它所处的电功率相等,即:

$$\frac{1}{2}mv^2 = eU$$

式中,m 是电子质量(9.1×10^{-28} g);e 是电荷量(1.6×10^{-19} C);U 为电子所处的电位,V。

因此得出电子运动速度 $v = 5.93 \times 10^7 \sqrt{U}$ (cm/s)。假如 $U = 10$ kV,则电子速度 $v = 6 \times 10^4$ km/s。这样高速运动的电子流在一定的电磁场作用下,使它聚成细束并轰击被镀材料表面,它的动能几乎全部转换成热能。若电子束的能量 $W = neU = IU$,其中 n 为电子密度,则产生的热量 $Q = 0.24Wt$,t 为时间。因而会使被轰击处的温度迅速升高而气化蒸发,从而成为真空蒸发技术中的一种良好热源。

产生电子束的装置称为电子枪。虽然电子枪有许多种结构,但目前广泛使用的是磁偏转 e 形电子枪。所谓 e 形电子枪,是由于电子轨迹呈"e"字形而得名,它又被称为 270° 磁偏转电子枪。此外,还有 180°、225° 等形式的电子枪。它是由钨丝阴极、聚焦极、磁铁和无氧铜水冷坩埚等组成。

电子束加热蒸发的优点是：可以蒸发高熔点材料；在蒸镀合金时可以实现快速蒸发，避免合金的分馏；由于使用了水冷坩埚，电子束加热蒸发仅发生在被镀材料的表面，因此不会导致坩埚与被镀材料之间的反应与污染，有利于制备纯净的薄膜；由于蒸发时能量密度较大，蒸气分子动能增加，所以可以得到比电阻加热蒸发更牢固、更致密的膜层。此外，它的热损耗小，电阻加热法蒸发普通材料要 1.5 kW 的功率，而电子束只需 0.5 kW 就足以蒸发高熔点材料。

（3）离子辅助沉积

离子辅助沉积（IAD）是在真空热蒸发的基础上发展起来的一种辅助沉积方法。当膜料从电阻加热蒸发源或电子束加热蒸发源蒸发时，沉积分子或原子（沉积粒子）在基板表面不断受到来自离子源的荷能离子的轰击，通过动量转移使沉积粒子获得较大的动能。这一简单的过程使得薄膜生长发生了根本的变化，从而使薄膜性能得到了改善。

IAD 的机理可以简单地认为：离子轰击给到达基板的膜料粒子提供了足够的动能，提高了沉积粒子的迁移率，从而使膜层聚集密度增加。其实 IAD 的机理还包含了其他一些过程，如表面吸附较弱的沉积粒子被溅射、膜内空隙通过轰击塌陷而被填充等。

目前 IAD 已经成为生产高质量薄膜的首选方法。IAD 技术的关键，首先要有一个高效的离子源，其次必须对特定蒸发材料找出最佳工艺参数。可供使用的离子源种类很多，常用的有克夫曼离子源、霍尔离子源，此外还有空心阴极离子源和微波离子源等。

5.3　溅射镀膜技术

当用高能离子轰击固体表面，在与固体表面的原子或分子进行能量和动量交换后，从固体表面飞溅出原子或分子的现象称为溅射。溅射出来的物质沉积到所需的基片或工件表面上形成薄膜的方法，就叫作溅射镀膜法。早期的溅射镀膜是采用直流二极溅射，这种溅射技术的镀膜速率比热蒸发低一个数量级，而且基片温度易上升，膜层质量差、纯度低。后来研究出了

溅射镀膜

射频溅射镀膜，实现了绝缘体的溅射镀膜，引起了各方面的重视。与此同时，又出现了三极溅射装置和同轴圆柱磁控溅射装置，可以进行高真空溅射镀膜，使镀膜速率有所提高，还改善了膜层质量。20 世纪 70 年代出现的平面磁控溅射装置，使高速、低温溅射镀膜成为现实。从此，溅射镀膜以崭新的面貌出现在技术领域和生产中。现在磁控溅射正在取代其他溅射装置，并渗入蒸镀的传统领域。

5.3.1　溅射镀膜的基本原理

溅射是在辉光放电中产生的，因此辉光放电是溅射镀膜的基础。辉光放电是一种稳定的自持放电。它的最简单装置是在真空放电室中安置两个电极，阴极为冷阴极，通入压强为 $0.1\sim10$ Pa 的氩气，当外加直流高压超过着火电压（起始放电电压）U_s 时，气体就由绝缘体变成良好的导体，电流突然上升，两极间电压降突然下降。此时，两极空间就会出现明暗相间的光层，我们称气体的这种放电为辉光放电。图 5-9 所示为辉光放电示意图。

如图 5-9 所示，刚从阴极发出的电子，能量只有 1 eV 左右，而且受电场加速很小，其动能不足以使气体发生电离激发，所以不发光，由此形成了阿斯顿暗区。离开阿斯顿暗区后，电子获得足以使气体原子激发的能量，受激原子和进入该区的离子复合形成中性原子而引起发光，形成了阴极辉光区。从阴极辉光区出来的电子，在向阳极前进时继续加速，能量进一步增加，

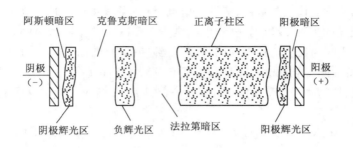

图 5-9　辉光放电示意图

这时一方面使气体原子产生大量的电离,另一方面由于电子的激发截面随电子能量的增加而减少,发光减弱,因此形成了克鲁克斯暗区(又称阴极暗区)。克鲁克斯暗区的宽度与电子的平均自由程(即压强)有关。随着电子速度的增大,很快获得了足以引起电离的能量,于是离开阴极暗区后便大量产生电离,在此空间由于电离而产生大量的正离子。由于正离子的质量较大,故向阴极的运动速度较慢。所以,由正离子组成了空间电荷并在该处聚积起来,使该区域的电位升高,而与阴极形成很大电位差,此电位差常称为阴极辉光放电的阴极压降。正是由于在此区域的正离子浓度很大,所以电子经过碰撞以后速度降低,使电子与正离子的复合概率增加,从而造成有明亮辉光的负辉光区。电子在负辉光区损失了很多能量,在进入新的区域以后,便没有足够的动能使气体产生激发。该区中的电子和离子密度也较负辉光区小,电场也很弱,激发和复合的概率都比较小,所以发光远较负辉光区弱,称为法拉第暗区。因法拉第暗区的电场比克鲁克斯暗区弱,故该区也比克鲁克斯暗区长。经过法拉第暗区后便是正离子柱区,在正离子柱区中任何位置的电子浓度与正离子浓度相等,故又称等离子区。法拉第暗区和正离子柱区几乎没有电压降,唯一的作用是连接负辉光区和阳极。

在溅射过程中,基板(阳极)常处于负辉光区,但是阴极和基板之间的距离至少应是克鲁克斯暗区宽度的 3~4 倍。当两极间的电压不变而只改变其距离时,阴极到负辉光区的距离几乎不变。

必须指出,图 5-9 所示的放电区结构是属于长间隙的情况,溅射时的情况属于短间隙辉光放电,这时并不存在法拉第暗区和正离子柱区。

辉光放电可分为正常辉光放电和异常辉光放电。正常辉光放电时,由于放电电流还未大到足以使阴极表面全部布满辉光,因此随电流的增大,阴极的辉光面积成比例地增大,而电流密度和阴极压降则不随电流的变化而改变。在放电的其他条件保持不变时,阴极压降区的长度随气体压强成反比变化。异常辉光放电时,阴极表面全部布满了辉光,电流进一步增大,必然导致电流密度成比例地增加,结果引起了电场的进一步畸变,致使阴极压降区的长度减小,而维持放电所必需的阴极压降将进一步增加。此时撞击阴极的正离子数目及动能都比正常辉光放电时大为增加,在阴极表面发生的溅射作用也要强烈得多。所以利用异常辉光放电来进行溅射镀膜时,把基片或工件作阳极,要溅射的材料作阴极(一般称为靶)。

5.3.2　溅射阈值和溅射率

所谓溅射阈值,是指使阴极靶材原子发生溅射的入射离子所必须具有的最小能量。溅射阈值与离子质量之间无明显的依赖关系,主要取决于靶材料。对处于周期表中同一周期的元素,溅射阈值随着原子序数增加而减小。对绝大多数金属来说,溅射阈值为 10~30

eV,相当于升华热的 4 倍左右。

溅射率是描述溅射特性的一个最重要的物理参量,它表示正离子轰击靶阴极时,平均每个正离子能从阴极上打出的原子数,又称溅射产额或溅射系数,常用 S 表示。溅射率与入射离子的种类、能量、角度及靶材的类型、晶格结构、表面状态、升华热大小等因素有关,单晶靶材还与表面取向有关。

（1）靶材料

溅射率与靶材料种类的关系可用靶材料元素在周期表中的位置来说明。在相同条件下,用同一种离子对不同元素的靶材料轰击,得到不同的溅射率,并且还发现溅射率呈周期性变化,其一般规律是随靶材元素原子序数增加而增大。由图 5-10 可以看出:铜、银、金的溅射率较大;碳、硅、钛、钒、锆、铌、钽、钨等元素的溅射率较小;就一般的正离子轰击来说,银的溅射率最大,碳的溅射率最小。此外,具有六方晶格结构（如镁、钛等）和表面污染（如氧化层）的金属要比面心立方（如铂、银、金等）和清洁表面的金属的溅射率低;升华热大的金属要比升华热小的溅射率低。从原子结构分析上述规律显然与原子的 3d、4d、5d 电子壳层的填充程度有关。溅射率随靶材料原子 d 壳层电子填满程度的增加而加大。

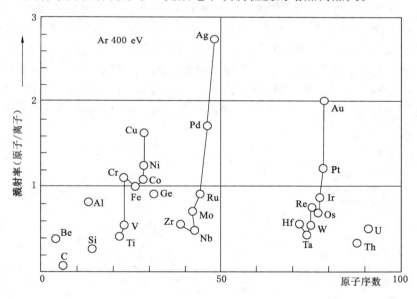

图 5-10　溅射率与靶材原子序数的关系

（2）入射离子能量

入射离子能量大小对溅射率影响显著。当入射离子能量高于某一个临界值（溅射阈值）时才发生溅射。金属溅射的阈值能量约为 20～40 eV,图 5-11 所示为溅射率与入射离子能量之间的典型关系曲线。由图可见,离子能量从阈值增加到 100 eV 以下时,溅射率和离子能量的平方成正比;在 100～1 000 eV 范围内,溅射率和离子能量成正比;在 1 000 eV～100 keV 范围内,溅射率和离子能量的平方根成正比,逐渐达到一个平坦的最大值并呈饱和状态。如果再增加离子能量,则因产生离子注入效应而使溅射率值开始下降。

（3）入射离子种类

溅射率依赖于入射离子的原子量,原子量越大,溅射率越高。溅射率也与入射离子的原

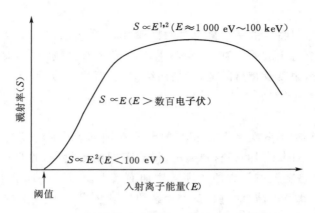

图 5-11　溅射率与入射离子能量之间的关系

子序数有关,呈现出随离子的原子序数周期性变化的关系。这和溅射率与靶材料的原子序数之间存在的关系相类似。由图 5-12 可见,在周期表同一周期中,凡电子壳层填满的元素就有最大的溅射率。因此,惰性气体的溅射率最高,而位于元素周期表的每一列中间部位元素的溅射率最小,如 Al、Ti、Zr、Hf 等。所以,在一般情况下,入射离子大多采用惰性气体。考虑到经济性,通常选用氩气作为工作气体。另外,使用惰性气体还有一个好处是可避免与靶材料起化学反应。实验表明,在常用的入射离子能量范围内(500～2 000 eV),各种惰性气体的溅射率大体相同。同时,由图 5-12 还可以看出,用不同的入射离子对同一靶材料溅射时,所呈现的溅射率的差异大大高于用同一种离子去轰击不同靶材所得到的溅射率的差异。

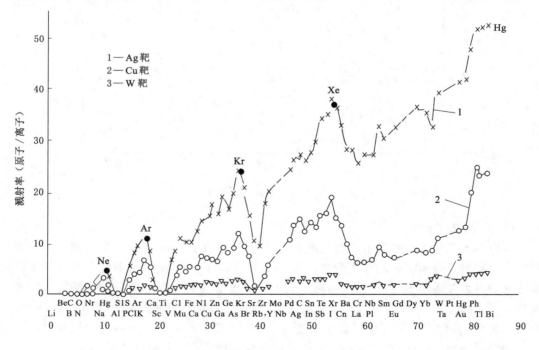

图 5-12　溅射率与入射离子种类的关系

（4）入射离子的入射角

入射角是指离子入射方向与被溅射靶材表面法线之间的夹角。图 5-13 所示为溅射率与离子入射角之间的典型关系曲线。由图可以看出，随着入射角的增加，溅射率逐渐增大。在 $0°\sim60°$ 之间的相对溅射率基本上服从 $1/\cos\theta$ 的余弦规律，即 $S(\theta)/S(0)=1/\cos\theta$，$S(\theta)$ 和 $S(0)$ 分别为 θ 角和垂直入射时的溅射率，并且 $60°$ 时的 S 值约为垂直入射时的 2 倍。当入射角为 $60°\sim80°$ 时溅射率最大，入射角再增加时，溅射率急剧减小，当等于 $90°$ 时溅射率为零。

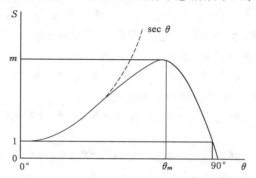

图 5-13　溅射率与离子入射角的典型关系曲线

对于上述溅射率随离子入射角的变化，可从以下两方面进行解释：首先，入射离子所具有的能量轰击靶材，将引起靶材表面原子的级联碰撞，导致某些原子被溅射。该级联碰撞的扩展范围不仅与入射离子能量有关，还与离子的入射角有关。显然，在大入射角情况下，级联碰撞主要集中在很浅的表面层，妨碍了级联碰撞范围的扩展。结果低能量的反冲原子的生成率很低，致使溅射率急剧下降。其次，入射离子以弹性反射方式从靶面反射，离子的反射方向与入射角有关。因此，反射离子对随后入射离子的屏蔽阻挡作用与入射角有关。在入射角为 $60°\sim80°$ 时，其阻挡作用最小，轰击效果最好，故此时溅射率 S 呈现最大值。

（5）靶材温度

溅射率与靶材温度的依赖关系，主要与靶材物质的升华能相关的某温度值有关，在低于此温度时，溅射率几乎不变。但是，超过此温度时，溅射率将急剧增加。可以认为，这和溅射与热蒸发二者的复合作用有关。在溅射时，应注意控制靶材温度，防止出现溅射率急剧增加现象的产生。

溅射率除与上述因素有关外，还与靶的结构和靶材的结晶取向、表面形貌、溅射压强等因素有关。综上所述，为了保证溅射薄膜的质量和提高薄膜的沉积速度，应当尽量降低工作气体的压力和提高溅射率。

5.3.3　溅射原子的状态

产生溅射现象时飞出来的原子状态主要指原子的能量和方向，这也是描述溅射特性的重要物理参数。

一般由蒸发源蒸发出来的原子的能量为 0.1 eV 左右。而在溅射中，由于溅射原子是与高能量（几百至几千电子伏）入射离子交换动量而飞溅出来的，所以溅射原子具有较大的能量。一般认为，溅射原子的能量比热蒸发原子能量大 1～2 个数量级，约为 5～10 eV。因此，溅射薄膜具有许多优点。

溅射原子的能量与靶材料、入射离子的种类和能量以及溅射原子的方向性等都有关。实验结果表明,溅射原子的能量和速度具有以下几个特点:

① 重元素靶材被溅射出来的原子有较高的逸出能量,而轻元素靶材则有较高的原子逸出速度。

② 不同靶材具有不同的原子逸出能量,而溅射率高的靶材通常有较低的平均原子逸出能量。

③ 在相同轰击能量下,原子逸出能量随入射离子质量线性增加,轻入射离子溅射出的原子,其逸出能量较低,约为 10 eV;而重入射离子溅射出的原子,其逸出能量较大,平均达到 30～40 eV,与溅射率的情形相类似。

④ 溅射原子的平均逸出能量,随入射离子能量增加而增大,当入射离子能量达到 1 000 eV 以上时,平均逸出能量逐渐趋于恒定值。

⑤ 在倾斜方向逸出的原子具有较高的逸出能量,这符合溅射的碰撞过程遵循动量和能量守恒定律。

此外,实验结果表明,靶材的结晶取向与晶体结构对逸出能量影响不大。溅射率高的材料通常具有较低的平均逸出能量。

蒸发镀膜时,如果蒸发面是一个平面,则可认为各向蒸发原子大致相同,即遵守余弦定律。在溅射时,如果靶面是由粒径小的多晶体组成,溅射出来的原子基本上仍遵循余弦法则,与蒸发法区别不大。但是,当靶材为单晶时,则会产生不均匀的溅射,在原子排列最稠密方向上才最容易发生溅射。例如,面心立方晶格的金属在晶面指数(110)方向上最易溅射,其次是(100)、(111)方向,而其他方向却难于发生溅射。体心立方晶格的金属却在(111)方向上最易溅射,而(000)、(110)方向则次之。六角密集晶格的金属在(11$\bar{2}$0)方向上容易溅射,其次是(20$\bar{2}$3)方向。

5.3.4 溅射机理

溅射机理

由于溅射是一个极为复杂的物理过程,涉及的因素很多,长期以来对于溅射机理虽然进行了很多的研究,提出过许多的理论,但都不能完善地解释溅射现象。尚未建立一套完整统一的理论和模型能对所有实验结果做系统阐述和进行定量计算。这里,简单介绍比较成熟的两种理论:热蒸发理论和动量转移理论。

(1) 热蒸发理论

早期有人认为,溅射现象是被电离气体的荷能正离子在电场的加速下轰击靶表面而将能量传递给碰撞处的原子,结果导致靶表面碰撞处很小区域内产生瞬间强烈的局部高温,从而使这个区域的靶材料熔化,发生热蒸发。

热蒸发理论在一定程度上解释了溅射的某些规律和溅射现象,如溅射率与靶材料的蒸发热和轰击离子的能量关系、溅射原子的余弦分布规律等。但是,这一理论不能解释溅射率与离子入射角的关系;单晶材料溅射时,溅射原子的角分布的非余弦分布规律以及溅射率与入射离子质量的关系等。

(2) 动量转移理论

对于溅射特性的深入研究,各种实验结果都表明溅射完全是一个动量转移的过程。现在这一观点已成为定论,因而溅射又称为物理溅射。

动量转移理论认为,低能离子碰撞靶材时,不能从固体表面直接溅射出原子,而是把动量转移给被碰撞的原子,引起晶格点阵上原子的连锁式碰撞。这种碰撞将沿着晶体点阵的各个方向进行。同时,碰撞因在原子最紧密排列的点阵方向上最为有效,结果晶体表面的原子从邻近原子那里得到越来越多的能量,如果这个能量大于原子的结合能,原子就从固体表面被溅射出来。动量转移理论能很好地解释了热蒸发理论所不能说明的如溅射率与离子入射角的关系、溅射原子的角分布规律等问题。

5.3.5　溅射方式

溅射镀膜的方式较多,从电极结构上可分为二极溅射、三或四极溅射和磁控溅射。射频溅射是为制备绝缘薄膜而研制的,反应溅射可制备化合物薄膜。为了提高薄膜纯度而分别研制出偏压溅射、非对称交流溅射和吸气溅射等。近年来为进行磁性薄膜的高速低温制备,还研究开发成功对向靶溅射装置。

（1）阴极溅射和三极溅射

图 5-14 所示为阴极溅射原理图。这种装置采用平行板电极结构,膜料物质做成大面积靶为阴极,支持基片的基板为阳极,安装于钟罩式的真空室内。为了减少污染,先将钟罩内抽到小于 $10^{-3} \sim 10^{-4}$ Pa 的压强,然后通过控制阀将工作气体（一般为氩气）送入钟罩内,维持在 $1 \sim 10$ Pa 的特定压强和约几千伏电压的条件下进行溅射镀膜。阴极溅射结构简单,可以长时间进行溅射,但不能溅射介质材料,溅射速率低,而且基板表面因受到电子轰击而有较高的温度,对不能承受高温的基板应用受到限制。对于阴极溅射,最显著的缺点是工作气压高,本底真空和氩气中的残留气氛对膜层造成严重污染,也影响沉积速率。如果降低压强,可减少残余气体进入薄膜,提高膜的质量,又能提高沉积速率。但是,随着气压的下降,将会引起辉光暗区逐渐扩大,以致到达阳极表面而使辉光放电熄灭。为此,产生了三极溅射和四极溅射。即在二极溅射装置基础上增加热阴极和阳极,在两个电极之间产生低电压（约50 V）、大电流（$5 \sim 20$ A）弧光放电。弧柱中,大量电子碰撞气体电离,产生大量离子。溅射靶与基片安放在等离子体区相对的两侧,当靶材加上负电压后,吸引正离子,从而产生溅射。溅射出来的原子穿过等离子区沉积在基片上形成薄膜,有稳定电极的称为四极溅射,没有稳定电极的称为三极溅射。稳定电极的作用就是使放电稳定。为使等离子体收聚,并提高电离效率,在阴极与阳极的连接轴线上加有 10^{-3} T 量级的磁场。

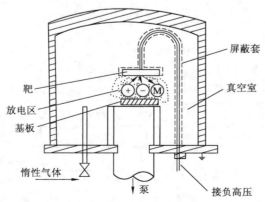

图 5-14　阴极溅射原理图

（2）磁控溅射

溅射技术的最新成就之一是磁控溅射。前面所介绍的溅射系统，主要缺点是沉积速率较低，特别是阴极溅射，因为它在放电过程中只有大约 $0.3\%\sim0.5\%$ 的气体分子被电离。为了在低气压下进行高速溅射，必须有效地提高气体的离化率。在磁控溅射中引入正交电磁场，可使离化率提高到 $5\%\sim6\%$，于是溅射速率可比三极溅射提高 10 倍左右。对许多材料，溅射速率达到了电子束蒸发的水平。

磁控溅射的工作原理如图 5-15 所示。电子 e^- 在电场作用下，在飞向基板过程中与氩原子发生碰撞，使其电离出 Ar^+ 和一个新的电子 e^-，电子飞向基片，Ar^+ 在电场作用下加速飞向阴极靶，并以高能量轰击靶表面，使靶材发生溅射。在溅射粒子中，中性的靶原子或分子则沉积在基片上形成薄膜。二次电子 e_1^- 一旦离开靶面，就同时受到电场和磁场的作用。为了便于说明电子的运动情况，可以近似认为二次电子在阴极暗区时只受电场作用，一旦进入负辉光区就只受磁场作用。于是，从靶面发出的二次电子，首先在阴极暗区受到电场加速，飞向负辉光区。进入负辉光区的电子具有一定速度，并且是垂直于磁力线运动的。在这种情况下，电子由于受到磁场洛仑兹力的作用而绕磁力线旋转。电子旋转半圈之后重新进入阴极暗区，受到电场减速。当电子接近靶面时，速度即可降到零。以后，电子又在电场的作用下再次飞离靶面，开始一个新的运动周期。电子就这样周而复始、跳跃式地朝 $E\times B$ 所指的方向漂移（图 5-16）。电子在正交电磁场作用下的运动轨迹近似于一条摆线。若为环形磁场，则电子就以近似摆线的形式在靶表面做圆周运动。

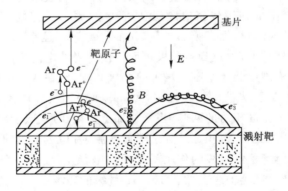

图 5-15　磁控溅射工作原理

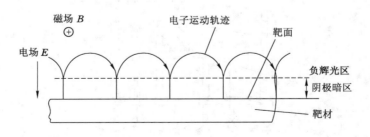

图 5-16　电子在正交电磁场下的 $E\times B$ 漂移

二次电子在环状磁场的控制下,运动路径不仅很长,而且被束缚在靠近靶表面的等离子体区域内,在该区中电离出大量的 Ar^+ 用来轰击靶材,从而实现了磁控溅射沉积速率高的特点。随着碰撞次数的增加,电子 e_1^- 的能量消耗殆尽,逐步远离靶面,并在电场的作用下最终沉积在基片上。由于该电子的能量很低,传给基片的能量很小,致使基片温升较低。另外,对于电子 e_2^- 来说,由于磁极轴线处的电场与磁场平行,电子 e_2^- 将直接飞向基片,但是在磁极轴线处离子密度很低,所以电子 e_2^- 很少,对基片温升作用极微弱。

综上所述,磁控溅射的基本原理就是以磁场来改变电子的运动方向,并束缚和延长电子的运动轨迹,从而提高电子对工作气体的电离概率和有效地利用电子的能量,因此,使正离子对靶材轰击所引起的靶材溅射更加有效。同时,受到正交电磁场束缚的电子,又只能在其能量要耗尽时才沉积在基片上。这就是磁控溅射具有"低温"和"高速"两大特点的原因。

(3) 射频溅射

采用直流溅射法(含磁控溅射)只能沉积金属膜,而不能沉积介质膜等。其原因在于轰击介质靶材表面的离子电荷无法中和,于是靶面电位升高,外加电压几乎都加在靶上,极间的离子加速与电离就会变小,甚至不可能发生电离,致使放电停止,溅射也就不可能进行了,为了沉积介质薄膜,导致了射频溅射技术的发展(RF 溅射法)。

射频溅射的原理如图 5-17 所示。它是利用高频电磁辐射来维持低压(约 2.5×10^{-2} Pa)的辉光放电。阴极安置在紧贴介质靶材的后面,把高频电压加在靶材上,这样,在一个周期内正离子和电子可以交替地轰击靶材,从而实现溅射介质材料的目的。当靶材电极为高频电压的负半周时,正离子对靶材进行轰击引起溅射,如图 5-17(a)所示。与此同时,靶材表面会有正电荷的积累,如图 5-17(b)所示。当靶材处于高频电压的正半周时,由于电子的质量比离子的质量小得多,故其迁移率很高,仅用很短的时间就可以飞回靶面,中和了积累在介质靶表面上的正电荷,如图 5-17(c)所示,从而实现对绝缘材料的溅射,在靶面迅速积累了大量的电子,使其表面因空间电荷呈现负电位,导致在射频电压的正半周时也吸引离子轰击靶材。在一个周期内对靶材既有溅射又有中和,故能使溅射持续进行,这就是射频溅射法能够溅射介质材料的原因。

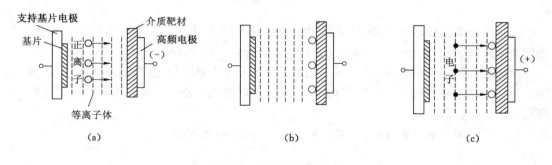

图 5-17　射频溅射原理图

射频溅射几乎可以用来沉积任何固体材料的薄膜,所得膜层致密、纯度高、与基片附着牢固,并具有较大的溅射速率。一旦溅射参数确定以后,具有较好的工艺重复性,因此可用来沉积磁性薄膜、超声换能器的 $LiNbO_3$ 和 $Bi_4Ti_3O_{12}$,以及光显示器、集成电路和集成光路等的溅射薄膜。

（4）对向靶溅射

对于 Fe、Co、Ni、Fe_2O_3 等磁性材料，要实现低温、高速溅射镀膜有特殊的要求，采用磁控溅射方式受到很大的限制。这是由于靶的磁阻很低，磁场几乎完全从靶中通过，不可能形成平行于靶表面的使二次电子做圆摆线运动的强磁场。若采用三极溅射和射频溅射时，基板温升非常严重。

如果采用对向靶溅射法，即使用强磁性靶也能实现低温高速溅射镀膜。这是一种设计新颖的溅射镀膜技术，其原理如图 5-18 所示。两靶相对安置，所加磁场和靶表面垂直，且磁场和电场平行。阳极放置在与靶面垂直部位，和磁场一起起到约束等离子体的作用。二次电子飞出靶面后，被垂直靶的阴极压降区的电场加速。电子在向阳极运动过程中受磁场作用，做洛仑兹运动。但是由于两靶上加有较高的负偏压，部分电子几乎沿直线运动，到对面靶的阴极压降区被减速，然后又向相反方向加速运动。加上磁场的作用，这样由靶产生的二次电子就被有效地封闭在两个电极之间，形成柱状等离子体。电子被两个电极来回反射，大大加长了电子运动的路程，增加了和氩气的碰撞电离概率，从而大大提高了两靶间气体的电离化程度，增加了溅射所需氩离子的密度，因而提高了沉积速率。

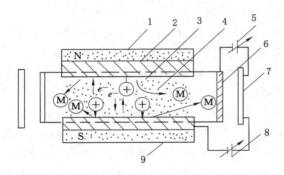

1—N 极；2—对靶阴极；3—阴极暗区；4—等离子体区；
5—基板偏压电源；6—基板；7—阳极（真空室）；8—靶电源；9—S 极。

图 5-18　对向靶溅射原理

二次电子除被磁场约束外，还受到很强的静电反射作用。把等离子体紧紧地约束在两个靶面之间，避免了高能电子对基板的轰击，使基板温升很小。

对向靶可用于溅射磁性靶材，垂直靶面的磁场可以穿过靶材，在两靶间形成柱状的磁封闭。而一般磁控靶的磁场是平行于靶面的，易形成磁力线在靶材内部短路，失去了"磁控"的作用。

对向靶溅射具有溅射速率高、基板温度低、可沉积磁性薄膜等优点。

5.4　离子镀

离子镀膜技术（简称离子镀）是在真空蒸发和真空溅射技术基础上发展起来的一种新的镀膜技术。它利用真空蒸发来制备薄膜，用溅射作用来清洁基片表面，是在辉光放电中的蒸发法。它是在真空室中使气体或被蒸发物质电离，在气体离子或被蒸发物质离子的轰击下，同时将蒸发物或其反应产物蒸镀在基片上。离子镀把辉光放电、等离子体技术与真空蒸发技术结合在一起,不但显著提高了沉积薄膜的各种性能,而且还大大拓宽了镀膜技术的应用范围。

离子镀膜装置如图 5-19 所示。它是靠直流电场引起放电,阳极兼作蒸发源,基片放在阴极板上,先将真空室的压强抽到 $10^{-3} \sim 10^{-4}$ Pa 的范围,然后充入氩气使压强维持在 $10^{-2} \sim 1$ Pa 的范围,在基片和蒸发源间加上数百至数千伏的直流电压,引起氩气电离产生辉光放电,于是在这两者间建立了一个低压气体放电的等离子区,处于负高压的基片被等离子体包围,不断遭到氩离子的高速轰击而溅射剥离清洗,使其表面变得干净,这个过程就是离子清洗。然后接通交流电,使蒸发源中的膜料加热蒸发。从蒸发源蒸发出来的粒子通过辉光放电的等离子区时,其中的一部分被电离成为正离子,通过扩散和电场作用,高速打到基片表面,另外大部分为处于激发态的中性蒸发粒子,在惯性作用下到达基片表面,堆积成薄膜,这一过程称为离子镀膜。为了有利于膜的形成,必须满足沉积速率大于溅射速率的条件,这可通过控制蒸发速率和充氩压强来实现。在成膜的同时氩离子继续轰击基片,从而使膜层表面始终处于清洁状态,有利于膜的继续沉积和生长。

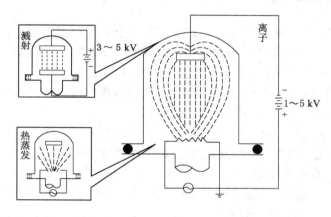

图 5-19　离子镀膜原理

与蒸发和溅射相比,离子镀有如下几个优点:

① 膜层附着力强。在离子镀过程中,利用辉光放电所产生的大量高能粒子对基片表面产生阴极溅射效应,对基片表面吸附的气体和污物进行溅射清洗,使基片表面净化,而且伴随镀膜过程这种净化清洗随时进行,直至整个镀膜过程完成,而且高能离子的轰击使膜层中附着性差的分子或原子产生溅射离开基片而进行重新成膜,这是离子镀获得良好附着力的重要原因之一。离子镀过程中溅射与沉积两种现象并存,在镀膜初期,可在膜与基片界面形成组分过渡层或膜材与基材的成分混合层,即"伪扩散层",能有效改善膜层的附着力。

② 膜层密度高(通常与大块材料密度相同)。在薄膜生长过程中,由于高能粒子的轰击作用,表面迁移率大大增加,成核条件改变;沉积过程中几何形状凸出的区域被优先溅射,被溅射的原子向外凹处填充,而且起初被溅射离开粗糙表面的原子,经气体散射和离化过程的影响又部分返回,使表面变得光滑,这样就使一般的棱柱体增长结构变为一种细粒结晶的致密堆积结构。

③ 绕镀性能好。离子镀的重要优点之一是基板前、后表面均能沉积薄膜。这是因为荷

电离子按电力线方向运动,凡电力线所及部位均能沉积膜层。离子镀的这种膜厚分布特性为复杂形状的零件镀膜提供了一种很好的方法。

④ 沉积速率高,成膜速度快,可镀较厚的膜。离子镀用电阻加热或电子束蒸发材料,因此最高沉积速率可达 50 μm/min。

离子镀膜装置中,除了用直流电场引起气体放电外,也可采用高频电场,因此这种镀膜可分为直流离子镀膜和高频离子镀膜,其蒸发源的类型和真空蒸发的相同。高频离子镀膜时,即使在高真空中气体放电仍能维持稳定,因此不仅沉积膜的缺陷少,而且由气体离子轰击所造成的基片(衬底)温升也低。如用电子束作蒸发源,则不引入气体也能放电,故可实现高真空离子镀膜,从而形成硬而致密的薄膜。如果不用惰性气体作为工作气体,而引入氧、氮或乙炔等气体实现放电时,可以认为这是由蒸发粒子与气体离子相结合而形成薄膜,也称这种方法为反应性离子镀膜。

5.5 脉冲激光沉积技术

脉冲激光沉积(PLD)制膜技术是利用高能激光束作为热源来轰击待蒸发材料,然后在基片上蒸镀薄膜的一种新技术。激光光源可以采用准分子激光、CO_2 激光、Ar 激光、钕玻璃激光、红宝石激光及钇铝石榴石激光等大功率激光器,并置于真空室之外。高能量的激光束透过窗口进入真空室中,经棱镜或凹面镜聚焦,照射到蒸发材料上,使之加热(或烧蚀)气化蒸发。聚焦后的激光束功率密度很高,可达 10^6 W/cm^2 以上。1987 年,美国贝尔实验室首次使用 PLD 技术生长出了高质量的 YBCO 薄膜。PLD 技术受到了人们的广泛关注,迄今已经可以利用 PLD 沉积类金刚石薄膜、高温超导薄膜、各种氮化物薄膜、复杂的多组分氧化物薄膜、铁电薄膜、非线性波导薄膜、合成纳米晶量子点薄膜等。图 5-20 所示为脉冲激光沉积装置的基本结构示意图。从激光器中产生的激光,先经过反射镜改变其前进方向,后经过一个凸透镜将激光束聚焦到靶面上。聚焦激光产生一个足够大的电场将处于光吸收深度范围内的电子通过非线性过程从原子中移出。对于一个纳秒激光脉冲来说,该过程所用时间极短,约为 10 ps 左右;对于大部分的材料来说,激光与靶材的相互作用范围,即光吸收深度大约在 10 nm 以内。因此,对于 10 nm 以内的聚焦光斑来说,将会有大约 10^{15} 个外层电子产生,这些电子在激光光束产生的电磁场中振荡的同时还与邻近的原子或离子相互碰撞,从而将一部分能量转移到靶表面的晶格中。一旦产生足够密度的自由电子,逆轫致辐射将成为主要的过程。当激光脉冲停止后,由于库仑排斥和靶表面的反冲作用,由高能离子、电子、原子、分子等组成的等离子体从融蒸的靶材附近快速绝热地膨胀和传播,并与背景气体发生复杂的气相反应。这些膨胀的等离子体所发出的可见光光谱就是"羽辉",它们的温度接近10 000 K 或更高。这些高能粒子从融蒸到沉积至衬底上所需的时间大约为几个微秒,到达衬底表面后以一定的概率吸附在其上,继而成核、长大,形成连续的薄膜。虽然 PLD 沉积薄膜的过程和原理比较简单,但是要得到高质量的薄膜还是比较困难的,这是因为在薄膜的沉积过程中,控制薄膜生长的参数很多,诸如基片类型、衬底温度、激光能量密度、背景气压、靶-基距、沉积率、退火温度和退火气压等,而且这些参数之间的相互作用也很复杂。随着激光器技术的发展,PLD 技术所使用的主要激光器参数见表 5-5。

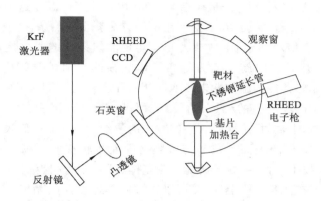

图 5-20　脉冲激光沉积装置的基本结构示意图

表 5-5　PLD 技术所使用的主要激光器参数

激光器类型	波长/nm	脉冲能量/J	脉冲频率/Hz	脉冲宽度/s
CO_2 TEA 激光器	10 600	7.0	10	$(2\sim3)\times10^{-5}$
Nd YAG 激光器	1 064	1.0	20	$(7\sim9)\times10^{-5}$
二次谐波激光器	532	0.5	20	$(5\sim7)\times10^{-5}$
三次谐波激光器	355	0.24	20	$(4\sim6)\times10^{-5}$
XeCl 准分子激光器	308	2.3	20	40×10^{-9}
ArF 准分子激光器	193	1.0	50	$(1\sim4)\times10^{-5}$
KrF 准分子激光器	248	1.0	50	$(1\sim4)\times10^{-8}$

5.5.1　脉冲激光沉积技术的特点

　　与其他连续物理气相沉积方法如溅射、分子束外延、反应共蒸发等相比,脉冲激光沉积最重要的一个特点就是粒子供给的不连续性,即来自靶材的蒸发材料的供给是不连续的,因此在脉冲激光沉积中衬底表面具有不连续的超饱和度。在激光与靶材发生强相互作用时,脉冲激光沉积的超饱和度比一般的连续沉积方法要高大约 4 个数量级,一旦激光停止,超饱和度立即减小为零。开始时高的超饱和度导致临界成核体积减小,增加了成核密度,随后,低的超饱和度和粒子供给的暂停又有利于吸附粒子的表面扩散。高的成核密度和高的粒子迁移率对于薄膜获得二维层状外延生长来说是相当重要的,而具有超饱和度不连续性的脉冲激光沉积恰恰可以同时满足以上要求。"羽辉"在衬底上的持续时间较短,只有几个微秒左右,因此瞬间沉积率可高达 10^4 nm/s,比其他薄膜沉积技术的沉积率高 2 个数量级,这是PLD 沉积薄膜的一个显著特点。

　　在一般的热沉积过程中,不同元素从源表面蒸发出来的蒸发率是不同的(如对于 YBCO来说,Ba 比 Cu 容易蒸发,Y 最难蒸发),这就导致了薄膜组分与靶材组分的偏离。但是与一般的热沉积技术不同,PLD 是一种非热的薄膜沉积技术,即沉积到基片表面的粒子是通过非热过程产生的,也正是这一特点使得它可以容易地实现薄膜的同组分沉积。通常来讲,"非热"就是指全体粒子(原子、离子或自由基)的物理和化学过程,如化学键的断裂和形成等,具有一个或更多的能量自由度(平移自由度、转动自由度、振动自由度或电的自由度),但是这些能量自由度并不遵守麦克斯韦-玻尔兹曼分布,因此不能用温度这一个简单的物理量来描述它们的特点和规律。在实验中,通常使用两种方法获得非热条件:放电或凝聚物质与强烈的光场相互作用。PLD 正是利用脉冲激光去实现非热条件的。虽然传统的沉积方法如 CVD 也可以通过非热条件的施加变为等离子体加强的 CVD(PECVD)和激光加强的 CVD(LECVD),但是非热条件的施加并未改变沉积粒子是通过热过程产生的这一本质,它仅仅是利用非热条件对已经产生的粒子进行调节而已,与 PLD 沉积方法有着本质上的区别。同时,在热沉积技术中,沉积到薄膜表面的粒子能量约为 0.1 eV,比表面原子的键能低 1~2 个数量级,因此对原子的表面扩散和与薄膜之间能量转移的贡献基本上是微不足道的。但是,在非热沉积技术中,入射粒子的能量与基体材料的束缚能基本上是同一个数量级或者更高。当它们附着在薄膜表面上时,就可以通过向邻近表面的晶格转移能量进而改变它们周围的环境。这就意味着,瞬间的相互作用可以加强原子的表面扩散,同时降低解吸附率。这样一来,晶体生长所需的能量主要是由沉积粒子而不是薄膜和衬底的加热来提供的,因此高质量的薄膜通常可以沉积在温度较低的衬底上,这也是 PLD 沉积技术的一个重要特点。

早在 1987 年,美国贝尔实验室的科学家就已经意识到激光与靶材如此快的作用速率使得在被辐照的靶材中不可能出现相分离,因而可以"魔术"般地将靶材的化学和晶体学特性复制到薄膜上,实现薄膜的同组分沉积。这不仅是 PLD 沉积薄膜的特点,也是 PLD 沉积薄膜的最大优点。

PLD 主要有以下特点:

① 激光加热可达极高温度,可蒸发任何高熔点材料,且获得很高的蒸发速率。

② 由于采用了非接触式加热,激光器可安装在真空室外,既避免了来自蒸发源的污染,又简化了真空室,非常适宜在超高真空下制备高纯薄膜。

③ 利用激光束加热能够对某些化合物或合金进行"闪烁蒸发",有利于保证膜成分的化学比或防止待蒸发材料分解;又由于材料气化时间短,不足以使四周材料达到蒸发温度,所以激光蒸发不易出现分馏现象。因此,激光闪蒸是沉积介质膜、半导体膜和无机化合物薄膜的好方法。

④ 背景气压具有很宽的范围(从高真空到几千帕),且能在气氛中实现反应沉积,形成高质量的多组元薄膜。

⑤ "羽辉"中高能量的原子或离子有助于在气相或衬底上完成化学反应。

PLD 沉积薄膜也有它自身的缺点,如薄膜表面容易有小颗粒的形成和薄膜厚度不够均匀等,这在一定程度上限制了它的应用。通常人们利用挡板法、离轴沉积和速度过滤器等手段去减少薄膜表面的颗粒。

对于化学结构和组分复杂的过渡金属氧化物,如高温超导铜氧化物和庞磁电阻材料,材料的性质与化学组分密切相关,任何组分的微小偏离都会导致材料性质的显著改变。因此,在灵活、随意地改变材料性质的同时必须完全控制薄膜的生长,使其组分与靶材组分完全一致,PLD 恰好就是一种可以实现以上研究目标的薄膜沉积技术。

5.5.2 脉冲激光沉积薄膜技术的改进

脉冲激光沉积的薄膜表面存在着大小不一的颗粒,且面积小、均匀性差。而商业应用则要求大颗粒少于 1 个/cm² ,这是该技术目前难以商业化的主要原因之一。为了克服这些致命缺点,人们针对成膜机理和实验手段进行了大量的研究和改进,其中实验参数的优化和新型超短皮秒或者飞秒激光器的使用是关键。

实验参数的优化是制备优质膜技术的关键所在。其主要参数如激光波长、激光能量强度、脉冲重复频率、衬底温度、气氛种类、气压大小、离子束辅助电压电流、靶-基距等的优化配置是制备理想薄膜的前提。另外,靶材和基片晶格是否匹配,基片表面抛光、清洁程度,均影响到膜-基结合力的强弱和薄膜表面的光滑度。粒子束放电辅助能够筛分沉积到基片的粒子取向、增加薄膜表面的光滑度;采用合适大小的激光能量强度、靶-基距、基片旋转法、能过滤慢速大质量粒子的斩波器等均可起到光滑表面的作用。为了能采用 PLD 法制备大面积均匀薄膜,有学者用激光圆形扫描和激光复合扫描沉积薄膜方式,使激光束可以按一定的轨迹旋转,旋转的激光束射入真空系统中剥离靶材,其等离子体云再作用到以一定角速度旋转的基片上成膜。经过参数优化,可以得到均匀性优于 98%、直径大于 50 mm 的大面积薄膜。

通过计算机仿真方法来优化实验参数也是很有指导意义的,主要的仿真方法有数值分析法和蒙特卡罗模拟方法。其中,蒙特卡罗模拟方法是由伯德在计算单一气体松弛问题时最先采用的。其实质是用适当数目的模拟分子代替大量的真实气体分子,用计算机模拟由于气体分子碰撞、运动而引起的动量和能量的输运、交换、产生气动力和气动热的宏观物理过程,从而可以较数值分析方法更真实地仿真实验的真实情况。伊蒂纳等把伯德的思想在脉冲激光沉积薄膜过程模拟方法中进行了一系列比较成功的应用,详细考虑了原子沉积、扩散、成核、生长和扩散原子的再蒸发,以及不同背景气体、不同气压对不同质量数的粒子的作用差异,对薄膜沉积速率等做了许多成功的估算。如模拟得出 25 Pa 的压强下质量数小(<27)的粒子、40 Pa 压强下质量数较大(如 60 左右)的粒子沉积均匀性可达到最好。

利用飞秒激光作为激光光源可减少薄膜表面颗粒的产生。这是因为在激光与靶材相互作用的瞬间,所有光子的能量在传递给晶格之前就已经全部转移给融蒸材料中的电子了,使融蒸效率更接近于统一,且对融蒸区的周围几乎没有什么损害,从而避免了小颗粒从靶表面上的溅射,但是飞秒激光器的价格昂贵、操作不便等缺点限制了它的使用。

5.5.3 脉冲激光沉积薄膜技术的发展

(1)超快脉冲激光沉积技术

随着激光技术的发展,人们发展了用皮秒、飞秒脉冲激光制备薄膜。1997 年,澳大利亚的加马利等最早提出并设计制成了飞秒脉冲激光沉积薄膜装置。随后皮秒和飞秒脉冲激光沉积技术在美国、欧洲和澳大利亚等多个国家和地区兴起。该技术采用低脉冲能量和高重复频率的方法达到高速沉积优质薄膜的目的,其主要原因是:

① 每个低能量的超短脉冲激光只能蒸发出很少的原子,故可以相应地阻止大颗粒的产生。高达几十兆赫兹的重复频率可以使产生的蒸气和衬底相互作用,可以补偿每个脉冲的低蒸发率,而在整体上得到极高的沉积速率。同时也能有效阻止传统 PLD 技术沉积过程中由于靶材的不均匀性、激光束的波动性及其他的不规律性产生的大颗粒,是除用机械过滤方法来阻止大颗粒到达基片的措施之外改善薄膜表面质量的另一个好方法。故超快 PLD 技术对克服传统 PLD 制备薄膜表面大颗粒的缺点很有效。

② 由于重复频率达几十兆赫兹,使每个脉冲在空间上很近,这样可以通过使激光束在靶材上扫描、快速连续蒸发组分不同的多个靶材制得复杂组分的连续薄膜。使用超快 PLD可以用来高效优质地生产多层薄膜、混合组分薄膜、单原子层膜。1997 年,澳大利亚国立大

学设计和制成了第一套飞秒脉冲激光沉积设备。结果发现,所制得的类金刚石薄膜微观粗糙度仅在原子厚度范围,比传统 PLD 方法得到了极大改善。这是由于脉宽短于 1 ps,在脉冲作用时间内就没有电子和离子间的能量交换;而传统 PLD 方法中纳秒级脉宽激光的作用机理是:先是产生蒸气,待蒸气能量在后续脉冲作用下超过能量阈值后再离子化。故相比之下,超快 PLD 没有产生热的激波,所吸收的激光能量高效地转移到被剥离粒子中去了。

(2)脉冲激光真空弧技术

脉冲激光真空弧技术是结合脉冲激光沉积和真空弧沉积技术而产生的,其原理如图 5-21 所示。其基本原理为:在高真空环境下,在靶材和电极之间施加一个高电压,激光由外部引入并聚焦到靶材表面使之蒸发,从而在电极和靶材之间引发一个脉冲电弧。该电弧作为二次激发源使靶材表面再次激发,从而使基体表面脉冲形成所需的薄膜。在阴极的电弧燃烧点充分发展成为随机的运动之前,通过预先设计的脉冲电路切断电弧。

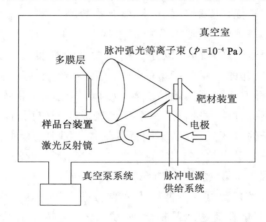

图 5-21　激光真空弧沉积装置原理图

电弧的寿命和阴极在燃烧点附近燃烧区域的大小取决于由外部电流供给形成的脉冲持续时间。

通过移动靶材或移动激光束,可以实现激光在整个靶材表面扫描。由于具有很高的重复速率和很高的脉冲电流,该方法可以实现很高的沉积速率。它综合了前者的可控制性和后者高效率的优点,可获得一个具有很好可控性的脉冲激光激发的等离子体源,可以实现大面积、规模化的薄膜制备以及一些具有复杂结构的高精度多层膜的沉积。该技术在一些实验研究和实际应用中已经展现出其独特优势,尤其是在一些硬质薄膜和固体润滑材料薄膜的制备方面有十分广泛的应用,成为一种有广泛应用前景的技术。

1990 年,德国学者首次利用脉冲激光真空弧技术成功制备了类金刚石薄膜,之后又通过调节参数,制备了从类金刚石、类石墨到类玻璃态等不同类型的碳膜,该技术在合金钢、非合金钢、硬金属、铝合金以及黄铜等基体表面制备高硬度、低摩擦系数和高耐磨的类金刚石薄膜,通过该技术制得的类金刚石薄膜已经达到光学应用标准。脉冲激光真空弧技术已经在工业上如钻头、切削刀具、柄式铣刀、粗切滚刀和球形环液流开关等得到了应用。其可控制性好,阴极靶材表面的激发均匀且有效,使其很适合于复杂和高精度的多层膜的沉积。自 Ti/TiC 多层膜后,在 Al/C、Ti/C、Fe/Ti、Al/Cu/Fe 等纳米级多层、单层膜上的实验都取得成功,制得的多膜层与膜基结合很好,单层膜光滑致密。

(3) 双光束脉冲激光沉积技术

双光束脉冲激光沉积(DBPLD)技术是采用两个激光器或对一束激光分光的方法得到两束激光,同时轰击两个不同的靶材,并通过控制两束激光的聚焦功率密度,以制备厚度、化学组分可设计的理想梯度功能薄膜,可以加快金属掺杂薄膜、复杂化合物薄膜等新材料的开发速度。其装置如图 5-22 所示。

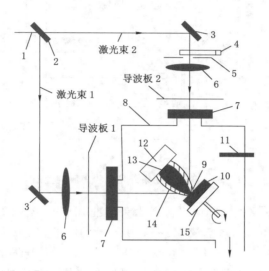

1—激光束;2—分束器;3—反射镜;4—光束能量控制器;5—掺杂孔;6—聚焦镜;
7—激光窗口;8—PLD 沉积腔;9—掺杂靶;10—靶材;11—通气管;12—衬底加热器;13—衬底;
14—等离子体羽辉;15—靶台。

图 5-22 双光束脉冲激光沉积装置图

日本于 1997 年最早进行了用 DBPLD 方法在玻璃上制备组分渐变的 Bi/Te 薄膜的研究,即在温度 200～350 ℃时,将一束光分为两束,同时轰击 Bi 靶和 Te 靶,在靶-基距为 30 mm 时制得的薄膜水平面上 10 mm 距离内组分 Bi:Te 分布为 1:1.1～1:1.5,电热系数和阻抗系数分别约为 170 μV/K 和 2×10^{-3} Ω·cm。新加坡的学者用 DBPLD 技术同时对 YBCO 靶和 Ag 靶作用,通过精确控制两束光的强度,实现了原位掺杂,在膜上首次观察到 150 μm 的长柱状 Ag 结构,这对制备常规超导体和金属超导隧道结有实用意义。德国的学者采用 DBPLD 技术用 $BaTiO_3$ 和 $SrTiO_3$ 为靶材制备了 BST 系列陶瓷薄膜,通过控制各个光束的能量强度和作用时间可望制备出组分渐变的掺杂梯度薄膜。如果能成功地辅以温度、气氛种类和压强、光强,采用可旋转多靶座的装置,可望解决用普通方法制备复合薄膜时反复制备组分不同的靶材如 YBCO、$Ba_xSr_{1-x}TiO_3$ 等的问题,大大提高制备薄膜的效率。

(4) 激光分子束外延

激光分子束外延(LMBE)技术是近年来发展起来的一项新型薄膜制备技术,它将 MBE 的超高真空、原位监测的优点和 PLD 的易于控制化学组分、使用范围广等优点结合起来,制备高质量外延薄膜特别是多层及超晶格膜。其装置如图 5-23 所示。

激光分子束外延设备主要由以下四部分组成:

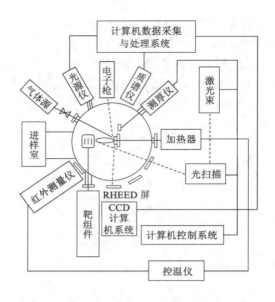

图 5-23　激光分子束外延沉积薄膜装置图

① 激光系统:高功率紫外脉冲激光源通常采用准分子激光器(如 KrF、XeCl 或 ArF),激光脉冲宽度约为 20～40 ns,重复频率 2～30 Hz,脉冲能量大于 200 mJ。

② 真空沉积系统:由进样室、生长室、涡轮分子泵、离子泵、升华泵等组成。进样室内配备有样品传递装置,生长室内配备有可旋转的靶托架和基片衬底加热器,如图 5-23 所示。其中,进样室的真空度为 6.65×10^{-4} Pa;外延生长室的极限真空度为 6.65×10^{-8} Pa;靶托架上有 4～12 个靶盒,可根据需要随时进行换靶;样品架可实现三维移动和转动;加热器能使基片表面温度达到 850～900 ℃,并能在较高气体分压条件下正常工作。

③ 原位实时监测系统:配备有反射式高能电子衍射仪(RHEED)、薄膜厚度测量仪、四极质谱仪(QMS)、光栅光谱仪或 X 射线光电子谱(XPS)等。

④ 计算机精确控制,实时数据采集和数据处理系统:激光光束经过反射聚焦后通过石英窗口打在靶面上,反射镜由计算机控制进行转动,以便光束打在靶面上实现二维扫描。

激光分子束外延生长薄膜或超晶格的基本过程是:将一束强脉冲紫外激光束聚焦,通过石英窗口进入生长室入射到靶上,使靶材局部瞬间加热蒸发,随之产生含有靶材成分的等离子体羽辉,羽辉中的物质到达与靶相对的衬底表面而沉积成膜,并以单原子层或原胞层的精度实时控制膜层外延生长。交替改换靶材,重复上述过程,则可在同一衬底上周期性地沉积多层膜或超晶格。通常聚焦后的激光束以 45°角入射到靶面上,能量密度为 1～5 J/cm²,靶面上的局部温度可高达 2 000～3 000 K,从而使靶面加热蒸发出原子、分子或分子团簇。这些在靶面附近的原子、分子进一步吸收激光能量会立即转变成等离子体,并沿靶面法线方向以极快的速度($> 10^5$ cm/s)射向衬底而沉积成膜。衬底与靶的距离在 3～10 cm 之间可调。对不同基片和靶材,沉积过程中衬底表面加热温度也不同,约在 600～900 ℃范围内变化。一般地,薄膜沉积完成之后,还要经过适当的退火处理,达到所需的晶相,并改善晶格的完整性。通过适当选择激光波长、脉冲重复频率,控制最佳的能量密度、反应气体气压、基片衬底的温度以及基片衬底与靶之间的距离等,得到合适的沉积速率和最佳成膜条件,则可制备出高质量的薄膜或超晶格。

当薄膜按二维原子层方式生长时,在位监测的 RHEED 谱随膜层按原子尺度的增加将发生周期性的振荡。当新的一层膜开始生长时,RHEED 谱强度总是处于极大值,其振荡周期对应的膜厚就是每一新的外延层的厚度。此外,如发射光谱法、质谱仪、高速 CCD 摄影法、光电子能谱仪、石英晶体振荡膜厚监测仪等也常用于制膜过程中等离子体诊断和结构、成分的实时监控分析。

激光分子束外延集中了传统 MBE 和 PLD 方法的主要优点,又克服了它们的不足之处,具有以下显著的特点:

① 根据不同需要,可人工设计和剪裁不同结构且有特殊功能的多层膜(如 $YBa_2Cu_3O_7$/$BaTiO_3$/$YBa_2Cu_3O_7$)或超晶格,并用 RHEED 和薄膜测厚仪可以原位实时精确监控薄膜生长过程,实现原子和分子水平的外延,从而有利于发展新型薄膜材料。

② 可以原位生长与靶材成分相同化学计量比的薄膜,即使靶材成分很复杂,包含五六种或更多种的元素,只要能形成致密的靶材,就能制成高质量的薄膜。比如可以用单个多元化合物靶,以原胞层尺度沉积与靶材成分相同化学计量比的薄膜;也可以用几种纯元素靶,顺序以单原子层外延生长多元化合物薄膜。

③ 使用范围广,沉积速率高(可达 $10\sim20\ nm/min$)。由于激光羽辉的方向性很强,因而羽辉中物质对系统的污染很少,便于清洁处理,所以可以在同一台设备上制备多种材料的薄膜,如各种超导膜、光学膜、铁电膜、铁磁膜、金属膜、半导体膜、压电膜、绝缘体膜甚至有机高分子膜等。又因为其能在较高的反应性气体分压条件下运转,所以特别有利于制备含有复杂氧化物结构的薄膜。

④ 便于深入研究激光与物质靶的相互作用动力学过程以及不同工艺条件下的成膜机理等基本物理问题,从而可以选择最佳成膜条件,指导制备高质量的薄膜和开发新型薄膜材料。例如,用四极质谱仪和光谱仪可以分析研究激光加热靶后的产物成分、等离子体羽辉中原子和分子的能量状态以及速率分布;用 RHEED、薄膜测厚仪和 XPS,可以原位观测薄膜沉积速率、表面光滑性、晶体结构以及晶格再构动力学过程等。

⑤ 由于能以原子层尺度控制薄膜生长,使人们可以从微观上研究薄膜及相关材料的基本物理性能,如膜层间的扩散组分浓度、离子的位置选择性取代、原胞层数、层间耦合效应以及邻近效应等对物性起源和材料结构性能的影响。

(5) 脉冲激光液相外延法

脉冲激光液相外延法主要利用激光脉冲辐射靶材表面,产生含有中性原子、分子、活性基团以及大量离子和电子的等离子体羽辉,等离子体羽辉在一个激光脉冲周期内吸收激光能量,成为处于高温、高压、高密度状态的等离子体团,等离子体团与液相体系发生能量交换,并随着激光脉冲的结束而碎灭。在此过程中,体系中的活性粒子相互碰撞发生反应,生成产物与激光能量和反应条件有关。脉冲激光液相外延法不仅具有脉冲激光沉积法所具有的特点,而且拥有液相外延法的优势。但该方法的主要缺点是晶格的错配度小于 1% 时才能生长出表面平滑、完整的薄膜,外延层的组分不仅和液相的组分有关,还和元素的分配系数有关,而且该方法对大液滴的抑制不够理想。1999 年,龚正烈等采用该方法在硅基上制备了 Ni-Pd-P 纳米薄膜。2004 年,朱杰等采用脉冲激光液相法制备出浓度和均匀度相对较好的纳米硅颗粒。

（6）脉冲激光诱导晶化法

脉冲激光诱导晶化法常被用来晶化大面积非晶硅薄膜，其晶化过程可以实现瞬态处理，晶化后晶体薄膜具有较低的缺陷态密度。2003年，李鑫等将传统等离子体增强化学气相沉积法制备的无机发光薄膜用脉冲激光诱导晶化法处理，即先使用能量密度为779 mJ/cm² 的激光诱导，然后通过900 ℃常规热退火处理30 min，制备出了高密度、尺寸可控的纳米硅量子点薄膜。2004年，乔峰等研究了脉冲激光诱导法制备的纳米-硅-二氧化硅多层膜，结果表明：通过改变原始沉积的非晶硅原子层厚度，可以得到精确可控的纳米硅颗粒尺寸，而且晶化比率较高。荧光发射光谱显示，位于650 nm处的发光峰值强度随着激光辐照能量密度的升高而增加。

（7）直流放电辅助脉冲激光沉积法

直流放电辅助脉冲激光沉积法的基本原理是脉冲激光烧蚀靶材，形成等离子体，然后通过在等离子体运动路径上实行强电流放电以进一步推动和加热等离子体，同时采用磁场过滤器滤除中性粒子。直流放电辅助脉冲激光沉积法突破传统脉冲激光沉积法的局限，通过直流放电提高了等离子体的平均动能，有效降低了脉冲激光的输出能量。2002年，郭建等研究了在不同的负直流衬底偏压下，用脉冲激光沉积法在单晶硅和K9玻璃衬底上沉积水晶碳膜。2004年，童杏林等研究了直流放电辅助脉冲激光沉积法制备的硅基GaN薄膜。其结果显示，提高沉积气压有利于提高GaN薄膜的结晶质量，在入射激光脉冲150～220 mJ能量范围内，随着入射激光脉冲能量的提高，GaN薄膜表面结构得到改善。在700 ℃衬底温度、20 Pa的沉积气压和220 mJ的入射激光脉冲能量的优化工艺条件下，所沉积生长的GaN薄膜具有良好的质量。

5.6　薄膜的化学溶液制备技术

薄膜的化学溶液制备技术指的是在溶液中利用化学反应或电化学反应等化学方法在基片表面沉积薄膜的一种技术。它包括化学反应沉积、溶胶-凝胶法、阳极氧化、电镀等。这种技术不需要真空环境，所需设备少，可在各种基体表面成膜，原材料较易获得，因而在电子元件、表面涂覆和装饰等方面得到了广泛的应用。

5.6.1　化学反应镀膜

化学反应镀膜是溶液制膜中较重要的一类，主要是利用各种化学反应（如氧化还原、置换、水解反应）在基片上沉积薄膜。

（1）化学镀膜

化学镀膜通常称为无电源电镀，它是利用还原剂使金属盐中的金属离子还原成原子状态并在基片表面上沉积下来从而获得膜层的一种方法。它与化学沉积法同属于不通电而靠化学反应沉积的镀膜方法。两者的区别在于：化学镀的还原反应必须在催化剂的作用下才能进行，而且沉积反应只发生在镀件的表面上；而化学沉积法的还原反应却是在整个溶液中均匀发生的，只有一部分金属层镀在镀件上，大部分则成为金属粉末沉积下来。也就是说，化学镀的过程是在有催化条件下发生在镀层（基片）上的氧化还原过程。在这种镀膜过程中，溶液中的金属离子被生长着的镀层表面所催化，并且不断还原而沉积在基体表面上。因此基体材料表面的催化作用相当重要，周期表中Ⅴ、Ⅷ族金属元素都具有在化学镀过程中所需的催化效应。

上述的催化剂主要指的是敏化剂和活化剂,它可以促使化学镀过程发生在具有催化活性的镀件表面。如果被镀金属本身不能自动催化,则在镀件的活性表面被沉积金属全部覆盖之后,其沉积过程便自动停止;相反,像 Ni、Co、Fe、Cu 和 Cr 等金属,其本身对还原反应具有催化作用,可使镀覆反应得以继续进行,直到膜厚达到所需厚度并取出镀件,反应才会停止。这种依靠被镀金属自身催化作用的化学镀称为自催化化学镀。一般的化学镀均是这类自催化化学镀。自催化化学镀具有以下特点:

① 可在复杂的镀件表面形成均匀的镀层。

② 膜层孔隙率低。

③ 可直接在塑料、陶瓷、玻璃等非导体上镀膜。

④ 不需要电源,没有电极。

⑤ 镀层有特殊的物理、化学性质。

在化学镀中,所用还原剂的电离电位必须比沉积金属电极的电位低,但二者电位差又不宜过大。常用的还原剂有次磷酸盐和甲醛,前者用来镀 Ni,后者用来镀 Cu。还原剂必须提供金属离子还原时所需的电子,即:

$$M^{n+} + ne^- \longrightarrow M$$

这种反应只能在具有催化性质的镀件表面上进行才能得到镀层,并且一旦沉积开始,沉积出来的金属就必须继续这种催化功能,沉积过程才能继续进行,镀层才能加厚。因此,从这个意义上讲,化学镀必然是一种受控的自催化的化学还原过程。

化学镀镍是利用镍盐溶液在强还原剂次磷酸盐的作用下,使镍离子还原成金属镍,同时次磷酸盐分解析出磷,在具有催化表面的基体上获得镍磷合金的沉积膜。其反应过程为:

$$H_2PO_2^- + H_2O \longrightarrow HPO_3^{2-} + H^+ + 2H$$

$$Ni^+ + 2H \longrightarrow Ni + 2H^+$$

$$2H \longrightarrow H_2$$

由此得出次磷酸氧化和镍离子还原的反应式为:

$$Ni^{2+} + H_2PO_2^- + H_2O \longrightarrow HPO_3^{2-} + 3H^+ + Ni$$

（2）置换沉积镀膜

置换沉积镀膜又称浸镀。其原理是在待镀金属盐类的溶液中,靠化学置换的方法,在基体上沉积出该金属,不需要外部电源。例如,当电位较低的基体金属铁浸入电位较高的金属离子的铜盐溶液时,由于存在电位差并形成了微电流,将在电位较低的金属铁表面上析出金属铜,其反应过程为:

$$Fe + Cu^{2+} =\!=\!= Cu + Fe^{2+}$$

习惯上称这类反应为置换反应。在这种条件下,析出的金属附在基体金属表面形成了镀层。

置换沉积本质上是一种在界面上固、液两相间金属原子和离子相互交换的过程。它无须在溶液中加入还原剂,因为基体本身就是还原剂。为了改善膜层疏松多孔且结合不良的缺陷,可加入添加剂或络合剂来改善膜层的结合力。

（3）溶液水解镀膜

这种方法的实质是将元素周期表中Ⅳ族和Ⅲ、Ⅴ族中某些元素合成烃氧基化合物以及利用一些无机盐类如氧化物、硝酸盐、乙酸盐等作为镀膜物质。将这些成膜物质溶于某些有机溶剂如乙酸或丙酮中便成为镀液,将其放在镀槽中旋转的平面玻璃镀件表面上,因发生水解作用而形成了胶体膜,然后再进行脱水,最后便获得该元素的氧化物薄膜。例如,用钛酸乙酯$[Ti(OC_2H_5)_4]$和硅酸乙酯$[Si(OC_2H_5)_4]$制作$\lambda/4$-$\lambda/2$-$\lambda/4$三层宽带增透膜及其他光学膜等即属此方法。这种方法和下面将要介绍的溶胶-凝胶法比较接近。

5.6.2　溶胶-凝胶法

该法是采用适当的金属有机化合物溶液水解的方法,也可获得所需的氧化物薄膜。这种溶液水解镀膜方法的实质是将某些Ⅲ、Ⅳ、Ⅴ族元素合成烃氧基化合物,以及利用一些无机类如氧化物、硝酸盐、乙酸盐等作为镀膜物质,将这些成膜物质溶于某些有机溶剂,如乙酸丙酮或其他的有机溶剂中成为溶胶,采用浸渍和离心甩胶等方法将溶胶涂覆于基体表面,因发生水解作用而形成胶体膜,然后进行脱水而凝结为固体薄膜。膜厚取决于溶液中金属有机化合物的浓度,溶胶液的温度和黏度,基片的旋转速度、角度以及环境温度等。

溶胶-凝胶工艺的主要步骤为:先将金属醇盐溶于有机溶剂中,然后进行脱水而加入其他组分(可为无机盐形式,只要加入后能互相混溶即可),制成均质溶液,在一定温度下发生水解聚合反应,形成凝胶。其主要过程包括以下的水解聚合反应:

水解反应:

$$M(OR)_n + H_2O \longrightarrow (RO)_{n-1}M\!-\!OH + ROH$$

聚合反应:

$$(RO)_{n-1}M\!-\!O + RO\!-\!M(OR)_n \longrightarrow (RO)_{n-1}M\!-\!O\!-\!M(OR)_{n-1} + ROH$$

式中,M为金属元素,如钛(Ti)、锆(Zr)等;R为烷氧基。例如,以钛酸乙酯制备TiO_2薄膜的反应过程为:

$$Ti(OC_2H_5)_4 + 4H_2O \longrightarrow H_4TiO_4 + 4C_2H_5OH$$
$$H_4TiO_4 \longrightarrow TiO_2 + 2H_2O$$

采用溶胶-凝胶法制备薄膜具有多组分均匀混合、成分易控制、成膜均匀、能在较大面积上制备较薄的薄膜、成本低、周期短、易于工业生产等优点。目前已用于制备TiO_2、Al_2O_3、SiO_2、$BaTiO_3$、$PbTiO_3$、PZT、PLZT等薄膜。

5.6.3　阳极氧化法

阳极氧化法是将某些金属或合金(如铝、钽、钛、钡等),在相应的电解液中作阳极,用石墨或金属本身作阴极,加上一定的直流电压时,由于电化学反应会在这些金属的表面上形成氧化物薄膜,这个过程称为阳极氧化,其制膜方法称为阳极氧化法。它和其他的电解过程一样,也遵循法拉第定律,即将一定的电量严格定量地转化为金属的氧化物。然而,在阳极氧化过程中,会有一定数量的氧化物又溶解在电解液中,所以金属表面上的氧化膜的有效质量要比理论值偏低一些。也就是说,阳极氧化过程存在着金属溶解和氧化膜形成两个相反的过程,而成膜则是两者的综合结果。因此,氧化膜的形成是一种典型的不均匀反应,在镀膜中存在以下反应:

金属的氧化反应:

$$M + nH_2O \longrightarrow MO_n + 2nH^+ + 2ne^-$$

金属的溶解反应:

$$M \longrightarrow M^{2n+} + 2ne^-$$

氧化物的溶解反应:

$$MO_n + 2nH^+ \longrightarrow M^{2n+} + nH_2O$$

利用以上同时存在的反应生成阳极氧化物膜。在膜生成的初期,同时存在膜生成反应和金属溶解反应。溶解反应产生水合金属离子,生成由氢氧化合物或氧化物组成的胶状沉淀氧化物。氧化物覆盖表面后,金属活化溶解将停止,持续氧化反应是金属离子和电子穿过绝缘性金属氧化物在膜表面继续形成氧化物。为了维持离子的移动而保证氧化物薄膜的生长,需要外加一定的电场。阳极氧化膜的成分及其结构与电解液的类型和浓度以及工艺参数等多种因素有关。

5.6.4 电镀法

电流通过电解盐溶液引起的化学反应称为电解,利用电解反应在位于负极的基片上进行镀膜的过程称为电镀。由于电镀和电解是在水溶液中进行的,而真空蒸镀、离子镀和溅射是在真空中进行的,所以前者也可以称为湿式镀膜技术,后者称为干式镀膜技术。随着电镀技术的发展,电镀也可在非水溶液(如熔盐)中进行。

电镀是在含有被镀金属离子的水溶液中通过直流电流,使正离子在阴极表面放电,得到金属薄膜。电镀主要是指水溶液中的电镀,并已得到广泛应用。在电镀过程中利用外加直流电场使阴极的电位降低,达到所镀金属的析出电位,才有可能使阴极表面镀上一层金属膜。同时,必须提高阳极电位,只有在外加电位比阳极电位大得多时,阳极金属才有可能不断溶解,并使溶解速度超过阴极的沉积速度,才能保证电镀过程的正常进行。电镀过程遵循法拉第提出的两条基本规律:

① 化学反应量正比于通过的电流。

② 在电流量相同的情况下,沉积在阴极上或从阳极上分解出的不同物质的量正比于它们的物质的量。

电镀时所采用的电解溶液为电镀液,一般用来镀金属的盐类有单盐和络合盐两类。含单盐的电镀液如氯化物、硫酸盐等,含络合盐的薄膜电镀液如氰化物等。前者使用安全、价格便宜,但膜层质量差,比较粗糙;络合盐价格贵、毒性大,但镀层表面光亮。可根据不同的要求,选择不同种类的镀液。通常镀镍、铂等多使用单盐镀液,而采用络合盐来镀铜、金等。

在电镀过程中,对电镀层的基本要求是:具有细密的结晶、镀层平整、光滑牢固、无针孔等。由于电镀在常温下进行,所以镀层具有细致紧密、平整、光滑、无针孔等优点,并且厚度容易控制,因而在电子工业中得到了广泛的应用。

此外,化学溶液制膜还有电泳沉积法等,限于篇幅,这里不再详述。

5.6.5 喷雾热分解法

(1) 喷雾热分解法的基本特点

金属有机物化学气相沉积(MOCVD)法制备薄膜沉积温度较低、沉积速率高、制备的薄膜均匀,并能生长多元复合薄膜,与半导体工艺兼容,因此广泛地用于制备半导体、铁电、超导等薄膜材料。但由于 MOCVD 法所用的金属有机物源(MO 源)为高蒸气压的液体或气体,制备和提纯困难,目前制备的种类有限,且易水解,使用和运输不便,在一定程度上限制了 MOCVD 法的发展。为了克服 MOCVD 法的不足,人们开发出了一种新的化学制备薄膜的方法——喷雾热分解(Spray Pyrolysis,SP)法。喷雾热分解法在一定程度上结合了液相法和气相法制备薄膜技术的优点,显示出较广泛的应用前景。

喷雾热分解法采用类似于金属有机物热解法或溶胶-凝胶法中的有机溶液或水溶液为

气体,将气体溶液雾化为液滴,用类似于 CVD 的方法将液滴用载气送入反应室,在加热基片上反应沉积薄膜。根据雾化方式的不同,喷雾热分解法制备薄膜技术可分为压力雾化沉积、超声雾化沉积和静电雾化沉积,虽然在雾化方式上有所不同,但各系统均包括液态气体的输运、气体的雾化、雾化液滴的输运、基片加热以及薄膜沉积等几部分。

自从 1966 年用 SP 法制得太阳能电池用的 CdS 薄膜以来,SP 法已广泛用于制备单氧化物、尖晶石型氧化物、钙钛矿型氧化物以及硫化物、硒化物等。

SP 法还用于制备多化学组分的陶瓷粉体。

SP 法制备薄膜技术主要有如下优点:

① 工艺设备简单,不需要高真空设备,在常压下即可进行。

② 能大面积沉积薄膜,并可在立体表面沉积,沉积速率高,易实现工业生产。

③ 可选择的前驱物较多,容易控制薄膜的化学计量比,掺杂容易并可改变前驱物溶液中组分的浓度,制备多层膜或组分梯度膜等。

④ 通过调节雾化参数可控制薄膜的厚度,克服溶胶-凝胶法难于制备厚膜的不足。

⑤ 沉积温度大多在 600 ℃以下,相对较低。

不过无论采用何种方式雾化,SP 法制备薄膜均是由雾滴或细粉体颗粒沉积生长而成,所制备薄膜的表面不如 MOCVD 法制备的薄膜光滑平整,薄膜中的气孔率也较高。而且,雾化液滴的大小及分布、溶液性质以及基片温度等工艺条件对 SP 法制备薄膜的表面形貌影响很大。因此喷雾热解法不容易制备光滑、致密的薄膜,在沉积过程中薄膜中易带入外来杂质,而且主要限于制备氧化物、硫化物等材料。

(2)喷雾热分解法的改进技术

为了改善 SP 法制备薄膜的表面形貌和性能,主要的研究工作集中在如下三方面:一是改进气体的雾化技术,如脉冲间歇喷雾以及纳米射流;二是对源物质和溶剂的选择,改进气体的配制;三是采用新的加热沉积手段,如采用微波加热、热等离子体离化、冷等离子体气氛沉积等。

等离子体增强喷雾热解的类型根据产生等离子体的方式不同主要有:电晕放电喷雾热解、微波放电等离子体喷雾热解、射频感应等离子体喷雾热解。

① 电晕放电喷雾热解。电晕放电等离子体是弱电离的,其中性粒子要比离子多得多 [$(10^4 \sim 10^7)$:1],电子的温度较低,而离子的温度更低。由于传统的压力喷雾热解沉积效率低,采用电晕放电的方法将雾滴带电而控制雾滴向基片沉积,提高了沉积效率。如采用超声雾化技术将气体雾化,用氮气作为载气,通过将 $20 \sim 60$ kV 的高电压加在固定在气雾流上方的刀刃上,产生电晕放电等离子体,使雾化液滴带电,荷电液滴在接地基片上产生定向沉积,将沉积效率提高到 80%。

② 微波放电等离子体喷雾热解。微波放电是将微波的能量转换为气体分子的内能,使之激发、电离以产生等离子体的一种放电形式,通常采用的频率为 2.45 GHz,与射频放电有许多类似之处。微波放电无需在放电空间设置电极而功率却可以局部集中,因此能获得高密度的等离子体。在微波等离子体喷雾热解制备薄膜的过程中,雾滴质量比带电粒子的质量大得多,因此微波能量通过碰撞转移到雾滴上的能量非常少,很难使源物质颗粒气化和离化。研究表明,由于频率达 2.45 GHz 的微波耦合到小液滴的功率不够强,因此将微波直接耦合到盐溶液雾滴上不能达到目的。人们用微波等离子体喷雾热解法合成了氧化铝和氧化

锆陶瓷粉体,并与用焰热解制备的粉体的形貌进行了比较,发现两者实际上无明显差别,证明粉体的生成机制基本相同,表明等离子体热解过程是一个纯粹的热过程,等离子体增强化学反应对粉体表面形貌影响很小。

③ 射频感应等离子体喷雾热解。由于射频电感耦合等离子体(Inductively Coupled Plasma,ICP)是温度高于 5 000 K 的高温等离子体,能将几乎所有的源物质气化和离化,用于沉积薄膜。常用的射频电源的工作频率为 13.56 MHz,采用金属线圈将电能耦合到等离子体中。ICP 制备薄膜技术是将气体溶液雾化为液滴,用载气将雾滴引入等离子体炬中,雾滴经历干燥、气化、分解和离化等过程,最后反应生成的粒子在基片上沉积薄膜。该技术主要用于制备金属氧化物粉体、氧化物薄膜和外延沉积厚膜。但是该法中因为基片通过等离子体炬尾焰加热,温度较高,且存在较强的电磁场干扰,基片温度难于准确测量和控制,所以薄膜中各组分的化学计量受基片温度和基片位置的影响,较难控制。

薄膜的制备技术远不止我们上述介绍的这些。随着科技发展和学科交叉,对镀膜技术的要求在不断提高,尤其是精密的光学镀膜技术,在重大工程项目中显得更为重要,许多镀膜专家也几十年如一日坚守在镀膜工作第一线,为攻克镀膜核心技术难题而不懈努力。中国科学院长春光机所光学薄膜室主任王笑夷就是其中的一位。从事镀膜技术工作以来,王笑夷靠着执着、敬业和精益求精的精神,刻苦钻研镀膜技术,带领团队多次攻克国家重大工程项目镀膜技术难题。例如,实现了 SiC 反射镜表面改性技术零的突破,形成了一套完整的表面改性和反射膜镀膜工程化工艺技术,成功应用于航天工程项目中;在国际上首次应用磁控溅射技术完成了 4 m 口径 SiC 反射镜表面改性和反射膜镀膜,填补了多项国内空白,为大口径光学系统的研制解决了核心技术难题;完全自主研制成功了航天级多光谱滤光片,突破了国外技术封锁,保证了天绘一号卫星的顺利完成,也推进了我国光学镀膜技术的不断创新。

镀膜技术大拿

5.7 薄膜厚度的均匀性

膜层厚度随基片表面位置的不同而变化的状况称为膜层厚度的均匀性。膜厚均匀性不好,膜系特性会遭到严重的破坏,所以薄膜厚度的均匀性如同薄膜厚度的监控一样是一个重要的课题。不同用途的薄膜有不同的膜层厚度均匀性要求,对于光学薄膜,膜厚均匀性关系到薄膜的分光特性随表面位置的变化,并影响着镀膜零件的面型精度。为了获得厚度均匀的薄膜,可以从理论上进行计算,从而得到膜厚分布规律。在进行膜层厚度的分布规律计算时,对成膜过程做如下的假设:

① 蒸气分子与蒸气分子、蒸气分子与残余气体分子之间没有碰撞。

② 蒸气分子到达基片表面后全部沉积成紧密的薄膜,其密度与大块材料的密度相同。

③ 蒸发源的蒸气发射特性不随时间变化。

上述假设的实质就是设每一个蒸发原子或分子,在入射到基板表面上的过程中均不发生任何碰撞,而且到达基板后又全部凝结。显然,这必然与实际的蒸发过程有所出入。但是,这些假设对于在 10^{-3} Pa 或更低的压强下所进行的蒸发过程来说,它与实际情形是非常接近的。因此,可以说目前通常的蒸发装置一般都能满足上述条件。

在上述假设下,基片上任何一点的膜厚将取决于蒸发源的蒸发特性、基片和蒸发源的几何形状以及它们之间的相对位置关系。早期的研究表明,蒸发源可分为两类:一类是点蒸发源向各个方向均匀地发射蒸气分子;另一类是面蒸发源的蒸气密度按所设定的方向与表面法线间的夹角呈余弦分布,即遵守余弦分布律。但是实际蒸发源特别是对电子束蒸发源的蒸气发射特性研究表明,用 $\cos^n \theta$ 这样的分布来描述更为合理。为方便起见,这里我们先讨论点源($n=0$)和面源($n=1$)两种简单的情况。

5.7.1 点蒸发源的膜厚

通常将能够从各个方向蒸发等量材料的微小球状蒸发源称为点蒸发源(简称点源)。这种蒸发源和点光源的发射特性相似,实际中像钨丝作蒸发源蒸铝就属于点蒸发源。如图 5-24 所示,令 S 为蒸发源中心,P 为基片,S 和 P 之间的距离为 h,离开基片上的原点 O 为 x 处的微小面积元 dS_2,其蒸发距离为 r,与蒸发方向成 θ 角。那么 dS_2 所对应的立体角为 $d\omega$,点蒸发源以每秒 m 克的相同蒸发速率向各个方向蒸发,则在单位时间内,进入立体角 $d\omega$ 的蒸发材料总量为 dm,则有:

$$dm = \frac{m}{2\pi}d\omega \tag{5-42}$$

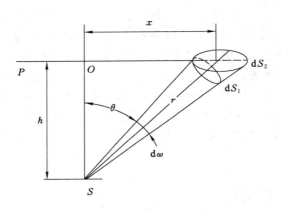

图 5-24　点蒸发源的发射特性

因此,在蒸发材料到达与蒸发方向成 θ 角的小面积 dS_2 的几何尺寸已知时,则沉积在此面积上的膜材厚度与数量即可求得。由图可知:

$$dS_1 = dS_2 \cos \theta$$
$$dS_1 = r^2 d\omega \tag{5-43}$$

则有:

$$d\omega = \frac{dS_2 \cos \theta}{r^2} \tag{5-44}$$

所以,蒸发材料到达 dS_2 上的蒸发速率 dm 可写成:

$$dm = \frac{m}{4\pi} \cdot \frac{\cos \theta}{r^2} \cdot dS_2 \tag{5-45}$$

假设蒸发膜的密度为 ρ,单位时间内沉积在 dS_2 上的膜厚为 t,则沉积到 dS_2 上的薄膜体积为 $t \cdot dS_2$,则有:

$$dm = \rho \cdot t \cdot dS_2 \tag{5-46}$$

将此值代入式（5-45），则可得基板上任意一点的膜厚为：

$$t = \frac{m}{4\pi\rho} \cdot \frac{\cos\theta}{r^2} \tag{5-47}$$

5.7.2 小平面蒸发源的膜厚

如图 5-25 所示，用小平面蒸发源代替点源（如用钼舟蒸发 Au 时）。

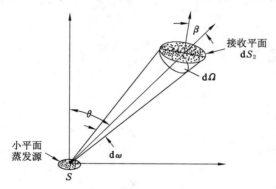

图 5-25 小平面蒸发源的发射特性

由于这种蒸发源的发射特性具有方向性，使在 θ 角方向蒸发的材料质量和 $\cos\theta$ 成正比，即遵从所谓的余弦角度分布规律。θ 是小平面蒸发源 S 的法线与接收平面 dS_2 中心和平面源 S 中心连线之间的夹角。则膜材从小平面 S 上以每秒 m 克的速率进行蒸发时，膜材在单位时间内通过与该小平面的法线成 θ 角度方向的立体角 $d\omega$ 的蒸发量 dm 为：

$$dm = \frac{m}{\pi} \cdot \cos\theta \cdot d\omega \tag{5-48}$$

式中，$1/\pi$ 是因为小平面源的蒸发范围局限在半球形空间。立体角 $d\omega$ 仍然满足式（5-44），如果蒸发材料到达与蒸发方向成 θ 角的小平面 dS_2 几何面积已知，则沉积在该小平面薄膜的蒸发量即可求得，具体为：

$$dm = \frac{m\cos\theta\cos\varphi dS_2}{\pi r^2} \tag{5-49}$$

同理，将 $dm = \rho \cdot t \cdot dS_2$ 代入上式后，则可得到小平面蒸发源基板上任意一点的膜厚 t 为：

$$t = \frac{m}{\pi\rho} \cdot \frac{\cos\theta\cos\varphi}{r^2} \tag{5-50}$$

下面根据式（5-47）和式（5-50）来讨论几种典型配置的膜层厚度分布。

5.7.3 在平面夹具上蒸镀时的膜厚分布

如图 5-26 所示，蒸发源放置在平面夹具的中心轴线上，两者相距 h，在与蒸发源平行的平面夹具上蒸镀平面薄膜。

从图中可见，此时 $\varphi = \theta$，$\cos\theta = h/r$，$r^2 = h^2 + x^2$，于是对点源，离开基板中心距离 x 处的膜厚 t 为：

$$t = \frac{m\cos\theta}{4\pi\rho r^2} = \frac{mh}{4\pi\rho(h^2 + x^2)^{3/2}} \tag{5-51}$$

则中心点（$\varphi = \theta = 0$）的膜厚为：

平面夹具上的膜厚

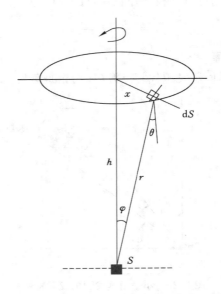

图 5-26　在平面夹具上蒸镀薄膜

$$t_0 = \frac{m}{4\pi\rho h^2} \tag{5-52}$$

所以,点源的膜厚分布为:

$$\frac{t}{t_0} = \frac{1}{[1+(x/h)^2]^{3/2}} \tag{5-53}$$

对于面蒸发源,则有:

$$t = \frac{m}{\pi\rho} \cdot \frac{\cos\theta\cos\varphi}{r^2} = \frac{mh^2}{\pi\rho(h^2+x^2)^2} \tag{5-54}$$

$$t_0 = \frac{m}{\pi\rho h} \tag{5-55}$$

膜厚分布为:

$$\frac{t}{t_0} = \frac{1}{[1+(x/h)^2]^2} \tag{5-56}$$

由式(5-53)和式(5-56)可以看出,定性上小平面蒸发源和点蒸发源所得出的膜厚分布规律是一致的,但定量上略有不同。图 5-27 给出了膜厚在平面夹具上的分布情况。

由图可见,无论是点蒸发源还是小平面蒸发源,在平面夹具上蒸镀平面薄膜时,膜厚是不均匀的,中心处的膜层厚,边缘处的膜层薄。显然,这种几何配置对于均匀性要求较高的滤光片是不合适的,除非基板很小,并安放在夹具的中央。另外,比较式(5-52)和式(5-55)可以看出,两种蒸发源在基片上所沉积的膜层厚度虽然很近似,但是由于蒸发源不同,在给定蒸发材料、蒸发源和蒸发距离的情况下,小平面蒸发源的最大厚度可为点蒸发源的 4 倍左右。可见,采用小平面蒸发源时,用料较少,因而比较经济。

5.7.4　在球面夹具上蒸镀时的膜厚分布

由图 5-28 可知,如果使用球形夹具,则均匀性可望得到显著改善。

零件放置在球面夹具上蒸镀球面薄膜,如果小平面蒸发源位于球面夹具的对称轴与球

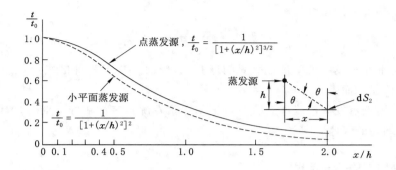

图 5-27　膜厚在平面夹具上的分布

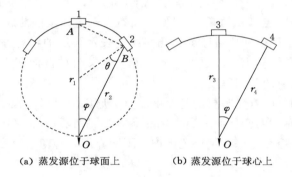

(a) 蒸发源位于球面上　　　　　(b) 蒸发源位于球心上

图 5-28　球面夹具上小平面蒸发源的两种配置

面的交点处,如图 5-28(a)所示,利用小平面蒸发源的膜厚公式可以分别求出夹具边缘处的膜厚 t 和顶点处的膜厚 t_0 分别为:

$$t = \frac{m}{\pi\rho} \cdot \frac{\cos\theta\cos\varphi}{r^2} = \frac{m\cos^2\varphi}{\pi\rho r_2^2} \quad (\theta = \varphi) \tag{5-57}$$

$$t_0 = \frac{m}{\pi\rho} \cdot \frac{\cos\theta\cos\varphi}{r^2} = \frac{m}{\pi\rho r_1^2} \quad (\cos\theta = \cos\varphi = 1) \tag{5-58}$$

由图中△AOB 可知:

$$r_2 = r_1\cos\varphi$$

于是膜厚分布为:

$$\frac{t}{t_0} = \frac{r_1^2\cos^2\varphi}{r_2^2} = 1 \tag{5-59}$$

因此,小平面蒸发源位于球面夹具的对称轴与球面的交点处时,球面夹具上各零件的膜厚是均匀一致的。

如果小平面蒸发源放置在球面夹具的球心处,如图 5-28(b)所示,同样利用小平面蒸发源的膜厚公式,可以分别求出夹具边缘处的膜厚 t 和顶点处的膜厚 t_0 分别为:

$$t = \frac{m}{\pi\rho} \cdot \frac{\cos\theta\cos\varphi}{r^2} = \frac{m\cos\varphi}{\pi\rho r_4^2} \quad (\theta = 0) \tag{5-60}$$

$$t_0 = \frac{m}{\pi\rho} \cdot \frac{\cos\theta\cos\varphi}{r^2} = \frac{m}{\pi\rho r_3^2} \quad (\theta = \varphi = 0) \tag{5-61}$$

由于 $r_3 = r_4$，于是膜厚分布为：

$$\frac{t}{t_0} = \frac{r_3^2 \cos \varphi}{r_4^2} = \cos \varphi \tag{5-62}$$

因此，小平面蒸发源位于球面夹具的球心上，球面夹具上零件的膜厚是不均匀的，所以蒸发源应该放在球面上。

同理，利用点蒸发源的膜厚公式可以证明点蒸发源只有放在球心上时，球面夹具上的零件才能获得均匀的膜厚。

5.8   薄膜厚度的监控

光学薄膜的特性与其每一层的薄膜厚度密切相关，因此，为了镀制符合要求的光学薄膜，在镀制过程中必须监控薄膜的厚度，以便制备符合选定厚度的薄膜。薄膜的厚度有三种概念，即几何厚度、光学厚度和质量厚度。几何厚度表示膜层的物理厚度或实际厚度，几何厚度与膜层折射率的乘积称为光学厚度。质量厚度定义为单位面积上的质量，若已知膜层的密度，则可转换成相应的几何厚度。

为了监控薄膜的厚度，首先需要的是厚度测量。原则上可以有很多测量厚度的途径，但都需要找到一个随着厚度的变化而适当变化的参数，然后设计一个在蒸发时监控这一参数的方法，将薄膜厚度监控在允许的偏差范围内。下面介绍几种薄膜厚度的监控方法。

5.8.1   极值法

极值法是利用光电接收系统测量镀膜过程中由于薄膜厚度变化而引起的薄膜透射率 T 或反射率 R 的变化。

当一束光经过薄膜两表面时将产生多光束干涉。若薄膜折射率为 n，基片材料折射率为 n_s，入射介质折射率为 n_0，当光束以入射角 i 射到光学厚度为 nd 的膜层上时（在膜层中折射角为 φ），薄膜上、下表面的两反射光将具有光程差 Δ，即：

$$\Delta = 2d\sqrt{n^2 - \sin^2 i} = 2nd \cos \varphi \tag{5-63}$$

如果薄膜上、下两表面的反射系数和透射系数分别为 r_a^+、r_a^-、t_a^+、t_a^-、r_b^+、r_b^-、t_b^+ 和 t_b^-，如图 5-29 所示，由于 $r_a^+ = -r_a^-$，$r_b^+ = -r_b^-$，并令 $r_1 = r_a^+$，$r_2 = r_b^+$，$t_1 = t_a^+$，$t_2 = t_b^+$，$r = r_1 \cdot r_2$，$t = t_1 \cdot t_2$，则正入射时，膜层的透射比 T 为：

$$T = \frac{n_s}{n_0} \cdot \frac{t^2}{1 + r^2 - 2r\cos(4\pi nd/\lambda)} \tag{5-64}$$

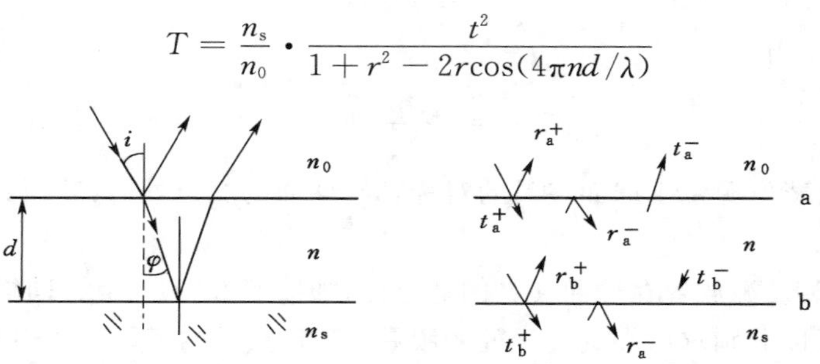

图 5-29   光在薄膜上的反射和透射

对于介质膜，吸收系数可略而不计，于是有 $r + t = 1$。

在镀膜过程中,随着薄膜光学厚度的增加,薄膜透射率变化情况如下:

(1)薄膜透射率极大值的条件

当 $n < n_s$ 时,$nd = (2k+1) \cdot \dfrac{\lambda}{4}$,$k = 0, 1, 2, 3 \cdots$;

当 $n > n_s$ 时,$nd = k \cdot \dfrac{\lambda}{2}$,$k = 0, 1, 2, 3 \cdots$。

(2)薄膜透射率极小值的条件

当 $n < n_s$ 时,$nd = k \cdot \dfrac{\lambda}{2}$,$k = 0, 1, 2, 3 \cdots$;

当 $n > n_s$ 时,$nd = (2k+1) \cdot \dfrac{\lambda}{4}$,$k = 0, 1, 2, 3 \cdots$。

由于介质膜 $r + t = 1$,所以透射率为极大值,则反射率为极小值;反之亦然。

因此,当薄膜的光学厚度为某一波长的四分之一整数倍时,薄膜在该波长处获得极值透射率或极值反射率,以此可以控制膜层的厚度。

5.8.2 石英晶体振荡法

这是一种利用改变石英晶体电极的微小厚度来调整晶体振荡器的固有振荡频率的方法。利用这一原理,在石英晶片电极上沉积薄膜,然后测量其固有频率的变化就可以求出其质量膜厚。因为石英晶体具有压电效应,其固有频率不仅取决于几何尺寸和切割类型,而且还取决于厚度 d,于是有:

$$f = N/d \tag{5-65}$$

式中,N 是取决于石英晶体的几何尺寸和切割类型的频率常数。对一个 AT 切型石英晶体,$N = f \cdot d = 1\ 670\ \text{kHz} \cdot \text{mm}$。AT 切型石英晶体的振动频率对质量的变化极其灵敏,但却不敏感于温度变化,故非常适合薄膜沉积中的质量控制。

为了求出镀膜时质量增量所产生的晶体频率变化,对式(5-65)微分可得:

$$\Delta f = -\frac{N \Delta d}{d^2} \tag{5-66}$$

式(5-66)的物理意义是:若厚度为 d 的石英晶体厚度改变 Δd,则振动频率变化为 Δf,负号表明频率随厚度的增加而减少。

为了把石英晶体厚度增量 Δd 变换成膜层厚度增量 Δd_M,可利用关系式:

$$\Delta m = A \cdot \rho_M \cdot \Delta d_M = A \cdot \rho_Q \cdot \Delta d \tag{5-67}$$

式中,A 为晶体受镀面积;ρ_M 为膜层密度;ρ_Q 为石英密度,取 $2.65\ \text{g/cm}^3$。

于是 $\Delta d = (\rho_M / \rho_Q) \Delta d_M$,所以 $\Delta f = -(N/d^2)(\rho_M / \rho_Q) \Delta d_M$,因为 $f = N/d$,最后得:

$$\Delta f = -\frac{\rho_M}{\rho_Q} \cdot \frac{f^2}{N} \Delta d_M \tag{5-68}$$

式中,f 是石英晶体的基频,而 ρ_M 对于既定材料是已知的,可见 $(\rho_M / \rho_Q)(f^2/N)$ 为常数,从而建立了 Δf 与 Δd_M 之间的线性关系。

式(5-68)表明 Δf 与 f^2 成正比。如果晶体的基频 f 越高,控制灵敏度就越高,这意味着晶体的厚度应足够小。在沉积过程中,频率不断下降,在用式(5-68)计算 Δd_M 引起的 Δf 时,f 应修正为晶体与沉积膜质量的共振频率。随着膜厚不断增加,石英晶体灵敏度降低,通常频率的最大变化不得超过几百千赫,不然振荡器工作将不稳定,即产生所谓跳频。这时如果继续进行沉积,就会停止振荡。为了保证振荡稳定和保持较高的灵敏度,晶体上的薄膜镀到一定厚度后,就要清洗或调换。

由石英晶体的频率下降值就能得到膜层的几何厚度,它与折射率的乘积即为控制的光学厚度。然而,膜层的折射率和密度与块状材料的数据并不相同,因此后者对于标定晶体监控仪,因提供的数字并不可靠,而必须通过实验获得。遗憾的是在不同的蒸发条件下,同样材料的薄膜可以具有不同的光学性质,因此获得的折射率和密度等数据只有当膜在同样条件下蒸发才有确实根据。

石英晶体监控的有效精度取决于电子线路的稳定性、所用晶体的温度系数、石英晶体传感探头的特定结构以及相对于热蒸气的合理定位。假设能够检测的频率变化为 1 Hz,则对应的质量厚度为 10^{-8} g/cm^2。考虑到这些限制,几何厚度达到 2%～3% 的控制精度是可能的,这个精度对大多数光学薄膜设计足够了。

石英晶体监控有三个非常实际的优点:① 装置简单,没有通光窗口,没有光学系统安排等麻烦;② 信号容易判读,随着膜厚的增加,频率线性下降,与薄膜是否透明无关,同时它还可以记录蒸发速率,这些特点使它很适合于自动控制;③ 对于小于 $\lambda_0/8$ 的厚度有较高的控制精度。此方法的主要缺点是晶体直接测量薄膜的质量而不是光学厚度,对于监控密度和折射率显著依赖于蒸发条件的薄膜材料,欲得到良好的重复性似乎是有困难的。此外,晶体的灵敏度随着质量的增加而降低,这使它减少了在红外多层膜工作中的应用。

5.8.3 触针法

这种方法是把表面光洁度的测量方法直接用于膜厚测量,如图 5-30 所示,将表面光洁度计的触针垂直地在被测薄膜表面上进行扫描,由于针在表面上上下移动,使感应线圈感应的电信号发生变化,并经放大而测得膜厚。

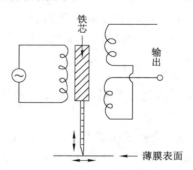

图 5-30　差动变压器式光洁度计的触针部分

触针是用一根半径为 0.7～2 μm 的钻石制成的细针,使用时施加 50 MPa 的压力压在薄膜表面上,这一方法能够迅速地测定出表面上的厚度分布和表面结构,并具有相当的精度,而且对薄膜表面的损伤也很小,它记录的最小厚度差约为 2.5 nm。与干涉法相比,触针法得到的结果与干涉法的测量结果十分符合,但触针法不必在试样表面镀上附加膜层。此外,触针法不能记录薄膜表面上窄的裂纹和裂缝。

除上述的方法外,专用厚度监控方法还有辐射吸收法和辐射发射法,以及功函数变化等其他方法,在此不再一一介绍。

思考题与习题

1. 物理气相沉积为什么要在真空环境中进行？

2. 如果某真空室体积为 V，初始压强为 p_0，机械泵旋转所形成的最大抽气空间为 ΔV，如果转子每分钟转 n 转，经过时间 t，则真空室的压强变为多少？

3. 电子束蒸发和其他热蒸发技术相比有哪些优点？

4. 二氧化碳气体的分子量为 44，在室温 25 ℃时二氧化碳分子的直径为 4.7×10^{-8} cm，求：

① 室温时二氧化碳气体分子的平均速度。

② 当某容器内二氧化碳气体的压强为 10^{-4} Pa 时，则容器中气体分子的碰撞频率是多少？

③ 此时二氧化碳气体分子的平均自由程是多少？

5. 根据饱和蒸气压与温度的关系式 $\lg p_v = A - \dfrac{B}{T}$ 和质量蒸发速率的表达式 $G = \sqrt{\dfrac{m}{2\pi kT}} \cdot p_v$，试推导温度变化率对质量蒸发速率变化影响的关系式。

6. 推导点蒸发源和小平面蒸发源镀膜时的膜厚分布规律表达式。

7. 影响溅射率的因素有哪些？

8. 采用真空蒸发镀制金属铬膜时，如果源-基距为 40 cm，为了获得无氧化光滑的薄膜，那在室温（20 ℃）下：

① 蒸发开始时镀膜室内的起始真空度为多少？

② 在 2 000 K 温度下，铬的蒸发速率为多少？

③ 如果是点蒸发源，当蒸发速率为 10 g/s 时，要在点源正上方获得厚度为 300 nm 的薄膜需要多少时间？

（已知空气分子的直径为 3.7×10^{-8} cm，Cr 原子的直径为 3.5×10^{-8} cm，铬膜的密度为 10.49 g/cm³，铬的分子量为 52，铬蒸气在 2 000 K 时的饱和蒸气压为 10^{-4} Pa）

9. 查阅资料，进一步了解薄膜制备技术的新进展，了解为此做出贡献的科学工作者的经历以及他们的成就，并简要阐述这些进展及经历对你的影响和你对此的看法。

第 5 章习题答案

第6章　薄膜生长与薄膜结构

👉 **知识目标**

  理解气相原子到达基片表面发生的现象；掌握核形成的条件及影响因素；掌握临界核吞并结合的三种模式及两种核生长理论；理解薄膜结构和缺陷的概念、分类；掌握薄膜结构与缺陷对薄膜性能的影响规律、形成机制及实验研究观测技术。

👉 **能力目标**

  能区分两种核生长理论适用条件；能分析临界核吞并结合三种模式的特征、机制、驱动力及规律；能辨析薄膜不同生长模式产生的原因；能正确分析薄膜结构与缺陷类型；能解释结构、缺陷与性能之间的联系；能通过物理性能的观测研究薄膜结构与缺陷。

👉 **素质目标**

  掌握科学认识方法论、透过现象看本质及从特殊到一般的认识规律，并建立规则意识、职业规范与道德；培养学生意识到眼见不一定为实，实践才是检验真理的唯一标准。

  薄膜的生长过程直接影响到薄膜的结构以及它最终的性能。图 6-1 所示为薄膜沉积中原子的运动状态及薄膜的生长过程。射向基板及薄膜表面的原子、分子与表面相碰撞，其中一部分被反射，另一部分在表面上停留。停留于表面的原子、分子，在自身所带能量及基板温度所对应的能量作用下，发生表面扩散及表面迁移，一部分再蒸发而脱离表面，一部分落入势能谷底而被表面吸附，即发生凝结过程。凝结伴随着晶核形成与生长过程以及岛形成、合并与生长过程，最后形成连续的膜层。

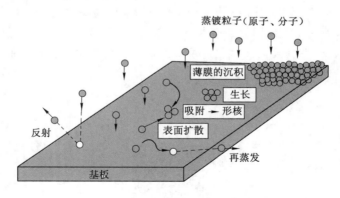

图 6-1　薄膜的形成过程

  通常我们眼睛看到、手接触到的物体，都是在温度变化缓慢、几乎处于热平衡状态下制造的（即使是淬火处理，基体金属仍然是这样制造的）。因此，其内部缺陷少，而形状也

薄膜的设计、制备及应用

多是块体状的。但是,在真空中制造薄膜时,真空蒸镀需要进行数百摄氏度以上的加热蒸发。在溅射镀膜时,从靶表面飞出的原子或分子所带的能量,与蒸发原子相比还要更高些。这些气化的原子或分子,一旦到达基板表面,在极短的时间内就会凝结为固体。也就是说,薄膜沉积伴随着从气相到固相的急冷过程,从结构上看,薄膜中必然会保留大量的缺陷。

此外,薄膜的形态也不是块体状的,其厚度与表面尺寸相比相差甚远,可近似为二维结构。薄膜的表面效应势必十分明显。

从以上几点看,薄膜与我们常见的物体具有很大差异。

薄膜结构和性能的差异与薄膜形成过程中的许多因素密切相关。因此,在讨论薄膜结构和性能之前,先研究薄膜的形成问题。虽然薄膜的制备方法有许多种类,薄膜形成的机制各不相同,但是在许多方面还是具有其共性特点的。在本章中,我们以真空蒸发薄膜的形成为例进行重点讨论。

6.1 吸附、表面扩散与凝结

6.1.1 吸附

6.1.1.1 吸附现象

从蒸发源或波源入射到基板表面的气相原子都带有一定的能量(图 6-1),它们到达基板表面之后可能发生三种现象:

① 与基板表面原子进行能量交换被吸附。

② 吸附后气相原子仍有较大的解吸能,在基板表面短暂停留(或扩散)后,再解吸蒸发(再蒸发或二次蒸发)。

③ 与基板表面不进行能量交换,入射到基板表面上立即被反射回去。

表面吸附

当用真空蒸镀法或溅射镀膜法制备薄膜时,入射到基板表面上的气相原子,绝大多数都与基板表面原子进行能量交换而被吸附。与固体内部相比,固体表面这种特殊状态使它具有一种过量的能量,一般称其为表面自由能。固体表面吸附气相原子后可使其自由能减小,从而变得更稳定。伴随吸附现象的发生而释放的一定的能量称为吸附能。将吸附在固体表面上的气相原子除掉称为解吸;除掉被吸附气相原子所需的能量称为解吸能。

固体表面与固体内部相比,在晶体结构方面一个重大差异是:前者出现原子或分子间结合化学键的中断。原子或分子在固体表面形成的这种中断键称为不饱和键或悬挂键。这种键具有吸引外来原子或分子的能力。入射到基板表面的气相原子被这种悬挂键吸引住的现象称为吸附。如果吸附仅仅是由原子电偶极矩之间的范德华力起作用,则称其为物理吸附;若吸附是由化学键结合力起作用,则称其为化学吸附。一个气相原子入射到基板表面上,能否被吸附,是物理吸附还是化学吸附,除与入射原子的种类、所带的能量相关外,还与基板材料、表面的结构和状态密切相关。

6.1.1.2 化学吸附和物理吸附

气体同固体之间的键合可分为化学键(或称化学吸附)与物理键(或称物理吸附)。形成化学键的典型过程是燃烧,燃烧伴有剧烈的发热。要想使燃烧产物还原,必须以某种形式给出与燃烧所放出的相当的能量才行。物理键的一个常见的例子是,在天气寒冷时水在窗玻璃上形成雾状物。这时也许会有人所感觉不到的微微的发热,这种发热被户外的寒气吸收了,这种场合下要想还原,由于需要的能量少,只要稍微加一点温就行了。吸附的情况下也是同样的,物理吸附的情况和化学吸附的情况在发热量上有明显的差别,用此参量就可以区分二者。

如果从在化学反应方程式中常常使用的结合状态或者键的角度来谈物理吸附和化学吸附的话,则化学吸附时物体表面上的原子键处于不饱和状态,因而它是靠键(如共享电子或者交换电子的金属键、共价键、离子键等)的方式将原子或分子吸附于表面;物理吸附则是表面原子键处于饱和状态,因而表面是非活性的,只是由于范德华力(弥散力)、电偶极子和电四极子等静电相互作用而将原子或分子吸附在表面上。

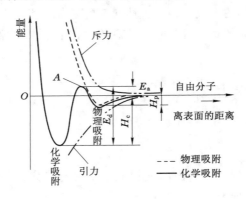

图 6-2　吸附的位能曲线

如果用位能曲线来表示的话,一般如图 6-2 所示。分子由于上述的与表面结合的引力而靠近表面,但是在距表面很近的地方又由于斥力的作用而停留在一个位能最小的位置上。斥力是在分子与表面的距离 r 小的时候起作用,且随着 r 的减小而急剧地增大。相反,引力随着 r 的变化而变化较小,且在较大范围内(实际上也只是在数埃左右)连续起作用。例如,在物理吸附的场合,这两种力(图 6-2 中的两条点画线)合成的位能曲线如虚线那样,吸附的分子落在位能最低点,并在其附近做热振动。H_p 称为脱附表面的活化能(从表面脱附所必需的能量)或者吸附热。因为 H_p 的数据很难查找,因此一般可以用具有大致相同数值的液化热 H_1 来代替(表 6-1、表 6-2)。例如,在金属上吸附气体的场合,第一层与金属的吸附热一般要比 H_1 大得多。但是,如果在金属上附着了相当多层时,在吸附着的气体上再进行吸附,就相当于同样气体的液化凝结,因而吸附热接近 H_1 的值。

表 6-1　物理吸附的吸附热 H_p(kcal/mol)[③]

吸附剂[①]	吸附质[②]								
	氮	氢	氖	氮	氩	氪	氙	甲烷	氧
多孔玻璃	0.68	1.97	1.54	4.26	3.78				4.09
萨冉(Satan)活性炭	0.63	1.87	1.28	3.70	3.66			4.64	
炭黑	0.60		1.36		4.34				
氧化铝				2.80	3.46				

表 6-1（续）

吸附剂①	吸附质②								
	氖	氢	氖	氮	氩	氪	氙	甲烷	氧
石墨化炭黑					2.46	3.30	4.23		
钨					约1.9	约4.5	8～9		
钼							约8		
钽							约5.3		
液化热 H_1/(kcal/mol)	0.020	0.215	0.431	1.34	1.558	2.158	3.021		

注：① 系指吸附气体的固体；② 系指被固体吸附的气体；③ 1 kcal/mol＝4.18 kJ/mol。

表 6-2　液化热 H_1 和生成热

物质	液化热 H_1/(kcal/mol)①	氧化物的生成热/(kcal/mol)	生成物举例
铜	72.8	39.84	Cu_2O
银	60.72	7.31	Ag_2O
金	74.21		
铝	67.9	384.84	γ-Al_2O_3
铟	53.8	222.5	In_2O_3
钛	101	218	TiO_2
锆	100	258.2	ZrO_2
铌		463.2	Nb_2O_2
钽		499.9	Ta_2O_3
硅	71	205.4	SiO_2(g)
锡	55	138.8	SnO_2
铬	72.97	269.7	Cr_2O_3
钼		180.33	MoO_3
钨		337.9	W_2O_3
镍	90.48	58.4	NiO
钯	89	20.4	PbO
铂	122		
水	9.77	68.32	H_2O(l)
In_2O_3	85		
α-SiO_2	2.04		

注：① 1 kcal/mol＝4.18 kJ/mol。

在化学吸附的场合，由于发生上述那样激烈的反应，分子会发生化学变化（如双原子的分子分解成两个原子）而改变形态。靠近表面的分子首先被物理吸附（图 6-2）。如果由于某种原因使它获得了足够的能量而越过 A 点，就会发生化学吸附，结果放出大量的能量来。$E_d＝H_c＋E_a$ 称为化学吸附的脱附活化能（见表 6-3），H_c 称为化学吸附的吸附热（见表 6-4），E_a 称为化学吸附活化能。吸附热的数值接近于化合物的生成热，在表中未列出数值时,可以用生成热作为其估计值(见表6-2)。

表6-3　τ_0[①] 和脱附活化能 E_d

物质[②]	τ_0/s	$E_d/(kcal/mol)$[⑤]	物质[②]	τ_0/s	$E_d/(kcal/mol)$[⑤]
Ar-玻璃	9.1×10^{-12}	2.43	Cr-W	3×10^{-14}	95
DOP-玻璃	1.1×10^{-16}	22.4	Be-W	1×10^{-15}	95
C_2H_6-Pt	5.0×10^{-9}	2.85	Ni-W	6×10^{-15}	100
C_2H_4-Pt	7.1×10^{-10}	3.4	Ni-W(氧化)	2×10^{-16}	83
H_2-Ni	2.2×10^{-12}	11.5	Fe-W	3×10^{-18}	120
O-W	2.0×10^{-16}	162	Ti-W[③]	3×10^{-12}	130
Cu-W	3×10^{-14}	54	Ti-W[④]	1×10^{-12}	91

注:① τ_0 为吸附时间常数,$\tau_0 = \dfrac{1}{\nu}$,ν 为表面原子的振动频率;② Ar-玻璃~O-W 的数据为富水归纳的数据,Cu-W~Ti-W 的数据为根据 Shelton 数据的推算值;③ 覆盖度 $\theta = 0$;④ 覆盖度 $\theta = 1$;⑤ 1 kcal/mol=4.18 kJ/mol。

表6-4　化学吸附的吸附热和化合物的生成热

组合	吸附热 H_c /(kcal/mol)[①]	固相	生成热 /(kcal/mol)[①]	组合	吸附热 H_c /(kcal/mol)[①]	固相	生成热 /(kcal/mol)[①]
W-O_2	194	WO_2	134	Rh-O_2	76	RhO	48
W-N_2	85	W_2N	34.3	Rh-H_2	26	—	—
W-H_2	46	—	—	Ni-O_2	115	NiO	115
Mo-O_2	172	MoO_2	140	Ni-N_2	10	Ni_3N	−0.4
Mo-H_2	40	—	—	Ge-O_2	132	GeO_2	129
Pt-O_2	67	Pt_3O_4	20.4	Si-O_2	230	SiO_2	210

注:① 1 kcal/mol=4.18 kJ/mol。

这些吸附力,从广义上说都是构成原子的基本粒子之间的电场力。物理的吸附力为范德华力(弥散力)和电偶极子、电四极子等的静电相互作用力。依赖它们的吸附称为物理吸附。化学的吸附力是由离子键、原子键、金属键这样一些电子交换或电子共享而产生的力。

6.1.1.3　吸附的概率和吸附时间

碰撞表面的分子是照原样反射回空间,还是失去其动能(传递给表面原子)被吸附于如图6-2所示的那种位能最低点呢?吸附分子在它与固体之间或者自身内部进行能量的重新分配,最终将稳定在某一能级上。吸附分子在滞留于表面的时间内,如果得到了脱附活化能,则还会脱离表面,返回到空间中去,吸附的概率也分别按物理吸附和化学吸附来考虑。碰撞表面的气体分子被物理吸附的概率称为物理吸附系数,被化学吸附的概率称为化学吸附系数。物理吸附的分子中的一部分越过位能曲线的峰就会被化学吸附,但是如果像图6-2所示的那样,$E_a > 0$(也存在负的情况),化学吸附需要激活,且化学吸附的速率受到限制。

作为物理吸附系数的一个例子,可以举出如表6-5所列的数值。对保持较高温度表面的物理吸附系数,测定过的还不多,但是可以认为,对气体而言大体在 0.1 和 1 之间,而对蒸发金属而言则为接近 1 的值。化学吸附系数,对于那种可以在超高真空中用高温加热方法得到清洁表面的金属,有很多测试数据。但是,一般说来,化学吸附具有对表面结构情况敏感的性质,因此,测试结果呈现出如表 6-6 所列那样分散的情况。清洁的金属表面上的化学吸附系数在 0.1～1 的范围之内。温度越高,化学吸附系数越小。

表 6-5 300 K 时气体的物理吸附系数

气体	表面温度/K	物理吸附系数	气体	表面温度/K	物理吸附系数
Ar	10	0.68	O_2	30	0.86
Ar	20	0.66	CO_2	10	0.75
N_2	10	0.65	CO_2	20.77	0.63
N_2	20	0.60	H_2O	77	0.92
CO	10	0.90	SO_2	77	0.74
CO	20	0.85	NH_3	77	0.45

表 6-6 钨表面对氮的初始化学吸附系数

测定者	样品的形状	初始化学吸附系数	测定者	样品的形状	初始化学吸附系数
Backer 和 Hartman(1953)	丝状	0.55	Nasini 和 Ricca(1963)	板状	0.1
Ehrlich(1956)	丝状	0.11	小栗(1963)	丝状	0.2
Eisinger(1958)	条带状	0.3	Ustinov 和 Ionov(1965)	丝状	0.22
Schlier(1958)	条带状	0.42	Ricca 和 Saini(1965)	蒸镀膜	0.05
Kisliuk(1959)	条带状	0.3	Hill 等(1966)	条带状	0.05～0.1
Ehrlich(1961)	丝状	0.33	Hayward 等(1967)	蒸镀膜	0.75
Jones 和 Pethica(1960)	条带状	0.035			

对于吸附分子一次能在表面停留多长时间,可以采用平均吸附时间 τ_a(从吸附于表面开始到脱附表面为止的平均时间)来衡量和表示。

如果用 E_d 表示脱附活化能,则平均吸附时间 τ_a 可以表示为:

$$\tau_a = \tau_0 \exp(E_d/kT) \tag{6-1}$$

式中,$\tau_0 = 1/\nu$,ν 为表面原子的振动频率;k 为玻尔兹曼常数;T 为热力学温度。

如果从实用的角度来看,可以假定 τ_0 在 $10^{-13}～10^{-12}$ s 的范围内(见表 6-3)。特别是和我们关系密切的物质,E_d 较大的情况多,因而 τ_0 对于 E_d 比对 τ_0 更为敏感。当 τ_0 为 10^{-13} s 时,把 E_d 作为参变量,可以把 τ_0 和 T 的关系表示成如图 6-3 所示的那样。例如,表 6-2 中所列的制造薄膜所用的物质,与脱附表面的活化能(物理吸附的吸附热)H_p 相接近的 H_1 的值较大,τ_a 接近于 ∞,因此从吸附的角度来看,可以称之为表面物质。而在表 6-3 中所列的 Ar-玻璃等情况下,τ_a 极小,可以称之为气体。

作为实际问题,使用何种材料、进行何种处理,做成真空容器后会发生何种吸附,效果如何,对这些是不可能简单地说清楚的。特别是由于表面状态往往不能保持一定,越发使问题困难化了。在真空技术中,这些因素对容器表面放气起决定性作用。关于气体放出的速度

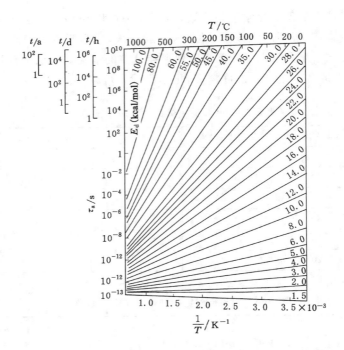

图 6-3　平均吸附时间 τ_a 与脱附活化能 E_d 及温度 T 之间的关系

有许多测定结果,但是偏差很大。同时,利用这些测定结果做出的真空装置也出现了许多与预期相反的结果。这是由于测定时的表面状况几乎不可能与实用时的表面完全相同造成的。

在薄膜制造过程中,有如反应溅射镀膜那样利用薄膜与气体进行反应而获得新材料这种积极利用反应的情况,也有在想要得到纯膜时残余气体和薄膜发生反应而引起麻烦的情况。在这些情况下,在何种薄膜上何种气体会被化学吸附是个重要的问题。表 6-7 中给出了这种组合关系的一些例子。在制造薄膜时还有一个问题,即膜与基片间的附着强度问题。可以认为,在尽可能充分地产生化学键的条件下,制造薄膜可以得到高的附着强度。但是,在什么样的条件下附着薄膜会产生何种键,从而得到多大的附着强度,这样的研究结果还不多见。现在的实际情况是一个一个地确定处理方法和制造薄膜的工艺条件,以便获得最高的附着强度。

表 6-7　气体在金属表面上的化学吸附

气体	快速吸附	缓慢吸附	0 ℃以下不吸附的金属
H_2	Ti、Zr、Nb、Ta、Cr、Mo、W、Fe、Co、Ni、Rh、Pd、Pt、Ba	Mo、Ga、Ge	K、Cu、Ag、Au、Zn、Cd、Al、In、Pb、Sn
O_2	除金以外的全部金属		Au
N_2	La、Ti、Zr、Nb、Ta、Mo、W	Fe、Ga、Ba	与 H_2 相同,再加上 Ni、Rh、Pd、Pt
CO	与 H_2 相同,再加上 La、Mn、Cu、Ag、Au	Al	K、Zn、Cd、In、Pb、Sn
CO_2	除 Rh、Pd、Pt 外,与 H_2 相同	Al	Rh、Pd、Cu、Zn、Cd、Pt

表 6-7(续)

气体	快速吸附	缓慢吸附	0 ℃以下不吸附的金属
CH_4	Ti、Ta、Cr、Mo、W、Rh	Fe、Co、Ni、Pd	
C_2H_6	与 CH_4 相同,再加上 Ni、Pd	Fe、Co	
C_2H_4	与 H_2 相同,再加上 Cu、Au	Al	与 CO 相同
C_2H_2	与 H_2 相同,再加上 Cu、Au、K	Al	除 K 外,与 CO 相同
NH_3	W、Ni、Fe		
H_2S	W、Ni		

6.1.2 表面扩散

　　入射到基板表面上的气相原子被表面吸附后,便失去了在表面法线方向的动能,只具有平行于表面方向的动能。依靠这种动能,被吸附原子在表面上沿不同方向做表面扩散运动。在表面扩散过程中,单个被吸附原子间相互碰撞形成原子对之后,才能产生凝结。因此,在研究薄膜形成过程时所说的凝结就是指吸附原子结合成原子对及其以后的过程。所以,吸附原子的表面扩散运动是形成凝结的必要条件。

　　图 6-4 是吸附原子表面扩散时有关能量的示意图。从图中可以看到,表面扩散激活能 E_D 比脱附活化能 E_d 小得多,大约是脱附活化能的 $1/6 \sim 1/2$。表 6-8 给出了一些典型体系中脱附活化能 E_d 和表面扩散激活能 E_D 的实验值。

图 6-4　吸附原子表面扩散示意图

表 6-8　一些典型体系中脱附活化能 E_d 和表面扩散激活能 E_D 的实验值

凝聚物	基片	E_d/eV	E_D/eV
Ag	NaCl		0.2
Ag	NaCl		0.15(蒸镀)、0.10(溅射镜膜)
Al	NaCl	0.6	
	云母	0.9	
Ba	W	3.8	0.65
	Ag(新膜)	1.6	
Cd	Ag(玻璃)	0.24	
Cu	玻璃	0.14	
Cs	W	2.8	0.61
Hg	Ag	0.11	
Pt	NaCl		0.18
W	W	3.8	0.65

吸附原子在一个吸附位置上的停留时间称为平均表面扩散时间,用 τ_D 表示。它同表面扩散激活能 E_D 之间的关系为:

$$\tau_D = \tau'_0 \exp(E_D/kT) \tag{6-2}$$

式中,τ'_0 是表面原子沿表面水平方向振动的周期,大约为 $10^{-13} \sim 10^{-12}$ s,一般认为 $\tau'_0 = \tau_0$;k 是玻尔兹曼常数;T 是热力学温度。

吸附原子在表面停留时间经过扩散运动所移动的距离(从起始点到终点的间隔)称为平均表面扩散距离,并用 $\bar{x}$ 表示,它的数学表达式为:

$$\bar{x} = (D_s \cdot \tau_a)^{\frac{1}{2}} \tag{6-3}$$

式中,D_s 为表面扩散系数。

若用 a_0 表示相邻吸附位置的间隔,则表面扩散系数定义为 $D_s = a_0^2/\tau_D$,这样,平均表面扩散距离 $\bar{x}$ 可表示为:

$$\bar{x} = a_0 \exp[(E_d - E_D)]/2kT \tag{6-4}$$

由式(6-4)可以看出,E_d 和 E_D 值的大小对凝结过程有较大影响。表面扩散激活能 E_D 越大,扩散越困难,平均扩散距离 $\bar{x}$ 也越短;脱附活化能 E_d 越大,吸附原子在表面上停留时间 τ_a 越长,则平均扩散距离 $\bar{x}$ 也越长。

6.1.3 凝结

前面已指出,我们研究的凝结过程是指吸附原子在基体表面上形成原子对及其以后的过程。假设单位时间入射到基体单位表面面积的原子数为 J[个/(cm² · s)],吸附原子在表面的平均停留时间为 τ_a,那么单位基体表面上的吸附原子数 n_1 为:

$$n_1 = J \cdot \tau_a = J \cdot \tau_0 \cdot \exp(E_d/kT) \tag{6-5}$$

由式(6-5)可以看出,入射一旦停止($J = 0$),n_1 立刻就等于零。在这种情况下,即使连续地进行沉积,气相原子也不可能在基体表面发生凝结而凝聚成凝结相。

吸附原子表面扩散时间为 τ_D,它在基体表面上的扩散迁移频率 f_D 为:

$$f_D = \frac{1}{\tau_D} = \frac{1}{\tau'_0}\exp(-E_D/kT) \tag{6-6}$$

假设 $\tau'_0 = \tau_0$,则吸附原子在基体表面停留时间内所迁移的次数为:

$$N = f_D \cdot \tau_a = \exp[(E_d - E_D)/kT] \tag{6-7}$$

很明显,一个吸附原子在这样的迁移中与其他吸附原子相碰撞就可形成原子对。这个吸附原子的捕获面积 S_D 为:

$$S_D = N/n_s \tag{6-8}$$

式中,n_s 是单位基体表面上的吸附位置数。

由此可得出所有吸附原子的总捕获面积为:

$$S_{\sum} = n_1 \cdot S_D = n_1 \cdot \frac{N}{n_s} = f_D \cdot \tau_a \cdot \frac{n_1}{n_s} = \frac{n_1}{n_s}\exp[(E_d - E_D)/kT] \tag{6-9}$$

若 $S_{\sum} < 1$,即小于单位面积,在每个吸附原子的捕获面积内只有一个原子,故不能形成原子对,也就不发生凝结。

若 $1 < S_{\sum} < 2$,则发生部分凝结。在这种情况下,吸附原子在其捕获范围内有一个或两个吸附原子。在这些面积内会形成原子对或三原子团,其中一部分吸附原子在度过停留时间

后又可能重新蒸发掉。

若 $S_\Sigma > 2$，则在每个吸附原子捕获面积内，至少有两个吸附原子。因此，所有的吸附原子都可结合为原子对或更大的原子团，从而达到完全凝结，由吸附相转变为凝结相。

在研究凝结过程中通常使用的物理参数有凝结系数、黏附系数和热适应系数。

当蒸发的气相原子入射到基体表面上，除了被弹性反射和吸附后再蒸发的原子之外，完全被基体表面所凝结的气相原子数与入射到基体表面上总气相原子数之比称为凝结系数，用 a_c 表示。

当基体表面上已经存在凝结原子时，再凝结的气相原子数与入射到基体表面上总气相原子数之比称为黏附系数，用 a_s 表示，具体为：

$$a_s = \frac{1}{J} \cdot \frac{\mathrm{d}n}{\mathrm{d}t} \tag{6-10}$$

式中，J 是单位时间入射到基片单位表面积上的气相原子总数；n 是在 t 时刻基体表面上存在的原子数。在 n 趋近于零时，$a_c = a_s$。

表征入射气相原子（或分子）与基体表面碰撞时相互交换能量程度的物理量称为热适应系数，用 a 表示，具体为：

$$a = \frac{T_k - T_r}{T_k - T_g} \tag{6-11}$$

式中，T_k 为相应于入射原子（或分子）动能的温度；T_r 为反射回的原子（或分子）的温度；T_g 为基片表面的温度。

吸附原子在表面停留期间，若和基片能量交换充分达到热平衡（$T_r = T_g$），$a = 1$ 表示完全适应；如果 $T_g < T_r < T_k$ 时，$a < 1$ 表示不完全适应；若 $T_r = T_k$，则入射气相原子与基体完全没有热交换，气相原子全反射回来，$a = 0$ 表示完全不适应。

从实验研究中得到有关凝结系数 a_c、黏附系数 a_s 与基体温度、蒸发时间及膜厚的关系，分别如图 6-5 和表 6-9 所示。

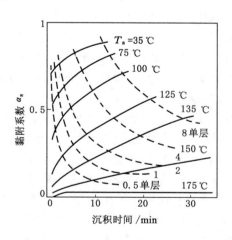

图 6-5　不同基体温度下黏附系数 a_s 与沉积时间的关系（虚线为等平均膜厚线）

表 6-9   气相原子的凝结系数与基体温度和膜厚的关系

凝结物	基体	基体温度/℃	膜厚/Å	凝结系数 a_c
Cd	Cu	25	0.8	0.037
			4.9	0.26
			6.0	0.24
			42.2	0.26
Au	玻璃、Cu、Al	25	刚好能观察出膜的厚度	0.90~0.99
	Cu	350		0.84
	玻璃	360		0.50
	Al	320		0.72
	Al	345		0.37
Ag	Ag(0)[①]	20	刚好能观察出膜的厚度	1.0
	Au(0.18)[①]			0.99
	Pu(3.96)[①]			0.86
	Ni(13.7)[①]			0.64
	玻璃			0.31

注:① 点阵失配度,相对于 Ag 点阵失配的百分比。

6.2   核的形成与生长过程

上一节中我们讲到,吸附在基片上的原子,当其捕获面积内还有其他吸附原子时,会发生碰撞而形成原子对,原子对开始形成以后,在基片表面上很快达到动态平衡。这时各种大小不等的小原子团之间以及它们与吸附的单原子之间处于动态平衡,各种小原子团的数量不再变化而达到稳定值,可当沉积一旦停止,各种小原子团的产生速率立刻就小于它们的消失速率,因而它们都将很快地从基片上消失掉,所以不能形成薄膜。要想在基片上形成稳定的薄膜,必须在沉积过程中不断地产生既不分解出单原子更不分解出双原子的小原子团,即形成稳定核(晶核),晶核进一步长大便形成薄膜,因此薄膜形成是由形核开始的。

晶核的形成

6.2.1   核形成与生长的物理过程

核形成与生长的物理过程如图 6-6 所示。气相原子入射到基体表面上,其中有一部分因能量较大而反射回去,另一部分则吸附在基体表面上。在吸附的气相原子中有一小部分因能量稍高发生再蒸发。大部分吸附的气相原子在基体表面上扩散迁移,互相碰撞结合成原子对或小原子团并凝结在基体表面。这种原子团又和其他吸附原子碰撞结合,或者释放一个单原子。这个过程反复进行,一旦原子团中的原子数超过某一个临界值,即成为临界核,临界核继续与其他吸附原子碰撞结合,只向着长大方向发展形成稳定的原子团,称为稳定核。稳定核再捕获其他吸附原子,或者入射原子束中的气相原子直接碰撞在稳定核上被黏附,使稳定核进一步长大成为小岛。通过上述讨论可知,气相原子在基片表面上经历了吸附、凝结、临界核形成与长大及稳定核形成长大,最后成为小岛的物理过程。

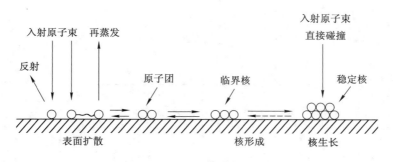

图 6-6　核形成与生长的物理过程

　　形核过程分为均匀形核和非均匀形核。核形成过程若在均匀相中进行,则称为均匀形核;若在非均匀相或不同相中进行,则称为非均匀形核。在固体或杂质的界面上发生核形成时,都是非均匀形核。在用真空蒸镀法制备薄膜过程中核的形成,与水滴在固体表面的凝结过程相类似,都属于非均匀形核。

　　形核理论主要研究形核的条件和核长大速度。研究形核过程理论通常采用表面界面能理论和原子聚集体理论。表面界面能理论是将固体表面上凝结成微液滴的形核理论应用到薄膜形成过程,通常采用蒸气压、界面能和湿润角等宏观物理量,从热力学角度处理形核过程。原子聚集体理论是将核看作一个大分子聚集体,用聚集体原子间的结合能或聚集原子与基体表面原子间的结合能代替热力学自由能。

6.2.2　表面界面能理论

　　热力学理论认为,凡是自发的相变过程都是物质体系自由能下降的过程。体系中体积自由能的下降和新旧界面自由能的上升,这两者的综合结果决定了体系总自由能的变化。

　　对于液-固相转变,体系总自由能变化可表示为:

$$\Delta G = \Delta G_V + \Delta G_S = V \cdot \Delta G_v + S \cdot \sigma \tag{6-12}$$

式中,ΔG 为体系的总自由能变化;ΔG_V 为体系的体积自由能变化;ΔG_S 为体系的界面自由能变化;V 为体系的固相体积;S 为固-液相界面面积;ΔG_v 为固相单位体积自由能变化;σ 为界面单位面积自由能。

　　式(6-12)就是表面界面能理论研究核形成问题的基本公式。

　　(1) 临界核

　　现在讨论临界晶核尺寸及相关因素。假定基体表面上形成的核是球帽形的,如图 6-7所示。核的曲率半径为 r,核与基体表面湿润角为 θ,核单位体积自由能为 ΔG_v,核与气相界面的单位面积自由能为 σ_0,核与基体表面界面单位面积自由能为 σ_1,基体表面与气相界面单位面积自由能为 σ_2。由图可知,核与气相界面(核表面)面积为 $2\pi r^2(1-\cos\theta)$,核与基体表面界面面积为 $\pi r^2 \sin\theta$,因此核表面和界面的总自由能变化为:

$$\Delta G_S = 2\pi r^2(1-\cos\theta)\sigma_0 + \pi r^2 \sin\theta(\sigma_1 - \sigma_2) \tag{6-13}$$

　　在热平衡状态下有:

$$\sigma_0 \cos\theta + (\sigma_1 - \sigma_2) = 0$$

即:

$$\sigma_2 = \sigma_1 + \sigma_0 \cos\theta \tag{6-14}$$

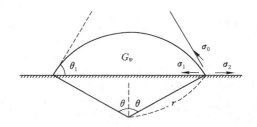

图 6-7　基体表面形成的球帽形核

将式(6-14)代入式(6-13)中可求出：

$$\Delta G_S = 2\pi r^2 (1 - \cos \theta)\sigma_0 + \pi r^2 \cdot \sin^2 \theta \cdot \cos \theta \cdot \sigma_0$$

$$= 4\pi r^2 \cdot \sigma_0 \left(\frac{1}{2} - \frac{1}{2} \cos \theta - \frac{1}{4} \cdot \sin^2 \theta \cdot \cos \theta \right)$$

$$= 4\pi r^2 \cdot \sigma_0 \left(\frac{2 - 3\cos \theta + \cos^3 \theta}{4} \right)$$

$$= 4\pi r^2 \sigma_0 \cdot f(\theta) \tag{6-15}$$

式中，$f(\theta)$ 称为几何形状因子。

球帽形核的体积自由能将发生变化，球帽形核的体积为 $\frac{4}{3}\pi r^3 f(\theta)$，所以体积自由能变化为：

$$\Delta G_V = \Delta G_v \cdot \frac{4}{3}\pi r^3 f(\theta) \tag{6-16}$$

则体系的总自由能变化为：

$$\Delta G = \Delta G_V + \Delta G_S = 4\pi f(\theta) \cdot \left(r^2 \sigma_0 + \frac{1}{3} r^3 \Delta G_v \right) \tag{6-17}$$

对上式中的 r 求导数，并令其等于零，可求出临界核半径 r^* 为：

$$r^* = \frac{-2\sigma_0}{\Delta G_v} \tag{6-18}$$

式中，ΔG_v 是与凝聚能相当的量，所以为负值。将临界核半径 r^* 代入式(6-17)中，可求出体系总自由能变化为：

$$\Delta G^* = \frac{16\pi \cdot \sigma_0^3 \cdot f(\theta)}{3(\Delta G_v)^2} \tag{6-19}$$

将 ΔG 与 r 的函数关系描绘成曲线，如图 6-8 所示。由图可知，当 $r < r^*$ 时，它将被解体而不能形成稳定核；当 $r > r^*$ 时，聚集体可长大形成稳定核。另外，由式(6-18)可以看出，临界核半径 r^* 与湿润角 θ 无关。这是因为湿润角 θ 对表面界面能 σ 的影响和对体积自由能 ΔG_v 的影响相同。但是 ΔG^* 与 θ 角有关，当 $\theta = 0°$ 时，$\Delta G^* = 0$，是完全湿润时的情形；当 $\theta = 180°$ 时，有 $f(\theta) = 1$，ΔG^* 数值最大，这是完全不湿润的情形，这表明为了形成稳定核需要克服的势垒最高。

如果将 ΔG_v 看作真空蒸发时生成过饱和气相所需的能量，那么 ΔG_v 可表示为：

$$\Delta G_v = -\left(\frac{kT}{\Omega} \right) \cdot \ln\left(\frac{p}{p_v} \right) \tag{6-20}$$

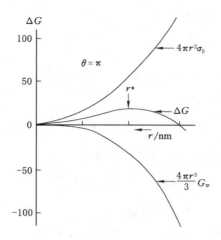

图 6-8　总自由能 ΔG 变化与核半径 r 的关系曲线

式中，Ω 是气相原子体积；p 是实际蒸气压；p_v 是平衡状态下的蒸气压；p/p_v 为过饱和度。

将式(6-20)代入式(6-18)中，可得到临界半径 r^* 的表达式为：

$$r^* = \frac{-2\sigma_0}{\Delta G_v} = \frac{2\sigma_0 \cdot \Omega}{kT \cdot \ln(p/p_v)} \tag{6-21}$$

由此式可看到，过饱和度 p/p_v 较大时，临界核半径 r^* 较小；反之，当过饱和度 p/p_v 较小时，临界核半径 r^* 较大。这是因为入射到基体表面上的蒸发气相原子的碰撞频率与过饱和蒸气压 p_v 有关系，具体为：

$$J = \frac{p_v}{\sqrt{2\pi mkT}} \tag{6-22}$$

（2）成核速率

在前面讨论核形成过程中已经指出，各种凝结的小原子团、聚集体及临界核等都处在结合与分解的动平衡中。根据外界条件的不同，结合与分解各占不同的优势。在适当的沉积条件下，达到动平衡之后，单位基体表面上临界核的数目就保持不变。我们所研究的成核速率是指形成稳定核的速率或临界核长大的速率。因此，成核速率的定义是单位时间内在单位基体表面上形成稳定核的数量。

临界核长大的可能途径有两种：一种是入射的气相原子直接与临界核碰撞结合；另一种是吸附原子在基体表面上扩散迁移时发生碰撞结合。如果基体表面上临界核的数量较少，则入射的气相原子直接与临界核碰撞结合的情况是少数的，临界核的长大更主要是依赖于吸附原子的表面扩散迁移时的碰撞结合。在这种情况下，临界核长成稳定核的速率取决于单位面积上临界核的数量、每个临界核的捕获范围和所有吸附原子向临界核运动的总速度。

假定在基体表面上有相同吸附能的吸附位置是均匀分布的，单位基片表面上的吸附位置数为 n_0，当吸附原子和各种尺寸的原子团之间都处于介稳平衡状态时，临界核的密度为：

$$n^* = Zn_0 \exp\left(-\frac{\Delta G^*}{kT}\right) \tag{6-23}$$

式中，Z 是泽尔多维奇修正因子，是非平衡修正因子。

在开始形成核的时候 $n_1 = J \cdot \tau_a$，J 是入射到基体表面上的气相原子的碰撞频率，τ_a 是吸附原子在基片表面上的平均停留时间。

临界核的捕获范围为：

$$A = 2\pi r^* \sin\theta \tag{6-24}$$

式中，θ 为临界核与基片表面形成的接触角。

基片表面上吸附的原子密度为：

$$n_1 = J \cdot \tau_a = J\left(\frac{1}{\nu_0}\right)\exp\left(\frac{E_a}{kT}\right) \tag{6-25}$$

每个吸附原子在基体表面上的扩散迁移速度为：

$$v = \frac{a_0}{\tau_D} = \frac{a_0}{\tau_0}\exp\left(\frac{E_D}{kT}\right) \tag{6-26}$$

式中，a_0 为基片表面上的吸附位置间的距离。

由此可得出所有吸附的原子向临界核运动的总速率为：

$$V = n_1 v = J\left(\frac{1}{\nu}\right)\exp\left(\frac{E_d}{kT}\right) \cdot \frac{a_0}{\tau_0}\exp\left(\frac{E_D}{kT}\right) = Ja_0\left(\frac{1}{\nu \tau_0}\right)\exp\left(\frac{E_d - E_D}{kT}\right) \tag{6-27}$$

将临界核密度乘以捕获范围，再乘以总速率就得出成核速率：

$$I = n^* AV = ZJn_0 a_0 (2\pi r^* \sin\theta)\left(\frac{1}{\nu \tau_0}\right)\exp\left(\frac{E_d - E_D - \Delta G^*}{kT}\right) \tag{6-28}$$

由式(6-28)可知，成核速率是成核能量和成膜参数的强函数，而且不管沉积速率怎么低，成核速率都不会为零，总有一定的稳定核存在。在进行具体计算时，要知道 σ_0、ΔG^* 和 θ 等参数，它们随临界核的形状与大小而变化，但要确切知道它们的数值是相当困难的，如果将由块状材料给出的 σ_0 和 ΔG_v 值代入公式计算，显然与实际情况有较大差异。这是热力学界面能理论将宏观物理量用到微观成核理论造成的必然结果。因此，热力学界面能理论适合描述大尺寸临界晶核，对于凝聚自由能较小的材料或者在过饱和度较小情况下进行沉积，这种理论比较适合。

6.2.3 原子聚集理论

在表面界面能理论中，对核形成有两个假设：一是认为当核尺寸变化时其形状不变化；二是认为核的表面自由能和体积自由能与块状材料有同样数值。这就要求原子团的尺寸比较大，但实际上不少薄膜材料的临界核尺寸较小，一般只含有几个原子，所以用表面界面能理论研究薄膜形成过程中的成核就不适宜，因此出现了原子聚集体理论。

在原子聚集理论中，临界核和最小稳定核的形状与结合能的关系如图 6-9 所示。从图中的结合能数值可以看出，它不是连续变化而是以原子对结合能为最小单位的不连续变化。

（1）临界核

当临界核尺寸较小时，结合能将呈现不连续性变化，几何形状不能保持恒定不变，因此无法求出临界核大小的数学解析式，但可以分析它含有一定原子数目时所有可能的形状。然后用试差法确定哪种原子团是临界核。下面以面心立方结构金属为例进行分析。我们假定沉积速率恒定不变，分析临界核大小随基体温度的变化。

① 在较低的基体温度下，临界核是吸附在基体表面上的单个原子。在这种情况下，每一个吸附原子一旦与其他吸附原子相结合，都可形成稳定原子对形状的稳定核。由于在临界核原子周围的任何地方都可与另一个原子相碰撞结合，所以稳定核原子对将不具有单一的定向性。

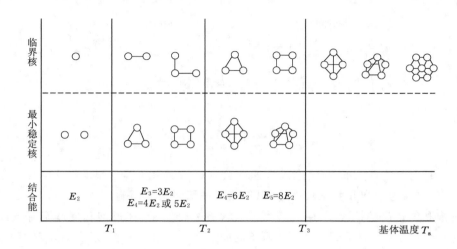

图 6-9　临界核与最小稳定核的形状

② 在温度大于 T_1 之后,临界核是原子对。因为这时每个原子若只受到单键的约束是不稳定的,必须具有双键才能形成稳定核。在这种情况下,最小稳定核是三原子的原子团。这时稳定核将以(111)面平行于基片。另一种可能的稳定核是四原子的方形结构,但出现这种结构的概率较小。

③ 当温度升高到大于 T_2 以后,临界核是三原子团或四原子团,因为这时双键已不能使原子稳定在核中。要形成稳定核,它的每个原子至少要有三个键,这样其稳定核是四原子团或五原子团。

④ 当温度再进一步升高达到 T_3 以后,临界核显然是四原子团或五原子团,有的可能是七原子团。

上述情况均反映在图 6-9 中,图中的温度 T_1、T_2 和 T_3 称为转变温度或临界温度。在热力学界面能成核理论中,描述核形成条件采用临界核半径的概念。由此可看到两种理论在描述临界核方面的差异。

（2）成核速率

前面已经指出,成核速率等于临界核密度乘以每个核的捕获范围,再乘以吸附原子向临界核运动的总速度。

由统计理论得出临界核的密度为:

$$n_i^* = n_0 \left(\frac{n_1}{n_0}\right)^i \exp\left(\frac{E_i - iE_1}{kT}\right) \tag{6-29}$$

式中,n_0 和 n_1 分别为基片表面上的吸附点密度和吸附的单元子密度;i 为临界核中的原子数;E_i 为临界核的结合能;E_1 为不计入吸附能时单原子在吸附状态下的势能。

如果将其作为能量零点,那么临界核的密度可以表示为:

$$n_i^* = n_0 \left(\frac{n_1}{n_0}\right)^i \exp\left(\frac{E_i}{kT}\right) \tag{6-30}$$

式(6-30)与热力学界面能理论得到临界核密度公式(6-23)相对应。

如果设临界核捕获范围为 A，吸附原子向临界核运动的总速度仍可用式(6-27)，则成核速率为：

$$I = n^* AV = n_0 \left(\frac{n_1}{n_0}\right)^i \exp\left(\frac{E_i}{kT}\right) \cdot A \cdot J a_0 \left(\frac{1}{\nu \tau_0'}\right) \exp\left(\frac{E_d - E_D}{kT}\right)$$

$$= n_0 \left(\frac{n_1}{n_0}\right)^i \cdot \exp\left(\frac{E_i}{kT}\right) \cdot J a_0 \left(\frac{1}{\nu \tau_0'}\right) \exp\left(\frac{E_d - E_D}{kT}\right) \cdot A$$

当 $\nu \tau_0' = 1$ 时，有：

$$I = A J a_0 n_0 \left(\frac{n_1}{n_0}\right)^i \exp\left(\frac{E_d + E_i - E_D}{kT}\right) \tag{6-31}$$

式(6-31)与热力学界面能理论成核速率公式(6-28)相对应。式(6-31)中没有非平衡修正因子 Z，是因为过饱和度比较小，可以忽略非平衡因素的影响。

在过饱和度很高的情况下，临界核可能只含有一个原子，在过饱和度逐渐降低时，临界核可能为两个原子、三个原子或更多个原子的原子团。改变基片温度可以改变饱和度，从而使临界核从一种原子团过渡到另一种原子团。

由于在转变温度时，两种临界核长成为稳定核的速率相等，所以可以令成核速率相等来求出转变温度。经计算得到：

$$T_1 = -\frac{E_d + E_2}{k\ln(R/\nu n_0)}$$

$$T_2 = -\frac{E_d + E_3 - E_2}{k\ln(R/\nu n_0)}$$

从上面的讨论中可以看出，两种理论所依据的基本概念是相同的。所得到的成核速率公式的形式也基本相同，所不同之处是两者使用的能量不同和所用的模型不同。热力学界面能理论适合于描述大尺寸临界核，因此对于凝聚自由能较小的材料或者在过饱和度较小情况下进行沉积，这种理论是比较适合的。相反，对于小尺寸临界核，则原子聚集理论比较适宜。

6.2.4 两种成核理论的对比

热力学界面能理论和原子聚集理论所依据的基本概念相同，所得到的成核速率公式的形式相同，都能正确地预示出成核速率与临界核能量、基片温度和基片性质的关系。由于临界核的能量 ΔG^* 和原子团的结合能 E_i 是过饱和度的函数，所以成核速率随过饱和度的变化相当敏感。

热力学界面能理论和原子聚集理论所用的模型不同：热力学界面能理论是一个简单的理想化几何构形，而原子模型是一个分立原子的组合。两种理论所用的能量不同：热力学界面能理论用连续变化的表面能和体积自由能，它预示着临界核的线度做连续变化；原子聚集理论用原子团的结合能，它预示着临界核的线度和构形做不连续变化。原子聚集理论能对很小的临界核做真实的描述，热力学界面能理论适宜于对大的临界核做描述。

需要指出的是，这两种理论所得到的成核速率是指处在动态平衡下的稳态速率。这时，各种原子团（包括被吸附的单原子）间处于动态平衡，临界核数目达到它的最大值，即达到饱和密度。在这之前有一个过渡状态，这种过渡状态所经过的时间长短取决于入射的原子达到热平衡、沉积与再蒸发动态平衡，以及各种原子团间达到动态平衡所需要的时间。

6.3 连续薄膜的形成与生长

6.3.1 薄膜形成与生长模式

实际上形核长大只是薄膜形成的开始,薄膜形成的过程是指形成稳定核之后的过程。同样,薄膜形成模式是指薄膜形成的宏观方式。从薄膜的生长过程来看,其形成与生长模式可以分成如图 6-10 所示的三种类型:① 核(岛)生长模式;② 层生长模式;③ 层核生长模式。现在分别对它们的生长特点进行介绍。

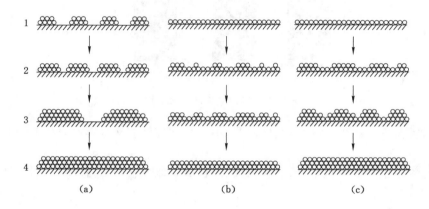

图 6-10 薄膜形成与生长模式示意图

6.3.1.1 核(岛)生长模式

这种类型形成过程的特点如图 6-10(a)所示,到达基片上的原子首先凝聚成核,后续飞来的原子不断集聚在核附近,使核在三维方向不断成长,最终形成连续薄膜,如 SiO_2 基板上的 Au 薄膜。这一生长模式表明,被沉积物质的原子或分子更倾向于彼此相互键合起来,而避免与衬底原子键合,即被沉积物质与衬底之间的浸润性较差。大部分薄膜的形成过程都属于这种类型。

电子显微镜观察和理论分析结果表明,核生长型薄膜的生长过程可以分成小岛阶段、结合阶段、沟道阶段和连续薄膜阶段等四个阶段,如图 6-11 所示。

(1)小岛阶段

膜层材料的原子(或分子)入射到基片表面后,首先形成无规则分布的三维核。核的密度增加很快,以致在很薄的膜层中核的密度就迅速地达到饱和。核尺寸进一步长大变成各种小岛,核的生长是三维的,在平行于基片表面的二维方向上的核生长速率大于垂直基片表面的第三维方向上的核生长速率。这是由于核的生长主要取决于吸附原子沿基片表面的扩散运动,而不是气相原子的直接碰撞。

(2)结合阶段

随着岛的长大,岛间距离减小,岛开始结合成更大的岛。小岛结合的时间很短,结合后增大了岛的高度,减少了在基片上所占的总面积,所以单位面积上岛的密度单调下降,下降速率与沉积条件有关。岛间相互结合的同时,在基片上暴露出的新的表面积(即"空白区域"),在这些空白处发生二次或三次成核,并长成小岛。这些小岛长大到与周围的大岛相接

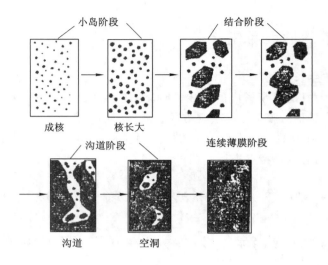

图 6-11 核(岛)生长模式的生长过程

触而结合时就留下一些更小的"空白区域"。小的"空白区域"又将再次成核……此过程重复不断。

在结合阶段中伴随着再结晶、晶粒长大、晶粒取向、缺陷合并与移动等,因而结合阶段对膜的结构和性质有很大的影响。

(3) 沟道阶段

在岛间相互结合的过程中,当岛的分布达到临界状态时就相互聚集形成一种连续的网状结构。随着沉积的继续进行,出现二次或三次成核、长大和岛间相互结合,因而空白区域越来越少,最后只剩下少数狭长的区域没有新相,即所谓的沟道。这种沟道分布不规则,其宽度约为 5~20 nm。沟道区域内又可以形成新的晶核,再长大成岛,然后又是岛间相互结合,逐渐缩小沟道的宽度和长度,其结果是大多数沟道很快被消除,薄膜变为有小孔洞的连续网状结构。

(4) 连续薄膜阶段

随着薄膜的进一步沉积,在孔洞内逐渐产生新相的晶核,长大成岛,并不断地进行岛间相互结合,与此同时开始向厚度方向生长,最后形成各种结构的连续薄膜。

6.3.1.2 层生长模式

如图 6-10(b)所示,这种生长模式的特点是:蒸发原子首先在基片表面以单原子层的形式均匀地覆盖一层,然后再在三维方向生长第二层、第三层……这种生长方式多数发生在基片原子与蒸发原子间的结合能接近于蒸发原子间的结合能的情况下。如在 Au 单晶基片上生长 Pd,在 PbS 单晶基片上生长 PbSe,在 Fe 单晶基片上生长 Cu 薄膜等,最典型的例子则是同质外延及分子束外延。

层状生长的过程大致如下:入射到基片表面上的原子,经过表面扩散并与其他原子碰撞后形成二维的核,二维核捕捉周围的吸附原子便生长为二维小岛。这类材料在表面上形成的小岛浓度大体是饱和浓度,即小岛间的距离大体上等于吸附原子的平均扩散距离。在小岛成长过程中,小岛的半径均小于平均扩散距离,因此,到达小岛上的吸附原子在岛上扩散以后都被小岛边缘所捕获。在小岛表面上吸附原子浓度很低,不容易在三维方向上生长。

也就是说,只有在第 n 层的小岛已长到足够大,甚至小岛已互相结合,第 n 层已接近完全形成时,第 $n+1$ 层的二维晶核或二维小岛才有可能形成,因此薄膜是以层状的形式生长的。

层状生长时,靠近基体的薄膜,其晶状结构通常类似于基体的结构,只是到一定的厚度时才逐渐由刃位错过渡到该材料固有的晶体结构。

6.3.1.3 层核生长模式

这种生长模式如图 6-10(c)所示,在基体和薄膜原子相互作用特别强的情况下,才容易出现层核生长。首先在基片表面生长 1～2 层单原子层,这种二维结构强烈地受基片晶格的影响,晶格常数有较大的畸变。然后再在这原子层上吸附入射原子,并以核生长的方式生成小岛,最终形成薄膜。在半导体表面上形成金属薄膜时,常常是层核生长型的,如在 Ge 的表面蒸发 Cd,在 Si 的表面蒸发 Bi、Ag 等都属于这种类型。

对于这种生长类型的判断,必须在生长初期进行,但是只有 1～2 层的层状往往是难以判断的。只是近年来由于表面分析技术的发展,这种生长类型才被确认。目前对它的研究还不够深入,本书就不多介绍了。

以上介绍了三种类型的薄膜生长过程。对于实际的薄膜究竟属于哪一种类型,可以利用电子显微镜、俄歇电子能谱仪等进行判定。

6.3.2 连续薄膜生长过程

形核初期形成的孤立的临界核将随着时间的推移逐渐长大,这一过程除了包括吸收单个的气相原子之外,还包括临界核之间的相互吞并及联合的过程。下面我们讨论三种临界核相互吞并可能的机制。

吞并与结合模式

（1）奥斯瓦尔多吞并过程

设想在形核过程中已经形成了各种不同大小的临界核。随着时间的延长,较大的临界核将依靠消耗吸收较小的临界核获得长大。这一过程的驱动力来自岛状结构的薄膜力图降低自身表面自由能的趋势。图 6-12 所示为岛状结构的长大机制。

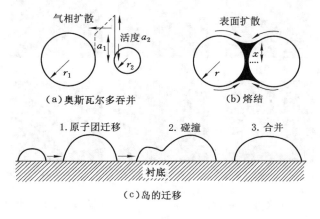

图 6-12　岛状结构的长大机制

图 6-12(a)是奥斯瓦尔多吞并过程的示意图。设在衬底表面存在着两个不同大小的岛,它们之间并不直接接触。为简单起见,可以认为它们近似为球状,球的半径分别为 r_1 和

r_2，两个球的表面自由能分别为 $G_S = 4\pi r_i^2 \cdot \sigma_0 (i=1,2)$。两个岛分别含有的原子数为 $n_i = 4\pi r_i^3/3\Omega$，这里 Ω 代表一个原子的体积。由上面的条件可以求出岛中每增加一个原子引起的表面自由能增加为：

$$\mu_i = \frac{dG_S}{dn_i} = \frac{2\sigma_0\Omega}{r_i} \tag{6-32}$$

由化学位定义，可写出每个原子的自由能：

$$\mu_i = \mu_0 + kT\ln a_i \tag{6-33}$$

得到表征不同半径晶核中原子活度的吉布斯-汤姆森(Gibbs-Thomson)关系：

$$a_i = a_\infty e^{\frac{2\sigma_0\Omega}{r_i kT}} \tag{6-34}$$

这里，a_∞ 相当于无穷大的原子团中原子的活度值。这一公式表明，较小的临界核中的原子将具有较高的活度，因而其平衡蒸气压也将较高。因此，当两个尺寸大小不同的临界核相邻的时候，尺寸较小的临界核中的原子有自发蒸发的倾向，而较大的临界核则会因其平衡蒸气压较低而吸收蒸发来的原子。结果是较大的临界核吸收原子长大，而较小的临界核则失去原子消失。奥斯瓦尔多吞并的自发进行导致薄膜中一般总维持有尺寸大小相似的一种岛状结构。

（2）熔结过程

如图 6-12(b)所示，熔结是两个相互接触的临界核相互吞并的过程。图 6-13 中表现了两个相邻的 Au 核心相互吞并时的具体过程，请注意每张照片中心部位的两个晶核的变化过程。在极短的时间内，两个相邻的临界核之间形成了直接接触，并很快完成了相互的吞并过程。在这一熔结机制里，表面自由能的降低趋势仍是整个过程的驱动力。原子的扩散可能通过两种途径进行，即体扩散和表面扩散。但很显然，表面扩散机制对熔结过程的贡献应该更大。

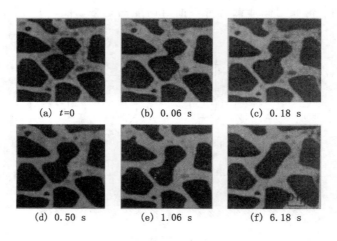

(a) $t=0$ (b) 0.06 s   (c) 0.18 s

(d) 0.50 s   (e) 1.06 s   (f) 6.18 s

图 6-13　400 ℃下不同时间时 MoS_2 衬底上 Au 临界核相互吞并的过程

（3）原子团的迁移

在薄膜生长初期，岛的相互合并还涉及了第三种机制，即岛的迁移过程。在衬底上的原子团还具有相当的活动能力，其行为有些像小液珠在桌面上的运动。场离子显微镜已经观察到了含有两三个原子的原子团的迁移现象。而电子显微镜观察也发现,只要衬底温度不是很低,拥有 50～100 个原子的原子团也可以发生自由的平移、转动和跳跃运动。

原子团的迁移是由热激活过程所驱使的,其激活能 E_c 应与原子团的半径 r 有关。原子团越小,激活能越低,原子团的迁移也越容易。原子团的迁移将导致原子团间的相互碰撞和合并,如图 6-13(c)所示的那样。

显然,要明确区分上述各种原子团合并机制在薄膜形成过程中的相对重要性是很困难的。但就是在上述机制的作用下,原子团之间相互发生合并过程,并逐渐形成了连续的薄膜结构。

6.3.3 决定表面取向的沃尔夫理论

(1) 表面能与薄膜表面取向

晶体中取向不同的晶面,原子面密度不同,解理时每个原子形成的断键不同,因而贡献于增加表面的能量也不相同。实验和理论计算都已证明,晶体的不同晶面具有不同的表面能。正如能量最低的晶面常显露于单晶体的表面之外一样,沉积薄膜时,能量最低的晶面也往往平行于薄面而显露于外表面。为了表明表面能与表面取向的关系,以面心立方晶体为例,将不同晶面表面能相对比值列于表 6-10 中。其中,(111)晶面的表面能为 1,可以看出(111)晶面的表面能最低。

表 6-10 面心立方晶体主要晶面表面能相对比值

晶面	断键密度/cm^{-2}	表面能相对比值	晶面	断键密度/cm^{-2}	表面能相对比值
(111)	$6/\sqrt{3}a^2$	1	(110)	$6/\sqrt{2}a^2$	1.223
(100)	$4/a^2$	1.154	(210)	$14/\sqrt{10}a^2$	1.275

表 6-10 中依次从上到下的晶面,断键密度越来越高,表面能相对比值越来越大。需要说明的是,晶体中不同晶向原子排列的线密度以及不同晶面原子排列的面密度是不同的。晶面间距大的晶面,原子排列的面密度大;晶面间距小的晶面,原子排列的面密度小。

(2) 由沃尔夫理论推测薄膜生长模式及表面取向

表面能因晶体表面的取向不同而不同,说明表面能具有方向性。采用沃尔夫理论,可根据表面能的方向性推测薄膜生长模式及表面取向。沃尔夫方法的优点在于其作图方法的简明直观性。

设在基体 B 上生成膜物质 A 的三维晶核,晶核中含有 n 个 A 的原子,如图 6-14 所示,其形核的自由能变化可表示为:

$$G_{3D}(n) = -n \cdot \Delta\mu + \sum \sigma_j S_j + (\sigma^* - \sigma_B)S_{AB} \tag{6-35}$$

式中,σ_A 为 A 的表面能;σ_B 为 B 的表面能;σ^* 为 A 和 B 之间的界面能,有 $\sigma^* = \sigma_A + \sigma_B - \beta$,$\beta$ 为界面结合能,代表 A 和 B 间的亲和力;S_j 为晶核 j 面的表面积;σ_j 为晶核 j 面的表面能;S_{AB} 为 A、B 的接触面积。

式(6-35)中,$-n \cdot \Delta\mu$ 一项是气相到固相释放的化学自由能,为成膜的动力;$\sum \sigma_j S_j$ 是除 A、B 界面之外对 A 的所有表面能求和;最后一项是扣除原 B 表面的表面能之外的界面能。

由形核条件可以导出由下式表示的沃尔夫定理为:

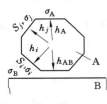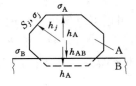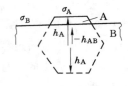

（a）$\beta=0$，$h_{AB}=h_A$　　　（b）$0<\beta<\sigma_A$，$h_{AB}<h_A$　　　（c）$\sigma_A<\beta<2\sigma_A$，$|h_{AB}<h_A|$

图 6-14　依 A、B 间界面结合能（亲和力）β 由小变大，薄膜形
核长大逐渐由三维（岛状）向二维（层状）过渡

$$\frac{\sigma_i}{h_i}=\frac{\sigma_A}{h_A}=\frac{\sigma^*-\sigma_B}{h_{AB}}=\frac{\sigma_A-\beta}{h_{AB}} \tag{6-36}$$

由式（6-36）可知，针对 β 即界面结合能或说 A 和 B 间的亲和力大小不同，可以有代表性地分析下列四种情况：

① $\beta=0$ 时，$h_{AB}=h_A$，如图 6-14（a）所示。

② $0<\beta<\sigma_A$ 时，即 A、B 间的亲和力渐大时，$h_{AB}<h_A$，如图 6-14（b）所示。

③ $\sigma_A<\beta<2\sigma_A$ 时，$h_{AB}<0$，$|h_{AB}|<h_A$，如图 6-14（c）所示。

④ $\beta\to2\sigma_A$ 时，$h_{AB}\to-h_A$。

由以上的分析可以看出，薄膜与基体之间的亲和力小时，薄膜按三维岛状形核生长，而随着亲和力增加，薄膜逐渐由三维方式向二维方式过渡。

根据式（6-36）可知，σ_i/h_i 为常数。说明垂直于哪个方向的晶面表面能大，则该方向生长得快，效果是降低总表面能。换句话说，能显著降低总表面能的那些高表面能晶面将优先长，并逐渐被掩盖，从而露出表面能最低的晶面与膜面平行。

6.4　薄膜的结构与缺陷

薄膜的结构与缺陷是属于薄膜本性的问题，是关系着薄膜使用性能的提高、薄膜镀制方法的改进和创新的重大问题，也是大家十分关注和正在大力研究的课题。

薄膜的结构

6.4.1　薄膜的结构

薄膜结构因研究对象不同，可分为组织结构、晶体结构和表面结构三种类型。

6.4.1.1　薄膜的组织结构

薄膜的组织结构是指它的结晶形态，分为无定形结构、多晶结构、纤维结构和单晶结构四种类型。

（1）无定形结构

从原子排列情况来看，无定形结构是一种近程有序而远程无序的结构。就是在 2～3 个原子距离内原子排列是有秩序的，大于这个距离其排列是杂乱无规则的。这种结构显示不出任何晶体的性质，有时称这种结构为非晶结构或玻璃态结构。形成无定形薄膜的工艺条件是降低吸附原子的表面扩散速率。可以通过降低基体温度、引入反应气体和掺杂等方法实现上述条件。对于硫化物和卤化物薄膜,在基体温度低于 77 K 时可形成无定形薄膜。有些氧化物薄膜(如 TiO_2、ZrO_2、Al_2O_3 等),基体温度在室温时都有形成无定形薄膜的趋向。引入反应性气体的实例是在 $10^{-2} \sim 10^{-3}$ Pa 氧分压中蒸发铝、镓、铟和锡等超导薄膜,氧化层阻挡了晶粒生长而形成无定形薄膜。在 $83\% ZrO_2$-$17\% SiO_2$ 和 $67\% ZrO_2$-$33\% MgO$ 的掺杂薄膜中,由于两种沉积原子尺寸的不同也可形成无定形薄膜。

无定形结构薄膜在环境温度下是稳定的。它不是具有不规则的网络结构(玻璃态),就是具有随机密堆积的结构。前者主要出现在氧化物薄膜、元素半导体薄膜和硫化物薄膜之中,后者主要出现在合金薄膜之中。可以认为,不规则的网络结构是两种互相贯通的随机密堆积结构组成的。用衍射法研究时,这种结构在 X 射线衍射谱图中呈现很宽的漫散射峰,在电子衍射图中则显示出很宽的弥散形光环。

(2) 多晶结构

多晶结构薄膜是由若干尺寸大小不等的晶粒所组成。在薄膜形成过程中生成的小岛就具有晶体的特征(原子有规则排列)。由众多小岛聚结形成薄膜就是多晶薄膜。用真空蒸发法或阴极溅射法制成的薄膜,都是通过岛状结构生长起来的,必然会产生许多晶粒间界而形成多晶结构。

多晶薄膜中不同晶粒间的交界面称为晶界或晶粒间界。晶界中的原子排列状态,实际上是从一侧晶粒内的原子排列状态向另一侧晶粒内原子排列状态过渡的中间结构。因此,晶界是一种面型的不完整结构,从而显示出一系列与晶粒内部不同的特征。一是因为晶界中晶格畸变较大,晶界上原子的平均能量高于晶粒内部原子的平均能量,它们的差值称为晶界能。高的晶界能量表明它有自发地向低能态转化的趋势。晶粒的长大和晶界的平直化都能减少晶界面积,从而降低晶界能量。所以,只要原子有足够的动能,在它迁移时就出现晶粒长大和晶界平直化的结果。二是因为晶界中原子排列不规则,其中有较多的空位。当晶粒中有微量杂质时,因它要填入晶界中的空位,使系统的自由能增加要比它进入晶粒内部自由能低。所以,微量杂质原子常常富集在晶界处,杂质原子沿晶界扩散比穿过晶粒要容易得多。

(3) 纤维结构

纤维结构薄膜是晶粒具有择优取向的薄膜。根据取向方向、数量的不同又分为单重纤维结构和双重纤维结构。前者是各晶粒只在一个方向上择优取向,后者则在两个方向上有择优取向。有时前者称为一维取向薄膜,后者称为二维取向薄膜。一维取向薄膜可能具有二维同性而一维异性的特点。二维取向薄膜在结构上类似于单晶,它具有类似单晶的性质。

在非晶态基体上,大多数多晶薄膜都倾向于显示出择优取向。由于[111]表面在面心立方结构中具有最低的表面自由能,在非晶态基体上这种结构的多晶薄膜显示的择优取向是[111]。可以预期,在非晶态基体上六角形密堆积多晶薄膜显示[0001]择优取向,体心立方结构的多晶薄膜显示[110]择优取向。

在薄膜中晶粒的择优取向可发生在薄膜生长的各个阶段,如初始成核阶段、小岛聚结阶段和最后阶段。若吸附原子在基体表面上有较高的扩散速率,晶粒的择优取向可发生在薄膜形成的初期阶段。在起始层中原子排列取决于基体表面、基体温度、晶体结构、原子半径和薄膜材料的熔点。如果吸附原子的表面扩散速率较小,初始膜层不会产生择优取向。当膜层较厚时,则形成强烈对着蒸发源方向的取向。晶粒向蒸发源的倾斜程度依赖于基体温度、气相原子入射角度和沉积速率等。

（4）单晶结构

单晶结构薄膜通常是用外延工艺制造。外延生长的第一个基本条件是吸附原子必须有较高的表面扩散速率，所以基体温度和沉积速率就相当重要。在一定的蒸发速率条件下，大多数基体和薄膜之间都存在着发生外延生长的最低温度，即外延生长温度。第二个基本条件是基体与薄膜材料的结晶相溶性。假设基体的晶格常数为 a，薄膜的晶格常数为 b，晶格失配数 $m=(b-a)/a$。m 值越小，一般认为其外延生长就越容易实现。第三个条件要求基体表面清洁、光滑和化学稳定性要好。

6.4.1.2　薄膜的晶体结构

薄膜的晶体结构是指薄膜中各晶粒的晶型状况。晶体的主要特征是其中原子有规则地排列。晶体结构具有对称性，可以用三维空间中的三个矢量 a、b、c 以及对应的夹角 α、β、γ 来描述。其中，a、b、c 是晶格在三维空间中的基本平移量，称为晶格常数。

在大多数情况下，薄膜中晶粒的晶格结构与块状晶体是相同的。只是晶粒取向和晶粒尺寸与块状晶体不同。除了晶体类型之外，薄膜中晶粒的晶格常数也常常和块状晶体不同。产生这种现象的原因有两个：一是薄膜材料本身的晶格常数与基体材料晶格常数不匹配；二是薄膜中有较大的内应力和表面张力。由于晶格常数不匹配，因此在薄膜与基体的界面处晶粒的晶格发生畸变形成一种新晶格，以便和基体相匹配。若薄膜与基体的结合能较大，晶格常数相差的百分比 $(a_f-a_s)/a_f$ 近似等于 2% 时（a_f 和 a_s 分别代表薄膜材料本身和基体的晶格常数），薄膜与基体界面处晶格畸变层的厚度为几个埃（Å）。当相差百分比为 4% 左右时，畸变层厚度可达几百埃（Å）。当相差百分比大于 12% 时，晶格畸变达到完全不匹配的程度。

6.4.1.3　薄膜的表面结构

从热力学能量理论分析，薄膜为了使它的总能量达到最低值，应该有最小的表面积，即应该成为理想的平面状态。但薄膜的实际表面与理想的几何表面有很大的差异，实际表面积远远大于几何表面积。实际表面积与几何表面积之比称为表面粗糙度。薄膜的表面结构通常都是用其表面形貌和表面粗糙度来描述的。

薄膜实际表面的特性与成核过程、膜的生长以及吸附原子的迁移率有关。

如果在沉积膜层时，系统处于低真空，剩余气体分子被膜层材料的蒸发原子带到基片上，而后这些气体分子又离开基片，留下很多空穴，从而导致薄膜的表面结构是多孔的粗糙结构。

如果沉积时，基片温度太低，则原子的迁移率将很小，原子重新排列十分困难，这样表面粗糙度将会很大，如果基片温度升高，基片表面原子的迁移率增加，表面原子迁移的结果将使表面起伏的峰与谷拉平，从而使表面能降低，表面粗糙度也将减小。当基片温度很高时，某些晶面将进一步生长，特别是低指数的晶面，因其粒子的面密度大，单位表面能小，因而容易被显露出来，表面粗糙度又可能增大。

当吸附原子的迁移率增加时，在表面凹处凝结优先进行，从而表面变平，如果凝结首先沿着某一晶面进行，由于晶粒生长倾向于入射方向，则长高的晶粒遮挡住了继续入射来的原子，使其到不了相邻的晶粒上，从而使薄膜表面凹凸不平，表面粗糙度增大（即阴影效应）。

由于薄膜表面结构和构成薄膜整体的微型体状密切相关，因此大多数薄膜的特征是呈现柱状颗粒和空位组合结构；柱状体几乎垂直于基体表面生长，而且上、下两端尺寸基本相同;平行于基体表面的层与层之间有明显的界面。上层柱状体与下层柱状体并不完全连续生长。

6.4.2 薄膜的缺陷

在薄膜生长和形成过程中各种缺陷都会进入薄膜之中,这些缺陷对薄膜性能有重要的影响,它们又与薄膜制造工艺密切相关。因此,深入研究这些缺陷的情况就十分重要。薄膜的主要缺陷有点缺陷、位错、晶界和层错四种。

（1）点缺陷

晶体中晶格排列出现的缺陷,如果是只涉及单个晶格节点,则称这种缺陷为点缺陷。点缺陷的典型构型是空位和填隙原子。位于晶格节点处的原子总是在它的平衡位置附近做不停的热振动。在一定温度下,它们的能量虽然有一定值,但由于存在能量起伏,个别原子在某一时刻所具备的能量完全有可能大到足以克服周围原子对它的束缚而逃离原来的位置。于是在原来的地方就出现一个空位,形成空位缺陷。逃离原位的原子不会跃迁到晶体表面的正常位置,可能会跳进晶格原子之间的间隙里形成一个填隙原子缺陷。

当有杂质原子进入晶体时也会形成点缺陷,或者是置换型的,或者是填隙型的。点缺陷与其他缺陷不同,这种缺陷不能用电子显微镜直接观测到,因此它的存在不大引起人们的注意。因为金属材料在急剧冷却时会产生许多点缺陷,故在真空蒸发过程中温度的急剧变化必然会在薄膜中产生很多点缺陷。在薄膜中,点缺陷约占百分之几个原子,每百分之一个原子对电阻率的贡献约为$(1\sim4)\times10^{-6}\ \Omega\cdot cm$。

在点缺陷中数量最多的是原子空位。薄膜中存在原子空位的效果主要表现在晶体的体积和密度上。一个空位可使晶体体积大约减小二分之一的原子体积。薄膜中空位浓度在平衡浓度以上,所以它的密度比块状小,而且空位浓度随扩散时间的增加而减小。因此,膜厚也随时间增加而减小。在膜层厚度减小过程中,薄膜的电阻率也呈现随时间增加而减小的现象。这种现象为研究薄膜点缺陷提供了一种方法,通过这种方法可以进一步研究薄膜形成初期缺陷浓度分布。

（2）位错

位错是薄膜中常见的缺陷之一,它是晶格结构中一种线型的不完整性,其密度约为$10^{12}\sim10^{13}\ cm^{-2}$。在块状优质晶体中,位错密度大约为$10^4\sim10^6\ cm^{-2}$。在发生强烈塑性形变的晶体中,其位错密度大约为$10^{10}\sim10^{12}\ cm^{-2}$。

薄膜中的位错大部分从薄膜表面伸向基体表面,并在位错周围产生畸变。在薄膜中引起位错的原因有两类:一类是基体引起的位错,如果在薄膜和基体之间有晶格失配位错,那么在生长成单层的拟似性结构时就会产生位错。如果在基体上有位错,则会使薄膜感生位错。不过一般情况下,基体的位错密度是非常小的。另一类是小岛的长大和聚结产生的位错。在两个晶体方向稍有不同的小岛相互聚结成长时,就会产生以位错形式形成小倾斜角晶粒间界。另外,当小岛刚一聚结合并时在薄膜内有相当强的应力产生,容易产生位错。有时应力集中在小岛聚结过程中形成空位的地方也会产生位错。因此,在小岛聚结和随后的生长过程中会有很多位错产生。

（3）晶粒间界

因为薄膜中含有许多小晶粒,与块状材料相比,薄膜的晶粒间界面积比较大。在吸附原子表面扩散率很小的情况下,薄膜中晶粒尺寸与临界核尺寸无较大差异。但一般情况下,吸附原子的表面扩散率都较大,所以在小岛长大到可以互相接触发生聚结时,晶粒尺寸则远远地大于临界核尺寸。但当晶粒尺寸达到一定值之后,在原有老晶粒上又会产生新晶粒而出现晶界。新晶粒的形成可能有两个原因:一是在老晶粒上面有污染层隔离,使新晶粒不与老晶粒接续生长;二是老晶粒的上部表面已成为近于完善的封闭堆积面,新入射的气相原子很难再进入里面,只有在上面重新排列而构成新晶粒。

（4）层错缺陷

在真空蒸发薄膜中存在的另一种重要缺陷是层错缺陷,它是由原子错排产生的。在完整的面心立方晶体中应以 ABC 顺序堆垛,每三层一个反复,周而复始,也就是 ABC ABC…地堆垛下去。如果在原子排列中缺少了某一层（如第四层 A 层）,则它的堆垛关系将成为 ABC BC ABC…,于是就产生了层错。当用电子显微镜研究薄膜中两个小岛聚结合并时,小岛刚一合并就可在表示各个小岛的结晶点阵衍射条纹边界处出现较强的衍射衬度,这种衬度反映有层错缺陷存在。层错缺陷是在小岛间的边界处出现,但是当聚结合并的小岛再长大时,这种反映层错缺陷的衍射衬度就完全消失。但薄膜形成的连续结构还会残留有层错缺陷。

通过上面的讨论可以知道,由于薄膜的种类不同,薄膜中各种缺陷形成的机制和数量也千差万别,各种缺陷形成的机制、缺陷对薄膜性能的影响及减少和消除缺陷的制备薄膜工艺对薄膜科学和薄膜材料工程都是非常重要的。

思考题与习题

1. 蒸发镀膜过程中气相原子或分子入射到基片表面上可能会发生哪几种情况?

2. 从形态上看,薄膜生长有哪些类型? 各种类型的特点是什么?

3. 用表面界面能理论推导临界核尺寸 r^* 和临界核形成所需能量 ΔG^* 的表达式为:

$$r^* = -\frac{-2\sigma_0}{\Delta G_v}, \quad \Delta G^* = \frac{16\pi\sigma_0^3 f(\theta)}{3(\Delta G_v)^2}$$

其中,σ_0 为临界核与气相界面单位面积自由能;θ 为核与基体的湿润角;ΔG_v 为核单位体积自由能;$f(\theta) = \frac{2-3\cos\theta+\cos^3\theta}{4}$ 为角度因子。

4. 解释下列名词术语:

物理吸附,化学吸附,吸附时间,吸附热,反应生成热,化学吸附活化能,脱附活化能,凝结系数,热适应系数,表面扩散激活能,平均吸附时间,平均表面扩散时间,平均表面距离。

5. 简述成核的表面界面能理论和原子聚集理论的相同点和不同点。

6. 薄膜的结构具体包括哪些内容?

7. 薄膜中产生缺陷的类型及其典型的构型有哪些?

第7章　光学薄膜特性测试与分析

理解薄膜特性参数测量的基本原理；掌握光谱仪工作原理及透射率、反射率测量技术；掌握薄膜光学常数与厚度测量的各种原理与技术；掌握薄膜吸收与散射损耗测量原理与技术。

☞ **能力目标**

能根据薄膜类型选择合适的测量方法测试薄膜的特性参数；能评价薄膜系统（薄膜器件）的质量；能分析薄膜系统（薄膜器件）的性能；能解决工程技术和实际生活中的复杂问题。

☞ **素质目标**

树立科学价值观，养成实事求是、严谨务实的科学态度，增强探索未知、自主创新的科学精神。

光学薄膜的设计与制备都是希望能够获得在某些环境条件下满足特定要求的薄膜器件。但是，在实际的薄膜制备过程中，由于薄膜制备方法和制备工艺参数如真空度、沉积速率、基底温度等差异，都会使薄膜材料在组分上存在化学计量的偏差，在结构上不再是均匀、致密的薄膜，而存在着微结构与各种形式的缺陷，因此，就需要对实际制备的薄膜的光谱特性（透射率、反射率）以及吸收和散射等进行测试和分析。同时，为了对所获得的薄膜器件的光谱特性进行分析并对膜系进行适当的修正，从而使实际制备的光学薄膜尽可能符合要求，还需要对薄膜的光学常数和厚度进行测量和分析。此外，光学薄膜器件都要在实际的环境下使用，除了薄膜的光学特性要满足特定的要求外，薄膜的使用还受到许多非光学特性的影响，因此，光学薄膜特性的测试主要包括薄膜光学特性测试、薄膜光学常数和厚度测试以及薄膜非光学特性的测试。本章主要围绕以上三个方面介绍光学薄膜特性的测试技术和分析方法。

7.1　薄膜透射率和反射率的测量

薄膜的透射率、反射率、吸收和散射统称为薄膜的光学特性。薄膜的光学特性是光学薄膜使用的首要指标。一般情况下，我们总希望通过控制薄膜的沉积工艺来控制薄膜的光学常数，并通过膜厚控制系统来控制薄膜的厚度，最终达到所希望的光学特性。因此，薄膜光学特性的测量就显得尤为重要。

薄膜透射率和反射率主要采用光谱仪进行测量。按照测量波段的不同，可将测量薄膜透射率和反射率的光谱仪分为紫外、可见、近红外和红外分光光度计。从测试原理上，光谱仪又可分为单色仪型分光光度计和干涉型光谱仪。下面就这两种不同类型的光谱仪进行简单的介绍。

7.1.1　光谱仪的基本原理

（1）单色仪型分光光度计

分光光度计

单色仪型分光光度计包括单光路分光光度计和扫描式双光路分光光度计两种。目前常用的分光光度计都属于双光路分光光度计。因此，本节只介绍扫描式双光路分光光度计的测量原理。有关单光路分光光度计，读者可参阅相关的文献资料。

大多数分光光度计都属于扫描式测量，并且自动记录。为了在宽的光谱范围内达到自动平衡，仪器采用双光路测量，其中一束透过测试样品，叫测量光束；另一束不透过测试样品，叫参考光束。将这两束光分别用两只相同的光电探测器接收后直接比较而得到透射率；或者用一只探测器交替地对两束光接收并进行比较，从而获得透射率，再按照单色仪的出射波长进行自动光谱扫描，就可直接记录出透射率随波长变化的光谱透射率曲线。图 7-1 是双光路分光光度计测量透射率原理图。调制板使测量光束和参考光束交替地进入单色仪，然后由探测器接收。参考光强 I_r 和测量光强 I_m 由接收器转换成相同形式的电信号后，再进行检波，将参考电信号和测量电信号分开并进行放大比较，最后把比率按波长用记录仪记录下来，便可得到光谱透射率曲线。表 7-1 给出了几种常见的双光路分光光度计的主要性能指标。

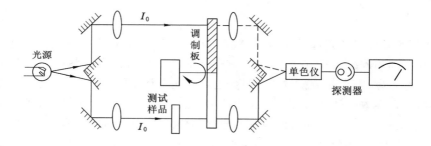

图 7-1　双光路分光光度计测量透射率原理图

表 7-1　几种常见的双光路分光光度计的主要性能指标

型号（厂家）	光谱范围/nm	光谱分辨率/nm	光度精度（可见区）	反射率测试	偏振测试
Lambda900（PE 公司）	175～3 300	0.08	0.000 08	可以	可以
U4100（HITACHI 公司）	175～2 600	0.1	0.000 3	可以	可以
U-3501（HITACHI 公司）	185～3 200	0.2	0.000 3	可以	可以
UV365（岛津）	190～2 500	0.4	0.001		
Cary（美国 Varian）	175～3 300	≤0.048 nm（UV-Vis） ≤0.2 nm（Nir）	0.000 3	可以	可以

（2）干涉型光谱仪

红外光谱仪主要是指在 $2.5～25~\mu m$ 区域进行光谱测试的仪器。在红外区域常常采用波数来表示光波的波长（波数是波长的倒数，单位为 cm^{-1}）。目前几乎所有的红外光谱仪都是傅里叶变换型的。傅里叶红外光谱仪（IR-FT）就是基于干涉原理的光谱测试仪器，主要应用于红外光谱区域的测试,是红外波段主要的光谱分析仪器。

傅里叶红外光谱仪的基本原理是:应用迈克尔逊干涉仪对不同波长的光信号进行频率调制,在频率内记录干涉强度随光程差改变的完全干涉图信号,并对此干涉图进行傅里叶变换,得到被测光的光谱。图 7-2 是傅里叶红外光谱仪工作原理示意图。

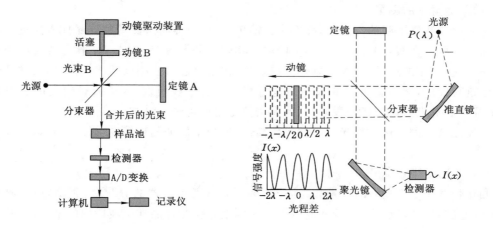

图 7-2　傅里叶红外光谱仪工作原理示意图

光源发出的光被分束镜分成两束,一束经反射到达动镜,另一束经透射到达定镜。两束光分别经定镜和动镜反射后再回到分束镜。动镜以一恒定速度做直线运动,因而经分束镜分束后的两束光,由于动镜的运动将形成随时间变化的光程差 d,经分束镜汇合后形成干涉,干涉光通过样品池后被检测,就可得到随动镜运动而变化的干涉图谱。

干涉图是红外光谱 $B(\nu)$ 的傅里叶变换,公式为:

$$I(\delta) = \int_0^\infty B(\nu)[1 + \cos(2\pi\nu\delta)]\mathrm{d}\nu = \int_0^\infty B(\nu)\mathrm{d}\nu + \int_0^\infty B(\nu)\cos(2\pi\nu\delta)\mathrm{d}\nu \qquad (7\text{-}1)$$

式中,δ 为光程差;ν 为波数。

当两干涉臂的光程差为零($\delta=0$)时,有:

$$I(0) = 2\int_0^\infty B(\nu)\mathrm{d}\nu$$

这时式(7-1)可写成:

$$E(\delta) = I(\delta) - 0.5I(0) = \int_0^\infty B(\nu)\cos(2\pi\nu\delta)\mathrm{d}\nu \qquad (7\text{-}2)$$

对该式进行傅里叶逆变换,就可以将其恢复成光谱图,公式为:

$$B(\nu) = \int_0^\infty E(\delta)\cos(2\pi\nu\delta)\mathrm{d}\delta \qquad (7\text{-}3)$$

与通常的分光型光谱仪相比,傅里叶红外光谱仪具有以下特点:

① 探测的信号增大,大大提高了光谱图的信噪比。

② 所用的光学元件少,无狭缝和光栅分光器件,因此到达检测器的辐射强度大,信噪比大。

③ 波长(波数)精度高($\pm0.01\ \mathrm{cm}^{-1}$),重现性好,分辨率高。

④ 扫描速度快。傅里叶红外光谱仪动镜完成一次扫描所需要的时间仅为几秒,可同时

测量所有的波数区间。

应用光谱仪可以测试各种薄膜的光谱透射率、反射率及光谱吸收率,但由于大部分光学薄膜为基于干涉效应的多层介质薄膜,薄膜的光谱吸收较小。分光光度计由于精度限制,一般主要用于薄膜光谱透射率和反射率的测试。

7.1.2 薄膜透射率的测量

利用光谱仪测量薄膜的透射率,操作十分简单,一般只需将被测薄膜样品插入测量室的测量光路中即可。在实际测量过程中,不同的光谱仪的操作步骤不同。一般光谱仪在开机后,都有一个初始化的过程,等到初始化完成之后,选定自己所要测试的波长范围,对样品的测试参数进行设定,然后就可以放入样品进行测试了。一般而言,为了获得较高的测量精度,都要开机后对光谱仪预热一段时间,待光谱仪稳定后再进行测试。

用分光光度计测量透射率光谱虽然操作简便,但为了保证测量精度,必须注意以下几个因素。

(1)分光光度计分辨率的影响

在测量带宽小于 3 mm 的窄带滤光膜时,必须充分考虑仪器的分辨率,否则,由于测量光束包含的光谱区间不够窄,仪器的测量结果实际上是被测样品在该波段内的平均值,从而使窄带滤光膜的峰值透射率下降、带宽增加。

(2)被测样品大小和厚度的影响

分光光度计一般都是将测量光束和参考光束汇聚于样品室中央,一般光斑高为 10~15 mm,宽为 1~2 mm,因此它对样品的厚度和大小有一定的限制。如果测试样品比较厚或采用斜入射测量,光束在接收器光敏面上的位置和汇聚状态均会发生变化,这时应在参考光路中引入一块相同的裸基底,以减小测量误差。如果测试样品太小,则可以在测量光束和参考光束中同时引入一小孔径光阑,以便在测量光束全部通过样品的前提下,保持两光束能量相等。此外,在测试样品存在较大的楔角($>10'$)时,为了压缩光束的发散角,这时适当减小测量光束的截面也是非常有效的。

(3)被测样品后表面的影响

采用分光光度计测量样品的透射率时,不可避免地要将样品后表面的影响带入测量中。这时,必须用实际测得的样品的透射率和空白基底的透射率来计算镀膜表面的透射率 T_f,公式为:

$$T_f = \frac{2T_0}{2(T_0/T) + T_0 - 1} \tag{7-4}$$

式中,T_0 为空白基底的实测透射率;T 为实际测得的样品的透射率。

在双光路分光光度计中,也可以在参考光路中引入一块与样品完全一样的空白基底来消除样品后表面的影响。

(4)偏振效应的影响

在分光光度计中,光束经多次反射后,一般都会具有一定的偏振特性。因此,在测量斜入射样品的透射率时,必须考虑光线的偏振特性。最常见的例子就是 45°分束棱镜透射率的测试。下面分析光线的偏振带来的影响,并由此测量出薄膜的偏振特性。

设测量光束的强度为 I,其中水平分量和垂直分量分别为 I_x 和 I_y,显然 $I = I_x + I_y$,但是 $I_x \neq I_y$。测量样品为 45°入射角下使用的立方分光镜,其 p 分量和 s 分量的透射率分别为

T_p 和 T_s。当此分束棱镜按图 7-3(a)所示的位置放入测量光路时，I_x 对膜层来说是 s 偏振光，I_y 则是 p 偏振光，其透射光束的光强为：

$$I_1 = I_x T_s + I_y T_p$$

透射率为：

$$T_1 = I_1/I = (I_x T_s + I_y T_p)/I$$

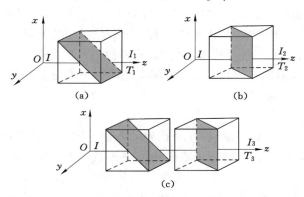

图 7-3   偏振分束棱镜透射率的测试步骤

当分光棱镜按图 7-3(b)所示的位置放置时，其透射率为：

$$T_2 = I_2/I = (I_x T_p + I_y T_s)/T$$

则得：

$$T_1 + T_2 = \left(\frac{I_x + I_y}{I} \right)(T_p + T_s) = T_p + T_s \tag{7-5}$$

通常我们所指的透射率是对自然光而言的，所以：

$$T = \frac{1}{2}(T_p + T_s) = \frac{1}{2}(T_1 + T_2) \tag{7-6}$$

由上式可知，分光棱镜的透射率 T 应为图 7-3 所示两种情况下测得的透射率的平均值。

若要进一步求得 T_p 和 T_s 各自的值，则必须进行第三次测量。取两只特性一样的棱镜（例如在同一罩中镀成，并安排在相邻的位置上），按图 7-3(c)所示放置方位互成 90°，则第三次测量的透射率为：

$$T_3 = (I_x T_p T_s + I_y T_p T_s)/I = T_p T_s \tag{7-7}$$

把式(7-7)和式(7-5)联立，就可以得到：

$$\begin{cases} T_p T_s = T_3 \\ T_p + T_s = T_1 + T_2 \end{cases} \tag{7-8}$$

解上述方程组，得到 T_p 和 T_s 的解为：

$$T_{p(s)} = \frac{T_1 + T_2 \pm \sqrt{(T_1 + T_2)^2 - 4 T_3}}{2} \tag{7-9}$$

从棱镜分光镜的原理可知，p 分量的透射率应大于 s 分量的透射率，故求 T_p 时上式取正号，求 T_s 时取负号。当分束棱镜消偏振时，根号内的值为零。

测试带有偏振特性的器件时，样品的放置方式十分重要，即分光光度计的偏振面一般是指定的,如平行于水平面。但是如果样品的入射面不是垂直或平行水平面,就会造成样品偏振面的设定与光谱仪偏振面之间有一定的夹角,这个夹角将产生一定的偏振误差。特别是在测试高性能偏振分束棱镜的偏振比时,这种现象则更加严重。

7.1.3 薄膜反射率的测量

薄膜反射率的测量不像透射率测量那样方便。对于透明基底上的透明介质薄膜,可利用分光光度计测量透射率来近似地确定反射率,即 $R=1-T$;然而对吸收膜系或对损耗敏感的激光高反射膜,由于 $R+T\neq1$,因此必须直接进行反射率的测量。

从原理上讲,反射率的测量同样是方便的,只要测出反射光能流 E_r 和入射光能流 E_0,反射率即为 $R=E_r/E_0$,但实际做起来却并不那么容易。下面分为两种情况分别进行讨论,即低反射率和高反射率的测量。

7.1.3.1 低反射率的测量

在测量低反射率时,可以用和标准样品比较的办法。图 7-4 是低反射率测量系统示意图,其采用的是单次反射测量。先把参考样品放在样品架上,读数为 I_0,然后换成测试样品,读数为 I_1,则 $R=(I_1/I_0)R_0$,其中 R_0 为参考样品的反射率。需要指出的是,参考样品的反射率并不是 100%,在高精度测量中,参考样品的误差是不可忽视的,设参考样品本身的误差为 ΔR_0,则反射率应是 $R=(I_1/I_0)R_0+(I_1/I_0)\Delta R_0$,其中第二项是误差项,若测试样品的反射率较高,则 I_1 较大,引入的误差也大,所以用它来测量高反射率的样品是不适宜的。

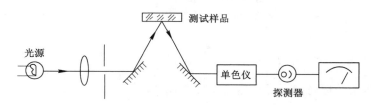

图 7-4　低反射率测量系统示意图

下面讨论高反射样品的测量。

7.1.3.2 高反射率的测量

单次反射测量的主要缺点是所采用的参考样品的反射率精度直接影响测量的精度,利用多次反射测量可以消除这种影响,从而实现高反率的绝对测量。最常用的就是二次反射测量法,常称为 V-W 法。

（1）利用多次反射测量高反射率

图 7-5 是 V-W 法反射率测量系统原理图,也就是最常见的二次反射测量。测量时需要一块反射率较高的参考反射镜 R_f。为了降低参考镜的定位精度,一般多采用球面反射镜。

在第一次测量中,参考反射镜 R_f 放在位置 1,光线仅受到该反射镜的反射。如果入射光强为 I,光电探测器接收到的光强为 $I_1=R_f I$。

在第二次测量中,将被测样品放入样品池中,参考反射镜 R_f 放到位置 2,位置 2 的样品表面与位置 1 成轴对称。光线在样品表面反射两次,在参考反射镜上反射一次,然后沿着与第一次相同的光路投射到光电探测器上,这时接收到的光强为 $I_2=R_f R^2 I$,其中 R 为样品的反射率。

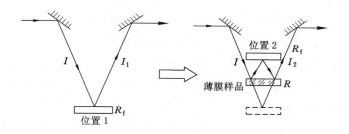

图 7-5　V-W 法反射率测量系统原理图

依据上面两式可求出：

$$R = \sqrt{I_2/I_1} \qquad\qquad (7-10)$$

反射率的相对测量误差为：

$$|\Delta R/R| = \frac{1}{2}|\Delta I_1/I_1| + \frac{1}{2}|\Delta I_2/I_2|$$

与单次反射测量相比，在样品上反射两次测量反射率时精度可以提高 1 倍。在测量时由于光线要在样品上反射两次，因此本方法不适用于测量低反射率，特别是减反射薄膜的反射率。此外，此方法要求样品具有一定的面积，以保证光线可以在样品表面进行两次反射。反射率 R 是这两个反射光斑处的样品反射率的几何平均值。

与此相似的反射率测量方法如图 7-6 所示。

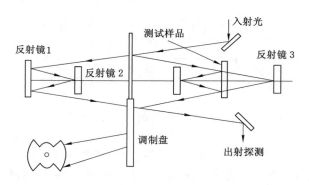

图 7-6　双光路 V-W 法反射率测量系统原理图

当测试样品 S_m 未放入时，通过转动扇形反射镜 M_0，测得测量光路的光强 $I_m = R_0^2 R_3 I$ 和参考光路光强 $I_r = R_1^2 R_2 I$，则有：

$$A_1 = \frac{I_m}{I_r} = \frac{R_0^2 R_3}{R_1^2 R_2}$$

然后放入测试样品，同样测出测量光路光强 $I'_m = R_0^2 R_3 R_m^2 I$ 和参考光路的光强 $I_r = R_1^2 R_2 I$，于是有：

$$A_2 = \frac{I'_m}{I_r} = \frac{R_0^2 R_3 R_m^2}{R_1^2 R_2}$$

式中，R_1、R_2、R_3 分别是 M_1、M_2、M_3 的反射率；R_0 为扇形反射镜的反射率；R_m 是测试样品的反射率；I 是入射光强。

比较 A_1、A_2 即得：

$$R_m = \sqrt{A_2/A_1} \tag{7-11}$$

这种方法由于采用了双光束，可以减少光源波动的影响。

多次反射法的优点在于可以减小误差。二次反射，三次反射…所得到的误差是一次反射的 $1/2,1/3…$。反射次数越多，测量精度越高，并且仪器的重复性越好。但是反射次数越多，要求反射镜越大，仪器结构也越复杂。

麦克莱将这种多次反射原理用于双光路分光光度计，作为高反射率测量的一个附件，其结构如图 7-7 所示。光强为 I 的光束分别通过测量光路和参考光路，在测量光路中，光束受到待测反射镜 R 的 k 次反射，并受到参考反射镜 R_H 的 $k-1$ 次反射，而在参考光路中，由于结构上的特殊安排，光束正好受到 R_H 的 $k-1$ 次反射，于是两光路输出的光强之比为：

$$A = \frac{I^2 R_H^{k-1} R^k}{I^2 R_H^{k-1}} = R^k$$

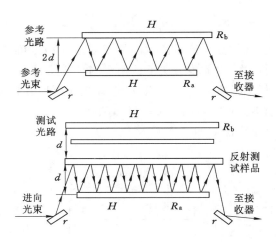

图 7-7　分光光度计的多次反射附件图

其中的比值 A 通过光电转换装置显示出来，考虑 $R \rightarrow 1$，测量误差为 $\Delta A = k\Delta R$ 或 $\Delta R = \Delta A/k$，显然，待测反射镜对测量光束的反射次数 k 越多，测量精度越高。

（2）利用激光谐振腔测量高反射率

赛特尔斯提出了一种低损耗激光反射镜的反射率测量技术，用来测量环形激光陀螺中的高反射镜，其反射率测量精度可优于 $\pm 0.000\ 1$。图 7-8 是该系统的示意图，所测量的是反射镜在某一倾斜入射角时对 p 偏振光的总损耗。图中入射角为 $45°$，但是可以调节到小于 $0°$。用这种方法进行测量时，先不放入被测反射镜 M 进行测量，再放入被测反射镜进行测量，两次测量中反射镜 M_2 位置不变，而反射镜 M_1 在第二次测量时移到位置 M_1'。激光腔和被测反射镜的几何位置必须满足两个条件：一是两次测量的激光腔总长应该相等；二是被测反射镜必须是平面反射镜，从而保证等离子激光器具有相同的增益和衍射损耗。

激光器窗口的方向决定了偏振方向，图 7-8 所示为相对于被测反射镜的 p 偏振光方向，等离子激光器的窗口定位在激光束的布儒斯特角上；对 s 偏振光而言，窗口须绕光轴转 $90°$。

旋转窗片给激光腔提供一种损耗的量度。首先，将窗片定位在相对激光轴的布儒斯特

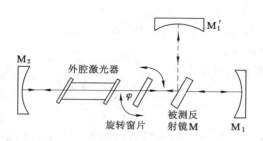

图 7-8　利用激光谐振腔测量高反射率示意图

角方向上,接着往一个方向旋转,直至激光束由于反射损耗增大而突然熄灭为止。然后反向旋转直至激光再次熄灭,两次熄灭所对应的窗片转角之差称为跨张角 φ。根据菲涅耳反射定律,可知旋转窗片在单个界面上的反射率为:

$$R = \frac{\tan^2(i_1 - i_2)}{\tan^2(i_1 + i_2)}$$

$$R(\varphi) = \frac{\tan^2\left[\varphi - \arcsin\left(\dfrac{\sin \varphi}{n_g}\right)\right]}{\tan^2\left[\varphi + \arcsin\left(\dfrac{\sin \varphi}{n_g}\right)\right]}$$

式中,i_1 为入射角;i_2 为折射角;φ 为旋转窗片的跨张角;n_g 为窗片折射率。

因此,由 φ 可以算出损耗值。

7.2　薄膜光学常数和厚度的测量

薄膜光学常数(折射率、消光系数)和厚度是薄膜设计和制备所必需的重要参数。在设计薄膜时,要首先了解膜层的光学常数。通常为了使制出的光学薄膜与设计的薄膜具有相同或近似的光学特性,必须首先确定出某一工艺条件下每层薄膜的光学常数。

测量薄膜光学常数的方法很多,主要包括光度法、圆偏振法、布儒斯特角法、利用波导原理的棱镜耦合法以及表面等离子激元法等。本节主要介绍最常用的光度法和椭圆偏振法。

7.2.1　光度法确定薄膜的光学常数

所谓光度法,是指通过测量薄膜的透射率和反射率来计算薄膜的光学常数。这种方法虽然精度不是很高,但已能满足薄膜设计和制备的要求,所以得到了广泛的应用。

7.2.1.1　透明薄膜光学常数的确定

我们知道绝对透明的薄膜并不存在,但是在大多数情况下,可以将实际薄膜近似看作理想的透明薄膜,这就需要对薄膜的性质做几点假设:一是膜层具有均匀的折射率,即不考虑膜层折射率的非均匀性;二是薄膜没有色散,即薄膜在各个波长下具有相同的折射率;三是薄膜在各波长的消光系数为零,即满足 $R+T=1$。

对于符合以上假设的光学薄膜,在光学厚度为 $\lambda/2$ 整数倍处,透射率和反射率就等于清洁基底的透射率和反射率。在光学厚度为 $\lambda/4$ 奇数倍处,反射率恰好是极值。如果薄膜的折射率 n_f 小于基底的折射率 n_s,反射率为极小值;反之,为极大值。这时薄膜的反射率为:

$$R_f = \left[\frac{n_0 - (n_f^2/n_s)}{n_0 + (n_f^2/n_s)} \right]^2$$

式中，n_0 是入射介质的折射率。

从上式即可求得薄膜的折射率为：

$$n_f = \sqrt{\frac{(1 + \sqrt{R_f})n_0 \cdot n_s}{1 - \sqrt{R_f}}} \qquad (7\text{-}12)$$

从上面关于薄膜透射率和反射率的测量可以知道，利用分光光度计可以较准确地测出薄膜的透射率曲线，以及对应 $\lambda/4$ 奇数倍处的透射率极值，利用 $R = 1 - T$ 就可以换算出反射率的值。在修正了基底后表面的反射影响后，代入式(7-12)就可求出薄膜的折射率。

如果薄膜较厚，也可以从两个相邻极值波长中进一步求得薄膜的几何厚度 d。

设 λ_1 和 λ_2 是两个相邻极大（或极小）值的波长($\lambda_1 > \lambda_2$)，则有：

$$n_f d = (2m + 1)\frac{\lambda_1}{4} = [2(m+1) + 1]\frac{\lambda_2}{4} \qquad (m = 0,1,2\cdots)$$

由上式可求得薄膜的几何厚度 d：

$$d = \frac{\lambda_1 \lambda_2}{2n_f(\lambda_1 - \lambda_2)} \qquad (\lambda_1 > \lambda_2) \qquad (7\text{-}13)$$

值得注意的是，式(7-13)中我们没有消除基底后表面反射的影响。在实际的透射率测量中必须考虑样品后表面的影响，如图 7-9 所示。厚度为几毫米的基底在分光光度计中进行测量时，后表面的影响可以按照非相干表面的关系进行处理，即前、后表面的光强是以强度相加而不是矢量相加的。因此，只要测出空白基底的透射率 T_0 和薄膜样品的透射率 T_F，则式(7-12)中反射率极值的修正式为：

$$R_f = (2T_0/T_F - 1 - T_0)/(2T_0/T_F - 1 + T_0) \qquad (7\text{-}14)$$

式中，T_0 是未镀膜前基底的测量透射率；T_F 是膜层为 $\lambda/4$ 奇数倍时测量的极值透射率。

把求得的薄膜前表面的反射率 R 代入式(7-12)中，就可求得薄膜的折射率。

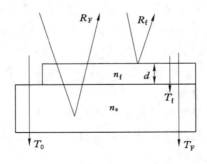

图 7-9　薄膜样品的反射、透射关系

在直接测量薄膜样品的反射率时，为了消除基底背面的影响，要将基底做成楔形，或将基底背面磨光、涂黑。若测试基底是平板而又不能将其背面磨光、涂黑时，可用折射率匹配的油粘上另一块折射率相同的基底，或者将反射率极值修正为：

$$R_f = \frac{R_F - R_0}{1 - R_0(2 - R_F)} \qquad (7\text{-}15)$$

式中，R_0 是基底背面反射率；R_F 是光度计实测的反射率极值。

然后将修正后的极值反射率 R_f 代入式(7-12),就可求得薄膜的折射率。例如,设 $n_0 = 1.0, n_s = 1.46$,则 $R_0 = 0.035$,若实测 $R_F = 0.207$,则 $R = 0.183$,故得 $n = 1.90$。但未经修正的折射率为1.97,明显偏大。

折射率的精度取决于反射率的精度,依据式(7-12)可以计算出 Δn 与 ΔR 之间的关系。目前常用的分光光度计对透射率的测量精度在 $0.3\%\sim1.0\%$ 之间,对应的折射率的误差为 $0.01\sim0.09$,这样的精度用于薄膜设计和计算通常是足够的。但是,如果膜料的色散很大,那么必须应用稍复杂的公式。一旦我们测得了具有色散的薄膜的反射率和透射率,那么可以得到对应于 $\lambda/4$ 奇数倍的极值波长偏离了真正的 $\lambda/4$ 点,而半波长极值没有变化,这个波长的偏移是色散引起的,测量它可以得到比较精确的折射率值。因为没有吸收,R、T、$1/R$ 和 $1/T$ 的极值都必须相同。假定入射介质的折射率是1,基底折射率为 n_s,薄膜折射率为 n_f,T 的表达式就成为:

$$T = \frac{4}{n_s + 2 + n_s^{-1} + 0.5 n_s^{-1}(n_f^2 - 1 - n_s^2 + n_s^2 n_f^{-2})} \cdot \frac{1}{1 - \cos(4\pi n_f d/\lambda)}$$

由于 T 和 $1/T$ 的极值是一致的,极值的位置可以通过 $1/T$ 表达式对 d/λ 微分,并使它等于零来求得:

$$\frac{1}{T} = \frac{4}{n_s + 2 + n_s^{-1}} + \frac{1}{8n_s(n_f^2 - 1 - n_s^2 + n_s^2 n_f^{-2})} \cdot \left[1 - \cos\frac{4\pi n_f d}{\lambda}\right]$$

即:

$$\frac{d(1/T)}{d(d/\lambda)} = 0 = 0.25 n'(n_s^{-1} n_f - n_s n_f^{-3})\left(1 - \cos\frac{4\pi n_f d}{\lambda}\right) +$$
$$0.5\pi(n_s^{-1} n_f - n_s^{-1} - n_s + n_s n_f^{-2})\left(n_f + n'\frac{d}{\lambda}\right)\sin\frac{4\pi n_f d}{\lambda}$$

式中,$n' = dn_f/d(d/\lambda)$。

由于 $\sin(4\pi n_f d/\lambda)$ 和 $1 - \cos(4\pi n_f d/\lambda)$ 在所有 $\lambda/4$ 偶数倍处都为零,因此容易看出:等式在所有 $\lambda/4$ 偶数倍处都是严格成立的;而在 $\lambda/4$ 奇数倍的波长上,微分不为零。这表明,在有色散的情况下,光学厚度为 $\lambda/4$ 偶数倍时仍为极值,而光学厚度为 $\lambda/4$ 奇数倍处不再是极值,产生了偏移。把上面的等式改写成以下形式,就能决定这个偏移量:

$$\tan\frac{2\pi n_f d}{\lambda} = -2\pi \frac{n_f^5 - (1 + n_s^2)n_f^3 + n_s^2 n_f}{n_f^4 - n_s^2}\left(\frac{n_f}{n'} + \frac{d}{\lambda}\right) \tag{7-16}$$

当然,由于存在多个未知数,不能直接解这个等式来求得 n,通常利用较简单的 $\lambda/4$ 的表达式[式(7-12)]逐步逼近,以达到折射率和色散的一级近似。

假设膜的折射率 $n_f > n_s$,且满足 $n_f d$ 为 $\lambda/4$ 的奇数倍,则求解步骤为:

① 由反射率的极大值位置,用公式 $n_f d = (2m+1)\lambda/4$ 求出膜的光学厚度 $n_f d$。

② 由反射率值,用式(7-12)求出两个不同波长的折射率,同时求出膜的色散:

$$n' = \frac{dn_f}{d\left(\dfrac{d}{\lambda}\right)} = \frac{n_{\lambda_1} - n_{\lambda_2}}{\left(\dfrac{d}{\lambda}\right)_{\lambda_1} - \left(\dfrac{d}{\lambda}\right)_{\lambda_2}}$$

③ 将上面求出的 n_f、d 和 n' 代入式(7-16),求出较精确的 $n_f d$ 值,即得到更精确的 n_f。

一般薄膜材料的折射率均有色散。色散的存在使得光谱透射率或反射率曲线上相邻的两个干涉峰的极值大小不再相同。一般情况下,由于短波段折射率较高,使反射率的峰值大于长波段的反射率峰值。在薄膜材料的吸收带以外，薄膜材料的色散都很小。在实际测量中，将峰值反射率式(7-14)代入式(7-12)，求出不同极值点处波长的折射率，它们的差值就反映出了薄膜材料色散的大小。为了得到薄膜材料折射率与波长的关系，可以利用以下各种不同的色散关系来处理。

（1）Cauchy 模型

这种色散模型由 Cauchy(柯西)提出，折射率和消光系数可以展开为波长的无穷级数。它适用于透明材料，如 SiO_2、Al_3O_2、Si_3N_4、BK_7 以及玻璃等，其折射率的实部与消光系数均可表示为：

$$n(\lambda) = A_n + \frac{B_n}{\lambda^2} + \frac{C_n}{\lambda^4} + \cdots, \quad \kappa(\lambda) = A_\kappa + \frac{B_\kappa}{\lambda^2} + \frac{C_\kappa}{\lambda^4} + \cdots$$

式中，A_n、B_n、C_n、A_κ、B_κ、C_κ 是拟合参量。

通常情况下，若波段不是太宽，展开式可以取前面两项，第三项可以不用。

（2）Sellmeier 模型

这种色散模型首先由 Sellmeier(塞耳迈耶尔)推导出来，它适用于透明材料和红外半导体材料。Sellmeier 模型是 Cauchy 模型的综合，原始的 Sellmeier 模型仅用于完全透明材料（$\kappa=0$），但有时也能用于吸收区域，可表示为：

$$n(\lambda) = \left(A_n + \frac{B_n \lambda^2}{\lambda^2 - C_n^2} \right)^2$$

$$\kappa(\lambda) = 0 \quad \text{或} \quad \kappa(\lambda) = \left[n(\lambda) \left(B_1 \lambda + \frac{B_2}{\lambda} + \frac{B_3}{\lambda} \right) \right]^{-1}$$

式中，A_n、B_n、C_n、B_1、B_2、B_3 是拟合参量。

（3）Lorentz 经典共振模型

该经典模型的表达式为：

$$n^2 - \kappa^2 = 1 + \frac{A\lambda^2}{\lambda^2 - \lambda_0^2 + g\lambda^2/(\lambda^2 - \lambda_0^2)}$$

$$2n\kappa = \frac{A\sqrt{g}\lambda^3}{(\lambda^2 - \lambda_0^2)^2 + g\lambda^2}$$

式中，λ_0 是共振的中心波长；A 是振荡强度；g 是阻尼因子。

第一个方程中，右边的式子代表无限能量（零波长）的介电函数，在大多数情况下，用拟合参数 q_∞ 来代替会更加符合实际情况，它代表了远小于测量波长的介电函数。由上面的方程很容易解出 n 和 κ，但是准确描写仍会产生非常难以处理的表达式。该色散关系主要应用于吸收带附近的折射率色散。

（4）Forouhi-Bloomer 色散模型

这是一种新的描述材料复折射率的色散模型，主要用于模拟半导体和电介质的复折射率。复折射率中的消光系数与折射率的关系为：

$$\kappa(E) = \sum_{i=1}^{q} \frac{A_i(E - E_g)^2}{E^2 - B_i E + C_i}, \quad n(E) = n(\infty) + \sum_{i=1}^{q} \frac{B_{oi}E + C_{oi}}{E^2 - B_i E + C_i}$$

式中，$B_{oi} = \frac{A_i}{Q_i}\left(-\frac{B_i^2}{2} + E_g B_i + C_i \right)$，$C_{oi} = \frac{A_i}{Q_i}\left[(E_g^2 + C_i)\frac{B_i}{2} - 2E_g C \right]$，$Q_i = \frac{1}{2}(4C_i - B_i^2)^{1/2}$。

并不是所有的参量在上述方程中都是独立的，其中只有 $n(\infty)$、A_i、B_i、C_i 和 E_g 是独立的拟合参量。这些方程需要一些薄膜分析工具来补充,如反射率的测量。

Forouhi-Bloomer 色散模型主要用于模拟材料价带光谱区域的色散,但是它们也能用于次能带隙区域以及常规的透明区域,且处理一些带有弱吸收的薄膜的折射率色散。

（5）Drude 模型

该模型主要是针对金属薄膜与金属材料。介电函数由自由载流子决定,当 w_p 为等离子体频率（$w_p^2 = 4\pi ne^2/m$）和 ν 为电子散射频率时,介电方程为：

$$\varepsilon(\infty) = 1 - \frac{w_p^2}{w(w+i\nu)}$$

通常,上述色散方程的参量至少需要三次方的拟合才能确定,然后与实验的透射光谱以及与从 (n, κ) 和吸收薄膜透射率的一般方程算得的光谱做比较。在大多数情况下,应该直接把膜厚作为一个拟合参数。

Forouhi-Bloomer 色散模型、Sellmeier 模型和 Lorentz 经典共振模型能够延伸用于多层共振;对于材料部分,Drude 模型必须与具体的共振类型联系起来。

对于不少材料,所有的色散模型在一个相当大的光谱区都能得到很好的结果。实验测得的透射率光谱和色散模型计算所得的光谱进行优化拟合是这些方程适用的前提。实际上,所有的色散模型都是随着波长而变化的函数,在很大的波长范围内得到一个良好的拟合结果是很困难的,这是因为 n 和 κ（包括薄膜厚度 d）严格决定了透射率光谱的形式,膜层的厚度和折射率决定了干涉波纹的间隔。

同样,薄膜光学常数的确定方法也可以应用到薄膜的制备过程中。在具有光学监控设备的光学薄膜制备系统中,薄膜的光学监控信号就对应制备薄膜的 $R(\lambda)$ 和 $T(\lambda)$ 因干涉而呈周期性的起伏变化。在薄膜镀制过程中,随着膜层厚度的增加,$R(d)$ 和 $T(d)$ 也呈现出周期性变化。我们可以根据这些极大或极小值,应用前面的公式确定正在镀制的该层薄膜的折射率以及折射率随厚度的变化。

7.2.1.2 弱吸收膜光学常数的确定

前面的讨论中,假定薄膜是无吸收的透明薄膜。事实上,常见的透明薄膜在接近短波吸收带时,消光系数会增大。另外薄膜在蒸发过程中由于参数控制不当,也会产生较大的吸收。因此在介质薄膜的光学常数测量中,通常把介质薄膜视为弱吸收材料（消光系数 $\kappa \ll 1$）,这样不但会更加切合实际,也会使实际镀制的薄膜与设计结果更加吻合。

为了直观地了解消光系数 κ 对 R 和 T 的影响,图 7-10 给出了消光系数分别为 10^{-3}、10^{-2} 和 10^{-1} 时,反射率 R 和透射率 T 的各极值以及 R 和 T 随波数的变化。从图中可以清楚地看到：

① 消光系数对透射率的影响要大于对反射率的影响。

② 对于较薄的薄膜,当 $\kappa < 10^{-2}$ 时对透射率、反射率的影响不是十分显著的,但 $\kappa > 10^{-2}$ 后的影响则十分显著。

③ 吸收的影响在半波长的位置最为明显。

人们研究出了许多确定微弱吸收薄膜光学常数的方法。这里将重点介绍两种最为常用的方法。

（1）Hall 方法

Hall（霍尔）提出分析微弱吸收薄膜的方法：从 $T_{\lambda/2}$ 处计算薄膜的消光系数,从 $T_{\lambda/4}$ 处计

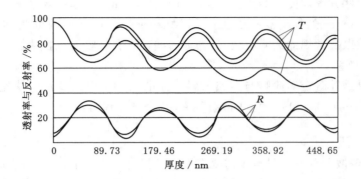

图 7-10　消光系数对膜透射率与反射率的影响

算薄膜的折射率。由于单层吸收薄膜的透射率与反射率为：

$$T_f = \frac{(n_f^2 + \kappa^2)n_s}{[(1+n_f)^2 + \kappa^2][(n_s+n_f)^2 + \kappa^2]} \cdot \frac{16\alpha}{1 - 2r_1 r_2 \alpha \cos\left(\dfrac{4\pi n_f d}{\lambda} + \delta_1 + \delta_2\right) + r_1^2 r_2^2 \alpha^2}$$

$$R_f = \frac{r_1^2 - 2r_1 r_2 \alpha \cos\left(\dfrac{4\pi n_f d}{\lambda} + \delta_1 + \delta_2\right) + r_2^2 \alpha^2}{1 - 2r_1 r_2 \alpha \cos\left(\dfrac{4\pi n_f d}{\lambda} + \delta_1 + \delta_2\right) + r_1^2 r_2^2 \alpha^2}$$

式中，α 为吸收率，且 $\alpha = \exp(-4\pi\kappa d/\lambda)$；此外：

$$r_1^2 = \frac{(n_f - n_0)^2 + \kappa^2}{(n_f + n_0)^2 + \kappa^2}, \quad r_2^2 = \frac{(n_f - n_0)^2 + \kappa^2}{(n_f + n_s)^2 + \kappa^2}$$

$$\delta_1 = \arctan\frac{2n_0\kappa}{n_f^2 - n_0^2 + \kappa^2}, \quad \delta_2 = \arctan\frac{2n_s\kappa}{n_f^2 - n_s^2 + \kappa^2}$$

入射介质为空气（折射率为 1.0），r_1、r_2 为空气与薄膜和薄膜与基板界面的菲涅耳反射系数，δ_2、δ_2 为薄膜微弱吸收对反射与透射相位的影响（注意这里的 R 与 T 均没有考虑样品基板后表面的影响）。

如果忽略了薄膜的微弱吸收对反射与透射相位的影响，则透射率和反射率可简化为：

$$T_{f,\lambda/2} = \frac{(n_f^2 + n_s^2)n_s}{[(1+n_f)^2 + \kappa^2][(n_s+n_f)^2 + \kappa^2]} \cdot \frac{16\alpha}{(1 - r_1 r_2 \alpha)^2}, \quad R_{f,\lambda/2} = \frac{(r_1 - r_2\alpha)^2}{(1 - r_1 r_2 \alpha)^2}$$

在 $\lambda/4$ 处有：

$$T_{f,\lambda/4} = \frac{(n_f^2 + \kappa^2)n_s}{[(1+n_f)^2 + \kappa^2][(n_s+n_f)^2 + \kappa^2]} \cdot \frac{16\alpha}{(1 + r_1 r_2 \alpha)^2}, \quad R_{f,\lambda/4} = \frac{(r_1 + r_2\alpha)^2}{(1 + r_1 r_2 \alpha)^2}$$

因此，我们可以分别测试薄膜样品的反射与透射光谱，并依据各极值点的反射率和透射率的大小，应用上面的公式联立方程分别求出 $\lambda/2$ 处的消光系数与 $\lambda/4$ 处的折射率。该方法的缺点是只能计算出峰值点处的折射率和消光系数，不能给出所有波长点的折射率和消光系数。

（2）透射率包络线法

此方法利用 $\lambda/2$ 及 $\lambda/4$ 处透射率的值来计算微弱吸收薄膜的折射率与消光系数，因此有较强的实用性，用公式可表达为：

包络线法
测光学常数

$$T_f = \frac{(16n_0 n_s \alpha)(n_f^2 + \kappa^2)}{A + B\alpha^2 + 2\alpha[C\cos(4\pi n_f d/\lambda) + D\sin(4\pi n_f d/\lambda)]}$$

式中

$$A = [(n_f + n_0)^2 + \kappa^2][(n_f + n_s)^2 + \kappa^2]$$

$$B = [(n_f - n_0)^2 + \kappa^2][(n_f - n_s)^2 + \kappa^2]$$

$$C = -(n_f^2 - n_0^2 + \kappa^2)(n_f^2 - n_s^2 + \kappa^2) + 4\kappa^2 n_0 n_s$$

$$D = 2\kappa n_s(n_f^2 - n_s^2 + \kappa^2) + 2\kappa n_0(n_f^2 - n_s^2 + \kappa^2)$$

$$\alpha = \exp\left(-\frac{4\pi\kappa d}{\lambda}\right)$$

我们将所有透射率极大值点与透射率极小值点分别连起来作出两条包络线,形成 T_{max} 与 T_{min} 两条包络线围成的包络区域。这样,我们就可以获得每个波长点上的 $T_{\lambda/2}$ 与 $T_{\lambda/4}$ 值,进而计算出每一个波长点的 n 与 κ,如图 7-11 所示。

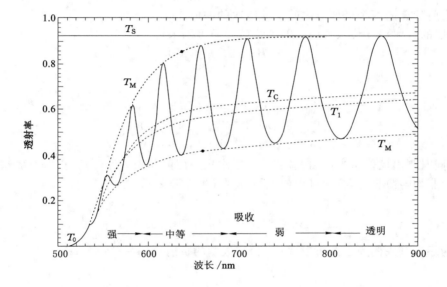

图 7-11 包络线法示意图

当薄膜没有吸收时 $\kappa=0$,此时有:

当 $n_f > n_s$ 时,$T_{max} = T_{\lambda/2} = T_s = \dfrac{2n_s}{n_s^2 + 1}$,且 $T_{\lambda/4} = T_{min} = \dfrac{4n_f n_s^2}{n_f^4 + n_f^2(n_s^2 + 1) + n_s^2}$;

当 $n_f < n_s$ 时,$T_{min} = T_{\lambda/2} = T_s = \dfrac{2n_s}{n_s^2 + 1}$,且 $T_{\lambda/4} = T_{max} = \dfrac{4n_f n_s^2}{n_f^4 + n_f^2(n_s^2 + 1) + n_s^2}$。

当 $\kappa \neq 0$ 时,我们有:

$$T_{Fmax} = \frac{17n_0 n_s n_f^2 \alpha}{(C_1 + C_2\alpha)^2} \tag{7-17}$$

$$T_{Fmin} = \frac{16n_0 n_s n_f^2 \alpha}{(C_1 - C_2\alpha)^2} \tag{7-18}$$

式中,$C_1 = (n_0 + n_f)(n_f + n_s)$;$C_2 = (n_0 - n_f)(n_f - n_s)$。

考虑到基片后表面反射的影响,式(7-17)和式(7-18)可变为:

$$\frac{1}{T_{\max}} - \frac{R_s}{T_s}\left(1 + \frac{\chi}{16n_0 n_s n_f^2 \alpha}\right) = \frac{(C_1 + C_2\alpha)^2}{16n_0 n_s n_f^2 \alpha} \qquad (7\text{-}19)$$

$$\frac{1}{T_{\min}} - \frac{R_s}{T_s}\left(1 + \frac{\chi}{16n_0 n_s n_f^2 \alpha}\right) = \frac{(C_1 - C_2\alpha)^2}{16n_0 n_s n_f^2 \alpha} \qquad (7\text{-}20)$$

$$\chi = 4n_s n_f (n_0 + n_f)^2 - 4n_s n(n_f - n_0)^2 \alpha^2 - 16n_0 n_s n_f^2 \alpha$$

式中，$T_{\max}$ 和 $T_{\min}$ 分别是实测的透射率最大值和最小值。

由式(7-19)和式(7-20)可以求得膜层的折射率为：

$$n_f = \left[N + (N^2 - n_0^2 n_s^2)^{1/2}\right]^{1/2} \qquad (7\text{-}21)$$

式中，$N = \dfrac{n_s^2 + n_0^2}{2} + 2n_0 n_s \left(\dfrac{1}{T_{\min}} - \dfrac{1}{T_{\max}}\right)$。

根据极值点处的折射率和波长可求得膜层厚度为：

$$d = \frac{m\lambda_1 \lambda_2}{2\left[n_{(\lambda_1)}\lambda_2 - n_{(\lambda_2)}\lambda_1\right]} \qquad (7\text{-}22)$$

式中，m 为所计算的两个极值点之间干涉级次的差值。

把膜层的折射率 n 代入式(7-19)和式(7-20)可以求得：

$$\alpha = \frac{-B \pm (B^2 + 4AC)^{1/2}}{2A} \qquad (7\text{-}23)$$

式中

$$A = \left[4n_s n_f (n_f - n_0)R_s/T_s\right] - \left[(n - n_0)(n_s - n_f)\right]^2$$
$$B = 8n_0 n_s n_f^2 (1/T_{\max} + 1/T_{\min})$$
$$C = \left[4n_s n_f (n_f + n_0)^2 R_s/T_s\right] + \left[(n_f + n_0)(n_s + n_f)\right]^2$$

如果同时测出反射率光谱曲线，那么可以求出膜层的非均匀性(薄膜折射率随厚度的变化)。对于非均匀薄膜，其特性可近似地用下列导纳矩阵表示：

$$\begin{bmatrix} (n_i/n_1)^{1/2}\cos\delta & \mathrm{i}\sin\delta/(n_i/n_1)^{1/2} \\ \mathrm{i}(n_i/n_1)^{1/2}\sin\delta & (n_i/n_1)^{1/2}\cos\delta \end{bmatrix}$$

式中，n_i 为靠近基底侧膜层的折射率；n_1 为空气侧的折射率；$\delta = \dfrac{2\pi}{\lambda}(n - \mathrm{i}\kappa)d = a - \mathrm{i}b$。

令

$$x = n_0 n_s/(n_1 n_i)^{1/2} + (n_1 n_i)^{1/2}, \quad y = n_0 n_s/(n_1 n_i)^{1/2} - (n_1 n_i)^{1/2}$$
$$p = n_0 (n_i/n_1)^{1/2} + n_s (n_i/n_1)^{1/2}, \quad q = n_0 (n_i/n_1)^{1/2} - n_s (n_i/n_1)^{1/2}$$

则它们与极值折射率和透射率的关系为：

$$\begin{cases} (x + bp)^2 = 4n_0 n_s/T_{F\min} \\ (p + bx)^2 = 4n_0 n_s/T_{F\max} \\ (y + bq)^2 = 4n_0 n_s R_{F\max}/T_{F\min} \\ (q + by)^2 = 4n_0 n_s R_{F\min}/T_{F\max} \end{cases} \qquad (7\text{-}24)$$

而 b 与极值反射率和透射率又有如下关系：

$$b = \frac{\left[(1 - T_{F\min} - R_{F\max})/T_{F\min}\right] + \left[(1 - T_{F\max} - R_{F\min})/T_{F\max}\right]}{2(n_s/n_i) + n_i/(n_s + b')} \qquad (7\text{-}25)$$

因而表征非均匀性的折射率为：

$$n_1 = n_0\left[\frac{(x - y)(p - q)}{(x + y)(p + q)}\right]^{1/2}, \quad n_i = n_s\left[\frac{(x - y)(p + q)}{(x + y)(p - q)}\right]^{1/2} \qquad (7\text{-}26)$$

这样即可把由实测的透射率光谱曲线确定的 b 值作为求解膜层非均匀性的初始解 b'，

通过式(7-24)～式(7-26)多次迭代,最终得到膜层的平均折射率 $n_f = 0.5(n_1 + n_i)$、表征非均匀性的折射率 n_1 和 n_i 以及消光系数 κ 和几何厚度 d。

（3）从透射率或反射率曲线求解多波长光学常数的反演法

该方法的运用是基于现代计算机技术的发展,使得大规模的反演运算成为可能。我们可以应用计算机,用数值计算的方法,通过拟合测试获得的薄膜光谱透射率曲线反演得出薄膜的光学常数。

借助 Forouhi-Bloomer 色散模型,利用改进的单纯形方法拟合薄膜的透射率光谱曲线,从而获得薄膜厚度、折射率和消光系数。该方法只需简单地测量透射率曲线,就可以测试各种薄膜的光学常数,特别适合于较薄的、在可见光区具有很大吸收的半导体薄膜。

由测得的透射率曲线确定薄膜光学常数和厚度是一个反演过程,由已知薄膜系统的响应来确定系统的参数,首先选定一组初始的 $n(\infty)$、E_g、A_i、B_i、C_i 值,由 Forouhi-Bloomer 色散模型可以得到薄膜的初始迭代 n 和 κ,代入薄膜传播矩阵后,就可计算各个波长处的透射率 $T(\lambda_i)_{\text{calc}}$。计算最小化理论计算值与分光光度计测到的透射率之差,就能获得薄膜的光学常数和厚度,因此目标函数取为:

$$\text{Metric} = \sum_{\lambda_i} \left\{ \frac{T(\lambda_i)_{\text{exp}} - T[\lambda_i, d, E_g, n(\infty), A_1, B_1, C_1 \cdots]_{\text{calc}}}{\sigma(\lambda_i)} \right\} + \varphi \qquad (7-27)$$

式中,$T(\lambda_i)_{\text{exp}}$ 是分光光度计测得的透射率;$T[\lambda_i, d, E_g, n(\infty), A_1, B_1, C_1 \cdots]_{\text{calc}}$ 是理论计算得到的数值;$\sigma(\lambda_i)$ 是分光光度计的测量误差,一般取 1%。

式(7-27)中 φ 的定义为:

$$\varphi = \begin{cases} 0, & \text{有物理意义} \\ M, & \text{无物理意义} \end{cases} \qquad (7-28)$$

对于没有物理意义的参数 $\varphi = M$,M 是一个极大的数,一般为定值,是一个惩罚函数,使优化过程中自动远离那些没有物理意义的值,这样就把一个约束优化问题变成了一个无约束优化问题。

单纯形方法是光学薄膜优化中运用较多的方法,它受初始结构的影响小,并且不需要计算导数,因此特别适用于这种表达式较复杂且变量较多的情况。Forouhi-Bloomer 色散模型中的参数都有一个范围,如 $n(\infty) = 1 \sim 5$ 等,而薄膜的物理厚度范围为 $10 \sim 3\,000$ nm,因此在确定薄膜光学常数的优化过程中,作为变量的物理厚度和色散模型中各个参数之间数值有很大的差别,应对它们做一些修改,进行归一化处理,可以得到:

$$\nu'_x = (\nu_x - \nu_x^1) \frac{d_x^2 - d_x^1}{\nu_x^2 - \nu_x^1} + d_x^1 \qquad (7-29)$$

式中,ν_x 表示色散模型的参数变量;d_x 表示薄膜的厚度变量,这样在 $[\nu_x^1, \nu_x^2]$ 中均匀分布的色散变量就转化成 $[d_x^1, d_x^2]$ 中均匀分布的变量,给单纯性提供了一个良好的搜索空间。

应用该方法可以十分方便地从单个透射光谱的测试中求出薄膜的 $n(\lambda)$ 与 $\kappa(\lambda)$。

当然也可用柯西色散关系,通过确认三个参数的方法,从薄膜的反射率曲线直接获得折射率的色散值。但是反射率光谱对薄膜样品的吸收不灵敏,所以反射率光谱的反演只能得到薄膜折射率的实部。

7.2.2 椭圆偏振法确定薄膜的光学常数

椭圆偏振测量是研究两种媒质界面或薄膜中发生的现象及其特性的一种光学方法,其原理是利用偏振光束在界面或薄膜上反射或透射时出现的偏振变换。椭圆偏振测量的应用范围很广,如半导体、光学掩模、圆晶、金属、介质薄膜、玻璃(或镀膜)、激光反射镜、大面积光学膜、有机薄膜等;也可用于介电、非晶半导体、聚合物薄膜、薄膜生长过程的实时监测等测量。结合计算机技术后,具有可手动改变入射角度、实时测量快速获取数据等优点。它是一种高灵敏度的薄膜光学常数的检测方法,对金属薄膜、介质薄膜都适用,而且因其灵敏度高,所以也是超薄光学薄膜的基本测试手段。

椭圆偏振法除了可以测试膜的基本光学常数外,还可以用来测量薄膜的偏振特性、色散特性和各向异性,特别是在研究薄膜生长的初始阶段,沉积晶粒生长到能用电子显微镜观察以前的阶段,用来计算吸附分子层的厚度和密度等。

(1)椭圆偏振法的测试原理

若一平行光以 φ_0 入射到如图 7-12 所示的镀有单层薄膜的样品上,那么在入射介质和薄膜界面以及薄膜和基底界面上会产生反射光和折射光的多光束干涉。

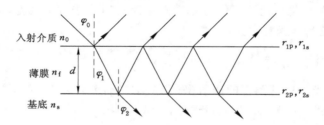

图 7-12　光在单层薄膜中的传播

这里我们用 2δ 表示相邻两分波的相位差,其中 $\delta = (2\pi d n_f \cos \varphi_1)/\lambda$,用 r_{1p}、r_{1s} 分别表示光线的 p 分量、s 分量在第一个界面的反射系数,用 r_{2p}、r_{2s} 分别表示光线的 p 分量、s 分量在第二个界面的反射系数。由多光束干涉的复振幅计算可知:

$$E_{rp} = \frac{r_{1p} + r_{2p}\mathrm{e}^{-\mathrm{i}2\delta}}{1 + r_{1p}r_{2p}\mathrm{e}^{-\mathrm{i}2\delta}}E_{ip} \tag{7-30}$$

$$E_{rs} = \frac{r_{1s} + r_{2s}\mathrm{e}^{-\mathrm{i}2\delta}}{1 + r_{1s}r_{2s}\mathrm{e}^{-\mathrm{i}2\delta}}E_{is} \tag{7-31}$$

式中,E_{ip} 和 E_{is} 为入射光波电矢量的 p 分量和 s 分量;E_{rp} 和 E_{rs} 为反射光波电矢量的 p 分量和 s 分量,将这 4 个量写成 1 个比量,即:

$$\rho = \frac{r_p}{r_s} = \frac{E_{rp}/E_{ip}}{E_{rs}/E_{is}} = \frac{r_{1p} + r_{2p}\mathrm{e}^{-\mathrm{i}2\delta}}{r_{1s} + r_{2s}\mathrm{e}^{-\mathrm{i}2\delta}} = \tan \Psi \mathrm{e}^{\mathrm{i}\Delta} \tag{7-32}$$

薄膜的椭偏函数 ρ 是一个复数,可用 $\tan \Psi$ 和 Δ 表示它的模和幅角,其表达式为:

$$\rho = |r_p/r_s|\,\mathrm{e}^{\mathrm{i}(\delta_p - \delta_s)}$$

上述公式的过程量转换可由菲涅耳公式和折射率公式给出:

$$\begin{cases} r_{1p} = (n_f \cos \varphi_0 - n_0 \cos \varphi_1)/(n_f \cos \varphi_0 + n_0 \cos \varphi_1) \\ r_{2p} = (n_s \cos \varphi_1 - n_f \cos \varphi_2)/(n_s \cos \varphi_1 + n_f \cos \varphi_2) \\ r_{1s} = (n_0 \cos \varphi_0 - n_f \cos \varphi_1)/(n_0 \cos \varphi_0 + n_f \cos \varphi_1) \\ r_{2s} = (n_f \cos \varphi_1 - n_s \cos \varphi_2)/(n_f \cos \varphi_1 + n_s \cos \varphi_2) \\ n_0 \sin \varphi_0 = n_f \sin \varphi_1 = n_s \sin \varphi_2 \\ \delta = (2\pi d n_f \cos \varphi_1)/\lambda \end{cases} \tag{7-33}$$

式中，ρ 是 n_0、n_f、n_s、d、λ、φ_1 的函数（φ_2、φ_3 可用 φ_1 表示）。由 $\rho=|r_p/r_s|\mathrm{e}^{\mathrm{i}(\delta_p-\delta_s)}$ 可知，$\Psi=\arctan|r_p/r_s|$，Δ 为 p 光反射相位与 s 光反射相位之差，即 $\Delta=\delta_p-\delta_s$，称 Ψ 和 Δ 为椭偏参数。上述复数方程表示的两个方程分别为：

$$\mathrm{Re}(\tan\Psi\,\mathrm{e}^{\mathrm{i}\Delta})=\mathrm{Re}\left(\frac{r_{1p}+r_{2p}\mathrm{e}^{-\mathrm{i}2\varphi}}{1+r_{1p}r_{2p}\mathrm{e}^{-\mathrm{i}2\delta}}\cdot\frac{r_{1s}+r_{2s}\mathrm{e}^{-\mathrm{i}2\delta}}{1+r_{1s}r_{2s}\mathrm{e}^{-\mathrm{i}2\varphi}}\right)$$

$$\mathrm{Im}(\tan\Psi\,\mathrm{e}^{\mathrm{i}\Delta})=\mathrm{Im}\left(\frac{r_{1p}+r_{2p}\mathrm{e}^{-\mathrm{i}2\varphi}}{1+r_{1p}r_{2p}\mathrm{e}^{-\mathrm{i}2\delta}}\cdot\frac{r_{1s}+r_{2s}\mathrm{e}^{-\mathrm{i}2\delta}}{1+r_{1s}r_{2s}\mathrm{e}^{-\mathrm{i}2\varphi}}\right)$$

若能从实验测出 Ψ 和 Δ，原则上就可以解出 n_f 和 d（n_0、n_s、λ、φ_1 为已知），根据式(7-30)~式(7-33)推导出 Ψ 和 Δ 与 r_{1p}、r_{1s}、r_{2p}、r_{2s} 和 δ 的关系为：

$$\tan\Psi=\left(\frac{r_{1p}^2+r_{2p}^2+2r_{1p}r_{2p}\cos2\delta}{1+r_{1p}^2r_{2p}^2+2r_{1p}r_{2p}\cos2\delta}\cdot\frac{1+r_{1s}^2r_{2s}^2+2r_{1s}r_{2s}\cos2\delta}{r_{1s}^2+r_{2s}^2+2r_{1s}r_{2s}\cos2\delta}\right)^{1/2} \tag{7-34}$$

$$\Delta=\arctan\frac{-r_{2p}(1-r_{1p}^2)\sin2\delta}{r_{1p}(1+r_{2p}^2)+r_{2p}(1+r_{1p}^2)\cos2\delta}-\arctan\frac{-r_{2s}(1-r_{1s}^2)\sin2\delta}{r_{1s}(1+r_{2s}^2)+r_{2s}(1+r_{1s}^2)\cos2\delta}$$

$$\tag{7-35}$$

由上式经计算机运算，可制作数表或计算程序。这就是椭偏仪测量薄膜的基本原理。

（2）椭圆偏振仪

椭圆偏振仪从测量原理上可分为两大类：一类称消光型，如图 7-13(a)所示，即以寻求输出最小光强位置为主要操作步骤的椭圆偏振仪；另一类是光度型，如图 7-13(b)所示，以测量、分析所输出光强变化为目的的椭圆偏振仪。

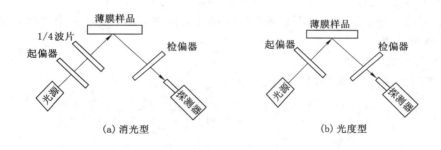

（a）消光型　　　　　　　　　　　　　（b）光度型

图 7-13　椭圆偏振测量仪

目前椭圆偏振仪的发展非常快，特别是宽波段的光谱椭偏系统已经成为大型的表面或薄膜的精密光学检测设备。

椭圆偏振法具有很高的测量灵敏度和精度。Ψ 和 Δ 的重复性精度已经分别达到 $\pm0.01°$ 和 $\pm0.02°$，厚度和折射率的重复性精度可分别达到 $0.01\ \mathrm{nm}$ 和 10^{-4}，且入射角可在 $30°\sim90°$ 内连续调节，以适应不同样品；测量时间达到 ms 量级，因此，也可用于薄膜生长过程中的厚度和折射率的实时在线监控。但是，由于影响测量准确度的因素很多，如入射角、系统的调整状态、光学元件的质量、环境噪声、样品表面状态、实际待测薄膜与数学模型的差异等，都会影响测量的准确度。特别是当薄膜折射率与基底折射率相接近（如玻璃基底上的 $\mathrm{SiO_2}$ 薄膜），薄膜厚度较小和薄膜厚度及折射率范围位于 (n_f,d)-(Ψ,Δ) 函数斜率较大区域时，用椭偏仪同时测得薄膜的厚度和折射率与实际情况有较大的偏差。因此,即使对于同一种样品,不同厚度和不同折射率范围、不同的入射角和波长都存在不同的测量精确度。

椭圆偏振法存在一个膜厚周期 d_0(如 70° 入射角,SiO_2 膜,则 $d_0=284$ nm),在一个膜厚周期内,椭圆偏振法测量膜厚有确定值。若待测膜厚超过一个周期,则膜厚有多个不确定值。透明介质薄膜的椭偏参数与薄膜折射率及厚度的关系如图 7-14 所示,可以看出厚度超过一定值之后的多解现象。

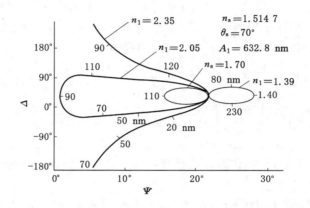

图 7-14   透明介质薄膜的椭偏参数与薄膜折射率及厚度的关系

虽然可采用多入射角或多波长法确定周期数,但实现起来比较困难。实际上可采用其他方法,如干涉法、光度法或台阶仪等配合完成周期数的确定。

因此,椭圆偏振法适合于透明的或弱吸收的各向同性的厚度小于一个周期的薄膜,也可用于多层膜的测量。

(3) 椭偏参数的反演

对于单层薄膜,反射椭偏参数可以表示为:

$$\tan \Psi = \left(\frac{r_{1p}^2 + r_{2p}^2 + 2r_{1p}r_{2p}\cos 2\delta}{1 + r_{1p}^2 r_{2p}^2 + 2r_{1p}r_{2p}\cos 2\delta} \cdot \frac{1 + r_{1s}^2 r_{2s}^2 + 2r_{1s}r_{2s}\cos 2\delta}{r_{1s}^2 + r_{2s}^2 + 2r_{1s}r_{2s}\cos 2\delta} \right)^{1/2}$$

$$\Delta = \arctan \frac{-r_{2p}(1-r_{1p}^2)\sin 2\delta}{r_{1p}(1+r_{2p}^2) + r_{2p}(1+r_{1p}^2)\cos 2\delta} - \arctan \frac{-r_{2s}(1-r_{1s}^2)\sin 2\delta}{r_{1s}(1+r_{2s}^2) + r_{2s}(1+r_{1s}^2)\cos 2\delta}$$

可以改写成:

$$\rho = \tan \Psi e^{i\Delta} = \frac{r_{1p}}{r_{1s}} = \frac{r_{1p} + r_{2p}e^{-i2\delta}}{1 + r_{1p}r_{2p}e^{-i2\delta}} \cdot \frac{1 + r_{1s}r_{2s}e^{-i2\delta}}{r_{1s} + r_{2s}e^{-i2\delta}}$$

令 $e^{-i2\delta} = Bx$,则上式为:

$$\rho = \frac{A + Bx + Cx^2}{D + Ex + Fx^2}$$

同时可以写成:

$$(C - F\rho)x^2 + (B - E\rho)x + (A - D\rho) = 0$$

所以它是 x 的二次方程,一般有两个复数解。由于 $x = e^{-i2\delta} = e^{-i\frac{4\pi n_f d\cos \varphi_1}{\lambda}}$,即薄膜的相位厚度,因此我们可以得到:

$$d = \frac{\lambda i \ln x}{4\pi (n_2^2 - n_1^2 \sin^2 \varphi_1)^{1/2}} = d_R + i d_1$$

由于 x 为复数解，$\ln x$ 也是复数，所以上式 d 的解一般为复数。考虑到薄膜的实际厚度是实数，所以我们就可以取 d_1 为零时作为解的判据。

建立以下数为评价函数：

$$d_1 = \mathrm{Re}\left[\frac{\lambda \ln x}{4\pi(n_2^2 - n_1^2 \sin^2 \varphi_1)^{1/2}}\right] = 0$$

在 n_{f} 的预定范围内，寻找满足上式（或使 d_1 绝对值最小）的薄膜折射率 n_{f}，然后将其代入上式求出薄膜的几何厚度 d。

另一种方法是利用 $x = \mathrm{e}^{-\mathrm{i}2\delta} = \mathrm{e}^{-\mathrm{i}\frac{4\pi n_{\mathrm{f}} d\cos \varphi_1}{\lambda}}$，则 $|x| = 1$，$\ln|x| = 0$。因此实际找 n_{f} 的解就是找适当的 n_{f}，使 $\ln|x| = 0$。利用 $\ln|x|$ 作为评价函数的优点是：在许多情况下，函数 $\partial\ln|x|/\partial n_{\mathrm{f}}$ 接近线性函数，故可以用牛顿迭代法较快地求出薄膜的折射率 n_{f}。我们可以构建迭代函数：

$$n_{\mathrm{f},m+1} = n_{\mathrm{f},m} - \frac{\ln|x(n_{\mathrm{f},m})|}{\dfrac{\ln|x(n_{\mathrm{f},m-1})| - \ln|x(n_{\mathrm{f},m})|}{n_{\mathrm{f},m+1} - n_{\mathrm{f},m}}}$$

式中，$\ln|x(n_{\mathrm{f},m})|$ 和 $\ln|x(n_{\mathrm{f},m-1})|$ 分别为第 m 和 $m-1$ 次迭代的 $\ln|x|$ 的值。这样的数值计算速度较快，特别是针对已知薄膜的折射率在一定的范围内时速度很快。

应该指出的是，由于椭偏法将薄膜光学特性的检测转变为偏振光角度量的检测，因此具有高的灵敏性。灵敏性高是好事，但同时影响因素也很多。例如，薄膜的折射率非均匀性对椭偏法的测试结果就有很大的影响。

另外，测试 s 偏振光与 p 偏振光必然使椭偏法与薄膜的折射率各向异性相联系，前面的处理都认为薄膜是各向同性、均匀折射率的膜层。当薄膜的折射率为各向异性与折射率为非均匀时，得不到很好的测试结果。当然，人们也经常用椭偏法来研究薄膜的折射率各向异性。

椭偏法也是测试吸收基底光学常数的很好的方法。当金属基底或厚的金属薄膜（不透光时，即膜层底部的反射远远小于膜层表面的反射光强，至 $<1/50$ 时，如对金属银薄膜可见光区 60 nm 就可视为厚膜，铅薄膜 30 nm 就可以视为厚膜），我们可以用椭偏法直接测试这样的薄膜或基底的光学常数。

对于金属厚膜，其特定光学常数为 $n - \mathrm{i}\kappa$，只有两个参量（n 和 κ）要定，我们可以推出椭偏参数与这两个待定参量之间的关系为：

$$(n - \mathrm{i}\kappa)^2 = n_0^2 \sin^2 \theta_0 \left[1 + \tan^2 \theta_0 \frac{\cos^2 2\psi - \sin^2 2\psi\sin \Delta - \mathrm{i}\sin 4\psi\sin \Delta}{(1 + \sin 2\psi\cos \Delta)^2}\right]$$

式中，n_0 为媒质的折射率；θ_0 为入射媒质中的入射角。

从该关系式可以得到实部相等和虚部相等两个等式，联立可以解出金属的折射率为：

$$\begin{cases} n^2 - \kappa^2 = n_0^2 \sin^2 \theta_0 \left[1 + \tan^2 \theta_0 \dfrac{\cos^2 2\psi - \sin^2 2\psi\sin \Delta}{(1 + \sin 2\psi\cos \Delta)^2}\right] \\ 2n\kappa = \dfrac{n_0^2 \sin^2 \theta_0 - \tan^2 \theta_0 \sin 4\psi\sin \Delta}{(1 + \sin 2\psi\cos \Delta)^2} \end{cases}$$

如果金属膜较薄，需要同时测试金属的复折射率与厚度，这时一组椭偏参数已经不能满足求解的要求，因此可以通过改变入射角再测一组椭偏参量，或利用光谱椭偏参数系统增加方程数，进而求解出金属膜的光学常数。

7.2.3 薄膜厚度的测量

薄膜的厚度可以通过前面所讲到的光度法和椭圆偏振法获得,也可以用其他方法直接测量获得。表 7-2 给出了各种薄膜厚度测量方法的主要参数。在这些方法中,大多数只能在制备完成以后使用,只有少数方法可用于实时测量。

表 7-2　不同薄膜厚度测量方法的主要参数

测量方法	测量范围	测量精度	备注
轮廓仪测量法	>2 nm	0.1 nm	需要制备台阶
等厚干涉法	3~2 000 nm	1~3 nm	需要制备台阶和反射层
等色干涉法	1~2 000 nm	1.2 nm	需要制备台阶和反射层,需要光谱仪
变角度干涉法	80 nm~10 μm	0.02%	透明薄膜和反光基底
等角反射干涉法	40 nm~20 μm	0.1 nm	透明薄膜
椭圆偏振法	零点几纳米至数微米	0.1 nm	数学分析复杂
石英晶体振荡法	0.1 nm 至数微米	<0.1 nm	厚度较大时具有非线性效应
称重法	无限制	—	精度取决于薄膜密度

最常用的两种直接测量方法分别为表面轮廓仪测量法和干涉测量法。

（1）表面轮廓仪测量法

探针式轮廓仪又称表面粗糙度仪,主要用于测量零件的表面粗糙度。其测量原理是:仪器上细小的探针接触到样品的表面并进行扫描,在扫描过程中,随着探针的横向运动,探针就随着表面高低不平的轮廓上、下运动,检测出表面峰谷的高度,因而可以测出基底到薄膜表面的高度,从而进行膜层厚度的测试,如图 7-15 所示。由于探针在垂直方向上的位移可以通过机械、电子或光学的方法放大几千甚至几百万倍,因此垂直位移上的分辨率可以达到 0.1 nm 左右。用探针式轮廓仪测试薄膜的厚度,必须在薄膜的表面做一个台阶,从而造成一个高度差。做台阶的方法有两种:一种是在镀膜前对基底表面进行遮蔽;另外一种是在镀膜后采用刻蚀的方法去除薄膜。

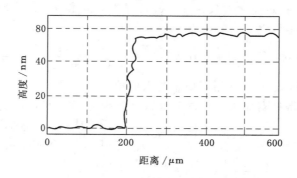

图 7-15　探针式轮廓仪测量薄膜的厚度

这种方法具有操作简单、测量直观等优点。其缺点是:容易划伤薄膜,特别是软薄膜的表面,易引起测量误差;对表面粗糙的薄膜,其测量误差较大。

尽管在探针上施加的力很小,通常只有 1~30 mg,但是由于探针头很小,因而探针对薄膜表面的压强很大,即在薄膜较软时,薄膜表面的划伤以及由此引起的测量误差是不能忽略的。此外,探针的大小也是影响薄膜厚度测量的一个主要因素,探针的直径一般约为 3~40 μm,测量时对薄膜表面的微粗糙度具有一定的积分平滑效应。

(2)干涉测量法

干涉测量法主要分为双光束干涉法和多光束干涉法。双光束干涉法的原理是利用光的干涉现象,通过干涉显微镜来实现对薄膜厚度的测量。其干涉系统主要由迈克尔逊干涉仪和显微镜组成。图 7-16(a)是双光束干涉法薄膜厚度测量原理示意图。

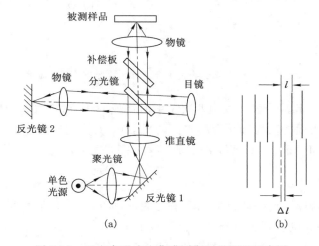

图 7-16 双光束干涉法薄膜厚度测量原理示意图

由光源发出的一束单色光经聚光镜和分光镜后,分成强度相同的参考光束和测量光束,分别经参考反光镜 2 和样品后发生干涉。两条光路的光程基本相等,当它们之间有一夹角时,就产生明暗相间的等厚干涉条纹。将薄膜制成台阶,则测量光束从薄膜反射和从基底表面反射的光程不同,它们和参考光束干涉时,由于光程差不同,而使同一级次的干涉条纹发生偏移,如图 7-16(b)所示。由此便可以求出台阶的高度,即薄膜的厚度为:

$$d = \frac{\Delta l}{l} \cdot \frac{\lambda}{2} \tag{7-36}$$

式中,Δl 是同一级次干涉条纹移动的距离;l 为明暗条纹的间距,其可通过测微目镜测出;λ 为入射的已知光波的波长。

该测量方法的特点是非接触、非破坏性测量,测量的薄膜厚度范围为 3~2 000 nm,测量精度一般为 $\lambda/10$~$\lambda/20$。如果在薄膜沉积时或在沉积后,能在待测薄膜上制备出一个台阶,也可利用多光束等厚干涉或等色干涉的方法方便地测量出台阶的高度,即薄膜的厚度。

图 7-17(a)是多光束等厚干涉法测量薄膜厚度原理示意图。首先,在薄膜的台阶上、下均匀地沉积一层高反射率的金属膜层,如 Al 或 Ag。然后在薄膜上覆盖上一块半反射半透射的平板玻璃片。在单色光的照射下,玻璃片和薄膜之间光的反射将导致干涉现象的出现。由等厚干涉的基本条件可知,出现光的干涉的极大条件为薄膜(或基底)与玻璃片之间的距离 L 引起的光程差为入射光波长 λ 的整数倍,即:

$$2L + \frac{\lambda}{2\pi}\delta = m\lambda$$

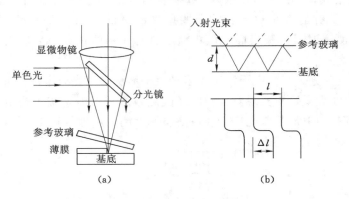

图 7-17　多光路等厚干涉法测量薄膜厚度原理示意图

式中,δ 为光在玻璃片和薄膜表面发生两次反射时造成的相位移动;m 为任意正整数。

由于从玻璃片表面的反射和从薄膜表面的反射均匀,为向空气中的反射,因而两次反射造成的相位移动之和等于 2π,即光干涉形成极大的条件为:

$$L = \frac{1}{2}(N-1)\lambda$$

由于玻璃片与薄膜之间一般是非完全平行的,因而即使在薄膜表面不存在台阶的情况下,玻璃片与薄膜间光的反射也将导致干涉条纹的出现。由上式可知,在玻璃片和薄膜的间距 L 增加 $\Delta L = \lambda/2$ 时,将出现一条对应的干涉条纹。

参考图 7-17(a)可知,薄膜上形成的厚度台阶也会引起光程差的改变,因而它会使得从显微镜中观察到的光的干涉条纹发生移动,结果如图 7-17(b)所示。因此,条纹移动所对应的台阶高度应由式(7-36)给出,用光学显微镜测量出 l 和 Δl,就可以计算出台阶的高度,也即测出了薄膜的厚度。

在薄膜上沉积金属层可以显著提高薄膜表面对光的反射率,从而大大提高干涉条纹的明锐程度和等厚干涉法的测量精度。例如,在使用波长 $\lambda = 564$ nm 的单色光的情况下,将薄膜表面光的反射率提高到 90% 左右,可将薄膜厚度的测量精度提高到 $1\sim3$ nm 的水平。

等色干涉法与上述方法的实验装置基本相同。但由于等色干涉法使用非单色光源照射薄膜表面,因而不会观察到等厚干涉条纹的出现。但是,在利用光谱仪的情况下,可以记录到一系列满足干涉极大条件的光波波长 λ。由光谱仪检测到相邻两级干涉极大的条件为:

$$2L = m\lambda_1 = (m+1)\lambda_2 \tag{7-37}$$

式中,L 仍为玻璃片与薄膜的间距;λ_1、λ_2 是非单色光中引起干涉极大的光波波长;m 是相应干涉的级数。

与此同时,在薄膜台阶上、下形成 m 级干涉条纹的波长也不相同,其波长差 $\Delta\lambda$ 满足:

$$2d = 2(L + Dd) - 2L = m\Delta\lambda \tag{7-38}$$

这样,由测量得出的 $\Delta\lambda$ 和 m 即可求出台阶高度 d。联立式(7-37)和式(7-38)可得:

$$d = \frac{\Delta\lambda}{\lambda_1 - \lambda_2} \cdot \frac{\lambda_2}{2} \tag{7-39}$$

式(7-39)与式(7-36)具有相似的形式，但这里不再利用显微镜来观察干涉条纹的移动，而是采用光谱仪测量玻璃片、薄膜间距 L 引起的相邻两个干涉极大条件下的光波长 λ_1、λ_2 以及台阶 d 引起的波长差 $\Delta\lambda$，并由此推算薄膜台阶的高度。等色干涉法的厚度分辨率高于等厚干涉法，可以达到小于 1 nm 的水平。

对于透明薄膜来说，其厚度也可以用上述的等厚干涉法进行测量。这时，仍需在薄膜表面制备一个台阶，并沉积上一层金属反射膜。但透明薄膜的上、下表面本身就可以引起光的干涉，因而可以直接用于薄膜的厚度测量而不必预先制备台阶。由于透明薄膜的上、下界面属于不同材料之间的界面，因而在光程差计算中需要分别考虑不同界面造成的相位移动。有关这方面的测量这里就不再赘述了。

7.3 薄膜吸收和散射的测量

薄膜的吸收和散射之和称为薄膜的光学损耗。薄膜的光学损耗不仅限制了薄膜的光学特性，而且在高能激光系统的应用中还会导致薄膜损伤。

如果用高精度分光光度计测量并得到了薄膜的反射率 R 和透射率 T，则根据能量守恒定律，可得损耗 $L = 1 - R - T$，其中 L 为吸收和散射之和。这种方法很难将吸收和散射区分开来，而且由于反射率和透射率测量精度受到限制，对低损耗薄膜势必引入较大的误差。虽然受抑全反射等技术是比较灵敏的测量低损耗的方法，但是这些方法的灵敏度还是较低，而且不能区分吸收和散射，所以有必要分别对吸收和散射进行独立的研究。

7.3.1 薄膜吸收损耗的测量

测量薄膜吸收损耗有两种方法：一种是通过测量薄膜的消光系数 κ 或吸收系数 α ($\alpha = 4\pi\kappa/\lambda$)，经过计算得到吸收率 A；另一种是直接测量薄膜的吸收率 A，最常用的方法是量热法。

（1）通过消光系数 κ 计算薄膜的吸收率

假设 κ(或 α)已知或通过光学常数的测量已经获得，来求薄膜的吸收率。图 7-18 所示为光在单层膜中的传播，实线表示正向波，虚线表示反向波。对正向波、反向波分别求和得：

$$E^+(z) = E_0 \frac{t_{01}\exp(i\delta^+)}{1 - r_{12}r_{10}\exp(i2\delta)}, \quad E^-(z) = E_0 \frac{t_{01}r_{12}\exp[i(\delta+\delta^-)]}{1 - r_{12}r_{10}\exp(i2\delta)}$$

式中，$\delta = 2\pi n_1 d_1/\lambda$，$\delta^+ = 2\pi n_1 z/\lambda$，$\delta^- = 2\pi n_1 (d-z)/\lambda$。

于是，电场强度为：

$$E^2(z) = |E^+(z) + E^-(z)|^2 = E_0^2 \frac{t_{01}^2\{1 + r_{12}^2 + 2r_{12}\cos[4\pi n_1(z-d)/\lambda]\}}{1 - 2r_{12}r_{10}\cos(4\pi n_1/\lambda) + (r_{12}r_{10})^2} \quad (7-40)$$

假定膜层镀在半无限厚的基底上，则吸收率为：

$$A = \frac{\alpha n_1}{n_0 E_0^2}\int_0^d E^2(z)\mathrm{d}z \quad (7-41)$$

将式(7-40)代入式(7-41)，积分得：

$$A = \frac{n_1}{n_0} \cdot \frac{t_{01}^2\alpha d}{1 - 2r_{12}r_{10}\cos(4\pi n_1/\lambda) + (r_{12}r_{10})^2}\left[(1 + r_{12}^2)^2 + \frac{r_{12}\lambda\sin(4\pi n_1/\lambda)}{2\pi n_1 d}\right] \quad (7-42)$$

当膜厚为 $\lambda/4$ 整数倍（$n_1 d = m\lambda/4$）时，式(7-42)可简化为：

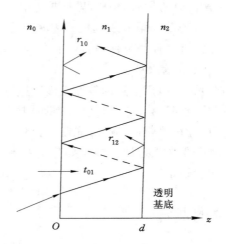

图 7-18　光在透明基底薄膜(n_1)中的传播

$$A_{\lambda/4} = \frac{m\alpha\lambda}{n_0} \cdot \frac{t_{01}^2(1+r_{12}^2)}{4(1+r_{12}r_{10})^2} = \frac{m\alpha\lambda}{2n_0} \cdot \frac{(n_1^2+n_2^2)}{(n_1^2+n_2^2)^2} \tag{7-43}$$

以上推导了单层膜的吸收率与消光系数 κ(或 α)之间的关系。对多层膜,由于膜系结构各不相同,得到 A 与 κ 之间的关系更加困难。对激光高反射膜 G(HL)^{n}HA,当 n 足够大时,薄膜吸收率的近似表达式为:

$$A = \frac{2\pi n_0}{n_H^2 - n_L^2}(\kappa_H + \kappa_L)$$

式中,n_H 和 κ_H 分别是高折射率材料的折射率和消光系数;n_L 和 κ_L 分别是低折射率材料的折射率和消光系数。

但是,如果膜系结构稍稍改变为 G(HL)^{n}A,吸收率则完全不同,其表达式为:

$$A = \frac{2\pi(n_L^2\kappa_H + n_H^2\kappa_L)}{n_0(n_H^2 - n_L^2)}$$

这说明对特定的膜系必须推导特定的表达式,然后才能计算吸收率。

(2) 薄膜吸收率的直接测量——量热法

量热法的测量原理是很简单的,用激光束照射薄膜样品,由于样品存在吸收,于是产生温度变化,测量这个温度变化,便可以求出吸收率。目前常用的量热计有两种:热偶量热计和光声量热计。其中,热偶量热计使用比较广泛,它又分为两种:一种是速率型,将样品加热到稳态温度(即样品吸收激光功率的速率与损失热能的速率相等)后关闭激光,测量温度下降的速率;第二种是绝热型,即样品处于绝热状态,测量激光辐射前后的温度,从而计算出吸收率。

图 7-19 是速率型量热计的示意图。它的测量原理是:样品冷却到环境温度,由于是用冷水冷却的,所以环境温度为 0 ℃;然后用功率为 P_0 的氩离子或染料(做波长扫描)激光束加热样品,直到样品温度达到稳态温度 T_e(实际上稍高于 T_e 而到 T,$T-T_e<1$ K)。关闭激光,让样品逐渐冷却恢复到初始热平衡态,测量冷却过程中不同时刻的温度,则可求出样品的吸收率为:

$$A = mc\rho T_e / P_0 \qquad (7\text{-}44)$$

式中，m 和 c 分别是样品的质量和比热容；ρ 是冷却速率常数，有：

$$\rho = \frac{1}{T} \cdot \frac{dT}{dt}$$

其中，dT/dt 可以从冷却过程收集的数据中通过对 $\lg T$ 和时间 t 之间的线性关系做最小二乘拟合确定。

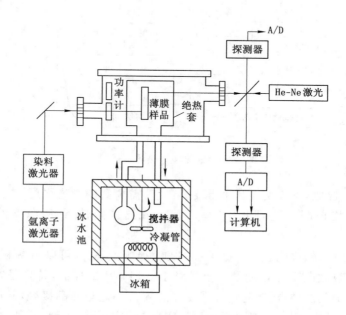

图 7-19　速率型量热计的示意图

速率型量热计的主要缺点是：当材料具有较低的热传导时，样品内存在着大的温度梯度，从而使分析复杂化。绝热型量热计在一定程度上克服了这一缺点，因为样品与环境处于热平衡状态，避免了大的温度梯度，但是它的重复性在很大程度上取决于绝热条件，这是绝热型量热计的一个主要限制。

图 7-20 是绝热型量热计示意图。样品放在绝热套中，绝热套再放在高真空容器中。开始时，样品与环境处于平衡状态，当激光打开后，样品升温吸热，此时由装在样品及绝缘套上的热敏电阻感应出样品与环境的温度差，通过反馈电路驱动装在绝缘套上的加热器，绝缘套温度逐渐升高，直至与样品温度一致时为止。这样，样品与环境之间不存在热交换。经过时间 t 的激光照射以后，关掉激光，测得样品温度，则吸收率为：

$$A = mc\Delta T / (P_0 t) \qquad (7\text{-}45)$$

式中，ΔT 为温升。

如果利用定标加热，可不必已知样品的质量 m 和比热容 c，此时吸收率为：

$$A = \frac{\Delta T_1}{\Delta T_c} \cdot \frac{\Delta Q_c}{P_0 t} \qquad (7\text{-}46)$$

式中，ΔT_1 和 ΔT_c 分别为激光加热和定标加热所得的温升；P_0 和 t 分别为激光功率和照射时间；ΔQ_c 为电定标热量。

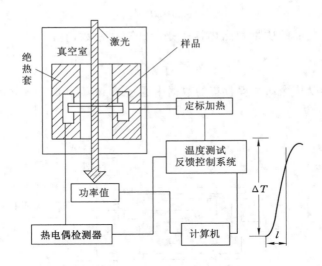

图 7-20　绝热型量热计示意图

为了精确测量吸收,下面两点是很重要的:一是需要高的激光强度;二是薄膜样品必须很好地绝热,并严格控制环境温度(<0.1 ℃)。在这些条件下,吸收率的测量精度可达0.001%。

在热偶量热法中,精确测温是一个关键问题。原则上,温度可以用黏附在样品上的薄膜电阻、薄膜热偶或热敏电阻进行测量。但是对于低热导率的样品,特别是在速率型量热计中,这种方法有以下几个缺点:首先温度感受器必须很好地与样品接触,并可靠地连接到样品室外,以便测量;其次,强烈的激光散射可以引起错误的温度指示;此外,各种感受器尤其是薄膜感受器必须进行仔细的校准。如采用激光干涉技术测温,可以克服上述缺点。样品的反射率取决于样品基底的光学厚度,样品升温后,玻璃基底产生热膨胀,于是根据玻璃的线膨胀系数和折射率温度系数,可以非常灵活地测出温度变化。

光声量热和光热偏转法也是有效的量热技术,但定标比较困难,这里不再讨论。

7.3.2　薄膜散射损耗的测量

薄膜的散射损耗和吸收损耗一样,都是光学薄膜的主要光学损耗形式。散射损耗的后果是光学系统的反射和透射能量降低,同时带来的杂散光可影响整个光学系统的成像质量、信噪比等性能。

光学薄膜的散射损耗一般是很小的(<1%),但在一些对薄膜质量要求较高的应用领域中,散射损耗的大小对薄膜的质量起着决定性的作用。例如在激光器的高反射镜中,高反射薄膜的总损耗约为0.7%～0.3%,其中由于薄膜的吸收而产生的损耗约为0.05%,由于表面粗糙度而引起的散射损耗一般约为0.25%。因此,想要提高激光器中高反射薄膜的反射率,就必须设法降低薄膜的表面粗糙度和散射损耗。此外,在大功率激光系统中,由于光学系统对光线具有一系列的放大作用,如果光学元件有少量的背散射,损耗也会被放大,从而破坏激光器的光泵功能。

(1) 薄膜散射损耗的起因及散射的分类

对于光学薄膜而言,引起光学薄膜散射的原因是多种多样的,如光学薄膜膜层微观结构的不均匀性、膜层内部材料折射率的不均匀性、基底表面的粗糙度及其局部缺陷在光学薄膜各个薄膜界面上的复现等。另外,薄膜在沉积过程中,蒸发源喷溅的粒子及由于真空室的洁净度而在膜层中形成的微尘、针孔和麻点以及由于膜层应力等原因在膜层中形成的裂纹等,都会在一定程度上引发光散射。

总体来说,光学薄膜的散射可分为体散射和表面散射两类。

薄膜的体散射起因于薄膜内部折射率的不均匀,以及针孔、裂纹和微尘等薄膜内部结构的不完善性。由于热蒸发制备的薄膜一般都具有柱状结构,柱体边界的密度起伏、孔隙和柱状体的折射率差异等,都会产生散射。薄膜的体散射对于入射光线的影响与薄膜的体内吸收类似,它使薄膜中的光强度随着薄膜厚度的增加而按指数规律衰减。

引起光学薄膜表面散射主要有两类表面缺陷:一类是表面的气泡、划痕、裂纹、麻点、针孔、微尘和薄膜蒸发时喷溅的微小粒子。它们的线度一般远大于可见光波的波长。原则上,这种相对较大的缺陷引起的散射,可以用米氏散射理论来处理。米氏散射理论可以计算孤立的、非相关粒子的散射,计算时一般假定粒子具有简单的几何形状,如球形或椭球形。但在实际计算中,由于散射粒子的形状、分布和介电常数等都无法准确获悉,故一般难以得到定量的结果。由于这些粒子或缺陷的尺寸比较大,因此它们的散射在紫外和可见光区的影响反而不大,而对红外波段影响较大。另一类表面缺陷就是薄膜表面的微观粗糙度。它主要是由光学薄膜界面的不规则引起的微粗糙度所导致的,其取决于柱状体顶部的凹凸程度,即与粗糙表面的不规则程度相关。在大多数光学系统中,薄膜表面散射的影响是最主要的,且一般比薄膜的体散射大一个数量级。对于高精度光学表面上制备的光学薄膜器件,除了一些喷点引起的薄膜散射外,一般薄膜的散射均属于表面或多层膜界面的微粗糙度造成的。

另外,以散射理论是否考虑散射场的矢量特性为依据,可将薄膜的散射分为两大类:标量散射和矢量散射。标量散射理论主要研究薄膜在 4π 立体角内的散射总和,即总积分散射(TIS)与薄膜表面均方根粗糙度之间的关系,它忽略了散射光的方向和偏振等因素。矢量散射理论是 20 世纪 70 年代发展起来的新理论,它弥补了标量散射理论的不足,在散射的分析计算中考虑了散射光的方向和偏振特性。利用矢量散射理论可计算出薄膜表面散射光在空间各个方向的强度分布。因此,矢量散射理论是与角分布散射测试相联系的,它能够较好地体现表面各种空间频率的粗糙度的大小和状态,能够反映出更多的表面微结构特征。

(2)薄膜散射的间接测量和直接测量

为了描述引起表面散射的粗糙表面,我们引入两个统计参数:一个是表面均方根粗糙度 σ,由于微观表面高度 $z(x,y)$ 的随机起伏服从高斯分布,所以 $z(x,y)$ 的均方差就表示表面在垂直方向上偏离平均高度的不规则程度。σ 越大,表示表面起伏越大;反之,则表面越光滑。若 $\sigma=0$,则称为理想的光滑平面。另外一个统计参数是相关长度 l,它表示微观表面的高度在随机起伏中不规则峰值的平均间距的量度。l 越大,表示表面不规则峰越疏;反之,则越密。若 $l=0$,则称为不连续表面。这样,σ 就相当于粗糙表面的振幅,它在很大程度上表征粗糙度表面的放射大小;l 类似于周期,它决定了散射光的角度分布。图 7-21(a)表示理想表面的反射,而图 7-21(b)和(c)是两个粗糙表面的散射,它们具有相同的 σ 和不同的 l。

基于上述两个统计参数,对于单个表面,当光线垂直入射到表面上时,标量散射理论从亥尔姆兹-基尔霍夫(Helmhotz-Kirchhoff)衍射积分可得到反射散射 S_R 和透射散射 S_T 分别为:

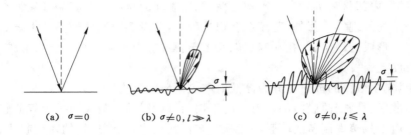

图 7-21　三种表面散射示意图

$$S_{R} = R_{0}\left\{1-\exp\left[-\left(\frac{4\pi n_{0}\sigma}{\lambda}\right)^{2}\right]\right\}\cdot\left\{1-\exp\left[-2\left(\frac{\pi l}{\lambda}\right)^{2}\right]\right\} \tag{7-47}$$

$$S_{T} = T_{0}\left\{1-\exp\left\{-\left[\frac{2\pi\sigma}{\lambda}(n_{f}-n_{0})\right]^{2}\right\}\right\}\cdot\left\{1-\exp\left[-2\left(\frac{\pi l}{\lambda}\right)^{2}\right]\right\} \tag{7-48}$$

式中，R_{0} 和 T_{0} 分别对应于光滑表面的反射率和透射率。其中：

$$R_{0} = [(n_{f}-n_{0})/(n_{f}+n_{0})]^{2}, \quad T_{0} = 4n_{0}n_{f}/(n_{f}+n_{0})^{2}$$

对于光学薄膜 $\sigma/\lambda\ll1, l/\lambda\gg1$ 的情况下，将式(7-47)和式(7-48)简化后可得：

$$S_{R} \approx R_{0}\left(\frac{4\pi n_{0}\sigma}{\lambda}\right)^{2} \tag{7-49}$$

$$S_{T} \approx T_{0}\left[\frac{2\pi\sigma}{\lambda}(n_{f}-n_{0})\right]^{2} \tag{7-50}$$

于是，单个微粗糙表面的总散射为：

$$\text{TIS} = S_{R} + S_{T} \tag{7-51}$$

以上标量散射的基本理论是由贝克曼(Beckmann)提出的，通常也称为 Beckmann 散射理论。从式(7-49)和式(7-50)中可以看出，散射与表面均方根粗糙度 σ 的平方成正比，与入射波长 λ 的平方成反比，与相关长度 l 无关，即散射不依赖于相关长度。

如果 $l/\lambda\ll1$，则总积分散射为：

$$\text{TIS} = S_{R} + S_{T} = R_{0}(n_{0}^{2}+n_{0}n_{f})\times2\times\left(\frac{2\pi}{\lambda}\right)^{4}\sigma^{2}l^{2} \tag{7-52}$$

这时散射与 l^{2} 成正比，且与 λ^{4} 成反比。然而，对于光学薄膜，其通常满足 $\sigma/\lambda\ll1, l/\lambda\gg1$。

表面均方粗糙度测量方法及其参数见表 7-3。根据测量的结果，用上述公式就可计算出薄膜的表面散射。

表 7-3　表面粗糙度测量方法及参数

测量仪器	纵向分辨率	横向分辨率	最大工作长度
干涉仪	0.3 nm	$\approx 2.0\ \mu m$	1.0 mm
探针式轮廓仪	0.1 nm	$\approx 1.0\ \mu m$	2.0 mm
Talysurf 光学轮廓仪	0.01 nm	0.4 μm	0.36~7.0 mm
立体显微镜	± 2.0 nm	≈ 0.5 mm	$\approx 1.0\ \mu m$

以上是通过测量表面的基本特征来计算表面的散射的。下面介绍一种表面散射的直接测量方法，即表面散射损耗的直接测量。散射损耗是反射散射和透射散射之和，如果膜层的

反射率足够高,则反射散射便能足够精确地描述散射特性。例如,当 $T=1\%\sim3\%$ 时,激光高反射膜的透射散射率仅占 $0.03\%\sim0.01\%$,而反射散射率可达 $0.2\%\sim0.3\%$,在这种情况下,一般只需测出反射散射。图 7-22 是积分散射测量的原理示意图,气体激光器发出的激光束经调制后,入射到待测样品上,待测样品置于积分球内。在待测样品表面,入射光束发生分光,服从反射定律的反射光限制在镜像反射光内,而各个方向的散射光大部分集中在漫反射光锥内,镜像反射光束被黑体吸收,漫反射光束在积分球内散射,最终被光电倍增管所检测,进而得到积分散射。待测样品由转臂装载,转臂还同时装载一个全反射标准片 T,用以确定仪器的满刻度偏转值,以便对测量仪器进行校准。

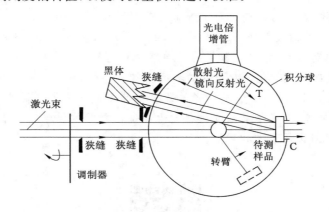

图 7-22　积分散射测量原理示意图

积分球内样品的位置可以有几种,如果把图 7-22 中样品的放置称为偏置法的话,则样品放置还可有中置法和边置法。在中置法和偏置法中,测量的是透射散射和反射散射之和。在边置法中,前边置仅测量透射散射,应用于减反射膜;后边置仅测量反射散射,应用于高反射膜。

上述方法不必做任何复杂的计算就能直接测量出总散射值,但是由于得到的散射信息太少,所以在研究散射特性时,常常用到另一种测量系统,即角分布散射测量系统,其测量的散射对应于矢量散射理论。如图 7-23 所示,He-Ne 激光器作为测量光源,样品可以在它自己的平面内旋转,旋转范围为 $360°$,测量的散射角 θ 为 $3°\sim177°$,光路中的偏振器用来改变入射光或散射光的偏振方向。所以这种仪器不仅可以得到散射光的空间分布,而且还可以得到散射光的偏振信息。

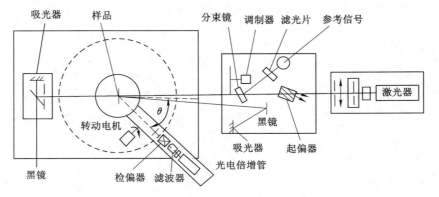

图 7-23　角分布散射测量原理示意图

思考题与习题

1. 简要描述用分光光度计测量样品的透射率光谱时,为了保证测量精度一般必须注意哪些问题,并简要叙述原因。

2. 分析在多次反射率测试系统中,反射率测试精度与反射次数之间的关系。

3. 在 K9 玻璃基片上镀 TiO_2 单层膜,用分光光度计测出 $\lambda = 580$ nm 处的极小透射率为 78%,同时测出 K9 玻璃基片的透射率为 92%,试求该膜层在 580 nm 处的折射率。

4. 设单层薄膜样片测得的透射率光谱曲线在 405 nm 和 630 nm 波长处为透射率极值,如果这两个极值是基片的透射率,且为极大值,试求膜层的光学厚度是多少? 若这两个极值是基片的透射率,且为极小值,试求膜层的光学厚度又是多少?

5. 简述薄膜散射损耗的起因及散射的分类。

6. 查阅相关文献资料,进一步了解光学薄膜特性测试与分析方面的最新技术和方法,理解其理论与分析原理,并了解其建立过程和为此做出贡献的科学工作者的经历以及他们的成就,并简要阐述对你的启发和影响。

第 7 章习题答案

第8章 新型功能薄膜材料及其应用

☞ **知识目标**

　　理解新型功能薄膜材料的特性及分类；掌握其制备技术、特性测试方法；了解新型功能薄膜材料的应用、最新进展及发展前景。

☞ **能力目标**

　　能分辨不同功能薄膜材料的特性及应用领域；能正确选择适用的功能薄膜材料及其制备工艺条件；能了解功能薄膜材料新理论、新技术、新工艺等前沿动态。

☞ **素质目标**

　　培养科学思维方式，理论联系实际的能力，敢于质疑、攻坚克难、坚忍不拔的探索精神和创新意识。

　　功能薄膜材料，特别是新型功能薄膜材料，在现代信息科学技术、微电子技术、计算机科学技术、激光技术、航空航天技术等领域有着广泛的应用。功能薄膜种类众多，应用范围很广，本章概括介绍几类在微电子技术、光电子技术、集成光学、微电子机械工程等领域已获得广泛应用的功能薄膜材料，使读者对相关薄膜有基本的了解。还有一些功能薄膜，如分离膜、生物医学功能薄膜等，限于篇幅，本章未涉及。

8.1 半导体薄膜

8.1.1 概述

　　随着现代科学技术的迅猛发展，现代电子技术正从固体电子技术向微电子技术、光电子技术方面发展。半导体大规模集成电路（LSIC）、多晶片组体（MCM）、膜式无源网路（表观式或内埋式）等的加工精度或膜厚均已进入亚微米级。为满足现代微电子、光电子元器件日益小型化、智能化、集成化的要求，现代微电子技术、光电子技术所用的各种电子材料正向纳米化、薄膜化、复合化方向发展。目前常用的半导体薄膜材料，见表8-1。

中国半导体产业

表8-1 常用的半导体薄膜材料

分类	薄膜材料
元素半导体	Ce、Si、Se、Te
Ⅲ-Ⅴ族半导体	CaAs、GaP、CaN
Ⅱ-Ⅳ族半导体	ZnSe、ZnTe、ZnCdS、CdSe、CdS、PbS、HgCdTe、As_2S_3、As_2Se_3、As_2Te_3、GeTe
其他	ZnO、PbO、SiC、α-Si：H、SiC

8.1.2 半导体薄膜的制备方法

制备半导体薄膜的方法有很多,大致可分为化学气相沉积(CVD),包括气相外延(VPE)、金属有机物化学气相沉积(MOCVD)、等离子增强化学气相沉积(PECVD)、低压化学气相沉积(LPCVD)、热丝化学气相沉积(HWCVD)、液相外延(LPE);气束外延(VBE),包括分子束外延(MBE)、化学束外延(CBE)、离子束外延(IBE)、激光分子束外延(L-MBE);化学溶液沉积法(CSD)、近空间升华法等。

中国半导体技术
奠基人黄昆

8.1.3 元素半导体薄膜

8.1.3.1 硅薄膜

(1) 单晶硅薄膜

硅单晶属于金刚石型晶体结构,是一种间接带隙半导体。$T=0$ K 时的禁带宽度 $E_g=1.16$ eV;$T>250$ K 时,禁带宽度随温度的升高而直线减小;在较低温度时,E_g 随温度的变化较慢。硅单晶的电学性能与硅单晶的结构缺陷和所含杂质情况有很大的关系。对于结晶结构完美的高纯单晶硅,在 $T=300$ K 时的电子和空穴的漂移迁移率分别为 1 350 cm^2/(V·s)和 500 cm^2/(V·s),电子和空穴的霍尔迁移率分别为 1 900 cm^2/(V·s)和 425 cm^2/(V·s),由于外延硅膜中存在不少缺陷,因此其载流子的迁移率比单晶硅片的迁移率要低些。为了得到结构完美的单晶薄膜,衬底表面的质量应较高;外延过程应在高度洁净的条件下进行;外延生长的温度也应适当地高。例如,在用氢还原四氯化硅的外延法中,在外延生长温度 1 270 ℃时可以得到镜面状和最完善的单晶硅薄膜。

(2) 多晶硅薄膜

1964 年多晶硅薄膜开始在集成电路中被用作隔离膜,1966 年出现第一只多晶硅 MOS 场效应晶体管,目前多晶硅薄膜在半导体器件及集成电路中得到了广泛的应用。

重掺杂低阻(电阻率可至 10^{-3} Ω·cm)多晶硅薄膜可作 MOS 晶体管的栅极,多晶硅薄膜代替原来的铝膜作 MOS 晶体管的栅极后,最大优点是实现了自对准栅,即源、漏、栅的自动排列和栅极与栅 SiO$_2$ 自动对齐。重掺杂多晶硅薄膜还可作为集成电路的内部互连引线、电容器的极板、MOS 随机存储电荷存储元件的极板、浮栅器件的浮栅、电荷耦合器件的电极等。轻掺杂多晶硅薄膜常用于制备集成电路中 MOS 随机存储器的负载电阻器及其他电阻器。多晶硅薄膜适于制造大面积的 PN 结,因此适宜用来制备薄膜太阳能电池,价格比单晶硅要便宜得多。但是,多晶硅中存在的晶粒间界会影响太阳能电池的能量转换效率。目前达到的转换效率小于 10%。多晶硅薄膜多用化学气相沉积法制备。

(3) 非晶硅薄膜

非晶硅(Amorphous Silicon,简称 α-Si)是当前非晶半导体材料和器件的研究重点与核心。与单晶硅相比,非晶硅的结构有很大的不同。单晶硅中原子的空间排列具有一定规律的周期性,即长程有序。非晶硅中原子的排列可以看作构成一个连续的无网络,没有长程有序。但是就一个硅原子讲,它与最邻近或次邻近原子的情况基本相同。所以键长基本一致,键角偏差也不大。因此,非晶硅具有长程无序而短程有序的晶体结构,这对于非晶半导体的能态、能带及性能都有决定性的影响。

非晶半导体按其特性可分为两大类:硅系化合物(C、Si、Ge 及其合金)和硫系化合物(S、Se、Te 及其合金)。从目前研究和应用情况看,这些材料都能以薄膜形式呈现出来,研究得

薄膜的设计、制备及应用

最多、应用最为广泛的是氢化非晶硅膜（α-Si：H）及硅基合金膜（如 α-SiC：H、α-SiN：H、α-SiGe：H等）。

由于在 α-Si 中存在有大量的氢，饱和了硅中的悬挂键，使 α-Si 光电性能得到大大的改善，故一般所说的非晶硅，均指含氢的非晶硅，或称氢化非晶硅（α-Si：H）。随着对非晶硅薄膜的深入研究，已获得了一系列新的薄膜材料，包括非晶硅基合金薄膜材料（如 α-SiC：H、α-SiN：H、α-SiGe：H、α-SiO：H 和 α-SiSn：H）、超晶格材料［如 α-Si：(L-MBE)、H/α-Ge：H］、微晶硅薄膜（C-Si：H）、多晶硅薄膜（Poly-Si：H）以及刚研制出的纳米硅薄膜材料（Nano-Si），这些材料都有着十分重要的应用前景。

非晶硅及非晶硅基薄膜材料同晶体材料虽有类似之处，但却有很大的差别，其结构特点如下：

① 在结构上，非晶半导体的组成原子没有长程有序性。但由于原子间的键合力十分类似于晶体，通常仍保持着几个晶格常数范围内的短程有序。非晶半导体结构上是长程无序、短程有序，反映在它的能带结构上，不只是有导带、禁带和价带，还有导带尾态、价带尾态和带中缺陷态，而这些尾态及带中缺陷态是定域化的，如图 8-1 所示。在电子输运中增加了跳跃导电机制，因此它的迁移率已变得十分小，室温下电阻率很高。

② 对于大多数非晶半导体，其组成原子都是由共价键结合在一起的，形成一种连续的共价键无规网络，所有的价电子都束缚在键内而满足最大成键数目的（8～N）规则，N 是原子的价电子数。α-Si 具有 4 个共价键，是四面体结构。

③ 非晶态半导体可以部分实现连续的物性控制。当连续改变组成非晶半导体的化学组分时，其密度、相变温度、电导率、禁带宽度等随之连续变化，这为探索新材料提供了广阔的天地，非晶硅基合金材料就是重要的一例。

④ 非晶半导体在热力学上处于亚稳状态，在一定条件下可以转变为晶态（如热退火和激光退火使非晶硅变为多晶硅或单晶硅）。这是因为非晶态半导体比其相应的晶态材料有更高的晶格位能，因此处于亚稳状态。

⑤ 非晶硅及其合金膜的结构、电学和光学性质，都十分灵敏地依赖于它们的制备条件和制备方法，因此它们的性能重复性比它们的晶态材料要差些。

⑥ 非晶半导体的物理性能是各向同性的，这是因为它的结构是一种共价键无规网络结构，不受周期性结构的约束。

非晶硅材料是用气相沉积法形成的。根据离解和沉积的方法不同，气相沉积法分为辉光放电分解法（GD）、溅射法（SP）、真空蒸发法、光化学气相沉积法（Photo-CVD）和热丝法（HW）等。气体的辉光放电分解技术在非晶硅基半导体材料和器件制备中占有重要地位。下面以辉光放电法为例简单介绍制备非晶硅基薄膜材料的原理。

辉光放电法制备非晶硅基薄膜的系统如图 8-2 所示。根据辉光放电功率源频率的不同，辉光放电分为射频（RF—13.56 MHz）辉光放电、直流辉光放电、超高频（VHF—70～150 MHz）辉光放电等。把硅烷（SiH_4）等原料气体导入真空反应室内，用等离子体辉光放电加以分解，产生包含带电离子、中性粒子、活性基团和电子等的等离子体，它们在带有 TCO 膜的玻璃衬底表面发生化学反应形成 α-Si：H 膜。故这种技术又被称为等离子体增强型化学气相沉积（PECVD）。如果在原料气体 SiH_4 中混入硼烷（B_2H_6），即能生成 p 型非晶硅（p-α-Si：H）；或者混入磷烷（PH_3），即能生长 n 型非晶硅（n-α-Si：H）。由上可知，仅仅变换原料气体就能依次形成 PN 结。

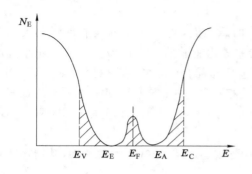

图 8-1　α-Si:H 能带模型

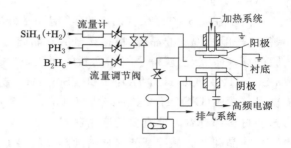

图 8-2　制备 α-Si:H 薄膜的辉光
放电装置示意图

8.1.3.2　锗薄膜

锗薄膜材料按其晶体结构也可以分为单晶、多晶和非晶三种。单晶和多晶锗薄膜较早就受到人们的注意,并对其进行工艺和性能的研究,但是除了单晶锗薄膜被用于少数半导体器件外,其重要性远不能与硅薄膜相比。至于非晶锗薄膜,虽然也可以用辉光放电分解锗烷的方法来制造,但是其性能比非晶硅薄膜要差得多,当前应用面不大。

目前,外延法制备的单晶锗薄膜主要用于制造分离器件如高频晶体管和隧道二极管,也用于制造低温工作的放大器件以及辐射探测器,但是锗薄膜在微电子工业生产中尚未得到广泛应用。单晶锗薄膜的外延生长方法主要是气相外延,少数情况如制备掺杂的锗膜时也有采用液相外延。

8.1.4　Ⅲ-Ⅴ族化合物半导体薄膜

由周期表Ⅲ和Ⅴ族的主族元素形成的Ⅲ-Ⅴ族化合物半导体薄膜广泛用于制造耿氏二极管、肖特基二极管、变容二极管、隧道二极管等微波器件,以及发光二极管、激光器、太阳能电池、雪崩光电二极管和光敏电阻器等光电子器件。目前受到重视、被广泛研究和应用的主要是Ⅲ-Ⅴ族化合物半导体单晶薄膜。

8.1.4.1　砷化镓(GaAs)薄膜

沉积单晶 GaAs 薄膜的外延方法主要有气相外延、液相外延和分子束外延。GaAs 晶体具有闪锌矿结构。构成晶胞的两套面心立方晶格不是由一种原子而是两种原子分别组成的。GaAs 的晶格常数与锗的几乎相等,比硅的稍大。GaAs 也是共价晶体,但是与硅或锗不同。由于镓和砷的电负性不等,在共价键合后电子云分布不对称,即具有极性。这种极性对 GaAs 的性能有很大的影响。

由于有极性和两种原子间的键合较强,GaAs 的禁带宽度较大,室温 E_g 为 1.43 eV。因此用 GaAs 制造的器件可以工作至 475 ℃,这是 GaAs 的一个优点。GaAs 是一种直接带隙半导体,载流子可以实现直接跃迁。由于直接跃迁的概率很高,因此 GaAs 对光的本征吸收系数和发光的辐射复合率很高,适合于作为光电探测器件、光伏器件和发光器件用的材料。GaAs 是一种多能谷半导体,具有负阻效应。

GaAs 的电子迁移率比硅的高得多,可用作高速晶体管。GaAs 既具有半导体的性质,又具有绝缘体的性质,电阻率可以做到 3×10^8 Ω·cm 以上。这样,可以将电路中的器件用半导体 GaAs 制造,而电路各元器件之间隔离用半绝缘的 GaAs 制造。这有利于减少工艺步骤,缩小芯片面积,降低电路功耗并提高集成电路速度。

GaAs 吸收系数高,适于制造光电子器件。用 GaAs 制造的太阳能电池,理论光电转换效率高,高温特性和耐辐射性能好。GaAs-GaAlAs 异质结太阳能电池是目前光电转换实际效率最高(＞24％)的太阳能电池。GaAs 的辐射复合率高,可制造发光二极管和激光器件。GaAs 是目前量子效率最高的半导体光电阴极材料,透明衬底的外延薄膜可以用作透明光电阴极。

8.1.4.2　磷化镓(GaP)薄膜

单晶磷化镓薄膜的制备方法有气相外延和液相外延两种。

GaP 具有闪锌矿型结构,室温的禁带宽度 E_g 为 2.26 eV。GaP 是一种间接带隙半导体材料,也是一种多能谷半导体。GaP 是一种用于制造高发光效率发光二极管的半导体材料,这里用于发光的不是本征辐射跃迁机理,而是与杂质中心有关的辐射跃迁。发光效率高是由于向 GaP 掺入的某些杂质起辐射复合中心的作用,并且使间接跃迁部分地转化为直接跃迁的结果。如掺 N 浓度较高的 GaP 可用于制造黄色发光二极管;GaP 中掺 ZnO 可制备红色发光二极管。除了发光二极管外,GaP 还可以用于制造雪崩光电二极管等器件。

8.1.4.3　多元固溶体薄膜

Ⅲ-Ⅴ族化合物半导体的多元(主要是三元,少数为四元)固溶体薄膜材料,具有可以人为调整组分和控制性能的优点,因而受到重视且在制造半导体器件特别是发光器件和激光器方面得到重要的应用。多元固溶体的种类很多,这里主要介绍 GaAsP、GaAlAs、InGaAsP 等多元固溶体薄膜。

(1) 镓砷磷($GaAs_{1-x}P_x$)薄膜

镓砷磷的性能随 x 而变化。典型的 $GaAs_{1-x}P_x$ 材料的 x 为 0.4,单晶 $GaAs_{0.6}P_{0.4}$ 薄膜生长的主要方法是气相外延。

三元固溶体有一个很大的特点,其一些性能如晶格常数、带隙的大小介于构成它的两种二元化合物(含一种公共元素)的性能之间,并且随组成的不同近似地做线性变化。$GaAs_{1-x}P_x$ 可以看成是由 GaAs 和 GaP 构成的三元固溶体,其性能介于 GaAs 和 GaP 之间,并且随 x 而变化。$GaAs_{1-x}P_x$ 带隙的大小随 x 的变化如图 8-3 所示。因为 GaAs 是直接带隙半导体,而 GaP 是间接带隙半导体,所以 $GaAs_{1-x}P_x$ 是何种半导体应视 x 大小而定。由图8-3可见,在 $x<0.46$ 时 $GaAs_{1-x}P_x$ 的 Γ 带隙小于 X 带隙,禁带宽度由 Γ 带隙决定,故此时为直接带隙半导体,而在 $x>0.46$ 时应是间接带隙半导体。兼顾到适当大的 E_g 和发光效率不降至很低,常用 $x=0.4$,此时 $E_g\approx1.91$ eV,相对应的本征辐射光谱峰的波长位置约为 0.65 μm。$GaAs_{1-x}P_x$ 是制造红色发光二极管的很好材料,掺 N 的 $GaAs_{1-x}P_x$ 只被用于制造橙红、橙、黄和黄绿等色的发光二极管。

(2) 镓铝砷($Ga_{1-x}Al_xAs$)薄膜

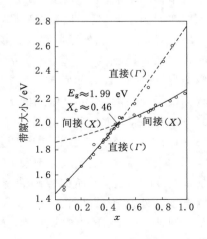

图 8-3　$GaAs_{1-x}P_x$ 的带隙大小随 x 变化

光电子器件所有的 $Ga_{1-x}Al_xAs$ 单晶薄膜是由液相外延法生长的,工业上多采用滑动舟法。$Ga_{1-x}Al_xAs$ 可以看成是由 GaAs 和 AlAs 构成的三元固溶体,其性能介于 GaAs 和 AlAs 之间。$Ga_{1-x}Al_xAs$ 的带隙大小和折射率随 x 的变化如图 8-4 所示。由于 AlAs 是间接带隙半导体,故随 x 的不同,$Ga_{1-x}Al_xAs$ 可为直接或间接带隙半导体。$x<0.31$ 时为直接带隙半导体。此时 $E_g<1.90$ eV,因此与 $GaAs_{1-x}P_x$ 相似。$Ga_{1-x}Al_xAs$ 可以用于制造发光效率高的红色发光二极管。单晶 $Ga_{1-x}Al_xAs$ 薄膜可制备在室温下连续工作的半导体激光器。

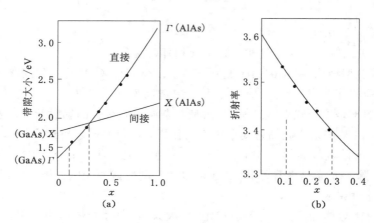

$T=300$ K,测折射率的 $h\nu=2.4$ eV。

图 8-4　$Ga_{1-x}Al_xAs$ 的带隙大小(a)和折射率(b)随 x 的变化

由于 $Ga_{1-x}Al_xAs$ 与 GaAs 的晶格匹配很好,所以 $Ga_{1-x}Al_xAs$ 也是制造高效率 p-$Ga_{1-x}Al_xAs$-n-GaAs 异质结太阳能电池的重要材料。此外,$Ga_{1-x}Al_xAs$ 还可用于制造集成电路。

(3) 铟镓砷磷($In_{1-x}Ga_xAl_yP_{1-y}$)薄膜

三元固溶体可以通过改变组成比来得到所需的禁带宽度。但是除了 GaAlAs 与衬底 GaAs 晶格匹配很好外,一般三元固溶体与衬底的晶格匹配都不太好。外延薄膜的缺陷对性能有不良的影响。为了在调节 E_g 的同时能调节得到合适的晶格常数,人们致力于研究和采用四元固溶体,其中以铟镓砷磷($In_{1-x}Ga_xAl_yP_{1-y}$)为代表(以 InP 为衬底)。

$In_{1-x}Ga_xAl_yP_{1-y}$ 外延薄膜的 E_g 随 x 和 y 的不同而在 $2.25\sim0.365$ eV 之间变化,相对应的光波波长范围为 $0.55\sim3.4$ μm。如果考虑 $In_{1-x}Ga_xAl_yP_{1-y}$ 薄膜与 InP 衬底晶格常数应很好地匹配,则可以做到的 E_g 范围为 $1.34\sim0.76$ eV,与之相对应的波长范围是 $0.93\sim1.6$ μm。图 8-5 表示与 InP 衬底晶格相匹配的 $In_{1-x}Ga_xAl_yP_{1-y}$ 外延薄膜的组成及禁带宽度。因此,单晶铟镓砷磷薄膜可用于制造近红外发光二极管。同时,这种薄膜也用于制造 InGaAsP 为有源区的双异质结 InGaAsP/InP 激光器。

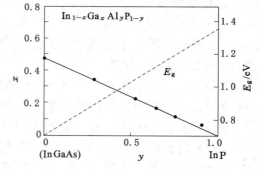

图 8-5　与 InP 晶格匹配的 $In_{1-x}Ga_xAl_yP_{1-y}$ 薄膜的组成及禁带宽度

薄膜的设计、制备及应用

8.1.5　Ⅱ-Ⅵ族化合物半导体薄膜

Ⅱ-Ⅵ族化合物半导体属于直接带隙半导体,禁带宽度范围较宽(如室温时 ZnS 的 $E_g=$ 3.6 eV,而 HgTe 的 $E_g=-0.14$ eV),而且在三元固溶体中还可以通过改变组成比来调节和控制禁带宽度的大小,因此可以用于制造各种工作波长的光电子器件。

Ⅱ-Ⅵ族化合物半导体薄膜多采用外延方法生长单晶薄膜和真空蒸发法沉积多晶薄膜。Ⅱ-Ⅵ族化合物半导体可分为两类:一类是含汞化合物,如 HgS、HgSe、HgTe 和 $Cd_xHg_{1-x}Te$ 等。这类材料的特点是禁带宽度窄、载流子迁移率高、载流子浓度高、电阻率低且参数稳定性良好。另一类是不含汞的锌和镉的化合物,如 ZnS、ZnSe、ZnTe、CdS、CdSe 和 CdSe 等。这类材料的特点是禁带比较宽、迁移率低、载流子浓度低、电阻率高、电参数稳定性较差。

8.1.5.1　含汞化合物薄膜

几乎所有沉积薄膜的真空工艺,包括各种真空蒸发法和溅射法,都可用于制备Ⅱ-Ⅵ族化合物薄膜,用得最多的是普通单源蒸发法、快速蒸发法和双源蒸发法。

用真空蒸发法制备的多晶Ⅱ-Ⅵ族化合物半导体薄膜,可以有两种基本晶体结构,即立方晶系的闪锌矿结构和六方晶系的纤锌矿结构。含汞化合物薄膜中的 HgS 薄膜可以具有这两种结构,但是 HgSe、HgTe 及 $Cd_xHg_{1-x}Te$ 薄膜只有闪锌矿结构。薄膜的光学性能和电学性能,主要取决于薄膜的晶体结构、化学组成、生长条件及后续热处理。

8.1.5.2　无汞化合物薄膜

制备无汞化合物薄膜的方法很多,如普通单源蒸发、双源蒸发、分子束外延等。但是用得最多的还是普通的单源蒸发法。薄膜在沉积后一般都要进行热处理。

无汞化合物薄膜具有较宽的禁带,这对薄膜的光学、光电和电学性能都有很大的影响。单晶 ZnS、ZnSe、ZnTe、CdS、CdSe 和 CdTe 的禁带宽度分别为 3.6 eV、2.7 eV、2.26 eV、2.4 eV、1.67 eV 和 1.44 eV。对于薄膜来说,与 E_g 有关的光学性能,如吸收光谱曲线上吸收限的能量位置,大体上与同类单晶材料相近。

无汞化合物薄膜电性能的特点是电阻率高而迁移率低。用单源蒸发法制备的优质无汞化合物薄膜的最高迁移率,为同种单晶材料最高值的 10%～60%,随不同化合物而异。

由于无汞化合物的禁带较宽,因此可以用于制造可见光、紫外线乃至 X 射线的探测器。探测器主要是利用光导效应。通常无汞化合物用于制造光敏电阻器,用得最多的是 CdS、CdSe 和 CdSSe 薄膜,它们对可见光敏感。此外,CdTe、ZnSe、ZnTe 和 ZnS 薄膜也可制造近红外、可见和紫外光敏电阻器。

CdTe 材料的主要优势在于它的光谱响应与太阳光谱十分吻合,使得 CdTe 太阳能电池理论转换效率很大,在室温下为 27%(开路电压 U_{oc} 为 1 050 mV,短路电流密度 J_{sc} 为 30.8 mA/cm²,填充因子为 83.7%)。而且 CdTe 有很高的直接跃迁(能隙约为 1.44 eV)光吸收系数(10^5 cm^{-1}),就太阳辐射谱中能量大于 CdTe 能隙范围而言,1 μm 厚的材料可吸收 99% 的光。因此,可减少材料消耗、降低成本,被人们看成一种理想的太阳能电池吸收层材料。

CdTe 是Ⅱ-Ⅵ族化合物,是直接带隙材料,带隙为 1.44 eV。它的光谱响应与太阳光谱十分吻合,且电子亲和势很高,为 4.28 eV。具有闪锌矿结构的 CdTe,晶格常数 $a=$ 0.164 77 nm。由于 CdTe 薄膜具有直接带隙结构,所以对波长小于吸收边的光,其光吸收系数极大。厚度为 1 μm 的薄膜,足以吸收大于 CdTe 禁带辐射能量的 99%,因此降低了对材料扩散长度的要求。

CdTe 结构与 Si、Ge 有相似之处，即其晶体主要靠共价键结合，但又有一定的离子性。与同一周期的Ⅳ族半导体相比，CdTe 的结合强度很大，电子摆脱共价键所需能量更高。因此，常温下 CdTe 的导电性主要由掺杂决定。薄膜组分、结构、沉积条件、热处理过程对薄膜的电阻率和导电类型有很大影响。

制备 CdTe 多晶薄膜的方法很多，有近空间升华法、电沉积法、丝网印刷术、物理气相沉积、喷涂热分解等。但获得电池最高效率的制备方法是采用近空间升华系统(图 8-6)沉积碲化镉薄膜，这种方法设备简单、沉积速率低、易于控制、污染小，适于大规模生产，成膜均匀、晶粒大小适当，具有优良的光学、电学性能。

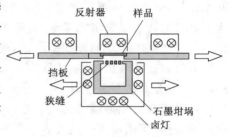

图 8-6　近空间升华系统

CdTe 在源温度高于 450 ℃时升华并分解成 Cd 和 Te。当它们沉积在温度相对较低的衬底上时，再化合生成 CdTe。为了制备厚度均匀、化学组分均匀、晶粒大小均匀的薄膜，要维持反应室内一定气压，并使 Cd 与 Te 不直接蒸发到衬底上，这样源与衬底间的距离必须小。这是近空间升华的基本思想。而保护气体的种类和气压、源的温度、衬底的温度等则是制备的关键。制备 CdTe 的典型参数如下：气体为氩，间距为 5 nm，源温度为 620～680 ℃，衬底温度为 520～580 ℃，沉积时间为 8～15 min。

CdS 是非常重要的Ⅱ-Ⅵ族化合物半导体材料。CdS 薄膜具有纤锌矿结构，是直接带隙材料，带隙较宽，为 2.42 eV，能通过大部分可见光，而且薄膜厚度小于 100 nm 时，CdS 薄膜可使波长小于 500 nm 的光通过。

图 8-7 所示为不同厚度[曲线 a,180 nm，效率 13.38%；曲线 b,60～80 nm，效率 15.8%] CdTe 太阳能电池的光谱响应曲线。可见，减薄 CdS 后扩展了短波响应。

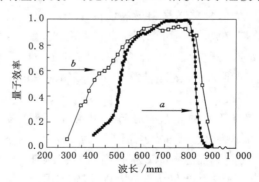

图 8-7　不同厚度 CdTe 太阳能电池的光谱响应曲线

制备 CdS 薄膜的方法很多，如丝网印刷法、电沉积法、溅射法、近空间升华法、真空蒸发法、喷涂法以及化学水浴法等。化学水浴法制备 CdS 薄膜工艺简单，成本低廉，易实现规模化生产，因此受到人们的重视。

化学水浴法沉积 CdS 薄膜，以硫脲为硫源，以络合物[$Cd(NH_3)_4^{2+}$]为镉前驱体，反应在

薄膜的设计、制备及应用

氨水溶液中进行,反应温度保持在约 82 ℃。另外,加入缓冲剂 NH_4Cl 使成膜溶液的 pH 值保持在 8～10,所用药品均为分析纯试剂,采用二次去离子水配制。

整个过程的反应方程式如下:

$$Cd(NH_3)_4^{2+} + (NH_2)_2CS + 2OH^- \longrightarrow CdS + 4NH_3 + 2H_2O + CN_2H_2$$

8.1.5.3　Ⅰ-Ⅱ-Ⅵ半导体薄膜

Ⅰ-Ⅱ-Ⅵ半导体薄膜如 $AgGaS_2$、$AgGaSe_2$、$CuInSe_2$ 等,具有独特的光电性能,在非线性光学、红外探测、太阳能电池方面等有着广泛的应用前景。

$CuInS_2$ 具有黄铜矿、闪锌矿两个同素异形的晶体结构。其高温相为闪锌矿结构(相变温度为 980 ℃),属立方晶系,布拉菲格子为面心立方,晶格常数 $a = 0.58$ nm,密度为 5.55 g/cm³;低温相是黄铜矿结构(相变温度为 810 ℃),属正方晶系,布拉菲格子为体心四方,空间群为 I_4^{2d}-D_{2d}^{12},每个晶胞中含有 4 个分子团,晶格常数 $a = 0.578\ 2$ nm,$c = 1.162\ 1$ nm,与纤锌矿结构的 CdS($a = 0.46$ nm,$c = 6.17$ nm)的晶格失配率为 1.2%。这一点使它优于 $CuInS_2$ 等其他 Cu 的三元化合物。

$CuInSe_2$ 是直接带隙半导体材料,77 K 时的带隙为 1.04 eV,300 K 时为 1.02 eV,带隙对温度的变化不敏感。其禁带宽度(1.04 eV)与地面光伏利用要求的最佳带隙(1.5 eV)较为接近。$CuInSe_2$ 的电子亲和势为 4.58 eV,与 CdS(4.50 eV)相差很小,这使它们形成的异质结没有导带尖峰,降低了光生载流子的势垒。

$CuInSe_2$ 具有一个 0.95～1.04 eV 的允许直接本征吸收限和一个 1.27 eV 的禁戒直接吸收限,以及由于 DOW Redfiled 效应而引起的在低吸收区(长波段)的附加吸收。$CuInSe_2$ 具有高达 6×10 cm⁻¹ 的吸收系数,是半导体材料中吸收系数较大的材料。具有这样高的吸收系数(即小的吸收长度),对于太阳能电池基区光子的吸收、少数载流子的收集(即对光电流的收集)是非常有利的条件。

$CuInSe_2$ 的光学性质主要取决于材料各元素的组分比、各组分的均匀性、结晶程度、晶格结构及晶界的影响。大量实验表明,材料元素的组分与化学计量比偏离越小,结晶程度越好,元素组分均匀性越好,温度越低,光学吸收特性越好。具有单一黄铜矿结构的 $CuInSe_2$ 薄膜的吸收特性比含有其他成分和结构的薄膜要好,表现为吸收系数增高,并伴随着带隙变小。

室温(300 K)下,单晶 $CuInSe_2$ 的直接带隙为 0.95～0.97 eV,多晶薄膜为 1.02 eV,而且单晶的光学吸收系数比多晶薄膜的吸收系数要大。原因是单晶材料较多晶薄膜有更完善的化学计量比、组分均匀性和结晶程度。在惰性气体中进行热处理后,多晶薄膜的吸收特性向单晶靠近,这说明经热处理后多晶薄膜的组分和结晶程度得到了改善。吸收特性随材料工作温度的下降而下降,随带隙随温度的下降而稍有升高。当温度由 300 K 降到 100 K 时,E_g 上升 0.02 eV,即 100 K 时,单晶 $CuInSe_2$ 的带隙为 0.98 eV,多晶 $CuInSe_2$ 的带隙为 1.04 eV。

$CuInSe_2$ 材料的电学性质(电阻率、导电类型、载流子浓度、迁移率)主要取决于材料各元素组分比,以及由于偏离化学计量比而引起的固有缺陷(如空位、填隙原子、替位原子),此外还与非本征掺杂和晶界有关。

对材料各元素组分比接近化学计量比的情况,按照缺陷导电理论,一般是当 Se 不足时,Se 空位呈现施主,当 Se 过量时,呈现受主;当 Cu 不足时,Cu 空位呈现受主,当 Cu 过量时,呈现施主;当 In 不足时,In 空位呈现受主,当 In 过量时,呈现施主。

当薄膜的组分比偏离化学计量比较大时,情况变得非常复杂。这时薄膜的组分不再具有单一黄铜矿结构,而包含其他相(Cu_2Se、$Cu_{2-x}Se$、In_2Se_3、$InSe$ 等)。在这种情况下,薄膜的导电性主要由 Cu 与 In 之比决定,一般是随着 Cu/In 比的增加,电阻率下降,p 型导电性增强。导电类型与 Se 浓度的关系不大,但是 p 型导电性随着 Se 浓度的增加而增加。

制备 CIS 薄膜最关键的技术是控制元素的配比,其生长方法主要有真空蒸发法、Cu-In 合金膜的硒化处理法(包括电沉积法和化学热还原法)、近空间气相输运法(CSCVT)、喷涂热解法、射频溅射法等。

在 $CuInSe_2$(简称 CIS)基础上掺杂其他元素,如使 Ga 或 Al 部分取代 In 原子,用 S 部分取代 Se,即制备成 $Cu(In_{1-x}Ga_x)Se_2$、$Cu(In_{1-x}Ga_x)(Se_{2-y}S_y)$、$Cu(In_{1-x}Al_x)(Se_{2-x}S_x)$,分别简称 CIGS、CIGSS、CIASS 等,其晶体结构仍然是黄铜矿。改变其中 Ga/(Ga+In)等的原子比,可以使其禁带宽度在 $1.04\sim1.72$ eV 之间变化,包含高效率吸收太阳光的带隙范围 $1.4\sim1.6$ eV。以 CIGS 薄膜制备的太阳能电池具有如下特点:

① 光电转换效率高。2008 年,美国国家可再生能源实验室(NREL)研制的小面积 CIGS 薄膜太阳能电池光电转换效率已达到 19.9%,是当前各类薄膜太阳能电池的最高纪录。

② 电池稳定性好,使用过程中性能基本无衰降。

③ 抗辐照能力强,用作空间电源有很强的竞争力。

④ CIGS 是直接禁带材料,其可见光吸收系数高达 10^5 cm^{-1} 数量级,非常适合太阳能电池薄膜化。

8.2 铁电薄膜

8.2.1 概述

铁电材料在外加电场不存在时具有自发极化,而且自发极化的方向可以被外加电场所改变;同时材料的极化强度 P 和电场 E 之间存在着类似于铁磁体的 B-H 磁滞回线那样的 P-E 电滞回线关系。现在已经发现了数百种铁电材料,并在超声换能器、压力传感器、滤波器、谐振器等方面获得了应用。典型的铁电材料见表 8-2。

我国铁电单晶
薄膜新进展

表 8-2　典型的铁电材料

铁电材料	简写	$T_C/℃$	$P_S/(C/m^2)$	结构类型
$BaTiO_3$	BT	120	0.26	钙钛矿型
$PbZrTi_{1-x}O_3(x=0.52)$	PT	492	0.57	钙钛矿型
$PbTiO_3$	PZT	386	0.39	钙钛矿型
$KNbO_3$	KN	435	0.20	钙钛矿型

表 8-2(续)

铁电材料	简写	$T_C/℃$	$P_S/(C/m^2)$	结构类型
$LiNbO_3$	LN	1 210	0.71	铌酸锂型
$LiTaO_3$	LT	620	0.50	铌酸锂型
$Sr_{1-x}Ba_xNb_2O_6(x=0.25)$	SBN	75	0.32	钨青铜型
$Ba_{0.8}Na_{0.4}Nb_2O_6$	BNN	560	0.40	钨青铜型
$Pb_{1-x}Ba_xNb_2O_6(x=0.57)$	PBT	316	0.30	钨青铜型
KH_2PO_4	KDP	—150	0.05	氢键型
KD_2PO_4	DKDP	—60	0.062	氢键型
$PbHPO_4$	LHP	37	0.018	氢键型
$(NH_2CH_2COOH)_2H_2SO_4$	TGS	49	0.03	氢键型
$NaNO_2$	NN	163.6	0.115	氢键型
$NaKC_4H_4O_6·4H_2O$	RS	24	0.002 5	氢键型

注：T_C—居里温度；P_S—最大自发极化强度。

8.2.2 铁电薄膜的制备

早在 20 世纪 50 年代，人们便开始进行铁电薄膜的制备研究工作。20 世纪 70 年代末至 80 年代初，现代薄膜制备技术取得重大突破，利用各种薄膜制备技术，如射频磁控溅射（RF）、溶胶-凝胶（Sol-Gel）、金属有机化学气相沉积（MOCVD）、脉冲激光沉积（PLD）、分子束外延（MBE）等方法，已经能够在多种衬底上制备结构完整、性能优良的铁电薄膜，并用于器件制备研究。

由于铁电薄膜大多数是化学组成相当复杂的多组元金属氧化物薄膜材料，因此制备铁电薄膜要比制备一般单组元或双组元薄膜更为困难。目前应用最为广泛的铁电薄膜制备技术主要有溅射法、脉冲激光沉积、溶胶-凝胶和化学气相沉积等四种。

目前研究较为深入并取得实际应用的铁电薄膜大致有两类：钛酸盐系列和铌酸盐、硼酸盐系列。钛酸盐系列的铁电薄膜包括钛酸铅（$PbTiO_3$）、锆钛酸铅[$Pb(Zr,Ti)O_3$，简称 PZT]、掺镧锆钛酸铅[$(Pb,La)(Zr,Ti)O_3$，简称 PLZT]、钛酸钡（$BaTiO_3$）、钛酸锶钡[$(Ba,Sr)TiO_3$，简称 BST]和钛酸铋（$Bi_4Ti_3O_{12}$）等。铌酸盐、硼酸盐系列的铁电薄膜有铌酸锂（$LiNbO_3$）、铌酸钾（$KNbO_3$）、铌酸锶钡[$(Sr,Ba)Nb_2O_6$，简称 SBN]、钽铌酸钾[$K(Ta,Nb)O_3$，简称 KTN]、三硼酸锂（LiB_3O_7）等。钛酸盐系列铁电薄膜在微电子、光电子学中均有重要应用前景，铌酸盐、硼酸盐系列铁电薄膜主要应用于光电子学方面。

在以开关效应为基础的铁电随机存取存储器（FRAM）应用中，$Pb(Zr,Ti)O_3$（简称 PZT）基铁电薄膜是较常用的材料。由于 PZT 系铁电材料耐疲劳性能较差，近年来人们对新材料体系进行了开发和研究，发现了铋系层状结构的（$Ba,Sr)TiO_3$（简称 SBT）铁电薄膜，这类薄膜又称为 Y1 薄膜。Y1 薄膜具有良好的抗疲劳特性，用其制作的 FRAM，在 10^{12} 次重复开关极化后仍无显著疲劳现象，且具有良好的存储寿命和较低的漏电流。以高电容容量为基础的动态随机存取存储器（DRAM），常采用介电常数高达 $10^3 \sim 10^4$ 的铁电薄膜作为电容介质，可大大降低平面存储电容的面积，有利于制备超大规模集成（ULSI）的 DRAM。

目前研究的铁电薄膜有 PZT、$SrTiO_3$（简称 ST）、$BaTiO_3$（简称 BT）和（Ba，Sr）TiO_3（简称 BST）等。由于工作在铁电相的铅系铁电薄膜（如 PZT）具有易疲劳、老化、漏电流大、不稳定等缺点，因此目前介质膜的研究主要集中在高介电常数、顺电相的 BST 薄膜。在光电子学应用方面，PLZT 铁电薄膜是最受关注的材料。由于它具有良好的光学和电学性能，调整其化学组成即可以满足电光、弹光及非线性光学等多方面的要求。此外，PLZT 还可用于集成光学，是一类很有希望的光波导材料。但 PLZT 铁电薄膜的化学组成复杂，且性能对组分的变化很敏感，这很不利于薄膜的制备。$KTa_xNb_{1-x}O_3$（简称 KTN）亦是一类很有希望用于光电子学的薄膜材料。在光学非线性和光折变效应方面，KTN 比 PLZT 更好一些，而且在薄膜制备方面不像 PLZT 那样要求苛刻。PLZT 和 KTN 均为钙钛矿结构材料。钨青铜结构的 SBN 等铁电晶体是重要的电光材料，这类材料的薄膜化已有一些报道。随着光电子学的发展，这类铁电薄膜将日益受到人们的重视。

8.2.3　铁电薄膜的研究进展

8.2.3.1　铋层状钙钛矿结构铁电薄膜

虽然 PZT 材料始终是铁电薄膜研究的热点之一，但是由于 PZT 材料存在含铅和疲劳问题，所以在铁电存储器应用方面，人们一直在寻找新型的无铅铁电材料。铋层状钙钛矿结构的铁电氧化物（BLSF）是一类特殊的钙钛矿结构的铁电氧化物，又称 Aurivllius 结构，近年来受到了高度关注。BLSF 的结构通式为 $A_{n-1}-Bi_2B_nO_{3n+3}$，由类钙钛矿结构层（$A_{n-1}-B_nO_{3n+1}$）$^{2-}$ 与铋氧层（Bi_2O_2）$^{2+}$ 沿 c 轴交替堆积而成。其中，A 代表 Bi、Ba、Sr、Ca、Pb、K 或 Na 等；B 可以是 Ti、Nb、Ta、Mo、W 或 Fe 等；n 代表（Bi_2O_2）$^{2+}$ 层之间的钙钛矿结构个数。这种层状结构可以被看作一种天然的铁电超晶格。BLSF 结构的 SBT 铁电薄膜因其具有无铅、无疲劳、居里温度高等特点，自 1994 年以来吸引了众多学者的关注，已有较深入的研究。

8.2.3.2　铁电多层薄膜

铁电多层薄膜因可调控其电学性能而具有很好的潜力应用于各种电子器件。和超晶格相比，制备多层薄膜不需要复杂的设备，工艺相对简单些，适用于规模化生产。研究铁电多层膜的目的主要是希望通过多层膜的组合，利用膜厚较小时的应力或应变效应、层间耦合效应等物理效应，探索材料新的物理现象，得到高性能或单一材料不具有的新性能。已合成的铁电多层膜一般是由两种或两种以上性能不同的薄膜材料交替生长，也可以是同一种材料但是成分比例不同的成分梯度多层膜所组成，还可以构成三明治结构的多层膜。因此，铁电多层膜是获得具有良好性能的铁电薄膜材料，并探索新的物理现象的有效途径。

目前已经发展了四种理论模型解释铁电多层薄膜的介电增强效应，如界面极化模型、界面电荷模型、空间电荷模型和 Maxwell-Wagner 模型等。

8.2.3.3　介电（铁电）/半导体复合薄膜

为了实现电子信息系统的微小型化和单片化，不断促进电子材料的薄膜化和电子器件的片式化，将具有铁电、压电、热释电、软磁、磁电以及电光、声光和非线性光学等多种性能的功能氧化物材料与半导体材料通过固态薄膜的形式生长在一起，形成介电（铁电）/半导体复合结构（单层、多层甚至超晶格），利用这种集成薄膜的一体化特性，可将介电无源器件与半导体有源器件集成，实现有源-无源的多功能集成化和模块化，增强集约化的系统功能。

8.3　光学薄膜

以光纤为传输介质的光通信系统对信息传输技术产生了巨大影响。这是因为光纤不仅损耗小，而且具有重量轻、尺寸小、抗电磁干扰和频带宽的特点。集成光学正是为适应光通信要求而逐步发展起来的崭新领域。采用类似于集成电路的技术将一些光学元器件（诸如发光元件、光放大元件、光开关、光逻辑元件、光路元件、各种光调制元件、光耦合及接收元件等）以薄膜形式集成在同一基片上，由此形成一个具有独立功能的微型光学系统（集成电路）。这样的集成光路具有体积小、效率高、功耗低、性能稳定可靠、使用方便等特点。集成光学薄膜与光学薄膜有所不同。对于光学薄膜，光束穿过薄膜；而对于集成光学薄膜，光束则在薄膜里沿着薄膜传播。

8.3.1　光波导薄膜

对光进行导波的介质称为光波导，其基本结构是高折射率膜 2（折射率 n_2）夹在低折射率介质 1、3 之间（折射率分别为 n_1、n_3），且 $n_2 > n_1 \geqslant n_3$。介质光波导中的光导是通过光反复进行全反射，同时在高折射率膜 2 中传播实现的。高折射率膜 2 称为光波导区，介质 1、3 称为包层区。

薄膜系统中光波导的种类如图 8-8 所示。图中阴影部分的折射率或等效折射率比周围的高，这部分就是波导。图 8-8(a)所示为由涂覆、蒸发、溅射和热扩散等方法在衬底上形成的薄膜构成的平板型波导；图 8-8(b)所示为用平板型波导由光刻和反溅射制作的凸条型波导；图 8-8(c)所示为在平板型光波导上用与薄膜不同的材料（光致抗腐蚀剂等）制出光路，由于其下部的等效折射率被提高，因此光被封闭在其中的加载型波导；图 8-8(d)所示为脊型波导；图 8-8(e)所示为用离子交换和离子注入方法制造的，可以获得类似圆柱状的折射率分布，由此可减少散射损耗扩散型波导；图 8-8(f)所示为在图 8-8(b)所示的凸条型波导上生长出一层与衬底同样材料包层的掩埋型波导。

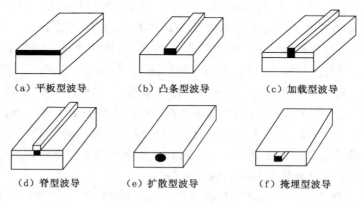

(a) 平板型波导　　　　(b) 凸条型波导　　　　(c) 加载型波导

(d) 脊型波导　　　　(e) 扩散型波导　　　　(f) 掩埋型波导

图 8-8　各种光波导

光波导所用的材料应当具有透明、稳定、薄膜制作和加工容易等特点。能满足这些要求的材料有晶体、非晶体、液晶、有机材料、无机材料等。表 8-3 列出了常用的光波导材料。

表 8-3　常用的光波导材料

材料		制备方法	折射率	吸收系数 /(dB/cm)
波导区域	基片			
聚氨酯	SiO_2 玻璃	旋转涂覆	约 10^{-2}	0.1～0.5
康宁 7059 玻璃	SiO_2 玻璃	溅射	约 10^{-2}	0.1～0.5
SiO_2		离子注入	约 10^{-2}	约 0.4
$LiNbO_3$		扩散	5×10^{-4}～10^{-2}	0.1～0.2
		N^+、Ne^+ 注入	5×10^{-4}～10^{-2}	<1
$LiNbO_3$	$LiTaO_3$	扩散	10^{-2}～10^{-1}	约 1
n-CaAs	N^+-CaAs	液相外延(LPE) 气相外延(VPE) 分子束外延(NBE)	约 10^{-3}	约 24
$Ca_{1-x}Al_xAs$	$Ca_{1-y}Al_yAs$	液相外延(LPE) 分子束外延(NBE)	约 0.4$(y-x)$	约 10
$CdSr_xSe_{1-x}$	CdS	扩散	约 10^{-2}	10～15

8.3.2　光开关薄膜

转换光路的开关器件是集成光路的重要器件,它是使光在时空上切换的器件。光开关器件主要通过电光效应、声光效应、磁光效应等实现。

利用电光效应制作光开关器件的材料多采用强电介质材料,如 $LiNbO_3$、$LiTaO_3$、$Bi_{12}SiO_{20}$(简称 BSO)、GaAs、GeSi/Si 以及 Si 单晶等。其中,在 $LiNbO_3$ 上是通过热扩散 Ti 制得光开关,而在 BSO 上是通过液相外延(LPE)掺杂 Ga 制得光开关。

图 8-9 所示为单节电极结构的定向耦合调制开关,若光从波导 1 输入、从波导 2 出,则称为交叉工作状态,用"★"表示;若仍从波导 1 输出,则称为直通工作状态,用"◎"表示。图 8-10 所示为单节电极结构的定向耦合调制开关的工作曲线。图中,L 为有源区长度;L_c 为最短耦合长度;$\Delta\beta$ 为传播常数差,随调制电压而变化。由图 8-10 可知,单节电极的定向耦合开关,任意给定一个 L/L_c 值,总可以通过调整电压实现直通工作状态。而为了获得交叉工作状态以作为开关使用,必须使耦合开关的有源区长度精确等于耦合长度的奇数倍。这类双通道定向耦合开关最早是用 GaAs 材料在三电极结构上实现的。随后,在 $LiNbO_3$ 和 GaAs 衬底上做出了双电极结构的定向耦合开关。

利用声光效应制作光开关器件的材料有 TeO_2、$LiNbO_3$ 等。其光开关器件是由其结构而获得表面弹性波引起的折射率周期变化,从而产生布拉格衍射或拉曼-奈斯衍射而获得。

8.3.3　薄膜透镜

在集成光学中透镜具有重要的功能,如准直光源产生的发射光,将光会聚在探测器上和器件上,会聚衍射光完成傅里叶变换等。薄膜波导透镜有短程透镜、模式折射率透镜、光栅透镜、菲涅耳透镜、布拉格透镜等。

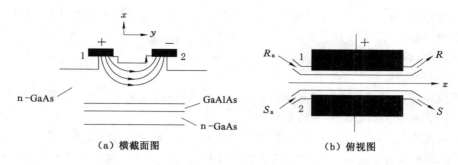

（a）横截面图 （b）俯视图

图 8-9 单节电极结构的定向耦合调制开关示意图

图 8-11 所示的模式折射率透镜就是在平板波导上做出一块具有经典透镜形状的部分，利用由厚度变化所导致的等效折射率的变化来实现会聚和发散功能。

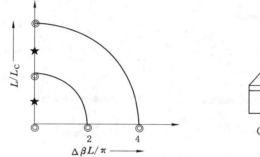

图 8-10 单节电极结构的定向耦合
开关的工作曲线

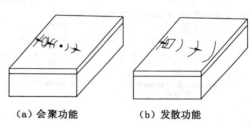

（a）会聚功能 （b）发散功能

图 8-11 模式折射率透镜示意图

短程透镜是利用光沿最短距离传播的原理，使波导弯曲来获得会聚效果。然而，平板波导与弯曲部分的衔接处散射很强，为了克服这种情况，可将边缘做成圆形，不过由此导致的像差虽然可被校正，但制作非常困难。

自从 20 世纪 80 年代以来，平面微透镜列阵已成为最重要的一类器件。图 8-12 给出一种制作球形自聚焦平面微透镜列阵的制备工艺流程示意图。其基本思想是：用电极化率大的 A^+（如 Ti^+、Ag^+）等取代基片中电极化率小的 B^+（如 K^+、Na^+ 等），以形成窗口处折射

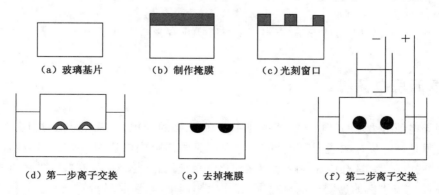

（a）玻璃基片 （b）制作掩膜 （c）光刻窗口

（d）第一步离子交换 （e）去掉掩膜 （f）第二步离子交换

图 8-12 球形自聚焦平面微透镜列阵的制备工艺流程示意图

率最大、向内逐渐减小的近似半球形折射率分布;再用电场辅助离子交换方法,使已有的分布向内扩散,同时熔盐中极化率较小的 C^+ 向基片内扩散,于是,高折射率区移至基片以下,从而形成近似球形的折射率分布。

8.3.4 薄膜激光器

光集成用及光通信系统中的薄膜激光器通常是在 GaAs、InP、GaSb 等基片上分别生长 GaAlAs、InGaAsP、GaInAsSb 等膜而实现的。

生长这些膜可用液相外延(LPE)、气相外延(VPE)、金属有机化学气相沉积(MOCVD)、分子束外延(MBE)等方法。图 8-13 所示为薄膜激光器的几种典型结构。这些激光器的寿命,无论是长波长还是短波长,都可达到 1×10^6 h 以上。目前已研制出 1.3 μm 和 1.5 μm 发射波长、阈值电流 10 mA 左右、输出功率 200 mW 左右的半导体激光器,其响应带宽为 17 GHz。图 8-14 所示为 InGaAsP/InP 分布反馈型(DFB)激光器结构示意图。

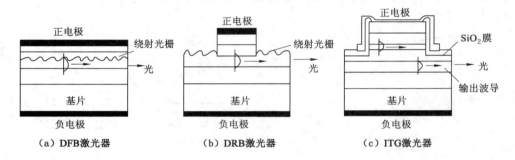

图 8-13 薄膜激光器的几种典型结构

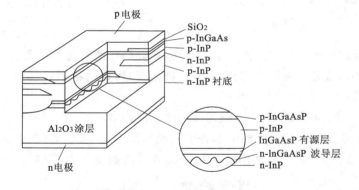

图 8-14 InGaAs/InP 分布反馈型(DFB)激光器结构示意图

8.4 透明导电薄膜

透明导电薄膜是新型电子薄膜系列中一种重要的光电薄膜,尤其是透明导电氧化物(TCO)薄膜是性能优良的透明导电材料,它在可见光谱范围内透明,对红外光具有较强的反射,又有低的电阻率,具有良好的耐摩擦性和化学稳定性,且与玻璃具有较强的附着力,因此目前它是一种比较优良的透明导电材料,已经在太阳能电池、液晶显示器、触摸屏、气体传感器、建筑用玻璃幕墙、飞机和汽车窗导热玻璃等产品中得到广泛应用。

由于透明导电氧化物薄膜是一种新型的光电薄膜，在应用时又和其他电子功能薄膜掺融在一起，因此在使用时必须考虑其透明、导电及其他特殊的性能要求，其所涉及的理论较深、较宽也较新。本节简要介绍了透明导电薄膜的分类，重点介绍了透明导电氧化物薄膜的基本特性、应用、制备技术及特性检测等。

8.4.1 透明导电薄膜的分类

透明导电薄膜是把光学透明性能与导电性能结合在一起的光电薄膜材料。这种光电薄膜材料打破了人们的传统观念，即自然界中，透明的物质通常是不导电的，而导电的物质通常是不透明的。透明导电薄膜也正是由于其透明与导电特性的结合，使其成为具有明显特色的一种功能薄膜材料。

透明导电薄膜主要分为金属薄膜、氧化物薄膜以及其他化合物薄膜。其中透明导电氧化物薄膜占主导地位，目前主要包括 SnO_2、In_2O_3、Cd_2InO_4、ZnO 及其掺杂物 $SnO_2:Sb$、$SnO_2:F$、$In_2O:Sn$（通常简称为 ITO 薄膜）、$ZnO:Al$（通常简称为 AZO 或 ZAO 薄膜）等。近年来，在透明导电氧化物薄膜掺杂的研究中开发了一些新的薄膜体系，主要有在 ZnO 薄膜中掺杂 B、Al、Ca、In 和 Sc 等Ⅲ族元素，或掺杂 Si、Ce、Si、P、T 和 Hf 等Ⅳ族元素，也可以掺入 F^- 来替代 O^{2-}，从而提高薄膜的导电性能和稳定性。

在研究和开发 TCO 薄膜中，人们将 TCO 薄膜材料进行优化组合，制备出了具有新特性的 TCO 薄膜。如用磁控溅射技术制备出了 $ZnO-SnO_2$ 薄膜，该薄膜可同时具有 ZnO 和 SnO_2 的优点。由二元 TCO 材料之间以及它们与 MgO、Ca_2O 等材料组合可以得到一些新的三元 TCO 薄膜，如 Zn_2SnO_4、$ZnSnO_3$、$MgIn_2O_4$、$GaInO_3$ 等。同样，某些三元 TCO 薄膜之间也可以组合成 TCO 薄膜。通过 TCO 薄膜材料组合构成的新的 TCO 薄膜，既可以通过组分调整改变薄膜的电学、光学、化学和物理特性；也可以获得单一 TCO 薄膜所不具备的性能，从而满足某些特殊需求。

按照透明导电薄膜的材料的组成可将其分为透明导电金属薄膜、透明导电氧化物（TCO）薄膜、透明导电非氧化物薄膜和导电性颗粒分散介质体等四类，其具体的分类和组成见表 8-4。

表 8-4　透明导电薄膜的分类、组成及实例

类型	组成	实例
金属薄膜	单层薄膜	Ni、Pt、Au、Cu
	双层和三层薄膜	$Au/Bi_2/O_3/$基底、$Au/Cu/$基底、$ZnS/Ag/Zns$、$SnO_2/Ag/SnO_2$
氧化物薄膜	未掺杂	SnO_2、In_2O_3、Cd_2InO_4、Cd_2SnO_4、ZnO、CdO
	掺杂	$SnO_2:Sb$、$SnO_2:F$、$In_2O_3:Sn(ITO)$、$ZnO:Al(AZO)$
非氧化物薄膜	单层薄膜	CdS、ZnS、LaB_6、TiN、TiC、ZrN
	双层薄膜	TiO_2/TiN、ZrO_2/TiN
导电性颗粒分散介质体	Al、Ag、Au、Ru、ZnO、SnO_2 等颗粒分散在 SiO_2 中	

8.4.2 透明导电薄膜的基本特性

这里主要介绍透明导电金属薄膜和目前普遍应用的透明导电氧化物薄膜。

8.4.2.1 透明导电金属薄膜的基本特性

金、银、铜、铂等金属薄膜在可见光和红外波段都具有良好的反射性,这主要是由于其自由载流子的浓度约为 10^{20} 个/cm^3,可使金属的等离子体频率落在近紫外光区,所以其在可见光区是不透明的。如果要增加其在可见光范围内的透明度,同时又要保持其在红外光波段的高反射性,就必须将这些金属薄膜的厚度制备得极薄。当金属薄膜的厚度减小至 20 nm 以下时,对光的反射和吸收都会减小,此时的金属薄膜才具有较好的透光性。透光性越好的薄膜,其导电性就越差,所以必须将透明导电金属薄膜的厚度控制在 3～15 nm 之间。理论上,金属薄膜可以成为良好的透明导电薄膜,但是,在实际制备厚度小于 10 nm 的金属薄膜时,极易形成岛状结构,使薄膜的电阻率明显提高。而且,当这种岛状结构严重时,还会使相当一部分入射光散射掉,从而影响薄膜的透射率。在利用等离子体辅助技术制备薄膜时,为了避免出现岛状结构,并得到电阻率较低的金属薄膜,可以在基底表面加偏压,用离子或电子来轰击基底表面,或在基底表面与金属薄膜之间镀上一层氧化物过渡层。虽然通过这些方法可以沉积出较薄且连续的金属薄膜,但是,此时金属薄膜的电阻率仍然受表面效应和杂质的影响,因此,制备透明导电金属薄膜具有相当大的难度。此外,大多数金属薄膜与玻璃基底之间的结合力都较差。总之,透明导电金属薄膜既有透光性不足、强度较低和附着力较差的缺点,也有沉积温度低和易制备出低电阻薄膜的优点。

8.4.2.2 透明导电氧化物薄膜的基本特性

透明导电氧化物薄膜具有广泛和重要的应用前景,在光电子应用中所使用的透明导电薄膜大多都是透明导电氧化物薄膜。透明导电氧化物薄膜材料是半导体中重要的一种,其基本特性包括:具有较大的禁带宽度(一般均大于 3.0 eV),n 型氧化物半导体的直流电阻率约为 $10^{-5}～10^{-4}$ $\Omega \cdot cm$,在可见光波段内具有较高的透射率(>80%),并且在紫外波段具有截止特性,在红外波段具有较高的反射率,在短波频率(6.5～13 GHz)下具有较强的发射特性。

常用的透明导电氧化物薄膜主要包括二元和三元体系,如 SnO_2、In_2O_3、ZnO、CdO、Cd_2InO_4、Cd_2SnO_4、$SrTO_3$ 以及在这些体系基础上所形成的各种掺杂体系,其中二元氧化物透明导电材料的一个基本特征是元素 Sn、In、Zn、Cd 与氧反应后,它们的 d 电子轨道都处于填满状态。在二元氧化物透明导电体系上又出现了三元氧化物及多元复合氧化物透明导电薄膜材料。这里主要介绍最常用的氧化铟锡(ITO)和氧化锌(ZnO)及其掺杂的透明导电氧化物薄膜。

(1) 氧化铟锡(ITO)

氧化锡(ITO)透明导电薄膜是一种体心立方铁锰矿结构(即立方 In_2O_3 结构)的 n 型宽禁透明导电材料。其具有优异的光学性能,在波长为 550 nm 处,对可见光的透射率可高达 85% 以上,红外反射率大于 81%,紫外吸收率大于 85%;而且具有低的电阻率,其电阻率一般在 $10^{-5}～10^{-3}$ $\Omega \cdot cm$ 之间,能隙宽度为 $E_g = 3.5～4.3$ eV;同时还具有高的硬度及耐磨性,且容易刻蚀成一定形状的电极图形等。因此,ITO 薄膜被广泛应用于液晶显示器、电致发光显示器、电致变色显色器、场致发光平面显示器、太阳能电池、防雾气防霜冻视窗和节能玻璃幕墙等。此外,薄膜对微波还具有强烈的衰减作用,衰减率高达 85%,在防电磁干扰的透明屏蔽层的应用上具有很大的潜力。

在 In_2O_3 中掺入 Sn 后,Sn 元素替代 In_2O_3 晶格中的 In 元素并以 SnO_2 的形式存在。因为 In_2O_3 中的 In 元素为三价,形成 SnO_2 时将贡献一个电子到导带上,同时在一定的缺氧状态下产生氧空位,形成 $10^{20}～10^{21}$ cm^{-3} 的载流子浓度和 10～30 $cm^2/(V \cdot s)$ 的迁移率。综合 Sn 替代和氧空位的结果,ITO 的结构可表示为 $In_{2-x}Sn_xO_{3-2x}$。

常规方法制备的 ITO 薄膜都是多晶结构,而且晶体的生长一般会出现择优生长的现象,这与薄膜的制备方法和制备工艺参数之间有着较大的关系,薄膜可以在(222)方向上择优生长,也可以在(400)或(440)方向上择优生长。因此,通过控制薄膜的生长工艺参数,可以控制其晶体的生长方式,从而控制 ITO 薄膜的光学性能和电学性能。表 8-5 给出了不同薄膜制备方法和生长工艺参数制备出的 ITO 薄膜的性能。从表中可以看出,ITO 薄膜的性质主要取决于制备方法和沉积工艺参数,特别是基底温度等参数。

表 8-5　不同制备方法和不同基底温度下 ITO 薄膜的性能

制备方法	基底温度 $T/℃$	载流子浓度 $N/(10^{20}\ cm^{-3})$	迁移率 $\mu/[cm^2/(V \cdot s)]$	电阻率 $\rho/(10^{-4}\ \Omega \cdot cm)$	透射率 $T/\%$
RFMS	未加热	3	15	4	85
RFMS	200	12	12	4	95
RFMS	450	6	35	3	90
DCMS	250	9	35	1.4	85
DCMS	400	20	27	1.3	85
反应蒸发	350	5	30	4	91
离子束溅射	<200	18	—	1.5	80
溶胶-凝胶	室温	5.6	19	5.8	—

虽然 ITO 薄膜是目前光电性能较优且使用最广泛的一种透明导电氧化物薄膜,但是在实际应用中仍然存在一些问题。首先,其在还原气氛中热处理后薄膜中会有金属 In 出现,这说明其化学稳定性欠佳;其次,ITO 薄膜在实际应用中受制于金属 In 的稀少,即市场对透明导电薄膜的巨大需求与 In 资源的稀少形成尖锐的矛盾。因此,必须寻求质量优异、原材料便宜的替代材料,而 ZnO 基透明导电薄膜就是其中最重要的一种。

(2)氧化锌(ZnO)

ZnO 薄膜材料具有光、电、压电及铁电等特性,近年来引起了人们极大的研究兴趣。作为一种压电材料,ZnO 具有较大的耦合系数;在光电导性能方面,由于其响应速度快、感应能力强而被应用于光学传感器。

在Ⅱ～Ⅵ族半导体材料中,ZnO 晶体的离子性介于共价化合物和离子化合物之间。由于 ZnO 的组成元素 Zn 和 O 蒸气压不同,要制备符合化学计量比的完美 ZnO 单晶是非常困难的,所以化合物偏离化学配比会直接导致高密度的空位等晶格缺陷的形成。同时较宽的禁带宽度会导致氧空位的形成能比较低,因而 ZnO 通常以 n 型导电类型存在,故 ZnO 又被称为单极性半导体。

ZnO 既可以具有闪锌矿结构,也可以具有纤锌矿结构。一般情况下,ZnO 及其掺杂物都是六方密排纤锌矿结构。ZnO 薄膜的电阻率一般为 $10^{-1}\ \Omega \cdot cm$ 或更低,载流子浓度可达 $10^{16} \sim 10^{19}\ cm^{-3}$,而且这些参数一般都取决于沉积技术、工艺参数及膜层的厚度。早在 1982 年,人们便采用射频磁控溅射技术制备出了电阻率小于 $4.5 \times 10^{-4}\ \Omega \cdot cm$ 的未掺杂的 ZnO 透明导电薄膜,但这些薄膜在高温环境下极不稳定,因此未掺杂的 ZnO 薄膜在应用上远不及

ITO 透明导电薄膜。1983 年,人们首次采用喷涂热分解方法制备出了导电性能良好的 In 掺杂 ZnO(ZnO:In)透明导电薄膜。随后人们在 ZnO 薄膜中尝试的掺杂元素包括Ⅲ族元素(如 Al、Ca、In、B)和Ⅳ族元素(如 Si、Ce、Ti、Zr、Hf)以及Ⅶ族元素(如 F)等。表 8-6 给出了各种掺杂 ZnO 薄膜的电学特性。

表 8-6 不同掺杂 ZnO 薄膜的电学特性

掺杂元素	掺杂量 /%	载流子浓度 N /(10^{20} cm^{-3})	电阻率 ρ /(10^{-4} Ω·m)	掺杂元素	掺杂量 /%	载流子浓度 N /(10^{20} cm^{-3})	电阻率 ρ /(10^{-4} Ω·m)
Al	1.6～3.2	1.5	1.3	Si	8.0	8.8	4.8
Ga	1.7～6.1	14.5	1.2	Ge	1.6	8.8	7.4
In	1.2	3.9	8.1	F	0.5	5.0	4.0
B	4.6	5.4	2.0				

图 8-15 所示为未掺杂 ZnO 薄膜以及 Al 掺杂 ZnO 薄膜的透射率和反射率曲线。未掺杂 ZnO 薄膜的禁带宽度约为 3.2～3.3 eV,而掺杂 ZnO 的禁带宽度约为 3.4～3.9 eV。

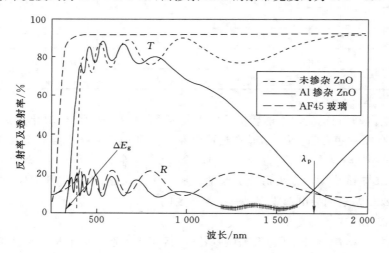

图 8-15 未掺杂 ZnO 薄膜和 Al 掺杂 ZnO 薄膜的光学特性曲线

8.4.3 透明导电氧化物薄膜的制备

为了制备出具有低电阻率和高可见光透射率的透明导电氧化物薄膜,人们开发了各种相应的薄膜制备技术。事实上,各种薄膜制备技术都被尝试用于透明导电氧化物薄膜的制备。例如,真空热蒸发、磁控溅射、脉冲激光沉积、溶胶-凝胶、热喷涂、化学气相沉积、原子层外延等薄膜制备的常见方法均被用于制备透明导电氧化物薄膜。透明导电氧化物薄膜的不同用途对薄膜的结晶取向、表面平整度、导电性、光学性能及气敏性等有不同的要求。采用不同技术和工艺制备透明导电薄膜主要是为了满足实际应用中对薄膜提出的不同要求。以下主要介绍一些透明导电氧化物薄膜的常用制备技术以及工艺参数对透明导电氧化物薄膜光电特性的影响。

8.4.3.1 ITO薄膜的制备及工艺参数对其性能的影响

(1) ITO薄膜的制备技术

ITO薄膜的制备技术主要包括以下几种。

① 真空热蒸发技术。对于制备ITO薄膜而言，真空热蒸发镀膜工艺一般包括以下三种不同的方式：

a. 直接蒸发氧化物薄膜材料，如 In_2O_3 和 SnO_2 的混合物。

b. 采用反应热蒸发，即在蒸发金属的同时通入氧气，进行化学反应。蒸发的膜料一般为含 3.8%Sn 的 In/Sn 合金。

c. 对蒸发的金属薄膜进行氧化热处理。

在热蒸发镀膜中要严格控制基底的温度、蒸发速率、氧分压等工艺参数。在直接蒸发氧化物膜料镀制透明导电氧化物薄膜时，由于氧化物的分解会或多或少地存在氧含量不足的现象，因此，在蒸发过程中需要在沉积气氛内保持一定的氧分压；或在空气环境下对沉积的薄膜进行必要的热处理，以保证薄膜的光电特性。在恰当的氧分压下蒸发 In_2O_3 和 SnO_2 混合物可获得ITO薄膜。而在反应热蒸发中，蒸发速率一般应控制在 $10\sim30$ mm/min，基底的温度应保持在 400 ℃以上，也可以采用两个坩埚同时蒸发 In 和 Sn。

真空热蒸发制备的ITO薄膜的电学和光学特性与氧分压密切相关。无论是直接蒸发氧化物膜料还是采用反应热蒸发，氧分压对ITO薄膜的性能都有显著的影响。氧分压增大可以提高ITO薄膜在可见光中的透射率，但过高的氧分压会导致薄膜电阻率的升高。

② 磁控溅射技术。根据所用电源的不同，磁控溅射可分为直流磁控溅射和射频磁控溅射。依据溅射中加入气体的不同，又可分为非反应磁控溅射和反应磁控溅射。目前制备ITO薄膜的溅射技术主要有直流磁控溅射，其所用的靶材为金属合金。另外一种是射频磁控溅射，所用的靶材大多是氧化物陶瓷靶。一般认为，采用氧化物陶瓷靶比较容易控制薄膜中的化学计量比，而且不需要进行后续的热处理。通常在溅射过程中通入适量的氧气，就可以改善薄膜的结构、电学特性和光学特性。

③ 其他物理方法。除了上述方法外，还可以采用离子束溅射技术、脉冲激光沉积技术以及离子束辅助沉积技术等物理方法来制备ITO薄膜。其中，离子束辅助沉积的最大优点在于可以降低沉积温度，甚至在室温下能够在玻璃和塑料基底上制备出高质量的ITO薄膜。

④ 化学气相沉积技术。化学气相沉积技术具有设备简单、薄膜生长速率快、操作简单等优点。但是一般在制备ITO膜时都需要后续处理，并且先导物的获得也比较困难，因此在制备ITO薄膜时该技术用得不多。反应的原料可采用铟和锡的乙酰丙酮化合物来作为反应物或采用二乙基己酸铟和四氯化锡作为原料。

⑤ 溶胶-凝胶法。溶胶-凝胶法是指有机或无机化合物经过溶液、溶胶、凝胶固化，再经热处理而制得氧化物或其他化合物固体的方法。它具有工艺简单、成本低廉、工件形状不限，并可实现大面积镀膜等优点。在溶胶-凝胶制备ITO薄膜的工艺中，首先将基底浸入水解类金属化合物中，随后以一定的速度取出，并放入含有水蒸气的容器中，在这样的气氛下发生水解并凝固，再经过 50 ℃左右的烘烤，水和碳基集团被蒸发掉，形成透明导电薄膜。

⑥ 喷涂热分解法。喷涂热分解法是指利用金属化合物的热分解，在预先加热的基底上形成薄膜。由于其工艺简单、成本低廉且适用于大面积的工业生产，因此一直被广泛应用于透明导电薄膜的制备中。有关具体的制备工艺这里不做详细介绍，感兴趣的读者可以进一步查阅

相关文献资料。

（2）工艺参数对 ITO 膜特性的影响

① 沉积温度对 ITO 薄膜电学和光学特性的影响。沉积温度是各种薄膜制备过程中最重要的工艺参数之一。随着沉积温度的升高，导电性能得到改善。然而温度的升高并不是无限的，而是有一个临界值，超过这个临界值后，导电性能将随着沉积温度的升高而下降。对于不同的制备方法，最佳沉积温度的范围不同，这与各种不同的制备技术中沉积粒子本身所具有的迁移能有关。一般情况下，要制备具有优良导电性和透光性的 ITO 薄膜，基底温度要求在 350 ℃以上，射频溅射要求在 450 ℃左右，喷涂热分解要求在 400 ℃以上。电子束热蒸发技术在 200 ℃时就可以获得高质量的 ITO 薄膜，其电阻率达到 $2.4 \times 10^4\ \Omega \cdot cm$，载流子浓度达到 $8 \times 10^{20}\ cm^{-1}$，迁移率到达 $30\ cm^2/(V \cdot s)$。

利用反应热蒸发沉积 ITO 薄膜时，在基底温度为 100 ℃左右时，获得的 ITO 薄膜的透射率仅为 16%；随着基底温度的升高，透射率也会相应提高。当基底温度为 400 ℃时，透射率可达到 80%，这主要是因为氧化物在 100 ℃时开始形成，在 400 ℃时结晶性能得到改善。掺杂使得薄膜的氧化温度提高，Sn 的掺杂扰乱了 In_2O_3 的氧化体系。

② 氧分压对 ITO 薄膜电学和光学特性的影响。氧分压是另外一个影响 ITO 薄膜性能的主要参数，在溅射技术中氧分压的影响尤为显著。采用直流磁控溅射合金靶反应沉积 ITO 薄膜时，当氧分压大于 0.1 Pa 后，薄膜的电阻率随着氧分压的增大而迅速增大。在低的氧分压下，氧原子不足以充分氧化金属靶面和已经溅射出来的金属粒子，从而使薄膜的化学配比失衡，使薄膜具有金属性特征；而在高的氧分压下，金属粒子完全被氧化，形成化学配比好的氧化物薄膜，也使薄膜具有高的电阻率。一般来说，低的电阻率对应的氧分压的范围比较小。

此外，氧分压对 ITO 薄膜的透射率也有重要的影响。对直流反应溅射沉积 ITO，当氧分压低于 0.16 Pa 时，透射率低于 10%；当氧分压大于 0.4 Pa 时，透射率可达 80%～90%。这也说明在制备高透射率的 ITO 薄膜时也存在一个临界氧分压。

影响 ITO 薄膜性能的工艺参数不只是沉积温度和氧分压，只有对所有可能影响 ITO 薄膜性能的参数进行合理的优化，才能制备出高质量、满足使用要求的 ITO 薄膜。

另外，几乎所有经后续退火处理的 ITO 薄膜，其导电率和透射率均有不同程度的改善。后续退火对 ITO 薄膜性能的影响主要体现在改变薄膜中的亚氧化物的含量和载流子的浓度。ITO 薄膜在 N_2 气氛中经退火处理后，载流子浓度会有明显的提高，而且光学禁带宽度一般也会有所增大。

8.4.3.2　ZnO 薄膜的制备及工艺参数对其性能的影响

（1）ZnO 薄膜的制备技术

ZnO 薄膜具有以下突出优点：① 廉价的原材料；② 无毒；③ 可以与 ITO 相比拟的电学和光学特性；④ 优异的性价比；⑤ 易于制备，生产成本低。

正是由于 ZnO 薄膜以上明显的优点，人们研究了用不同的方法来制备 ZnO 薄膜，其制备方法主要包括反应溅射、脉冲激光沉积、化学气相沉积、喷涂热分解以及溶胶-凝胶等。其中磁控溅射技术是目前应用最多的方法。以下简单介绍 ZnO 薄膜的磁控溅射技术以及喷涂热分解技术。

① 磁控溅射技术沉积 ZnO 薄膜。溅射技术已广泛应用于 ZnO 薄膜的制备，其中主要

包括直流反应磁控溅射(DCMS)、射频磁控溅射(RFMS)和中频磁控溅射(MFMS)。在溅射技术沉积 ZnO 薄膜中，金属靶或氧化物靶均可作为溅射的靶材。沉积工艺参数对薄膜的结构特性和生长速率具有显著的影响，其中主要包括工作气体组分、等离子条件、沉积温度等。一般情况下，提高基底温度有利于膜结晶性的改善。在溅射氧化物靶材的过程中，工作气氛中氧浓度的增加有利于薄膜结晶状况的改善和晶粒尺寸的增加。在溅射制备 ZnO 薄膜中，广泛使用 ZnO+Zn 靶，$Ar+O_2$ 或 $Ar+O_2+H_2$ 气氛，其中 ZnO+Zn 靶有利于保证薄膜中 Zn 的含量，从而改善薄膜的导电性能。适量 H_2 的加入可以控制 Zn/O 的比例，有利于降低薄膜的电阻率。此外，在溅射中给基底上施加负偏压或采用磁控溅射可以降低沉积，从而实现在柔性基底上制备 ZnO 薄膜。

未掺杂的 ZnO 薄膜的特性不稳定，克服该缺点的最好办法是对 ZnO 薄膜进行掺杂，In、Al、Ga、Sn 等是最常用的掺杂剂。上面讲到的溅射法也可以用于制备掺杂的 ZnO 薄膜，掺杂量一般为 2.5%～25%。掺杂后的 ZnO 薄膜一般具有优良的光电性能，其电阻率可达到对可见光的透射率大于 80%。

② 喷涂热分解制备 ZnO 薄膜。喷涂热分解技术已成功用于大面积制备 ZnO 薄膜。该技术具有操作简便、成本低廉、易于大面积沉积等优点。通常所采用的原料为醋酸锌水溶液。在溶液中加入少量的醋酸，可以有效抑制溶液中产生氢氧化锌的沉积，提高薄膜的质量。喷涂热分解制备 ZnO 时的基底温度一般在 350～550 ℃之间。

例如，利用 0.4 mol $Zn(C_2H_3O_2)_2 \cdot H_2O$ 溶液，在基底温度为 300～390 ℃的条件下，可以在普通的钙玻璃基底上沉积出透射率大于 85%、电阻率介于 2～100 $\Omega \cdot cm$ 的 ZnO 薄膜。电阻率可以通过控制工艺参数进行适当的调节。一般情况下，沉积的 ZnO 薄膜具有较高的电阻率，因此需要进行后续的退火处理。也可以用氯化铝和醋酸锌为原料，制备出透明导电的 AZO 薄膜，其中 Al/Zn 的比例为 0～6%，此时再经过退火处理就可以获得电阻率低且透光性良好的 AZO 薄膜了。

此外，采用喷涂热分解也可以制备出 In 掺杂的 ZnO 薄膜，即 IZO 透明导电氧化物薄膜。

以上介绍了目前应用最为广泛的两种 ZnO 薄膜的沉积技术。当然除了以上介绍的 ZnO 薄膜制备方法外，几乎所有制备 ITO 薄膜的方法都可以用于制备 ZnO 以及掺杂的 ZnO 薄膜，这里就不再一一介绍了。

(2) 工艺参数对 ZnO 薄膜特性的影响

基底温度对 ZnO 薄膜的电学特性具有显著的影响。例如，在直流磁控溅射中，当基底温度在 250～350 ℃之间时，可以获得最低的电阻率(3.5×10^{-4} $\Omega \cdot cm$)。温度对电学性能的影响主要源于薄膜结晶状态的改善。此外，薄膜厚度对其电阻率也有影响，厚度较薄时，ZnO 薄膜的电阻率随着厚度的增加而急剧减小；当薄膜厚度大于 250 nm 时，薄膜的电阻率趋于稳定。

在溅射工艺中，对氧分压的控制也极为重要。氧分压的大小不仅影响 ZnO 薄膜的电阻率，也影响薄膜在可见光波段的透射率。此外，适当掺杂能较大幅度地提高 ZnO 薄膜的电学性能(如 Al、In、Ca 等元素的掺杂)，同时还可以解决 ZnO 薄膜的电学稳定性问题。这是 ZnO 薄膜作为透明导电薄膜实用化最为重要的问题。例如，Al 掺杂 ZnO(AZO)薄膜不但具有优异的光学、电学性能和稳定性，同时由于其较低的成本而受到广泛的关注。Al 掺杂

ZnO 薄膜具有较高的载流子浓度,载流子浓度的提高主要源于 Al^{3+} 对 Zn^{2+} 的替代。但是,当铝的掺杂量过高时,由于 Al 氧化物的形成,会导致薄膜电阻率的升高。因此,适当的 Al 掺杂可以提高 ZnO 薄膜的载流子浓度,在使用中应根据要求控制 Al 掺杂的比例。

8.4.4 透明导电氧化物薄膜的特性测试

透明导电薄膜的特性测试主要包括膜层厚度的测试、薄膜光学特性的测试以及电学特性的测试。其中,光学特性的测试包括透射率、反射率的测试以及薄膜光学常数的测试。这一部分与前面介绍的薄膜光学特性的测试方法和仪器一样,这里不再赘述。以下主要介绍薄膜厚度的测试和透明导电薄膜的电学特性测试。

8.4.4.1 透明导电薄膜的厚度测试

薄膜厚度的测试方法很多,每种方法所依据的物理特性参数各不相同,各自有其自身的特点和适用范围。结合透明导电薄膜的特性,用于透明导电薄膜厚度测试的常用方法主要有:触针式轮廓仪、金相法、干涉法、光谱计算法。

(1)触针式轮廓仪

触针式轮廓仪又称表面粗糙度仪,主要用于测量零件的表面粗糙度。其测量原理是把仪器上细小的探针接触到样品的表面并进行扫描,在扫描过程中,随着触针的横向运动,触针就随着表面高低不平的轮廓而上下运动,检测表面峰谷的高度,因而可以测出基底到薄膜表面的高度,从而进行膜层厚度的测试。用轮廓仪测试薄膜的厚度就必须在薄膜的表面做一个台阶,从而造成一个高度差。做台阶的方法有两种:一种是在镀膜前对基底表面进行遮蔽,另一种是在镀膜后采用刻蚀的方法去除薄膜。对于 ZnO 薄膜,可以用稀盐酸去除薄膜,从而形成厚度测试时所需要的台阶。由于轮廓仪在纵向上的分辨率较高,一般为纳米级,因此该方法的测量误差一般小于 5%,可测量的范围为几十纳米到几微米。利用轮廓仪测量薄膜厚度的优点是测量误差小、直接快速、操作简便。

(2)金相法

金相法是指将被测样片制作成包含薄膜层的金相样品,然后采用光学显微镜或扫描电子显微镜对薄膜样品的横截面进行放大测量的方法。其中扫描电子显微镜不仅放大倍数大,而且当基底和薄膜材料的原子序数接近时,可采用 X 射线能量色散技术和背散射电子成像技术来增加基底与薄膜之间的衬度,使分辨更容易,薄膜的厚度测量更准确。不足之处是该方法是一种对薄膜层有破坏作用的测试技术。

(3)干涉法

干涉法测量薄膜厚度一般是通过干涉显微镜来实现的,它的原理是利用光的干涉现象。干涉显微镜可视为迈克尔逊干涉仪和显微镜的组合,其原理如图 8-16(a)所示。由光源发出的一束光经聚光镜和分光镜后分成强度相同的 A、B 两束光,分别经参考反射镜和样品后发生干涉。两条光路的光程基本相等,当它们之间有一个夹角时,就产生明暗相间的干涉条纹(等厚干涉)。将薄膜制成台阶,则光束 B 从薄膜反射和从基底表面反射的光程不同,它们和光束 A 干涉时,由于光程差而造成同一级次的干涉条纹,如图 8-16(b)所示。由此便可以求出台阶的高度,即薄膜的厚度为:

$$d = \frac{\Delta l}{l} \cdot \frac{\lambda}{2}$$

式中,Δl 是同一级次干涉条纹移动的距离;l 为明暗条纹的间距,其可通过测微目镜测出;λ

为入射的已知光波的波长。

该测量方法为非接触、非破坏测量,测量的薄膜厚度为 3~2 000 nm,测量精度约为 2~3 nm。

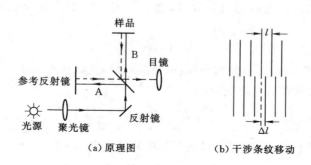

（a）原理图　　　　　　　（b）干涉条纹移动

图 8-16　干涉显微镜测试薄膜厚度

（4）光谱计算法

光谱计算法是指通过测量薄膜的光谱特性,然后依据理论模型进行模拟计算来给出薄膜厚度的测试方法。光谱的测量包括透射率、反射率及椭偏仪测量的光谱。该方法也属于非破坏测量。具体的方法这里不再赘述。

8.4.4.2　透明导电膜电学特性的测试

（1）四探针法测量薄膜的电阻

测量电阻最简单的方法是两点法,即用两个电极接触样品的表面,然后测量流过两点间的电流和两点间产生的压降。但是,这种方法不能将金属电极和样片之间的接触电阻与样片本身的电阻区分开来,因此其测量结果不够准确。对于薄膜表面电阻的测量,常用的方法是四探针法,如图 8-17 所示。测量系统由 4 个对称的、等间距的电极构成,每个电极的另一端由弹簧支撑以减小其尖端对样片表面的损伤。当由高阻抗的电流源提供的电流流经外侧两个电极时,就可以用电势计测量出内侧电极间的电势差。电极间距一般为 1 mm。

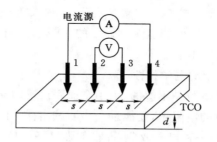

图 8-17　四探针法测量薄膜表面电阻示意图

下面具体介绍四探针法测量电阻的原理。设电极尖端尺寸为无限小,而被测样片为无限大。对于块状样片,其厚度远大于电极间的间距,即 $d \gg s$。假设两个外电极所扩展的电流场为半球形分布,则电阻的微分可表示为：

$$dR = \rho\left(\frac{dx}{A}\right)$$

对内侧电极的电阻进行积分：

$$R = \int_{x_1}^{x_2} \rho \frac{\mathrm{d}x}{2\pi x^2} = \frac{\rho}{2\pi}\left(-\frac{1}{x}\right)\Big|_{x_1}^{x_2} = \frac{1}{2s} \cdot \frac{\rho}{2\pi}$$

考虑到外侧电极之间电流的重叠效应，电阻为 $R = U/2I$。综合以上两式，可以求得块状样片的电阻率为：

$$\rho = 2\pi s(U/I)$$

对于很薄的薄膜样片而言，此时电流场由球形分布变成环形分布。因此，面积表达式为 $A = 2\pi xd$。积分表达式也相应变为：

$$R = \int_{x_1}^{x_2} \rho \frac{\mathrm{d}x}{2\pi xd} = \int_{s}^{2s} \frac{\rho}{2\pi d} \cdot \frac{\mathrm{d}x}{x} = \frac{\rho}{2\pi d}\ln x\Big|_{s}^{2s} = \frac{\rho}{2\pi d}\ln 2$$

再把 $R = U/2I$ 代入上式，即可得到薄膜样片的电阻率为：

$$\rho = \frac{d\pi}{\ln 2}\left(\frac{U}{I}\right)$$

通过该式可以看出，薄膜样片的电阻率与测试系统电极间的间距 s 无关。如果薄膜样片的电学特性在薄膜厚度方向上是非均匀分布的，则上式所表示的就是薄膜的平均电阻率。若上式两边分别除以薄膜的厚度 d，则可以得到：

$$R_{sh} = \rho/d = \frac{\pi}{\ln 2}\left(\frac{U}{I}\right)$$

该式就是薄膜表面电阻的表达式。依据熟知的电阻表达式 $R = \frac{\rho l}{wd}$，l 和 w 分别是薄膜的长度和宽度，此时不难发现，如果 $l = w$（即一个正方形），则有：

$$R = \rho/d = R_{sh}$$

因此，表面电阻 R_{sh} 可以认为是一个方形薄膜样片的电阻，所以又将其称为方块电阻，其单位为 Ω/m。

从以上的推导过程可以看出，四探针法测量电阻的特点是：测量结果与样片及探针的几何形状有关。实际上，样片并不像所假设的那样具有无限大的尺寸，因此会有测量误差；而且样片面积越大，测量的精度就越高。一般情况下，当正方形样片的边长大于探针间距的 100 倍时，测量误差可以忽略不计；当其为间距 s 的 40 倍时，测量误差小于 10%；当其为间距 s 的 10 倍时，测量误差大于 10%。

（2）霍尔效应法测量薄膜的电学特性

只测量透明导电薄膜的电阻是不够的，为了全面评价透明导电薄膜的电学特性，利用霍尔效应不仅可以测量出样片的电阻率，还能进一步测试出样片的载流子浓度 N 和载流子的霍尔迁移率 μ_H。霍尔效应是一种电磁效应，即在匀强磁场中放一块半导体或导体材料，沿 z 方向加以磁场 B，沿 X 方向通以工作电流 I，则在 Y 方向产生出电动势 V_H，如图 8-18 所示。这一现象称为霍尔效应。U_H 称为霍尔电压，其表达式为：

$$U_H = \frac{IB}{eNd}$$

式中，I 是电流；B 是磁感应强度；d 是样片的厚度；e 是电子（空穴）电荷。

通过测定霍尔电压 U_H，就可得到半导体薄片的载流子浓度 n；同时利用范德堡方法可以方便地测量出半导体薄膜的电阻 R_{sh}。利用下面的关系式即可求得载流子的霍尔迁

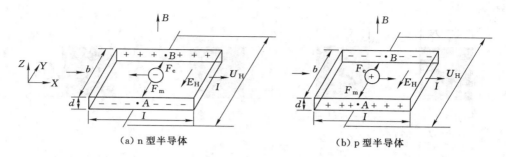

图 8-18　霍尔效应原理图

移率：

$$\mu_{H} = \frac{|U_{H}|}{R_{sh}IB}$$

已知样片的厚度 d，则样片的体电阻率和载流子浓度分别为：

$$\rho = R_{sh}d, \quad N = n_s/d$$

根据霍尔电压的正负，还可以判断出样片的导电类型。如图 8-18(a)所示，霍尔电压为负，即 $U_H < 0$，样片属 n 型；反之，如图 8-18(b)所示的样片为 p 型。早期测量霍尔效应采用矩形薄样片。1958 年，范德堡提出了对任意形状样片电阻率和霍尔系数的测量方法，这种方法在目前的实际测量中得到广泛的应用，人们将其称为范德堡法。

范德堡法可以测量样片的电阻率、载流子的浓度、迁移率，并且不受样片几何形状的影响，但在测试中样片要符合以下三个条件：① 样片厚度均匀，表面平坦；② 接触点在样片的周边上；③ 接触点一般小于样片边长的 1/6，且为欧姆接触。

图 8-19 所示为几种常用的范德堡测量法样片的几何形状。

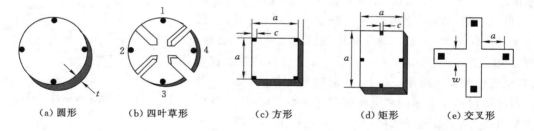

图 8-19　几种常用的范德堡测量法样片的几何形状

根据范德堡测量方法，共需测量 8 组不同的电压，如图 8-20 所示。根据不同组合的电压测量，可以求出两个电阻率，即：

$$\rho_{A} = 1.1331f_{A}d(U_2 + U_4 - U_1 - U_3)/I, \quad \rho_{B} = 1.1331f_{B}d(U_6 + U_8 - U_5 - U_7)/I$$

式中，ρ_A 和 ρ_B 的单位是 $\Omega \cdot cm$；d 是样片的厚度，cm；$U_1 \sim U_8$ 分别是测得的电压；I 是电流，A；f_A 和 f_B 是与样片形状有关的几何系数，它们与 Q_A 和 Q_B 两个电阻有关。对于规则的几何形状样片有 $f_A = f_B = 1$。Q_A 和 Q_B 可以由测量出的电压计算如下：

$$Q_{A} = \frac{U_2 - U_1}{U_4 - U_3}, \quad Q_{B} = \frac{U_6 - U_5}{U_8 - U_7}$$

式中，Q 和 f 的相互关系如下：

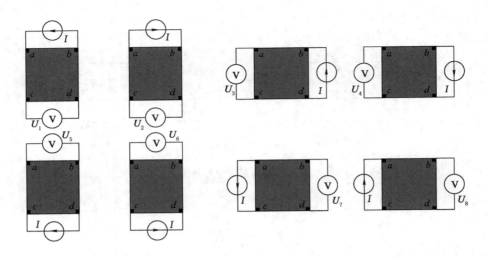

图 8-20　电阻率测量示意图

$$\frac{Q-1}{Q+1} = \frac{f}{0.693}\mathrm{arcsh}\left(\frac{\mathrm{e}^{0.693/f}}{2}\right)$$

　　测量出 Q 就可以算出 f，从而算出 ρ_A 和 ρ_B。值得注意的是，如果 ρ_A 和 ρ_B 相互之间的差别大于 10%，那么就说明该样品不够均匀，不能准确地确定电阻率，应当放弃使用这种方法或重新制作样片。一旦知道了 ρ_A 和 ρ_B，就可以求出平均电阻率，公式如下：

$$\rho = (\rho_A + \rho_B)/2$$

　　电阻率测量完后，用同一样片可以接着进行霍尔效应的测量。同样，通过不同的测量组合可以测量一组霍尔电压。如图 8-21 所示，将样片放置在磁场的垂直方向上，恒定电流经对角接触点（a 点和 d 点）流入样片，在另一个对角（b 点和 c 点）测量霍尔电压，即 $U_H = U_{bc}$。然后，改变电流的方向，从 d 点和 a 点测量 U_{da}。再将接触点对调，电流施加在 b 点和 c 点上，分别测量出 U_{ad} 和 U_{da}。最后再将测得的 4 个不同的电压值进行平均，就可以计算出霍尔电压 U_H。载流子浓度（cm^{-3}）可通过下式求得：

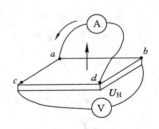

图 8-21　霍尔效应测量示意图

$$N = \frac{IB}{e\,|U_H|}$$

式中，I、B 和 e 都是已知的。

　　因此可以计算出霍尔迁移率[$\mathrm{cm}^2/(\mathrm{V}\cdot\mathrm{s})$]：

$$\mu_H = \frac{1}{\rho e N}$$

　　在实际测量中，可以将透明导电薄膜样片制成 10 mm×10 mm 的方形样片，并选择 4 个角为接线点。导线的连接可以根据材料的特性选择不同的方法，如采用导电胶直接黏结，也可以采用焊接法来连接。采用焊接法时，通常要先在样片的 4 个角的表面上沉积一层结合性能较好的良导电薄膜（如铝膜或金膜），以便改善焊接性能，增加测量的可靠性。

8.4.5 透明导电氧化物薄膜的应用

透明导电氧化物薄膜在电子、电气、信息和光学等各个领域中得到了广泛的应用,已用于平板显示器的电极、窗玻璃防结霜发热薄膜、节能红外线反射膜、太阳能电池的电极、太阳能集热器的选择性透射膜,以及光波选择器、保护涂层、气体传感器、光电转换器等。这里只对这些应用进行简要的介绍。

8.4.5.1 ITO 薄膜的主要应用

(1) 在平板显示器(FPD)上的应用

透明导电氧化物薄膜具有可见光透射率高、电阻率低以及耐腐蚀性较好和化学稳定性高等特点,因此被广泛应用于平板显示器的透明电极。在实际应用中,对于高分辨率的 FPD 而言,要求 TCO 薄膜在可见光波段的透射率大于 85%,厚度通常小于 150 nm,方块电阻 $R_s < 15$ Ω/cm,相应的电阻率一般为 $(1 \sim 3) \times 10^{-4}$ $\Omega \cdot cm$,还要保证其有良好的刻蚀性能和表面均匀性($\pm 5\%$)以及良好的表面粗糙度。此外,显示器中的电极必须做成一定的形状,这就要求其 TCO 薄膜材料要易于刻蚀。目前,ITO 薄膜能够满足现行显示器件制造的要求。

此外,场致发射显示器(EL)、等离子显示器(PDP)、有机发光显示器(OLED)、电致荧光显示器(ECD)等平板显示领域都大量采用了低电阻率和高透射率的 ITO 薄膜来作为电极。

(2) 在其他显示器件上的应用

随着掌上电脑(PDA)、电子书等触摸式输入电子产品的悄然兴起,相应的材料制备也应运而生。由于触摸式电子产品工作原理的特殊性,所需的 ITO 薄膜必须沉积在柔性聚酯材料(PET)上,薄膜的沉积温度一般不能太高(<120 ℃),甚至要求在室温下沉积。同时要求 ITO 薄膜较薄,方块电阻小且均匀稳定。所以,对 ITO 薄膜的沉积工艺提出了更高的要求。采用离子束辅助沉积技术可以在室温下制备出具有优良电学和光学性质的 ITO 薄膜。

(3) 在太阳能电池上的应用

ITO 薄膜作为减反射层和透明电极,是太阳能电池的重要组成部分,对于提高太阳能电池的转换效率起着重要的作用。如 $ITO/SiO_2/p\text{-}Si$ 太阳能电池的转换效率可达 13%~16%。

(4) 在透明视窗上的应用

ITO 薄膜作为面发热体,大量应用于热镜。ITO 薄膜在可见光波段的高透射率和对红外光的高反射率,可以将其作为寒冷环境下视窗或太阳能集热器的观察窗,使热量保持在一个封闭的空间里而起到热屏蔽的作用,可以大量节约高层建筑的能源消耗。此外,其还可以大量用于汽车、火车、航天器等交通工具的玻璃防雾和防结霜。

(5) 在防电磁干扰上的应用

实验表明,ITO 薄膜具有 -30 dB 的电磁波屏蔽能力,完全达到了实用化的要求,而家用电器等对电磁防护屏的要求是方块电阻小。低电阻率的透明导电薄膜还可用于雷达屏蔽保护区、防电磁干扰等透明窗口。

8.4.5.2 ZnO 薄膜的主要应用

ZnO 薄膜已经在许多应用中逐渐替代了 ITO 薄膜。ZnO 薄膜作为一种新的多功能的半导体薄膜材料,已经在表面声学波器件、平板显示器、太阳能电池、建筑玻璃等领域得到了应用。近年来,随着信息产业的发展,为了增加信息的储存密度,短波激光器件和发光二极管引起了人们极大的兴趣。ZnO 作为紫外发光器件的主要材料已成为新的研究热点。

8.5 太阳能薄膜

太阳能是太阳内部或表面的黑子连续不断的核聚变反应所产生的能量。太阳能以其独特的优势成为人们关注的焦点。丰富的太阳辐射能是重要的能源,取之不尽、用之不竭,且具有无污染、廉价等特点而成为新能源的发展趋势之一。目前,对于太阳能的利用主要有两种形式:① 把太阳能转换成热能;② 利用光伏效应将太阳能直接转换成电能。其所涉及的薄膜技术包括太阳能光热转换薄膜(太阳能选择吸收薄膜)和太阳能光电转换薄膜(薄膜太阳能电池)。

薄膜太阳能
电池发展

8.5.1 太阳能光热转换薄膜

8.5.1.1 太阳光谱选择吸收

太阳主要以电磁辐射的形式给地球带来光与热。太阳辐射波长主要分布在 $0.25\sim2.5$ μm 范围内。从光热效应来讲,太阳光谱中的红外波段直接产生热,黑体辐射的强度分布只与温度和波长有关,辐射强度峰值所对应的波长约为 $10\ \mu m$。

由此可见,太阳光谱的波长分布范围基本上与热辐射不重叠。因此要实现最佳的太阳能热转换,所采用的材料必须满足以下两个条件:① 在太阳光谱内吸收光线程度高,即有尽量高的吸收率 α;② 在热辐射波长范围内有尽可能低的辐射损失,即有尽可能低的发射率 ε。一般来说,对同一波长而言,材料的吸收率和发射率有同样的规律,即吸收率高则相应的发射率也高。但吸收率 α 与反射率 R 及透射率 T 满足如下关系:

$$\alpha + R + T = 1$$

对于不透明材料,由于 $T=0$,则 $\alpha+R=1$。对于黑色物体,$R\approx0$,则 $\alpha=1$。根据以上讨论,可知最有效的太阳能光热转换材料是在太阳光谱范围内,即 $\lambda<2.5\ \mu m$,有 $\alpha\approx1$(即 $R\approx0$);而在 $\lambda>2\ \mu m$,即热辐射波长范围内,$\varepsilon\approx0$(即 $R\approx1$ 或 $\alpha\approx0$)。一般将具备这一特性的薄膜材料称为选择性吸收材料。如不完全满足以上条件,在热辐射波长范围内 ε 有较大的值,则尽管在太阳光谱有 $\alpha\approx1$,但仍有很大的热辐射损失,这类材料通常称为非选择性薄膜材料。所有选择性吸收薄膜的构造基本上分为两个部分:红外反射底层(铜、铝等高红外反射率金属)和太阳光谱吸收层(金属化合物或金属复合材料)。吸收薄膜在太阳光波峰值波长($0.5\ \mu m$)附近产生强烈的吸收,在红外波段则自由透过,并借助于底层的高红外反射特性构成选择性吸收薄膜。

图 8-22 中的倒 Z 字形虚线是理想情况下太阳能选择吸收薄膜的反射光谱,在 $2.5\ \mu m$ 处存在一个从低反射率到高反射率的突变点。倒 Z 字形实线是实际制备的选择吸收薄膜的反射光谱,其膜系结构为"衬底/SS(不锈钢)/ $Mo-Al_2O_3$"。

8.5.1.2 太阳能光热转换选择吸收薄膜的作用原理

目前已开发出大量的太阳能光热转换选择吸收薄膜,其太阳光吸收机理可归结为本征吸收和光干涉吸收,作为一类重要的光吸收薄膜,金属陶瓷薄膜主要依据后一种原理制备。这种薄膜通常是将金属纳米颗粒均匀地嵌入电介质材料中,常用的金属有 Al、Cr、Ni、Co、Cu、Mo、W,电介质有 AlN、Al_2O_3、Cr_2O_3、NiO、Co_2O_3 等。高反射金属基底材料主要为金属 Al、Cu 和 SS(不锈钢)。这种金属陶瓷薄膜通过金属纳米微粒/电介质复合薄膜与高反射金

薄膜的设计、制备及应用

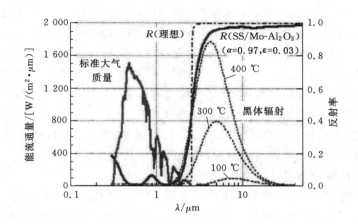

图 8-22 黑体辐射光谱和太阳能选择吸收光谱

属基底的光干涉原理实现对太阳光的良好吸收。实际中利用的选择性吸收薄膜,多是将超细金属颗粒分散在金属氧化物的基体上形成黑色吸收涂层(薄膜)。通常采用电化学、真空蒸发和磁控溅射等工艺来实现。

8.5.1.3 太阳能光热转换选择吸收薄膜的制备

目前制备太阳能光热转换吸收薄膜(即金属-电介质复合陶瓷薄膜)常用的方法有以下两种。

（1）电镀法

电镀法制备的太阳光热转换吸收薄膜有黑铬、黑钴、黑钼、黑镍、黑镍-钼等涂层,其中黑镍涂层的制备方法最典型。一般采用氯化物电解液来制备黑镍涂层。由氯化物电镀液电解沉积的黑镍选择性吸收层是由空隙率不同且孔不重叠的两层膜构成的,其吸收率 $\alpha > 0.92$,热发射率 $\varepsilon < 0.15$。沉积于不同基材上的黑镍,加热到 200 ℃并维持 800 h,在潮湿室内湿老化处理 500 h,其光学性能不变。

电镀法制备太阳能光热转换选择吸收薄膜主要存在以下几个缺点:

① 在电镀过程中会使薄膜内存在微量水滴和气泡,这种水滴和气泡构成晶格粒子扩散的快速通道,使薄膜和金属基底相互渗透扩散,降低了薄膜与基底的结合力,影响了薄膜的光谱选择性及使用寿命。

② 电镀主要用于具有高电流效率的材料(如镀镍),而对于 Cr 和 Al 等薄膜,其电流效率较低,电镀过程中耗能高,薄膜质量不好。

③ 电镀所使用的电镀液中有很多磷酸盐、氰化物等有毒物质,环境污染大。

鉴于以上缺点,研究新型电镀液,改进电镀过程中工艺参数,获得高质量薄膜,同时进一步降低电镀过程中的环境污染及生产成本,是电镀法制备太阳光热转换吸收薄膜应解决的问题。

（2）物理气相沉积法

真空热蒸发、溅射镀膜和离子镀等称为物理气相沉积(PVD),是薄膜制备的基本技术。与电镀法相比,这类方法的特点是薄膜与基底的附着力强,膜层纯度高,可同时制备多种不同成分的合金膜或化合物,环境污染小。目前,采用磁控溅射技术可以制备多种光谱选择性吸收涂层,其中多层(渐变)Al-N/Al 选择性吸收薄膜是研究最深入、应用最广泛的薄膜之一,它占据了国内太阳能热水器的大部分市场,其太阳能吸收率 $\alpha=0.92$,热发射率 $\varepsilon \approx 0.05$。具有 Al-N/Al 光谱选择性吸收薄膜的全玻璃真空集热管,在太阳辐射为 900 W/m² 时,集热管内的空晒温度可达 270 ℃。此外,采用溅射法制备的光谱选择性吸收薄膜还有 $M-Al_2O_3$(M 代表金属 Ni、Co、Mo、W)等复合陶瓷薄膜和 M-AlN、$Gr-Cr_xO_y$、TiAlN/TiAlON/ Si_3N_4 和 NbAlN/NbAlON/Si_3N_4 等组合吸收薄膜。

目前对这类方法的研究主要是优化制备工艺和制备参数,通过控制合适靶材大小、靶基距、基底温度及溅射速率来改进薄膜质量,获得高质量的薄膜。

8.5.2 太阳能光电转换薄膜

太阳能光电转换装置就是太阳能电池。太阳能电池又称光伏电池,其发电的原理是利用光生伏特效应。当太阳光源或其他光辐射到太阳能电池的 PN 结上时,电池就吸收光能,从而产生电子-空穴对。这些电子-空穴对在电池的内建电场,即 PN 结电场的作用下,电子和空穴被电场分离,在 PN 结的两侧(即电池两端)形成由电子和空穴组成的异性电荷积累,即产生"光生电压",这就是所谓的"光生伏特效应"。若在内建电场的两端用导线接上负载,负载中就有"光生电流"通过,从而就有功率输出。所以,太阳的光能就直接变成了可以利用的电能。图 8-23 所示为太阳能电池工作原理示意图。如果将多个 PN 结串联起来,就可以得到具有一定电压的太阳能电池。太阳能电池的直接输出一般都是 12 V(DC)、24 V(DC)、48 V(DC)。

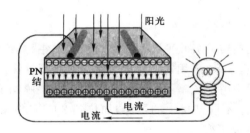

图 8-23　太阳能电池工作原理示意图

8.5.2.1　太阳能电池的种类

到目前为止,太阳能电池已经发展到了第三代。其中,第一代是单晶硅太阳能电池,第二代是非晶硅和多晶硅太阳能电池,第三代是以铜铟镓硒(CIGS)为代表的薄膜化合物太阳能电池。

按制备电池采用材料的不同,太阳能电池又可以细分为以下几种。

(1) 硅基太阳能电池

硅基太阳能电池分为单晶硅太阳能电池、多晶硅薄膜太阳能电池和非晶硅薄膜太阳能电池三种。

单晶硅太阳能电池转换效率最高,技术也最为成熟。在实验室里最高的转换效率为23%,规模生产时的转换效率为 15%,在大规模应用和工业生产中仍占据主导地位。但由于单晶硅价格高,大幅度降低其成本很困难,为了节省硅材料,发展了多晶硅薄膜和非晶硅薄膜作为单晶硅太阳能电池的替代产品。

多晶硅薄膜太阳能电池与单晶硅比较,成本低廉,而效率高于非晶硅薄膜电池,其实验室最高转换效率为18%,工业规模生产的转换效率为10%。因此,多晶硅薄膜电池不久将会在太阳能电池市场上占据主导地位。

非晶硅薄膜太阳能电池成本低、重量轻,转换效率较高,便于大规模生产,有极大的潜力。但受制于其材料引发的光电效率衰退效应,稳定性不高,直接影响了它的实际应用。如果能进一步解决稳定性问题并提高转换率,那么非晶硅薄膜太阳能电池无疑是太阳能电池的主要发展产品之一。

(2) 多元化合物薄膜太阳能电池

多元化合物薄膜太阳能电池材料为无机盐,主要包括化Ⅲ-Ⅴ族化合物、硫化镉、碲化镉及铜铟硒薄膜电池等。硫化镉、碲化镉多晶薄膜电池的效率较非晶硅薄膜太阳能电池高,成本较单晶硅电池低,并且也易于大规模生产,但由于镉有剧毒,会对环境造成严重的污染,因此并不是晶体硅太阳能电池最理想的替代产品。

砷化镓(GaAs)Ⅲ-Ⅴ化合物电池的转换效率可达28%,GaAs化合物材料具有十分理想的光学带隙以及较高的吸收效率,抗辐照能力强,对热不敏感,适合于制造高效单结电池。但是GaAs材料的价格不菲,因而在很大程度上限制了GaAs电池的普及。

铜铟硒薄膜电池(简称CIS)适合光电转换,不存在光致衰退问题,转换效率和多晶硅一样,具有价格低廉、性能良好和工艺简单等优点,将成为今后发展太阳能电池的一个重要方向。唯一的问题是材料的来源,由于铟和硒都是比较稀有的元素,因此,这类电池的发展又必然受到限制。

(3) 有机聚合物太阳能电池

以有机聚合物代替无机材料是刚刚出现的太阳能电池制造的一个研究方向。由于有机材料具有柔性好、制作容易、材料来源广泛、成本低等优点,因此对大规模利用太阳能、提供廉价电能具有重要意义。但以有机材料制备太阳能电池的研究刚开始,不论是使用寿命还是电池效率,都不能和无机材料特别是硅电池相比,能否发展成为具有实用意义的产品,还有待于进一步研究探索。

(4) 纳米晶太阳能电池(染料敏化太阳能电池)

纳米TiO_2晶体太阳能电池是新近发展的,具有廉价的成本和简单的工艺及稳定的性能。其光电效率稳定在10%以上,制作成本仅为硅太阳能电池的$1/10\sim1/5$,寿命能达到20年以上。此类电池的研究和开发刚刚起步,估计不久的将来会逐步走上市场。

8.5.2.2 薄膜太阳能电池

决定太阳能电池产业化和大规模应用的条件是开发出低成本,适合大面积、大规模生产的太阳能电池。薄膜太阳能电池具有非常好的优势。目前薄膜太阳能电池主要可分为三类:硅基薄膜太阳能电池、化合物半导体薄膜太阳能电池、染料敏化TiO_2太阳能电池(光化学电池)。

(1) 非晶硅薄膜太阳能电池的组成及制备技术

非晶硅薄膜太阳能电池是基于氢化非晶硅(α-Si:H)薄膜,以及掺杂的非晶硅薄膜组成的具有P-I-N结类型的光电转换器件。到目前为止,非晶硅薄膜太阳能电池在技术上最为成熟,同时也是目前产业化最广泛的一类太阳能电池。非晶硅薄膜太阳能电池成本低,光电转换效率也低。

氢化非晶硅薄膜太阳能电池按其薄膜组成可分为：① 透明导电上电极的电极薄膜，主要有 SnO-F、SnO-In、ITO、ZnO-Al(ZAO)、ZnO-Ga、ZnO-B 等；② 吸收层薄膜，即氢化非晶硅薄膜；③ 下电极薄膜，主要由 ZnO-Al 或 ZnO-Ga 薄膜与导电性好的 Ag、Al 薄膜配合使用；④ 缓冲层。

图 8-24 是氢化非晶硅太阳能电池的结构示意图。第一层为普通玻璃，是太阳能电池的载体。第二层为绒面的 TCO，即所谓的透明导电膜，一方面光从 TCO 穿过，被太阳能电池吸收，所以要求它具有高的透射率；另一方面作为电池的电极，所以要求它导电。TCO 制备成绒面可以起到减少反射光的作用。氢化非硅太阳能电池就是以这两层为衬底生长的。太阳能电池的第一层为 P 层，即窗口层。下面是 I 层，即太阳能电池的本征层，光生载流子主要在这一层产生。再下面为 N 层，起到连接 I 层和背电极的作用。最后是背电极和 Al/Ag 电极。目前制备背电极通常采用掺铝 ZnO(Al)，简称为 ZAO。

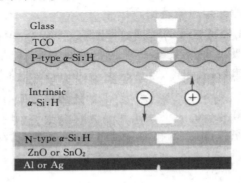

图 8-24　氢化非晶硅太阳能电池的结构示意图

下面结合每一类薄膜的性能要求，介绍这些薄膜的常用制备技术。

① 氢化非晶硅薄膜的制备技术

制备氢化非晶硅薄膜的主要技术是等离子体增强化学气相沉积（PECVD）技术。不同种类的 PECVD 技术所采用的激发等离子体的手段有所不同，主要分为以下几种。

a. PECVD 技术制备氢化非晶硅薄膜的基本原理是硅烷（SiH_4）的分解反应过程。为了提高薄膜的沉积速率和改善薄膜的物理性能，通常要在气相中充入 H_2、He 或 Ar 等气体，以促进 Si 的还原并提高等离子体的密度。

b. 射频等离子体增强化学气相沉积（RF-PECVD）采用的射频电源的激发率为 13.56 MHz。为了提高薄膜的沉积速率，目前已研制出更高频率的射频电源，如 70 MHz 和 150 MHz。由 70 MHz 的射频等离子体增强化学气相沉积制备的由 α-Si:H-α-SiGe:H-α-SiGe:H 本征层组成的 3 个 P-I-N 结的叠层太阳能电池具有很高的光电转换效率。

c. 采用中频磁控溅射技术。目前，只有直流和射频等离子体增强化学气相沉积技术被真正应用于制作大面积的非晶硅太阳能电池。但是，这两种方法的最大缺点是沉积速率低，通常情况下的沉积速率仅为 0.1～0.2 nm/s。因此，为了降低生产成本、提高沉积速率，采用中频磁控溅射是一种比较好的选择。

② 上下电极薄膜的制备技术

上下电极薄膜材料的性能对太阳能电池性能的影响也是至关重要的。常用的透明上下电极薄膜是 SnO-F、Sn-In、ITO、ZnO-Al、ZnO-Ga、ZnO-B 等。常用的下电极薄膜材料还包括导电性很好且反射率较高的 Ag、Al 薄膜。

沉积 SnO-F、SnO-In、ITO、ZnO-Al、ZnO-Ga、ZnO-B 等透明导电薄膜常用的技术也是中频磁控溅射技术,其中电源的频率通常为 20 kHz 和 40 kHz,用于实际生产线上的中频电源的功率已经高达 10 kW 以上。采用中频磁控溅射,一方面可以抑制溅射时出现的打弧现象,使工艺参数便于控制在一个稳定的范围内;另一方面其输出功率一般比射频(RF)溅射高,使沉积速率可以达到一个较高的水平。

Ag 或 Al 金属电极同时可以起到反射层的作用,一般采用沉积速率较高的蒸发镀膜技术进行沉积。为了增加光程和光的吸收作用、提高太阳能电池的光电转换效率,一般希望采用一定的镀膜工艺措施,使 Ag 或 Al 薄膜产生织构表面,而不是形成光滑的表面。

(2) CIS 系薄膜太阳能电池中的薄膜制备技术

CIS 薄膜太阳能电池是以铜铟硒(CIS)为吸收层的薄膜太阳能电池。目前,还有在 CIS 中掺入部分 Ga、Al 来代替 CIS 中的 In,从而形成 CIGS 或 CIAS 薄膜太阳能电池的结构;而且这一类电池被认为是未来最有希望实现产业化和大规模应用的化合物薄膜太阳能电池。美国的 $CuInSe_2$-Cd(Zn)S 薄膜太阳能电池的光电转换效率可达 12%。表 8-7 给出的是美国可再生能源实验室的 CIGS 薄膜太阳能电池的效率。

表 8-7　美国可再生能源实验室的 CIGS 薄膜太阳能电池的效率

太阳能电池的结构	光电转换效率/%	电池的面积/cm^2
ZnO-CdS-CIGS-Mo	18.8	0.449
ZnO-CIGS-Mo	15	0.462
ZnO-CdS-CIGS-Mo(不锈钢基底)	17.4	0.414

CIGS 薄膜的制备方法很多,包括溅射、喷涂热解、电沉积等。近年来,物理气相沉积(PVD)方法被认为是最优选用的方法。

图 8-25 是 CIS 和 CIGS 太阳能电池的结构示意图。该太阳能电池的薄膜组成为:玻璃-Mo 电极薄膜/p 型吸收层 CIS 或 CIGS 薄膜/CdS 过渡层薄膜/n 型 ZnO 窗口层/Al 栅网点极/AR(增透膜)。

下面结合这一典型的 CIS 薄膜太阳能电池的结构,阐述薄膜技术在 CIS 太阳能电池中的应用。

① Mo 背电极薄膜的沉积。在电池研究过程中,包括 Mo、P、Ni、Al、Au、Cu 和 Ag 在内的很多金属都被试着用来制作背电极接触材料。研究发现,除了 Mo 和 Ni 之外,在制备 CIGS 薄膜的过程中,这些金属都会和 CIGS 产生不同程度的相互扩散。扩散引起的杂质将导致更多复合中心的产生,最终将导致电池效率的下降。在高温下,Mo 具有比 N 更好的稳定性,不会和 Cu、In 产生互扩散,并且具有很低的接触电阻,所以一直被用作理想的背电极材料。

Mo 的沉积厚度约为 0.5~1.5 μm。首先在钠钙玻璃上采用射频磁控溅射、直流磁控溅射或真空热蒸发的方法沉积厚度约为 1.0 μm 的 Mo 层。由于直流磁控溅射技术制备的 Mo 薄膜的均匀性好,薄膜的沉积速率高,所以一般在沉积 Mo 薄膜时多采用直流磁控溅射

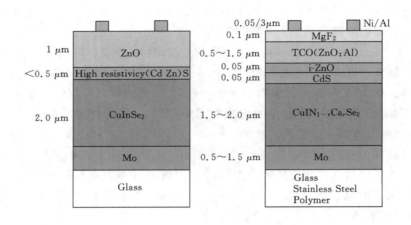

图 8-25　CIS 和 CIGS 太阳能电池的结构示意图

技术来沉积。

② CIGS 薄膜的沉积。具有黄铜矿结构的化合物材料 $CuInSe_2$（CIS）或 $CuInGaSe$（CIGS）在可见光范围内的吸收系数高达 10^5 cm^{-1}，通过改变镓的含量，其禁带宽度在 $1.04\sim1.67$ eV 范围内可调，可以制备出最佳禁带宽度的半导体材料，同时其具有好的稳定性、耐空间辐射，属于最好的薄膜太阳能材料之一。美国可再生能源实验室用 Cu、In、Se、Ga 四元共蒸发沉积法制备的薄膜太阳能电池的转化效率已经高达 18.8％。虽然共蒸发法在小面积电池上取得了最好的效率，在大面积制备薄膜太阳能电池的产业化应用方面却存在其难以克服的障碍。目前采用较多的方法仍然是磁控溅射法。基于磁控溅射的工艺也有很多，主要有溅射预制薄膜后硒化方法、预制薄膜的制备等。基于以上的要求，制备的 CuIn（CuInGa）预制薄膜厚度为 $600\sim700$ nm，硒化后 $CuInGaSe_2$ 薄膜的厚度为 $1.8\sim2.0$ μm，整个厚度会有 $2\sim3$ 倍的提高。

③ CdS 过渡层薄膜的沉积。CIGS 薄膜太阳能电池性能的优劣，主要取决于电池 PN 结的制备，整个 PN 结实际是跨越过渡层的，所以过渡层的制备决定着电池的性能。采用过渡层结构还有另外一个原因，就是在 CIGS 电池中，ZnO 带隙为 3.2 eV，而 CIS 带隙只有约 1.02 eV，它们的带隙相差悬殊，直接接触构成异质结时，会产生晶格失配现象，导致异质结界面失配，缺陷态增多，这将导致电池的转化效率偏低。在它们之间增加一层很薄的过渡层，可以解决这一问题。经过几十年的筛选优化研究，CdS 仍然是目前最好的材料之一。CdS 的制备方法主要有真空蒸发法、喷涂法、电沉积法、磁控溅射法和化学水浴法。其在 CIGS 薄膜太阳能电池中的厚度约为 0.05 μm。

④ 窗口层 ZnO 薄膜的沉积。窗口层 ZnO 薄膜是由高阻 ZnO（本征 ZnO 或 i-ZnO）和低阻 ZnO（ZnO：Al 或 n-ZnO）组成的。高阻 ZnO 薄膜对电池的转换效率具有重要的作用，当其厚度为 50 nm 左右时可以有效消除电池中出现的短路现象，提高太阳能电池的光电转换效率。ZnO 薄膜一般采用（射频）磁控溅射技术来沉积，采用纯 ZnO 靶材。

低阻 ZnO（ZnO：Al）的制备通常采用在 ZnO 薄膜中掺杂 Al 等金属，从而获得 AZO 等低电阻率的透明导电薄膜。氧化锌薄膜是一种宽带隙的透明导电材料（$E_g=3.2\sim3.4$ eV），其在太阳光可见光区中有较高的透射率（＞85％），在薄膜太阳能电池中被广泛用作透明电极材料。它和 ITO 一样,都属于非常重要的透明导电材料,由于它不用昂贵的稀有金属,因此价格非常便宜、性能优越、电阻率小,在薄膜太阳能电池的应用中更具有优势。

⑤ Ni-Al 金属电极薄膜的沉积。在 ZAO 薄膜的表面上,一般采用热蒸发或直流磁控溅射技术沉积上一层栅网电极。

⑥ 增透膜的沉积。最后再采用真空热蒸发技术沉积一层厚度约为 100 nm 的单层 MgF_2 减反射层或由二氧化硅和二氧化钛组成的宽带减反射层。

以上就是 CIS 或 CIGS 薄膜太阳能电池中涉及的主要薄膜及其制备技术。CIS 基薄膜太阳能电池具有非常好的应用前景,目前已经开始产业化生产,但还存在一些新的问题和挑战。

8.6 超硬薄膜材料

硬质薄膜材料一般用作提高基体表面的耐磨性能或耐腐蚀性能的膜层。超硬薄膜一般是指硬度较高的硬质薄膜。关于超硬薄膜的定义并不严格,一般认为硬度在 HV2 000 以上的硬质薄膜材料可以称为超硬薄膜。本小节主要介绍金刚石薄膜、类金刚石薄膜、立方氮化硼薄膜、碳氮薄膜和其他硬质薄膜,而且主要介绍这些薄膜的制备方法、性质及主要应用。

8.6.1 金刚石薄膜

金刚石被认为是自然界中最硬的物质。在自然界中,碳以三种同位素异型体的形式存在,即非晶态的炭黑、六方片状结构的石墨和立方体形态的金刚石。其中,金刚石有许多优异的特性,如金刚石是所有天然物质中最硬的材料,具有热导率高、全波段透光率高以及宽禁带、高绝缘、抗辐射、化学惰性和耐高温等特点。这些优异特性一直吸引着广大科技工作者浓厚的研究兴趣。但是,自然界中的天然金刚石非常稀少,而且价格昂贵,使其应用受到了很大的限制。为了满足对金刚石的需求,人们开始研制开发人造金刚石。下面只介绍几种比较典型的金刚石薄膜沉积技术。

8.6.1.1 金刚石薄膜的制备技术

(1) 热丝化学气相沉积(HFCVD)

热丝 CVD 技术是在低压下生长金刚石的最早方法,而且也是最大众化的方法。1982 年,松本等将难熔金属丝加热到 2 000 ℃ 以上,在此温度下,通过灯丝的氢气很容易产生氢原子。在碳氢热解过程中,原子氢的产生增加了金刚石薄膜的沉积速率。金刚石被选择沉积,而石墨的形成则被抑制,使金刚石薄膜的沉积速率达到 mm/h 量级,而这一沉积速率对于工业生产是非常重要的。热丝 CVD 系统简单、成本相对较低、运行费用也较低等特点使之成为工业上普遍采用的方法。HFCVD 可以使用各种碳源,如甲烷、丙烷、乙炔和其他碳氢化合物,甚至是含有氧的碳氢化合物,如丙酮、乙醇和甲醇等。含氧基团的加入使金刚石的沉积温度范围大大变宽。

除了典型的 HFCVD 系统以外,也有一些在 HFCVD 系统基础上的改进系统。最常见的是直流等离子体与 HFCVD 的复合系统。在这一系统中,可以在基片和灯丝上施加偏压。在基片上加一定的正偏压、灯丝上加一定的负偏压会使电子轰击基片,使表面氢得以脱附。脱附的结果使金刚石薄膜的沉积速率增加(约 10 mm/h),这一技术称为电子辅助 HF-CVD。当偏压足够大,建立起一个稳定的等离子体放电时,氢气和碳氢化合物的分解大幅增加,最终导致生长速率增加。当偏压的极性反转时(基片为负偏压),基片上会出现离子轰击,导致在非金刚石基片上金刚石成核的增加。另外一种改进是用多个不同灯丝取代单一热灯丝以便实现均匀沉积,最终形成大面积的金刚石薄膜。HFCVD的缺点是,灯丝的热蒸发会在金刚石薄膜中形成污染物。

（2）微波等离子体 CVD(MWCVD)

20 世纪 70 年代,科学家发现利用直流等离子体可以增加原子氢的浓度。因此,等离子体成为另外一种将氢气分解成原子氢并激活碳基原子团来促进金刚石薄膜形成的方法。除了直流等离子体外,另外两种等离子体也受到人们的关注。微波等离子体 CVD 的激发频率为 2.45 GHz,射频等离子体 CVD 的激发频率为 13.56 MHz。微波等离子体在微波频率引起电子振动方面是独特的。当电子与气体原子或分子碰撞时,可产生很高的离化率。微波等离子体经常被称为具有"热"电子、"冷"离子和中性粒子的物质。薄膜沉积过程中,微波通过窗口进入等离子体增强 CVD 合成反应室中。发光等离子体一般呈球状,球状的尺寸随着微波功率的增加而增大,金刚石薄膜在发光区一角的基片上生长,基片不必直接接触发光区域。

（3）射频等离子体 CVD(RFCVD)

射频可以由两种不同方式产生等离子体,即电容耦合法和电感耦合法。射频等离子体 CVD 使用的频率为 13.56 MHz。射频等离子体的优点在于,它弥散的区域远大于微波等离子体。但是射频电容耦合等离子体的局限性是,等离子体的频率对于溅射而言不是最佳频率,尤其是等离子体包含氩时。由于来自等离子体的离子轰击会导致对金刚石的严重损伤,因此电容耦合等离子体不适合于生长高质量的金刚石薄膜。利用射频感应等离子体,人们已经生长出多晶金刚石薄膜,其沉积条件与微波等离子体 CVD 相似。利用射频感应等离子体增强 CVD,人们还获得了同质外延金刚石薄膜。

（4）直流等离子体 CVD

直流等离子体是金刚石薄膜生长时激活气体源(一般为氢气和碳氢气体的混合物)的另外一种方法。直流等离子体辅助 CVD 具有生长大面积金刚石薄膜的能力,生长面积的大小仅受电极尺寸和直流源的限制。直流等离子体辅助 CVD 的另外一个优点是直流喷注的形成,这一系统所得到的典型金刚石薄膜的沉积速率为 80 mm/h。此外,由于各种直流电弧方法可以在非金刚石基片上以较高的沉积速率沉积高质量的金刚石薄膜,因此其为金刚石薄膜的沉积提供了可市场化的方法。

（5）电子回旋共振微波等离子体增强化学气相沉积(ECR-MPECVD)

前面所讲的直流等离子体、射频等离子体、微波等离子体都是将氢气或碳氢化合物离化分解成原子氢和碳氢原子团,从而有助于金刚石薄膜的形成。由于电子回旋共振等离子体可以产生高密度的等离子体($>1 \times 10^{11}$ cm^{-3}),因此,ECR-MPECVD 更适合于金刚石薄膜的生长和沉积。但是,由于 ECR 过程中所使用的气体压力较低,从而使金刚石薄膜的沉积速率很低,因此,该方法目前只适用于实验室中金刚石薄膜的沉积。

（6）燃烧法化学气相沉积

希罗斯等首次使用该方法沉积出了金刚石薄膜。该方法是在焊接吹管的喷烧点处,使 C_2H_2 和 O_2(1：1)混合气体在内燃点接触基片的明亮点形成金刚石晶体。该方法较传统 CVD 方法的优点是:设备简单、成本效率比低、沉积速率高,可在大面积和弯曲的基片表面沉积金刚石薄膜；其缺点是：由于沉积很难控制，所以沉积的金刚石薄膜在显微结构和化学成分上都是不均匀的。这一技术制备的金刚石薄膜在摩擦领域的应用得到了推广。

8.6.1.2　金刚石薄膜的性质及应用

（1）金刚石的力学性能及应用

依靠很强的化学键结合形成的金刚石具有特殊的力学和弹性性质。金刚石的硬度、密度、热导率都是已知材料中最高的。在所有的材料中，金刚石的弹性模量也是最大的。金刚石薄膜的摩擦系数仅为 0.05。此外，金刚石具有最高的热导率，如果金刚石薄膜采用纯碳同位素制备，则其热导率将增加 5 倍以上。采用碳的同位素制备金刚石主要是为了减小金刚石的声子散射。作为超硬材料，金刚石薄膜是很好的涂层材料，可以涂覆在刀具模具表面，显著提高其表面强度，增加其使用寿命。金刚石薄膜的摩擦系数低、热导率高，可用于宇航用高速轴承。金刚石薄膜的高热导率、低摩擦系数和良好的透光性也使其常作为导弹的整流罩材料。

（2）金刚石的热学性能及应用

现在，人造金刚石薄膜的热导率已基本接近天然金刚石的热导率。由于金刚石的热导率高、电阻率高，因而可作为集成电路基片的绝缘层，以及固体激光器的导热绝缘层。此外，金刚石的热导率高、热容小，尤其是在高温时散热效果显著，是散热极好的热沉积材料。随着高热导率金刚石薄膜沉积技术的发展，已使金刚石薄膜热沉积在大功率激光器、微波器件和集成电路上的应用成为现实。

但是，人造金刚石薄膜由于制备工艺不同，其性能也有较大的差异，如热输运性质，主要表现为热扩散率和热导率差别较大。另外，人造金刚石薄膜呈现出强烈的各向异性，同样的膜厚，平行于薄膜表面的热导率明显小于垂直于薄膜表面的热导率，这些都是由于成膜过程中控制参数的不同而引起的。由此可见，金刚石薄膜的制备工艺还有待于进一步完善，以使其优异的性能得到更广泛的应用。

（3）金刚石薄膜的电学性能及应用

金刚石还具有禁带宽（5.5 eV）、载流子迁移率高 $[2\ 200\ cm^2/(V\cdot s)]$、热导性好 $[20\ W/(cm\cdot K)]$、饱和电子漂移速度高（$2.5\times10^7\ cm^2/s$）、介电常数小（5～7）、击穿电压高（$10^6\sim10^7\ V/cm$）及电子-空穴迁移率大等特点，其击穿电压比 Si 和 CaAs 要高两个数量级，电子-空穴迁移率比单晶硅、GaAs 还要高很多。金刚石薄膜可作为宽带隙的半导体材料。目前已成功研制出了金刚石薄膜场效应晶体管和逻辑电路，这些器件可在 600 ℃以下正常工作，在耐高温半导体器件中具有很大的应用前景。因为金刚石的带隙宽，所以其可用于光发射、紫外光探测以及低漏电器件。

（4）金刚石薄膜的光学性能及应用

金刚石具有优良的光学性质，除了在 3～5 μm 内存在微小的吸收峰（声子振动引起的）外，从紫外（225 nm）到远红外（25 μm）整个波段范围内，金刚石都具有高的透射率，是大功率红外激光器和探测器的理想窗口材料。金刚石在红外波段的光学透明性，使其成为制作高密度、防腐耐磨红外光学窗口的理想材料，可用于导弹拦截的红外窗口。此外，金刚石的折射率高，可作为太阳能电池的减反射薄膜。雷达波穿透金刚石薄膜不易失真，利用这一特性可以将其用作雷达罩。飞机和导弹在超音速飞行时，头部锥形的雷达无法承受高温，且难以耐高速雨点和尘埃的撞击，用金刚石制作成雷达罩，不仅散热快、耐磨性好，还可以解决雷达罩在高速飞行中承受高温形变的问题。

（5）金刚石薄膜的其他应用

金刚石薄膜具有高的杨氏模量和弹性模量，便于高频声学波的高保真传输，是制作高灵敏度的表面声学波滤波器的新型材料。金刚石具有高弹性模量以及高的声音传播速度，可以作高档音响的高保真扬声器振动膜材料。

此外，金刚石具有良好的化学稳定性，能耐各种温度下的非氧化性酸的腐蚀。其主要成分是碳，是无毒害、无污染且与人体无排异反应的材料。由于金刚石不与人体血液和其他组织液反应，因此，金刚石还是理想的医学生物植入材料，可以用来制作人工心脏膜等。

8.6.2 类金刚石（DLC）薄膜

类金刚石（Diamond Like Carbon，DLC）薄膜是碳的一种非晶态，它含有大量的 sp^3 键。第一个合成 DLC 薄膜的实验采用低温化学气相沉积方法，以甲烷为源气体，所得到的 DLC 薄膜中含有大量的氢。当时，人们一直认为氢是稳定 DLC 薄膜所必需的一种元素，而且还建立了成分与氢含量的关系。直到 1989 年，人们利用脉冲激光熔融碳形成了高质量的 DLC 薄膜，从而证明了氢不是稳定 sp^3 键所必需的元素。因此，无氢 DLC 薄膜的概念也随之出现。

8.6.2.1 DLC 薄膜的制备

由于形成金刚石的自由能为 395.4 kJ/mol，而石墨的自由能为 391.7 kJ/mol，因此，类金刚石相或 sp^3 键合碳在热力学上是亚稳相。两相自由能之差意味着将石墨转化为金刚石是非常困难的，这主要是存在较大的激活势垒，因此，合成 DLC 薄膜需要非平衡过程以获得亚稳甲键合碳。

沉积 DLC 薄膜的主要突破源于脉冲激光沉积（PLD）无氢 DLC 薄膜。PLD 实验清楚地证明，氢的存在不是 sp^3 键的必要条件。在 PLD 沉积过程中，脉冲激光束的高能光子将 sp^2 键合碳原子激发成 C*（激发碳）态，这些激发态碳原子随后簇合形成 DLC 薄膜，即：

$$C(sp^2 键合) + h\nu \longrightarrow C^*$$
$$C^* + C^* \longrightarrow (sp^3 键合)$$

因此，DLC 薄膜的沉积方法可以分为两类：化学气相沉积（CVD）和物理气相沉积（PD）。其中，化学气相沉积包括离子束辅助 CVD、直流等离子体 CVD、射频等离子体 CVD、微波放电 CVD 等。物理气相沉主要包括阴极电弧沉积、溅射碳靶沉积、质量选择离子束沉积、脉冲激光熔融沉积等。

（1）离子束沉积 DLC 薄膜

艾森伯格第一个利用离子束设备沉积了 DLC 薄膜。在 Ar 等离子体中通过溅射碳电极产生碳离子。在这一技术中，偏压将离子萃取出来并引导到基片上形成 DLC 薄膜。考夫曼离子源是使用最广泛的离子源之一。离子束的优点在于，它可以很好地将离子束能量控制在较窄的范围内，而且离子束具有特定的方向。重要的参数如离子束能量和离子束流密度都可以在较宽的沉积条件范围内独立可控。这与大多数等离子体技术形成鲜明的对比。在大多数等离子体技术中，轰击条件由各种参数（包括等离子体功率、气压、气体组分、流量和系统的几何构型）所控制。此外，离子与等离子体分离可以减小高能等离子体中电子与基片的作用。因此，高能粒子碰撞只发生在离子束与基片之间。

为了充分利用离子束沉积技术中对离子束可控的优势，在将离子束传输到基片或靶上时,保持离子束能量、离子束电流和离子的种类不变是非常重要的。其中,使在离子束传输区域的气压降至最低最为关键。在离子束沉积过程中,具有几到几千电子伏特能量的离子撞击到生长薄膜的表面将导致亚稳态相的产生。用于产生亚稳态相的主要离子能量一般为 30~1 000 eV。

离子束沉积有两种类型:第一种是直接离子束沉积,可控组分、能量和流量的离子束直接射向基片。撞击离子直接用来提供沉积原子,也提供改善薄膜形成的能量。第二种则是离子束辅助沉积。在这一技术中,由于不需要产生待沉积材料的离子,因此,可以以极快的速度、在较大面积上制备薄膜。在这种情况下,气体离子源提供的是非平衡离子能量。这一技术可以使沉积室保持在高真空下,并保持离子的能量不变,使基片的污染降至最低。

质量选择离子束(MSIB)技术对离子束沉积技术有所改进。利夫希茨等就 MSIB 中各种参数对 DLC 膜生长过程的影响进行了描述和评价,并提出了 DLC 薄膜的生长模型。采用 MSIB 技术沉积 DLC 薄膜的过程中,可让 C^+ 和 C^- 到达基片,而过滤掉其他离子,因此可得到 sp^3 含量很高的 DLC 薄膜。MSIB 技术的主要缺点是:由于限制了离子束的尺寸而使薄膜生长速率变小,此外与 CVD 和等离子体沉积技术相比,MSIB 的设备比较昂贵。

(2)阴极电弧沉积(CAD)

从阴极电弧发射出来的离子流与靶的成分密切相关,它具有较高的能量,处于激发态。因此,阴极电弧蒸发石墨被称为是在大面积基片上制备硬质抗摩擦 DLC 薄膜的最佳方法。利用这一技术,很容易得到 DLC 薄膜和掺杂的 DLC 薄膜。阴极电弧具有低电压、电流的特点。电流在阴极上一个点或更多点上流动,其流动直径约为 5~10 μm。在阴极点的极高电流密度引起固态阴极材料的剧烈发射,大多数发射物在与阴极点有关的浓密等离子体中被离化。对于碳阴极,发射物主要是 C^+,其动能由在 22 eV 左右的宽峰所代表。足够的等离子体被发射出来以使真空中的放电达到自持,因此,阴极电弧经常被称为真空电弧。

传统阴极电弧技术的主要改进是过滤阴极真空电弧(FCVA)沉积技术。新加坡理工大学金刚石及其相关研究小组开发研制了双 S 型 FCVA 系统,应用该系统可以在大面积(约 $\phi200$ mm)硅片上获得 sp^3 含量大于 80% 且均匀性极佳的 DLC 膜。哈尔滨工业大学复合材料研究中心引进了该设备,为我国在该领域的研究赶超国际水平提供了有利条件。

在 FCVA 沉积过程中,中性粒子和大粒子从等离子束流中被清除掉,因此,在等离子体中只有荷电离子及基团到达离子源的出口并沉积到基片上。利用 FCVA 制备的 DLC 薄膜具有高硬度和高密度等特点。其压力(9~10 GPa)证明薄膜的质量相当好,因为 sp^3/sp^2 通常正比于 DLC 膜的压应力。

西安工业大学从白俄罗斯引入并改进的脉冲真空电离子(PVAID)也是阴极电弧沉积的一种重要改进,它将原有的阴极电弧连续放电改成了脉冲放电,这样就可以有效地降低由放电所引起的阴极发热温度过高的问题,使沉积的 DLC 膜的组分更加稳定。

(3)溅射沉积

各种溅射方法已用于制备无氢和含氢的 DLC 薄膜,这主要取决于所使用的气体和靶材。离子束溅射技术通常使用能量为 1 keV 的 Ar 离子束溅射石墨靶,溅射出来的碳原子沉积到附近的基片上。实验证明,Ar 离子的轰击对 DLC 薄膜中 sp^3 键的形成起着重要的促进作用。研究人员建立了四面体键合的比率与入射 Ar 离子能量之间的关系,并找到了最佳的 Ar 离子入射能量。而入射 Ar 离子能量与 DLC 薄膜的内应力之间也有着重要的关系,它是亚注入机制的基础,亚注入的提出是为了解释具有高 sp^3 含量 DLC 薄膜普遍存在的内应力的原因。

离子注入溅射的明显缺点是来源于石墨溅射率低所导致的低沉积速率,这一缺点可通过磁控溅射技术来克服,在磁控溅射过程中,利用 Ar 离子溅射石墨靶的同时轰击生长中的薄膜。磁控溅射沉积 DLC 薄膜的缺点是,在低功率和低气压下形成的 DLC 薄膜的沉积速率仍然较低。

(4) 脉冲激光熔融沉积

脉冲激光熔融沉积(PLA)是在 1987 年成功沉积了高转变温度的超导膜 $YBa_2Cu_3O_7$ 后得到广泛应用的。当强光束入射到固体时,光子将它们的能量在 10^{-12} s 内传递给电子,而电子系统将能量在 10^{-10} s 内传递给声子,因此,光子能量最终以热的形式出现,它可以实现固体的可控熔化和蒸发。

自 1989 年以来,脉冲激光熔融石墨靶已用于无氢 DLC 薄膜的制备,该沉积过程是一个非平衡过程,在激光等离子体中所产生的原子基团具有很高的动能。例如,由平衡过程如电子束蒸发所产生的原子基团的平均动能约为 1 kT,而由 PLA 所产生的平均动能高达 $100\sim$ 1 000 kT。光子能量足以使 2s 电子激发到 2p 轨道并形成 sp^3 杂化,这是 DLC 薄膜组分的先导物。目前,在制备高质量的 DLC 薄膜中,PLA 和 FCVA 以及 MSIB 和 PVAID 之间存在着激烈的竞争。

人们可以使用不同波长的激光来制备 DLC 薄膜,大多数研究者采用波长为 1 064 nm 的 Nd:YAG 激光器,也有人使用波长为 248 nm 的 KrF 激光器来沉积 DLC 薄膜。DLC 薄膜的质量如透明性、sp^3 含量、密度、内应力等直接与沉积的能量密度有关。实验研究表明,短波长激光器沉积的 DLC 薄膜的质量较好,sp^3 含量较高。等离子体诊断研究表明,气相碳原子基团的动能和动量是产生 sp^3 键合状态的关键因素,90 eV 的动能最有利于产生最大 sp^3 含量的 DLC 薄膜。

(5) 等离子体化学气相沉积

等离子体化学气相沉积或等离子体增强化学气相沉积(PECVD)是制备含氢 DLC 薄膜的最普遍方法。它涉及碳氢化合物气源的射频等离子体沉积,且一般需要在基片上施加负偏压,其具体沉积过程这里不再赘述。

8.6.2.2　DLC 薄膜的性质

类金刚石薄膜的性质主要有力学、光学、电学及化学等性能。力学性质包括硬度、内应力、摩擦系数及与基片的结合力等。光学性质包括折射率、消光系数、光学透射率和光学带隙等。电学性质包括电导率、介电性和场发射性能等。化学性质主要指化学稳定性。

由于类金刚石薄膜具有硬度高、摩擦系数小、热传导率高以及化学惰性强等一系列优越的机械和化学特性,使其具有很大的研究价值和广泛的应用前景,引起学术界极大的兴趣。类金刚石薄膜的应用研究也在切削工具、机械、光学组件、计算机和生物医学等领域取得了很大的进展。

(1) DLC 薄膜的力学性质

DLC 薄膜的硬度与薄膜中 sp^2 键和 sp^3 键的比例及含氢量有关,薄膜硬度的提高主要依赖于 sp^3 键比例的提高。DLC 薄膜的硬度与不同的沉积方法有关,如用脉冲激光溅射和磁过滤阴极电弧沉积法制备出的 DLC 薄膜,硬度达到了金刚石薄膜的级别。真空磁过滤阴极电弧沉积的非晶金刚石薄膜的显微硬度接近金刚石的相应值,并且膜的显微硬度随着基片偏压的增大而减小。磁控溅射法制备的DLC薄膜硬度较低。用离子束沉积DLC薄膜时,采用不同的离子束轰击可改变DLC薄膜的硬度。

由于DLC薄膜的硬度依赖于sp^3键比例的提高,这将使共价键的碳原子平均配位数也相应提高,以致使薄膜结构处于过约束状态,产生很大的应力(可高达1.5 GPa),容易使膜层从基片上爆裂或脱落。尤其是在金属基片沉积的DLC薄膜,由于存在着热膨胀系数和界面原子的亲和性能等方面的影响,往往不易得到良好附着力的薄膜。薄膜的内应力和结合强度是DLC薄膜实际应用中两个重要的参数,内应力高和结合强度低的DLC薄膜容易产生裂纹、褶皱甚至脱落,所以制备的DLC薄膜最好具有适中的压应力和较好的结合强度。

DLC薄膜一般具有较大的压应力(GPa量级)。尤其是在溅射沉积中,只有压应力较大时才能沉积出高sp^3键含量的DLC薄膜。如射频自偏压技术沉积的DLC薄膜的压应力约为4~7 GPa,当其作为Ge透镜在8~12 μm波长的红外增透保护膜时,其厚度一般不能超过1 μm,否则,DLC薄膜将会起皱并脱落。在含氢的DLC薄膜中,氢杂质可引起较大的内应力,含氢量小于1%的DLC薄膜的内应力较低。DLC薄膜中掺入B、N、Si及其他金属元素可以在保持DLC薄膜高硬度的同时降低其内应力。另外,薄膜的均匀性也会影响薄膜的内应力,膜厚均匀的DLC薄膜,在厚度超过300 nm时才会出现起皱和脱落,而膜厚不均匀的DLC薄膜在50 nm时就会起皱。很多研究结果表明,直接沉积在基片上的DLC薄膜与基片的结合强度较差,通过在金属基片上沉积过渡层如Ni、Mo、Co、Cu、Fe、TiN等可以提高薄膜与基片之间的结合强度。因此,如何选择合适的工艺参数使沉积的DLC薄膜既具有较高的硬度,也与基片具有较好的结合强度,已成为DLC薄膜在机械和材料表面保护等方面应用的关键技术问题。

DLC薄膜具有优异的耐磨性和摩擦系数低的特点,是一种优异的表面抗磨损改性薄膜。研究发现,环境对DLC薄膜的摩擦性能影响较大,在潮湿的空气环境下,DLC薄膜对金刚石薄膜的摩擦系数之比为0.11。含有金属的类金刚石薄膜具有独特的微观结构,并可以通过剪裁获得不同的性质。这种薄膜是一种复合材料,机械性能好,膜层应力低,附着力强,在摩擦应用中比纯类金刚石薄膜有更多的优点,在密封、自润滑等方面也具有很多应用。

(2) DLC薄膜的电学性质

DLC薄膜的电阻率为$10^5 \sim 10^{12}$ Ω·cm。不同方法制备的DLC薄膜的电阻率之间有很大的差别,一般含氢DLC薄膜的电阻率比不含氢DLC薄膜的电阻率高;DLC薄膜中掺杂N可使其电阻率下降,掺B则可以提高其电阻率。当薄膜中掺杂金属时电阻率较低,如有学者用KrF准分子激光溅射沉积含Cu碳靶时,沉积出含Cu的DLC薄膜,随着薄膜中Cu含量从2%增加到5%,薄膜的电阻率由4.2×10^{-3} Ω·cm降到5×10^{-4} Ω·cm。此外,沉积时基片温度升高及沉积后退火处理都会使薄膜的电阻率降低。

DLC薄膜介电强度一般为$10^3 \sim 10^7$ V/cm。沉积参数对DLC薄膜的介电性有一定的影响,介电常数一般在5~11之间,损耗角的正切在1~100 kHz范围内很小,仅为0.5%~1%。

DLC薄膜具有较低的电子亲和势,是一种优异的冷阴极场发射材料。与多晶金刚石薄膜相比,DLC薄膜的电子发射具有阈值电场低、发射电流稳定、电子发射面密度均匀等优点。DLC薄膜中含有一定量的石墨成分,石墨作为薄膜与衬底之间的导电通道,起着输运电子的作用。

（3）DLC 薄膜的光学性质

DLC 薄膜在可见及近红外波段内具有很高的透射率。采用低能离子束技术，在双面抛光的 0.4 mm 厚的硅基片上双面沉积 DLC 薄膜后，红外波段透射率的测量结果表明，DLC 薄膜在红外波段内对 Si 具有明显的增透作用。采用脉冲真空电弧离子镀在 Si 和 Ge 基片上双面沉积 DLC 薄膜后，可以使 Si 基片的透射率从无薄膜时的 53％增加到 93％以上，使 Ge 基片的透射率从无 DLC 薄膜的 47％左右提高到 95％以上。

DLC 薄膜的光隙带宽 E_g 一般低于 2.7 eV，随着薄膜中 sp^3 键含量的增多而增加。E_g 对沉积方法及工艺参数比较敏感，程德刚等在用磁控溅射方法沉积 DLC 薄膜时，随着溅射功率由 200 W 增大到 1 000 W，薄膜的 E_g 由 2.0 eV 降低到 1.63 eV。在激光沉积技术中，DLC 薄膜的 E_g 与所用激光波长有关。掺杂对 DLC 薄膜的 E_g 也有较大的影响。当在 DLC 薄膜中掺入 Si 且 Si 含量低于 5％（摩尔分数）时，Si 含量的增加会使 E_g 降低，当 Si 含量超过 5％时，随着含量的继续增加，E_g 也开始增大。DLC 薄膜的折射率一般在 1.5～2.6 之间，磁控溅射沉积 DLC 时，折射率随溅射功率的增加而缓慢增加，随着溅射 Ar 气压的升高而降低，随着靶-基距的增加而降低。在 500 ℃以下退火时，折射率基本保持不变；在 500 ℃以上退火时，折射率随退火温度的升高而上升。

（4）DLC 薄膜的其他性质

DLC 薄膜的表面能较低，F 元素的加入会进一步降低其表面能，但含 F 的 DLC 薄膜化学稳定性较差。在 DLC 薄膜中掺入 SiO_2 可以在保持化学稳定性的同时降低其表面能（其值在 22～30 mN/m 范围内调节）。

DLC 薄膜的热稳定性较差，这也是限制其应用的一个重要原因。人们进行了大量的研究工作，力图提高 DLC 薄膜的热稳定性。研究发现，Si 的掺入可以改善 DLC 薄膜的热稳定性，如纯 DLC 薄膜在 300 ℃以上退火时即出现 sp^3 键向 sp^2 键的转变。含 12.8％Si（摩尔分数）的 DLC 薄膜在 400 ℃退火时还未发现 sp^3 键向 sp^2 键的转变。含 20％Si（摩尔分数）的 DLC 薄膜则在 740 ℃退火时才发现 sp^3 键向 sp^2 键的转变。

8.6.2.3 DLC 薄膜的应用

（1）DLC 薄膜在机械领域中的应用

DLC 薄膜具有低摩擦系数、高硬度以及良好的抗磨粒磨损性能和化学稳定性，因而非常适合于制作工具涂层。有学者用 DC-PCVD 法在 6Mo5Cr4V2 高速钢上沉积了厚度为 0.7 μm、硬度为 HV3 500 的 DLC 薄膜，在切削铝箔时性能明显优于未镀 DLC 膜层的刀具。此外，国外还有人把 DLC 薄膜镀制在剃须刀片上，使刀片变得锋利，且保护刀片不受腐蚀，利于清洗和长期使用。美国 IBM 公司近年来采用镀 DLC 薄膜的微型钻头，在电子印刷线路板上钻微细的孔，镀 DLC 薄膜后可使钻孔速度提高 50％，寿命增加 5 倍，钻孔加工成本降低 50％。

（2）DLC 薄膜在声学领域的应用

声学领域是 DLC 薄膜最早的应用领域，主要是扬声器的振动膜。1986 年，日本住友公司在钛膜上沉积 DLC 薄膜，生产高频扬声器，高频响应达到 30 Hz；随后，爱华公司推出含有 DLC 薄膜的小型高保真耳机，频率响应范围为 10～30 000 Hz；先锋公司和健伍公司也推出了有 DLC 薄膜的高档音箱。广州有色金属研究院材料表面工程中心的袁镇海教授等用阴极电弧法沉积的 DLC/Ti 复合扬声器振膜，组装的扬声器的高频响应达 30 kHz 以上。他们在高保真类金刚石-复合扬声器振膜与扬声器开发方面取得了很好的成果。

（3）DLC 薄膜在电磁学领域的应用

随着计算机技术的发展,硬磁盘存储密度越来越高,这要求磁头与磁盘的间隙变小,磁头与磁盘在使用中因频繁接触、碰撞而产生磨损。为了保护磁性介质,要求在磁盘上沉积一层既耐磨又足够薄且不致影响其存储密度的膜层。用 RF-PCVD 方法在硬磁盘上沉积了 40 nm 的 DLC 薄膜,发现有 Si 过渡层的膜层与基体结合强度高,具有良好的保护效果,且对硬磁盘的电磁特性无不良影响。

DLC 薄膜在电子学上也很有应用前景。采用 DLC 薄膜作为绝缘层的 MIS 结构可用于电子领域的许多方面,如可用于光敏元件,在发光二极管区可作为反应速度快的传感器,或作为极敏感的电容传感器。另外,DLC 薄膜在电学上也是场发射平面显示器冷阴极的极好材料。

（4）DLC 薄膜在光学领域的应用

在光学方面,DLC 薄膜可用作增透保护膜。Ge 是在 $8 \sim 12 \ \mu m$ 范围内通用的窗口和透镜材料,但其容易被划伤和被海水侵蚀。在 Ge 表面上镀一层 DLC 薄膜,可提高其红外透射率和耐腐蚀性能。但是,一般 DLC 薄膜在可见光范围内的透光性较差,限制了它在光电器件上的应用。

此外,研究发现类金刚石薄膜在激光作用下的损伤及损伤机制表明,KCl 基片上沉积 DLC 薄膜后,连续 CO_2 激光损伤阈值可高达 $7.4 \ kW/cm^2$。

（5）DLC 薄膜在医学领域的应用

DLC 薄膜在医学上可作为人工心脏瓣膜,而且具有相当好的生物相容性。目前,美国 ART 公司利用 DLC 薄膜表面能小、不润湿等特点,通过掺入 SiO_2 网状物并掺入过渡金属元素以调节其导电性,生产出不粘肉的高频手术刀,明显改善了医务人员的工作条件。此外,很多人工关节是由聚乙烯的凹槽和金属与合金(钛合金、不锈钢等)的凸球组成。关节的转动部分接触界面会因长期摩擦而产生磨屑,与肌肉结合会使肌肉变质、坏死。DLC 薄膜无毒、不受液体侵蚀,镀在人工关节转动部位上的 DLC 薄膜不会因摩擦而产生磨屑,更不会与肌肉产生反应,可大幅度延长人工关节的使用寿命。

8.6.3 立方氮化硼薄膜

立方氮化(c-BN)薄膜是一种人工合成材料,具有闪锌矿结构,硬度仅次于金刚石。它具有非常小的摩擦系数、良好的热导率、极好的化学稳定性和高温抗氧化性(1 000 ℃以上),是一种很好的硬质涂层材料。立方氮化硼是一种有趣的Ⅲ-Ⅴ族化合物,其分子结构与金刚石类似,物理性能也与金刚石薄膜十分接近。立方氮化硼薄膜还具有优异的力学、电学、光学和热学性能,在薄膜应用领域具有重要的技术潜力。

1957 年,首次人工合成了金刚石状的 BN,在温度为 2 000 K 左右、压力为 12 GPa 时,由纯六方氮化(h-BN)直接转变成立方氮化(c-BN)。随后人们使用碱、碱土金属、碱和碱土金属氮化物等作为催化剂,大幅度降低了转变温度和压力。1979 年,索科洛夫斯基采用反应脉冲结晶法在低温下制备出了立方氮化硼薄膜。20 世纪 80 年代后期,随着薄膜制备技术的发展和突破,在国际上掀起了立方氮化硼薄膜研究的热潮。目前,c-BN 薄膜的制备和应用研究仍是国际薄膜材料界研究的热点之一。

8.6.3.1 立方氮化硼薄膜的制备

1979 年,索科洛夫斯基采用脉冲等离子体技术在低温下成功制备出了立方氮化硼(c-BN)

薄膜,所用的设备简单,工艺易于实现,因此得到迅速发展。目前用于制备 c-BN 薄膜的方法主要有物理气相沉积(PVD)、热化学气相沉积(CVD)和等离子体增强化学气相沉积(PECVD)。

（1）物理气相沉积法制备 c-BN 薄膜

c-BN 薄膜的物理气相沉积可分为溅射沉积、离子镀和脉冲激光沉积等方法。溅射沉积还包括直流溅射、射频溅射、射频磁控溅射和离子束溅射等。在溅射沉积中所用的靶材为 h-BN 或 B,以氩气、氮气或二者的混合气体作为工作气体。采用不同的设备沉积 c-BN 薄膜时的工艺条件不同。实验发现,当基片负偏压低于 105 V 时,不能形成立方相,薄膜中只存在六角相;当基片负偏压高于 105 V 时,薄膜中立方相的含量急剧增加。德米特里等用离子辅助溅射,采用两步沉积法得到了含纯立方相的氮化硼薄膜。实验中用 ECR 等离子体源产生的离子轰击基片 Si(100),当基片加热到温度高于 1 000 ℃时加直流负偏压。所谓两步沉积法,是指高偏压成核,低偏压生长,成核负偏压为 -96 V,生长负偏压为 -56 V。国内邓金祥等研究发现,基片温度是 c-BN 薄膜成核的一个重要参数,要想得到一定含量的立方相氮化硼薄膜,成核阶段的基片温度有一个阈值,当成核阶段的基片温度低于 400 ℃时,薄膜中没有形成立方相;当基片温度为 400 ℃时,薄膜中开始形成立方相;当基片温度达到 500 ℃时,得到了立方相体积分数接近 100% 的氮化硼薄膜,且此时薄膜中立方相体积分数随着成核阶段基片温度的上升而增大,同时薄膜的内应力随着成核阶段基片温度的升高而降低,薄膜中的最小压应力为 3.1 GPa。

（2）化学气相沉积法制备 c-BN 薄膜

化学气相沉积(CVD)法是通过分解含 B、N 元素的气体或化合物来获得所需的薄膜的,如果在 CVD 技术中引入等离子体,就称为等离子体增强 CVD,即 PECVD。根据分解方式的不同,可分为射频等离子体 CVD、热丝辅助射频等离子体 CVD、电子回旋共振(ECR) CVD 等。CVD 技术沉积立方氮化硼薄膜所用的反应气体有 B_2H_6 与 N_2、B_2H_6 与 NH_3、BH_3-NH_3 与 H_2、$NaBH_4$ 与 NH_3、$HBN(CH_3)_3$ 与 N_2 等。这些反应物在适当的工作气压、基片温度和偏压条件下,会在基片上生长出一定含量的立方氮化硼薄膜。

热化学气相沉积装置一般由耐热石英管和加热装置组成。反应气体在加热的基体表面发生分解,同时发生化学反应生成 BN 薄膜。典型的沉积温度为 600~1 000 ℃,沉积速率为 12.5~60 nm/min。反应气体一般采用 BCl_3 或 B_2H_6 和 NH_3 的混合气体,用 N_2、H_2 或 Ar 作为稀释气体。化学反应式如下:

$$BCl_3 + NH_3 \longrightarrow BN + 3HCl$$
$$B_2H_6 + 2NH_3 \longrightarrow 2BN + 6H_2$$

采用热化学气相沉积制备 c-BN 薄膜时,存在一系列的问题,如氯腐蚀、排出氨气、生成氯的副产品等,并且所沉积的薄膜中只含有少量的 c-BN 晶体。

除了热化学气相沉积方法可以制备立方氮化硼薄膜以外,等离子体增强化学气相沉积法也可以沉积立方氮化硼薄膜,其中主要包括射频等离子体化学气相沉积法、微波等离子体化学气相沉积法以及激光辅助等离子体化学气相沉积法等。

无论是 PVD 法还是 CVD 法制备的氮化硼薄膜,大都是由 c-BN 和 h-BN 相组成的混合薄膜。实验中得到的氮化硼的成分、组分及特性等都与具体的制备技术和制备工艺参数有关。为了得到含有立方相的氮化硼薄膜,在 CVD 和 PVD 技术中一般都要采用一定量的离子(或中性粒子)对生长的氮化硼薄膜进行轰击,但是离子束的轰击同时又会使薄膜中产生较大的应力。相比较而言,用 PVD 技术制备的立方氮化硼薄膜的颗粒尺寸较小,而一般情况下,CVD 技术沉积的薄膜比较致密、均匀,且容易获得定向结构的晶体生长。因此,要想获得结晶状态良好的高质量立方氮化硼薄膜,一般多采用 CVD 沉积技术。但是 CVD 技术的主要缺点是化学反应物比较复杂,反应副产物或杂质容易残留在薄膜中。所以,CVD 技术制备的立方氮化硼薄膜与 PVD 技术制备的立方氮化硼薄膜相比,薄膜中的杂质较多。此外,CVD 技术制备的立方氮化硼薄膜中,立方相的含量比较低,且有的工作气体(如 B_2H_6)还有毒。

8.6.3.2 立方氮化硼薄膜的性质及应用

由于立方氮化硼和金刚石具有类似的结构,因此,人们通常把立方氮化硼(c-BN)和金刚石的性质进行比较,见表 8-8。

表 8-8 c-BN 和金刚石的主要性质比较

性质或参数	c-BN	金刚石
晶体结构	闪锌矿	
晶格常数/nm	0.361 5	0.356 7
密度/(g·cm³)	3.48	3.52
带隙/eV	>6.4	5.47
掺杂类型	p 型、n 型	p 型
折射率(589.3 nm)	2.117	2.417
电阻率/Ω·cm	10^{10}	10^{16}
相对介电常数	4.5	5.58
硬度/GPa	44.1	88.2
热膨胀系数/(10^{-6} ℃)	4.7	3.1
热导率(25 ℃)/[W/(cm·K)]	8(多晶)、13(计算)	20

c-BN 在硬度和热导率方面仅次于金刚石,且热稳定性极好。这一方面是因为 B、N 之间的结合具有离子性(约 22%),另一方面是由于该离子在热激发时产生稍微大的晶格自由度,提高了向 h-BN 转变所需的温度。c-BN 在大气环境中加热到 1 000 ℃时也不发生氧化,而金刚石一般在 600 ℃以上就会发生氧化。在真空环境中,将 c-BN 加热到 1 550 ℃时,c-BN开始发生向 h-BN 的相变,而金刚石向石墨开始转变的温度为 1 300~1 400 ℃。而且,c-BN 对于铁族金属具有极稳定的化学特性,因此,c-BN 可广泛用于钢铁制品的精密加工和研磨等工艺,而金刚石则不宜加工钢铁材料。c-BN 除了具有优良的耐磨损特性外,还具有极优异的耐热特性,在相当高的切削温度下也能切削耐热钢、钛合金、淬火钢等金属。因此,c-BN 薄膜在机械领域中主要用于刀具和工具表面的耐磨涂层。c-BN 具有超高的硬度,沉积在高速钢或碳化物刀片上,可用于加工各种硬质材料。由于 c-BN 薄膜还具有高温化学稳定性和高的热导率,作为刀具的耐磨涂层在切削过程中不易崩刀或软化,可提高加工表面的精度,降低表面的粗糙度。此外,c-BN 薄膜在真空中具有很低的摩擦系数,可用作太空中的固体润滑薄膜。

c-BN 薄膜在光学和电子学领域也具有广阔的应用前景。c-BN 不仅具有高的硬度,而且在宽的波段范围内（约从 200 nm 开始）有很好的透光性，因此常作为一些光学元件的表面保护涂层，特别是一些光学窗口的保护涂层，如硒化锌、硫化锌窗口材料的保护涂层。此外，c-BN 薄膜还具有良好的抗热冲击特性。

c-BN 通过掺入特定的杂质后可获得半导体特性。例如，在 c-BN 薄膜的高温高压制备过程中，添加 Be 可得到 p 型半导体，添加 S、C、Si 等可得到 n 型半导体。表 8-9 所示为 c-BN 薄膜的电学特性。三岛等最早在高温高压环境下利用 c-BN 薄膜制成了 PN 结，并且该 PN 结可以在 650 ℃ 的高温下工作，为 c-BN 薄膜在电子领域中的应用开阔了美好的前景。作为宽带隙半导体材料，c-BN 薄膜可应用于高温高频、大功率、抗辐射电子器件等方面。高温高压环境下制备的 c-BN PN 结二极管的发光波长为 215 nm（5.8 eV）。c-BN 薄膜具有高的热导率，具有与 GaAs、Si 相近的热膨胀系数和低介电常数，绝缘性和化学稳定性好，这些优异的特性使其成为良好的集成电路的热沉材料和绝缘涂层。此外，由于 c-BN 薄膜的电子亲和势和金刚石一样都为负值，使其具有有效的电子发射特性，能够作为冷阴极电子发射材料。

表 8-9　c-BN 的电学性能

电阻率/$\Omega \cdot cm$	掺杂剂	导电类型	激活能/eV	晶体结构
$(1\sim5)\times10^{-1}$	Be	p	$0.19\sim0.23$	单晶
$(1\sim10)\times10^{-1}$	S	n	0.05	单晶
$10^{-7}\sim10^{-5}$	C	n	$0.28\sim0.41$	单晶
$10^{-2}\sim1$	Be	p	0.23	单晶
$10^{-3}\sim10^{-1}$	Si	n	0.34	单晶

8.6.4　CN_xB-N 薄膜

金刚石为自然界中已知最硬的材料，但是人们一直试图通过人工合成的方法制备出硬度超过金刚石的材料。CN_xB-N 薄膜的研究就是这其中的一种尝试。

CN_xB-N 薄膜的研究可追溯到 20 世纪初，但真正作为新型超硬材料的研究始于 20 世纪 70 年代，最初的目的主要是寻求一种超硬的耐磨损涂层。1979 年，库莫等首次采用溅射技术制备出了平面聚合结构的 CN_xB-N 薄膜。然而，CN_xB-N 薄膜真正成为全球研究的热点是在 20 世纪 80 年代中期以后。1985 年，美国物理学家、伯克利大学的科恩教授根据自己所提出的固体弹性模量计算的经验公式进行计算，从理论上预言，碳和氮可能形成极硬的、具有与 β-Si_3N_4 相同晶体结构的共价固体，即 β-C_3N_4，这种 β-C_3N_4 结构的氮化碳化合物的体弹性模量可与金刚石相比拟，甚至超过金刚石的体弹性模量。

科恩从第一性原理出发，根据赝势法对总能的计算，发现 β-C_3N_4 具有较大的聚合能和稳定的结构，因此至少能以亚稳态的形式存在，通过第一性原理的计算，发现其弹性模量为 427 GPa，与金刚石相当。进一步的理论研究表明，β-C_3N_4 除了具有高的弹性模量外，还具有许多其他优异的性能，如较宽的带宽度、高的热导系数等，通过对碳、氮间可能形成的化合物的研究，泰特等发现，除了 β-C_3N_4 以外，C-N 还可能具有另外其他四种晶体构，如 α 相的 α-C_3N_4、立方相的 c-C_3N_4、准立方相的 Zb-C_3N_4 和石墨相的 g-C_3N_4，其中以低体弹性模量的石墨相最为稳定。同时，除了 g-C_3N_4 相以外，其他相均具有超硬特性。

目前，超硬材料 β-C_3N_4 已成为国际上的研究重点，它将成为新一代切削工具和新一代优质半导体光电器件的介质薄膜材料。

8.6.4.1 CN_xB-N 薄膜的制备

自从具有特殊性能的 C_3N_4 薄膜被提出后,人们一直试图在实验室来制备这种比金刚石还硬的新型薄膜材料。早期常用的高温高压热解含氮有机物的方法一直未能成功。后来,人们借鉴金刚石薄膜制备技术的成功经验,采用各种非平衡手段(如气相沉积),取得了一些进展。制备 CN_xB-N 薄膜的气相沉积方法主要有反应溅射法、化学气相沉积法、激光等离子体沉积法、激光烧结和离子注入等。下面选择一些典型实验加以介绍。

(1) 激光熔融法

激光熔融法采用高强激光,如 Nd:YAG 激光将石墨靶熔融,同时将高强度的 N 原子束直接入射到基片上,从而在基片上获得 CN_xB-N 薄膜,这种方法制备的 CN_xB-N 薄膜中 N/C 原子比与 N 流量成正比,其目前可得到的最大值为 0.82。此外,采用 KrF 和 CO_2 激光器,在乙烯-氨气的混合气下,或者利用 ArF 准分子激光器对液氮中 $C_6H_{12}N_4$ 进行分解,也都可以获得 CN_xB-N 薄膜。目前为止,利用激光熔融技术获得的 CN_xB-N 薄膜大都呈现出非晶态,且 N/C<1。

(2) 离子束沉积法

离子束沉积技术主要是采用氮离子注入的手段来制备 CN_xB-N 薄膜。按照注入的氮离子能量的不同,又可将其划分为高能氮离子注入和低能氮离子注入两种。在高能氮离子注入的条件下(>1 000 eV),基片温度和基片材料对制备 CN_xB-N 薄膜都会产生不同的影响,在基片温度低于 800 ℃ 的情况下,基片温度的改变对 CN_xB-N 薄膜中 N 的含量影响不大。离子注入法制备 CN_xB-N 薄膜存在的主要问题是所制备的 CN_xB-N 薄膜不均匀,薄膜中 N 的含量不均匀,此外还存在 N 在薄膜中的扩散等问题。

在低能氮离子注入的情况下,N/C 可通过离子剂量来加以调节。研究发现,当使用 5 eV 离子注入时,随着离子剂量的增加,N 的含量迅速增加至 N/C≈0.61,此后,N/C 值的增加非常缓慢直至达到饱和值 0.67。此外,研究还发现,当入射离子能量约为 15 eV 时,sp^3 键合碳的含量呈现出最大值;随着注入离子能量的增加,sp^3 键合碳的含量呈明显的降低趋势。

(3) 化学气相沉积法

化学气相沉积 CN_xB-N 薄膜的方法有热丝化学气相沉积(HF-CVD)法、等离子体增强化学气相沉积(PECVD)法、微波等离子体增强化学气相沉积(MWPECVD)法、电子回旋共振化学气相沉积(ECR-CVD)法等。其中,等离子体增强化学气相沉积是最常用的方法,其原料气体为 N_2、NH_3 及 CH_4、CO、C_{60}、C_2H_2 等被离化成等离子体状态,变成化学上非常活泼的激发分子、原子、离子和原子团等,从而促进 CN_xB-N 晶体的形成。

值得注意的是,在热丝化学气相沉积等方法中,基片所处的温度很高,加之灯丝本身的污染,化学反应繁杂,使所得到的 CN_xB-N 薄膜很难保持纯净。

(4) 反应溅射沉积法

反应溅射沉积法主要包括直流磁控溅射和射频磁控溅射两种方法。反应气体大多采用 N_2、N_2 和 Ar 的混合气体以及 NH_3 或 NH_3 和 Ar 的混合气体等。溅射沉积法最大的缺点是沉积时基片的温度较低,这使 CN_xB-N 晶粒的生长受到一定的局限。

8.6.4.2 CN_xB-N 薄膜的性质

CN_xB-N 薄膜的性质主要与制备工艺有关,在本质上决定于形成 CN_xB-N 晶体的类型、晶相的含量、无定形晶体中 N 的含量、C-N 的结合状态。对其力学性能的研究主要集中在硬度和弹性模量上。对其电学、光学特性的研究表明,氮化碳薄膜正如理论预测的那样,在材料保护、光电器件等领域中有着重要的作用。

(1) CN_xB-N 薄膜的力学性能

在 CN_xB-N 薄膜的众多性能中,最吸引人的当属其硬度可能超过金刚石,尽管现在还没有制备出可以直接测量其硬度的 CN_xB-N 晶体薄膜,但对 CN_xB-N 薄膜硬度的研究也已有许多报道。虽然目前制备的 CN_xB-N 薄膜大部分仍是无定形的,但是其硬度仍然很高,目前报道的 CN_xB-N 薄膜的最大显微硬度可达 $62\sim65$ GPa,而且制备的 CN_xB-N 薄膜很均匀、光滑,已在工业中进行应用。

用不同方法制备的 CN_xB-N 薄膜的硬度差异很大,用离子束辅助电弧沉积法制备的 CN_xB-N 薄膜,随着 x 从 0.1 增大到 0.3,其硬度从 25.18 GPa 降至 14.86 GPa。用磁控溅射法制备 CN_xB-N 薄膜的硬度可达到 24.04 GPa。用 CVD 法制备的 CN_xB-N 薄膜的硬度为 $29.4\sim63.7$ GPa,薄膜中的含 N 量对薄膜的硬度影响较大,当 $x=1$ 时,CN_xB-N 薄膜的硬度达到最大值,N 含量过多或过少都会使 CN_xB-N 薄膜的硬度降低。此外,研究还发现,CN_xB-N 薄膜的硬度还与基片偏压和氮分压有很大的关系,当氮分压从 266.4 Pa 增大到 1 332 Pa 时,薄膜的硬度从 12.5 GPa 降至 8.0 GPa;基片负偏压为 200 V 时,CN_xB-N 薄膜的硬度最大。

CN_xB-N 薄膜的另外一个机械特性就是其优异的耐磨损性能,即良好的耐磨性和较低的摩擦系数。

(2) CN_xB-N 薄膜的电学性能

β-C_3N_4 具有半导体的能带特征,在研究用反应脉冲激光沉积法制备的 $CN_xB-N(x=0.26\sim0.32)$ 薄膜的电学性能时发现 CN_xB-N 薄膜电导率随着 N_2 分压的变化而改变,当 N 的含量达到一定值时,其电导率减小,这主要是因为 N 的加入破坏了石墨的对称性,加宽了能隙,加长了带尾。CN_xB-N 薄膜的电学特性主要是由其非晶态基体性质决定的。C 和 N 以短的共价键结合,非晶态中 N 原子的 5 个外层电子没有充分与 C 原子成键,未成键的电子对材料的电导性能起着重要的作用。由四探针法测得它是 n 型半导体,电阻率为 $10^{-2}\sim10^4$ $\Omega\cdot cm$。

此外,CN_xB-N 薄膜还具有良好的场发射特性,该薄膜的场发射的电场阈值较低,而且发射的电流密度较高。

(3) CN_xB-N 薄膜的光学性能

β-C_3N_4 的光学性质也是人们研究的一个重要方面,对用 CH_4 和 N_2 在等离子体气氛中分解制备的非晶 CN_xB-N 薄膜的研究发现,随着 N 含量的增加,CN_xB-N 薄膜的透射率减小。其薄膜的折射率一般也随着 N 含量的增加而降低。

8.6.4.3 CN_xB-N 膜的应用

由于 β-C_3N_4 的硬度与金刚石相当,因而其作为超硬薄膜有着广泛的应用前景。此外,由于氮化碳化合物具有高的德拜温度,可使其成为极好的热导体,可用于短波长光电二极管上散热性能良好的衬底材料。计算得到 β-C_3N_4 的间接带隙为 6.4 eV,其最小直接带隙为 6.75 eV,可作为一种优异的高温半导体材料。因为 β-C_3N_4 结构没对称中心,加之许多其他特性,因此 CN_xB-N 薄膜很可能成为一种优异的非线性光学材料。

目前,CN_xB-N 薄膜的研究仍很活跃,但研究也正处于困难时期。主要困难:① N 含量的提高;② 实现薄膜的结晶,获得晶体的 CN_xB-N 薄膜。目前,人们对于 CN_xB-N 薄膜的结晶相 β-C_3N_4 是否存在还有很大的疑问,但从所得到的 CN_xB-N 薄膜的性能来看,即使最终得不到 β-C_3N_4 相,CN_xB-N 薄膜材料优越的力学性能、较好的热传导性、场发射特性以及简单的制备工艺等,都将使其成为一种新型的薄膜材料。目前,其在切削工具的耐磨涂层、摩擦磨损件的耐磨涂层以及计算机硬盘的保护涂层等方面,已显现出极大的优势。此外,作为平板显示器场发射阴极材料的潜在候选材料,CN_xB-N 薄膜在微电子领域也将大有可为。

8.6.5 其他硬质薄膜

除了以上介绍的金刚石薄膜、类金刚石薄膜、立方氮化硼(c-BN)薄膜和 β-C_3N_4 薄膜外,还有氮化物、碳化物及氧化物、硼化物等硬质薄膜,见表 8-10。

表 8-10 各种硬质薄膜分类

分类	膜层材料
碳化物	Tic、VC、TaC、WC、NbC、ZrC、MoC、UC、Cr_3C_2、B_4C、SiC
氮化物	TiN、VN、TaN、NbN、ZrN、HfN、ThN、BN、AlN
硼化物	TiB_2、VB_2、TaB、WB、ZrB、AlB、SiB
硅化物	TiSi、MoSi、ZrSi、USi
氧化物	Al_2O_3、SiO_2、ZrO_2、Cr_2O_3
合金	Ta-N、Ti-Ta、Mo-W、Cr-Al
金属	Cr 及其他

表 8-11 所示为某些硬质薄膜及相关基体材料的力学、热学性能。这些硬质薄膜主要镀制在高速钢、硬质合金刀具、模具上,用以提高表面的硬度、改善表面耐磨性能、提高使用寿命等。

表 8-11 典型硬质薄膜及基底的力学和电学性能

材料		弹性模量/GPa	泊松比	热膨胀系数/(10^{-6}/℃)	硬度/GPa	熔点或分解温度/℃
硬质薄膜	TiC	450	0.19	7.4	28.42	3 067
	HfC	464	0.18	6.6	26.46	3 928
	TaC	285	0.25	6.3	24.5	3 983
	WC	695	0.19	4.3	20.58	2 776
	Cr_3C_3	370		10.3	12.74	1 810
	TiN			9.35	19.6	2 949
	Al_2O_3	400	0.23	9.0	19.6	2 300
	TiB_2	480		8.0	33.03	2 980
基体	94WC	640	0.26	5.4	14.7	
	高速钢	250	0.30	12~15	7.84~9.8	
	Al	70	0.35	23	0.294	658

一般把这些硬质薄膜材料归为陶瓷材料,根据其原子间的结合特征可分为金属键、共价键和离子键三种,相应的性能分别如图 8-26、表 8-12 和表 8-13 所示。

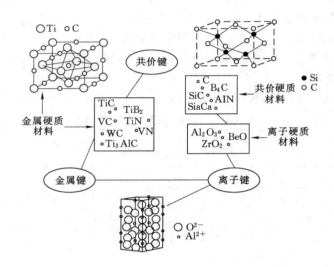

图 8-26　典型结构和键合种类

表 8-12　金属键硬质薄膜材料的性能

相	密度 /(g/cm³)	熔点 /℃	维氏硬度 /GPa	电阻率 /(μΩ·cm)	弹性模量 /GPa	热膨胀系数 /(10⁻⁶/℃)
TiB₂	4.50	3 225	29.4	7	560	7.8
TiC	4.93	3 067	27.44	52	470	8.0~8.6
TiN	5.40	2 950	29.58	25	590	9.4
ZrB₂	6.11	3 245	22.54	6	540	5.9
ZrC	6.63	3 445	25.09	42	400	7.0~7.4
ZrN	7.32	2 982	15.68	21	510	7.2
VB₂	5.05	2 747	21.07	13	510	7.6
VC	5.41	2 648	28.42	59	460	7.3
VN	6.11	2 117	15.23	85	460	9.2
NbB₂	6.98	3 036	25.48	12	630	8.0
NbC	7.78	3 613	17.64	19	580	7.2
NbN	8.43	2 204	13.72	58	480	10.1
TaB₂	12.58	3 037	20.58	14	680	8.2
TaC	14.48	3 985	15.19	15	560	7.1

表 8-12(续)

相	密度 /(g/cm³)	熔点 /℃	维氏硬度 /GPa	电阻率 /(μΩ·cm)	弹性模量 /GPa	热膨胀系数 /(10⁻⁶/℃)
CrB₂	5.58	2 118	22.05	18	540	10.5
Cr₃C₂	6.68	1 810	21.07	75	400	11.7
CrN	6.12	1 510	10.78	640	400	23
Mo₂B₅	7.45	2 140	2.30	18	670	8.6
Mo₃C	9.18	2 517	16.27	57	540	7.8~9.3
W₂B₅	13.03	2 365	26.46	19	770	7.8
WC	15.72	2 776	23.03	17	720	3.8~3.9
LaB₆	4.73	2 770	24.80	15	400	6.4

表 8-13　共价键硬质薄膜材料的性能

相	密度 /(g/cm³)	熔点 /℃	硬度 /GPa	电阻率 /(μΩ·cm)	弹性模量 /GPa	热膨胀系数 /(10⁻⁶/℃)
B₄C	2.52	2 450	39.2	$5×10^3$	441	4.5
c-BN	3.48	2 730	49	10^{18}	660	
金刚石	3.52	3 800	78.4	10^{20}	910	1.0
B	2.34	2 100	26.46	10^{12}	490	8.3
AlB₁₂	2.58	2 150	25.48	10^{12}	430	
SiC	3.22	2 760	25.48	10^5	480	5.3
SiB₆	2.43	1 900	22.54	10^7	330	5.4
Si₃N₄	3.19	1 900	16.86	10^{18}	210	2.5
AlN	3.26	2 250	12.05	10^{15}	350	5.7
Al₂O₃	3.98	2 047	20.58	10^{20}	400	8.4
Al₃TiO₃	3.68	1 894		10^{14}	13	0.8
TiO₂	4.25	1 867	10.78		205	9.0
ZrO₂	5.76	2 677	11.76	10^{16}	190	7.6
HfO₂	10.2	2 900	7.64			6.5
ThO₂	10.0	3 300	9.31	10^{16}	240	9.3
BO	3.03	2 550	14.7	10^{23}	390	9.0
MgO	3.77	2 827	7.35	10^{12}	320	13.0

表 8-14 是离子键(I)、共价键(C)和金属键(M)三种不同键合种类的薄膜材料的性能
比较。

表 8-14　三种硬质薄膜材料性能比较

性质	增加→		
	键合种类		
硬度	I	M	C
脆性	M	C	I
熔点	I	C	M
热膨胀系数	C	M	I
稳定性	C	M	I
结合力	C	I	M
交互作用趋势	I	C	M
多层匹配性	C	I	M

从表中可以看出,这三种不同键合形式的硬质薄膜材料的基本规律为:

① 共价键薄膜材料具有最高的硬度,如金刚石、c-BN、β-C_3N_4 等。

② 金属键薄膜材料具有较好的综合性能。

③ 离子键薄膜材料具有较好的化学稳定性。

过渡金属的氮化物、碳化物和硼化物薄膜一般也具有较好的硬度。表 8-15 是氮化物(N)、硼化物(B)和碳化物(C)三种不同物质的性能比较。在实际应用中,可以依据具体使用要求和情况,依据这些图表和相关相图来选择合适的薄膜和基体材料。其他硬质薄膜材料的具体特性和制备技术这里不再赘述。

表 8-15　氮化物(N)、硼化物(B)和碳化物(C)性能比较

性质	增加→		
	种类		
硬度	N	C	B
脆性	B	C	N
熔点	N	B	C
热膨胀系数	B	C	N
稳定性	B	C	N
结合力	N	C	B
交互作用趋势	N	C	B

思考题与习题

1. 试给出半导体薄膜的主要类型与主要应用。

2. 半导体薄膜的主要制备方法有哪几类? 试给出 2~3 个示例。

薄膜的设计、制备及应用

3. 主要的铁电薄膜材料有哪几类？主要应用在哪些方面？

4. 什么是光波导？请给出各种光波导的结构。

5. 薄膜激光器有哪些典型结构？

6. 四探针法测量薄膜电阻的原理是什么？其测得的方块电阻与薄膜的电阻率之间的关系又是什么？

7. 太阳光谱选择吸收膜中为什么要求波长大于 $2.5\ \mu m$ 的反射率要尽可能的高？

8. 简要叙述类金刚石薄膜的特性及目前的应用领域。

9. 查阅文献资料，比较各类太阳能电池的优缺点，了解太阳能电池发展的国内外新进展，重点关注国内在太阳能电池发展方面有较大突破的研发团队，了解他们的研发历程及未来前景，评价他们的工作及精神，谈谈自己的感受与启发。

第 8 章习题答案

参 考 文 献

[1] 奥拉夫·斯腾泽尔.光学薄膜材料的理论与实践[M].张立超,才玺坤,译.北京:国防工业出版社,2017.

[2] 范正修,邵建达,易葵.光学薄膜及其应用[M].上海:上海交通大学出版社,2014.

[3] 冯丽萍,刘正堂.薄膜技术与应用[M].西安:西北工业大学出版社,2016.

[4] 李建芳,周言敏,王君.光学薄膜制备技术[M].北京:中国电力出版社,2013.

[5] 林永昌卢维强.光学薄膜原理[M].北京:国防工业出版社,1990.

[6] 卢进军,刘卫国,潘永强.光学薄膜技术[M].3版.北京:电子工业出版社,2020.

[7] 宁兆元,江美福,辛煜.固体薄膜材料与制备技术[M].北京:科学出版社,2008.

[8] 石玉龙,闫凤英.薄膜技术与薄膜材料[M].北京:化学工业出版社,2015.

[9] 唐晋发,顾培夫,刘旭.现代光学薄膜技术[M].杭州:浙江大学出版社,2006.

[10] 唐伟忠.薄膜材料制备原理、技术及应用[M].2版.北京:冶金工业出版社,2003.

[11] 田民波,李正操.薄膜技术与薄膜材料[M].北京:清华大学出版社,2011.

[12] 王力衡,黄运添,郑海涛.薄膜技术[M].北京:清华大学出版社,1991.

[13] 王治乐.薄膜光学与真空镀膜技术[M].哈尔滨:哈尔滨工业大学出版社,2013.

[14] 吴自勤,王兵,孙霞.薄膜生长[M].2版.北京:科学出版社,2013.

[15] 肖定全,朱建国,朱基亮.薄膜物理与器件[M].北京:国防工业出版社,2011.

[16] 薛增泉,吴全德,李浩.薄膜物理[M].北京:电子工业出版社,1991.

[17] 杨邦朝,王文生.薄膜物理与技术[M].成都:电子科技大学出版社,1994.

[18] 郑伟涛.薄膜材料与薄膜技术[M].2版.北京:化学工业出版社,2008.

[19] AUKSORIUS E. Light-efficient beamsplitter for Fourier-domain full-field optical coherence tomography[J]. Optics letters,2020,45(5):1240-1243.

[20] H. ANGUS MACLEOD.薄膜光学[M].4版.徐德刚,贾东方,钟凯,等译.北京:科学出版社,2000.

[21] LIN Z H, CHANG J J, JIANG C Y, et al. Enhanced inverted organic solar cell performance by post-treatments of solution-processed ZnO buffer layers[J]. RSC advances,2014,4(13):6646-6651.

[22] MAKABLEH Y F, ALZUBI H, TASHTOUSH G. Design and optimization of the antireflective coating properties of silicon solar cells by using response surface methodology [J]. Coatings,2021,11(6):721.

[23] PHIMU L K,DHAR R S,SINGH K J. Design optimization of thickness and material of antireflective layer for solar cell structure[J]. Silicon,2022,14(13):8119-8128.

薄膜的设计、制备及应用